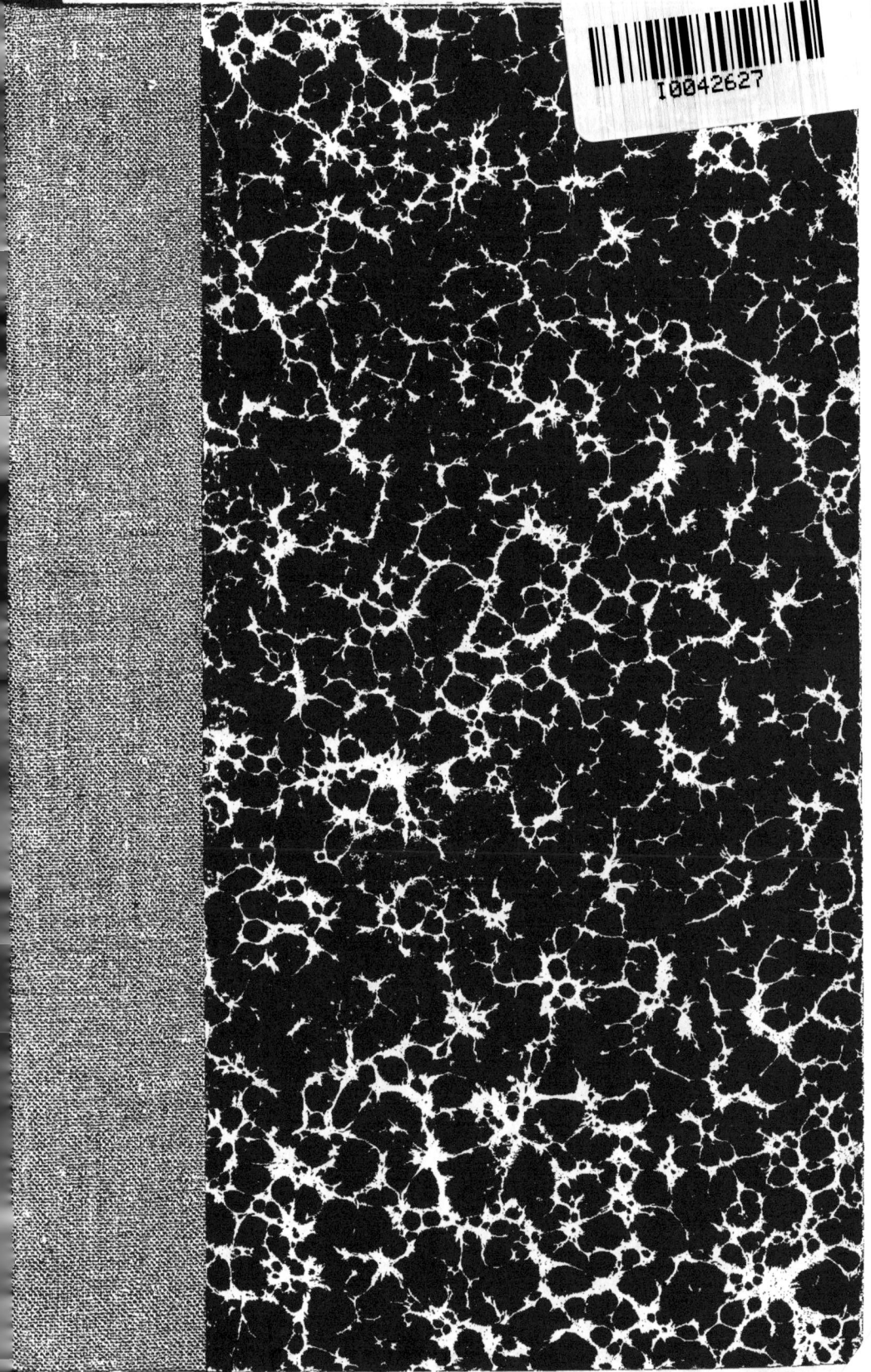

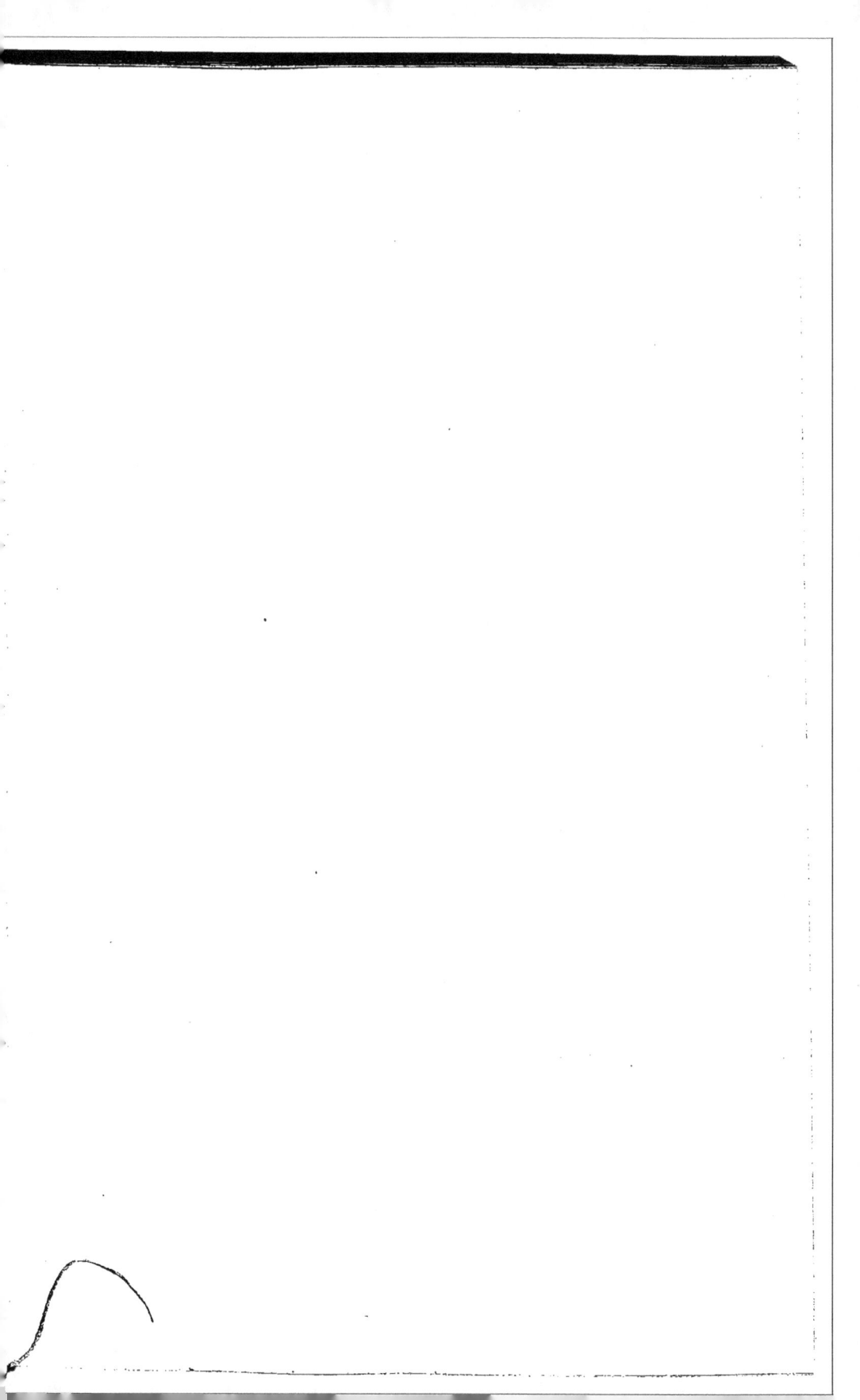

MONOGRAPHIE

DES

CIRRHIPÈDES

OU THÉCOSTRACÉS

PAR

A. GRUVEL

MAITRE DE CONFÉRENCES DE ZOOLOGIE A LA FACULTÉ DES SCIENCES
(UNIVERSITÉ DE BORDEAUX)

PRÉFACE

DE M. LE PROFESSEUR BOUVIER

MEMBRE DE L'INSTITUT
PROFESSEUR AU MUSÉUM D'HISTOIRE NATURELLE DE PARIS

AVEC 427 FIGURES DANS LE TEXTE

PARIS

MASSON ET Cie, ÉDITEURS

LIBRAIRES DE L'ACADÉMIE DE MÉDECINE

120, BOULEVARD SAINT-GERMAIN, 120

1905

MONOGRAPHIE

DES

CIRRHIPÈDES

OU THÉCOSTRACÉS

(Copyright Elliot et Fry Londres.)

PORTRAIT ET AUTOGRAPHE DE CH. DARWIN (1809-1882).

MONOGRAPHIE

DES

CIRRHIPÈDES

OU THÉCOSTRACÉS

PAR

A. GRUVEL

MAITRE DE CONFÉRENCES DE ZOOLOGIE A LA FACULTÉ DES SCIENCES
(UNIVERSITÉ DE BORDEAUX)

PRÉFACE

DE M. LE PROFESSEUR BOUVIER

MEMBRE DE L'INSTITUT
PROFESSEUR AU MUSÉUM D'HISTOIRE NATURELLE DE PARIS

AVEC 427 FIGURES DANS LE TEXTE

PARIS

MASSON ET Cⁱᵉ, ÉDITEURS

LIBRAIRES DE L'ACADÉMIE DE MÉDECINE

120, BOULEVARD SAINT-GERMAIN, 120

—

1905

PRÉFACE

La Monographie que j'ai l'honneur de présenter au public scientifique est l'œuvre d'un zoologiste laborieux qui s'est consacré jusqu'ici, presque exclusivement, à l'étude des Cirrhipèdes. Attiré par la plasticité remarquable de ces Crustacés, par leurs curieux enchaînements et par les singuliers phénomènes de sexualité qu'ils présentent, M. Gruvel n'a ménagé ni son temps, ni ses peines, pour approfondir et faire mieux connaître ce groupe captivant.

On a lu son travail sur les mâles complémentaires du *Scalpellum vulgare*, et ses importants mémoires sur les Cirrhipèdes du « Travailleur », du « Talisman » et du Muséum d'Histoire naturelle de Paris; mais ce que l'on ignore peut-être, c'est l'ardeur qu'il a déployée au cours de cette deuxième étude et les difficultés qu'il a dû vaincre pour la mener à bien. Sans occuper le premier rang parmi les collections carcinologiques de même ordre, les Cirrhipèdes du Muséum ne laissent pas d'être fort nombreux, et la plupart étaient indéterminés ou sans détermination aucune quand M. Gruvel en commença l'examen; aujourd'hui, après trois années d'un labeur assidu, tous ces matériaux sont en ordre, bien classés et propres à rendre les services qu'on est en droit d'attendre d'une grande collection comme la nôtre. Il m'est bien agréable, en écrivant cette préface, de rendre hommage au studieux zoologiste qui n'a pas reculé devant cette tâche, et de lui témoigner, au nom du Muséum, ma gratitude la plus entière.

Comme tous les hommes de science, M. Gruvel est rempli
d'admiration pour la magistrale Monographie des Cirrhipèdes
de Darwin et, comme tous les zoologistes, il a puisé largement
des idées et des faits dans cette monographie. En écrivant le
travail qu'on va lire, il a eu pour objectif, non point de
reprendre par la base un travail si parfait, mais, comme il le dit
lui-même, d'en faire un « résumé aussi complet que possible »
et de le mettre au courant des recherches plus modernes. Ces
dernières sont nombreuses et quelques-unes de première
importance : depuis la monographie de Darwin, les explorations
abyssales nous ont fait connaître des espèces nouvelles par
centaines, et d'autre part la finesse des observations nous a
valu la découverte d'un groupe nouveau non moins varié que
suggestif, celui des Ascothoracidés. Faut-il citer les recherches
récentes de M. Berndt sur l'anatomie de deux formes, l'*Alcippe
lampas* et le *Cryptophialus minutus* dont la monographie de
Darwin faisait prévoir l'importance, les jolis mémoires de
M. Groom, sur le développement et sur les pièces buccales
cypridiennes des Balanes, l'important travail de M. Hœk sur
les mâles nains des Cirrhipèdes, et la splendide monographie
que M. le Professeur Chun a consacrée aux nauplius des Lépadidés.

Cette liste pourrait être singulièrement étendue, comme on
pourra s'en convaincre en consultant l'index bibliographique
placé à la fin du travail ; mais elle donne quelque idée du progrès accompli depuis l'œuvre monumentale de Darwin, et de
l'intérêt que peut présenter aux zoologistes le résumé et la
mise au courant de cette œuvre. M. Gruvel avait le sentiment
de la difficulté et de l'importance de la tâche qu'il s'agissait
d'accomplir : il s'y est préparé avec une patience digne de tout
éloge, et après plusieurs essais dont ses mémoires récents
nous donnent la preuve manifeste, il a courageusement entre-
pris et mené à bien la présente Monographie qui prolonge jusqu'à nous, et met à notre portée, la brillante œuvre darwinienne.

Il n'est pas facile de travailler à la suite d'un grand homme, même simplement pour en compléter l'œuvre ; et pourtant, ce travail ne laisse pas d'être nécessaire à cause des multiples découvertes qui viennent enrichir chaque jour le domaine scientifique. Ne fût-ce que pour avoir accepté modestement ce rôle ingrat, mais fort utile, M. Gruvel mériterait la reconnaissance des zoologistes.

Au surplus la présente monographie se recommande par des qualités intrinsèques très estimables ; elle est illustrée de nombreuses figures bien choisies et finement dessinées par l'auteur ; elle se déroule suivant un plan des plus méthodiques ; enfin et surtout, elle renferme pour chaque groupe des tableaux dichotomiques singulièrement propres à faciliter la détermination. En somme, c'est avant tout une œuvre systématique, où l'on sent la préoccupation louable et constante du spécialiste qui cherche à rendre aisée et attrayante la connaissance des espèces dans un groupe particulièrement difficile. Les descriptions et les tableaux systématiques de M. Gruvel s'étendent à toutes les espèces et à tous les ordres, abstraction faite toutefois des Rhizocéphales qui, en raison de leur parasitisme étroit et de leurs modifications profondes, constituent un ordre à part et tout particulier dans la sous-classe des Cirrhipèdes.

La monographie de M. Gruvel n'est pas seulement une œuvre de systématique bien ordonnée et pratique ; elle s'étend à toutes les questions relatives à l'histoire du groupe. La biologie, la structure anatomique, le développement et la phylogénie des Cirrhipèdes y sont l'objet de chapitres particuliers qui donnent une idée complète de la sous-classe. Le tout bref et très substantiel, comme d'ailleurs les autres chapitres de l'ouvrage.

J'ai lu avec un intérêt particulier les considérations relatives à l'évolution générale du groupe et aux curieux phénomènes de sexualité qu'on y observe. Le premier de ces chapitres me paraît fort juste, surtout en ce qui concerne les espèces fossiles

du genre *Turrilepas* et les affinités qu'elles présentent avec
les Pédonculés primitifs (*Pollicipes* et *Scalpellum*). Quant au
second, j'avouerai qu'il ne m'a pas du tout convaincu. A
l'exemple de M. Hœk, M. Gruvel pense que les Cirrhipèdes
primitifs étaient hermaphrodites comme la très grande majorité des formes actuelles, que la séparation des sexes a été
secondairement acquise chez certaines de ces dernières
(quelques *Ibla* et *Scalpellum*), et que les mâles nains ou complémentaires qu'on observe alors doivent être considérés comme
des hermaphrodites où la disparition des ovaires coïncide
avec l'atrophie de la taille. Bien que ces idées soient en concordance avec celles qu'a soutenues M. Paul Mayer dans son
étude sur l'hermaphroditisme des Cymothoadiens, je per-
siste à croire que la séparation des sexes est l'état primitif
des Cirrhipèdes (comme des autres Arthropodes), et que les
mâles nains les plus réduits, tels que ceux du *Scalpellum velutinum*, sont à beaucoup d'égards les formes les moins modifiées
du groupe et les plus voisines du stade cypridien. Mais ce sont
là des considérations abstraites indépendantes de la valeur du
travail et pour lesquelles, d'ailleurs, M. Gruvel a l'appui de
hautes autorités.

Il ne me reste plus maintenant qu'à souhaiter à la nouvelle
monographie un succès digne de son objet : qu'elle soit lue par
de nombreux élèves, consultée par de nombreux spécialistes,
et que sa publication ait pour résultat de faire mieux connaître
et de rendre plus attrayant encore un des groupes les plus
curieux du Règne animal !

E.-L. BOUVIER

Paris, le 7 octobre 1904.

AVERTISSEMENT

Depuis l'époque où Darwin publiait sa remarquable Monographie des Cirrhipèdes, de nombreux et importants travaux systématiques et anatomiques ont été publiés sur ce groupe.

C'est le résumé, aussi complet que possible, de l'ensemble de ces recherches qui constitue le présent volume.

Nous avons réduit les diagnoses et les descriptions d'espèces au strict nécessaire ; mais elles seront suffisantes, nous l'espérons, pour permettre une détermination facile, grâce aux tableaux synoptiques que nous avons établis pour chaque genre.

Toutes les espèces actuellement vivantes sont décrites et, pour la très grande majorité, figurées. Ces figures sont les reproductions des dessins publiés par les divers auteurs ; beaucoup ont été puisées dans la Monographie de Darwin et plus ou moins remaniées par nous d'après les types eux-mêmes. Enfin, un assez grand nombre ont été photographiées quand leurs dimensions l'ont permis.

Presque toutes les figures des parties anatomique et embryogénique nous sont personnelles.

Nous devons nos plus vifs remerciements à MM. Ed. Perrier, Directeur du Muséum, Vaillant et Bouvier, professeurs au Muséum ; à MM. Ray Lankester, Directeur du British Muséum, Jeffrey Bell, professeur ; enfin, au Professeur Ludwig Plate et au Dr Weltner du Muséum de Berlin pour les importants documents que ces savants ont bien voulu mettre à notre disposition et qui nous ont permis d'écrire cet ouvrage.

M. Masson, éditeur, qui, comme de coutume, n'a rien négligé pour cette publication, a droit à notre sincère gratitude.

Puisse l'effort considérable que nous avons fait, surtout pendant ces cinq dernières années, et qui a finalement abouti à la publication de ce volume, n'être pas complètement perdu.

Puisse ce travail pousser quelques jeunes zoologistes vers l'étude de ce groupe si intéressant et plus spécialement vers les formes perforantes ou parasites, les plus dégradées, et encore si mal connues. Si ce résultat est atteint, nous nous trouverons largement récompensé.

A. GRUVEL.

Bordeaux, le 19 Mai 1904.

N. B. — Le lecteur est prié de se reporter à la fin du volume, p. 456, pour les *errata, corrigenda* et *addenda*.

AUTOGRAPHES DE QUELQUES AUTEURS

DONT LA PLUPART

ONT ÉTUDIÉ SYSTÉMATIQUEMENT LES CIRRHIPÈDES

Je vous serre la main et je vous prie d'agréer l'assurance de ma considération la plus distinguée

PORTRAIT ET AUTOGRAPHE DU DOCTEUR P.-P.-C. HOEK, DIRECTEUR DU LABORATOIRE DU HELDER (HOLLANDE)

Je prends la liberté de rappeler à l'administration demande de Pierre Tellier en de lui recommander celle, jointe de Leroux

AUTOGRAPHE DE CUVIER (1769-1832)

approuvé la note ci-dessus

fera en même temps Connoître à l'assemblée tous ceux qui se présentent et qui ont des titres pour remplir cette place. alors le C. olivier ne sera surement pas oublié.

à Paris ce 24 Brumaire, l'an 3ᵉ de la République françoise une et indivisible.

Lamarck

et moins couteuse. tous ces animaux sont très doux et ne nécessiteroient presque pas de défense de cages pour les renfermer.

J'ai l'honneur d'être avec la plus haute considération

Messieurs

votre très humble et devoué ser.

Quoy

qui se livrent à l'étude. D'après, c'est cela qui me semble avoir, suivant les rapports, le plus de dispositions et d'activité. Par l'intérêt de mes vues, je le recommande à votre bienveillance.

Daignez agréer, Messieurs, l'hommage du profond respect, avec le quel j'ai l'honneur d'être,

votre très-humble et très-obéissant serviteur

Latreille

Paris, le 12 mars 1829.

J'ai le désir de recueillir, en zoologie, botanique et tout ce qui se trouve sur les côtes de l'Islande, et même dans l'intérieur de cette île.

Je suis avec respect,

Messieurs,

Votre très humble et très obéissant serviteur

Gaimard

35, rue de l'Odéon.

qui me semble favorable à l'échange. Je veux dire le chiffre du volume

Merci d'avance et bien à vous

Th. de Lacaze Duthiers

Carl W. S. Aurivillius:

MONOGRAPHIE
DES CIRRHIPÈDES [1]
(CIRRIPEDIA)

OU THÉCOSTRACÉS [2]
(THECOSTRACA)

CHAPITRE PREMIER

INTRODUCTION

1. *ORIGINE DU GROUPE.* — Cuvier, dans sa classification du règne animal, plaçait les Cirrhipèdes parmi les Mollusques. Ce seul fait nous montre quelles modifications profondes la fixation et le parasitisme ont été capables d'imprimer à la forme initiale, pour que le créateur de l'anatomie comparée ait pu se méprendre à ce point!

Il n'a fallu rien moins que les travaux de savants tels que J. Vaughan Thompson, Burmeister, Martin-Saint-Ange, Goodsir, Rathke, Spence Bate, etc. et surtout la découverte de la larve par le premier de ces auteurs pour préciser nettement les affinités réelles de ce groupe.

La forme larvaire des Cirrhipèdes, le *Nauplius*, se retrouve à l'origine même des Crustacés, et, chez la plupart d'entre eux, aussi bien parmi les Malacostracés que chez les Entomostracés, se manifeste encore, soit à la naissance, soit dans l'œuf.

Les Copépodes sont, parmi les Entomostracés, ceux dont les premières formes larvaires (*Nauplius* et *Métanauplius*) ressemblent le plus à celles des Cirrhipèdes; mais tandis que, chez les premiers, la larve prend immédiatement la forme *Cyclops*, c'est-à-dire celle de l'un des représentants les plus simples du groupe, chez les Cirrhipèdes, au contraire, après la

---

1) On écrit Cirrhipèdes ou Cirripèdes. J'ai adopté la façon suivante : en français, *Cirrhi-*
: es, en latin, *Cirripedia*, puisque *cirrus* s'écrit le plus souvent en français *cirrhe*, bien que
···e s'emploie aussi couramment.

(2) De θήκη, ης, fourreau, étui, enveloppe protectrice.

phase *Métanauplius*, la larve prend une forme ressemblant à celle d'une *Cypris* (Ostracode), d'où le nom de larve Cypris, qu'on a donné à ce stade particulier de leur évolution.

Jusqu'ici la larve a été libre et elle va continuer encore à l'être pendant quelque temps. Puis, après avoir nagé plus ou moins longtemps, elle va se fixer par l'extrémité de ses antennes, à l'aide de la sécrétion d'une glande spéciale (glande cémentaire) dont le canal s'ouvre près de leur sommet.

A partir de ce moment, la région de fixation, d'abord tout à fait antérieure, se porte de plus en plus en arrière, en même temps que la partie qui la sépare de la bouche s'allonge, qu'un repli membraneux se porte en arrière vers l'extrémité des appendices et les recouvre en tapissant la carapace bivalve qui protège la larve à ce moment.

La région nucale s'allonge tantôt beaucoup, tantôt, au contraire, reste très courte ; des plaques calcaires commencent à apparaître au-dessous de la carapace chitineuse, qui bientôt tombe et le Cirrhipède est alors constitué définitivement.

Nous verrons que, chez les formes parasites ou simplement commensales, les modifications peuvent être bien plus considérables encore !

C'est, semble-t-il, Strauss, qui signala, le premier, en 1810 l'affinité existant entre les Cirrhipèdes et les Crustacés, mais ses idées ne prévalurent pas jusqu'au moment où J. Vaughan Thompson fit connaître en partie leurs formes larvaires. Thompson n'avait vu que la larve de deuxième âge dans le genre *Balanus*, alors que, dans les genres *Lepas* et *Conchoderma* il avait observé la larve de premier âge. La différence de constitution entre ces deux formes larvaires ne lui avait pas semblé extraordinaire car il supposait, précisément, qu'elles se rapportaient, chacune, à un genre et même à un type différent.

Ce n'est que Burmeister qui montra nettement que le *Lepas* présente successivement les deux formes décrites par Thompson. Goodsir et Spence Bate ont fourni des documents très intéressants, l'un sur la larve du premier âge, l'autre sur les larves de cinq espèces de Cirrhipèdes, et enfin Darwin a magistralement exposé, pour son époque, toutes les métamorphoses de ces Crustacés inférieurs.

Plus récemment les travaux de Hoek (1883) et de Groom (1894) sont venus nous apporter de nouveaux détails sur cette partie très intéressante de l'embryogénie des Cirrhipèdes.

La forme larvaire dont sont dérivés tous les ENTOMOSTRACÉS, on pourrait même dire tous les Crustacés, est la forme *Nauplius* ou une forme très voisine que nous appellerons, si l'on veut, avec Claus, les PROTOSTRACÉS. Très rapidement, sinon tout de suite, le type *Nauplius* s'est manifesté.

A partir de ce stade s'est déjà produite une branche divergente, qui a donné naissance au type PHYLLOPODE. Continuant toujours à se transformer dans la même lignée, s'est manifestée la forme *Métanauplius*, à partir de laquelle se détache le phyllum qui donnera naissance au type COPÉPODE. Le *Métanauplius* fait un pas de plus et se transforme en un être d'aspect tout différent, la larve *Cypris*, qui, évidemment, bien que par des caractères assez éloignés, ressemble à certains OSTRACODES adultes, ce qui, du reste, lui a valu son nom.

La phase nauplienne vraie est à peu près inconnue chez les OSTRACODES, puisque beaucoup ne subissent pas de métamorphoses extérieures et que ceux qui en présentent, ont une forme nauplienne, avec une carapace bivalve, c'est-à-dire offrent déjà l'aspect de l'adulte.

Enfin, terminant la lignée primitive, par transformation directe de la larve *Cypris*, apparaît le *Cirrhipède*.

Les vues que nous venons d'exposer trop brièvement se trouvent résumées par le tableau ci-dessous. Nous ferons remarquer que ce n'est là, évidemment, qu'un arbre géométrique n'indiquant que les grands traits de l'évolution dont nous venons de parler.

C'est à partir de la forme *Cypris*, ou un peu après, qu'ont dû prendre naissance les différents groupes de Cirrhipèdes.

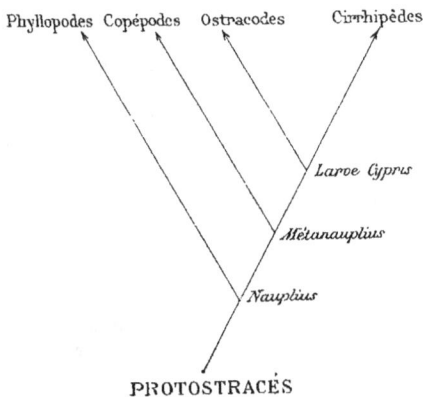

Tableau montrant les rapports des Cirrhipèdes et de leurs larves, avec les Entomostracés.

Si, comme nous venons de le voir, les Cirrhipèdes présentent des points communs, nombreux, avec les Entomostracés, il n'en est pas moins vrai que, à l'état adulte, ils sont beaucoup plus différents des Entomostracés, par leur forme extérieure et par leur hermaphrodisme à peu près général, que ceux-ci ne diffèrent des Malacostracés eux-mêmes.

A l'exemple de Darwin et de Dana, nous élèverons donc le groupe des Cirrhipèdes au rang de *sous-classe*, et l'on pourrait alors diviser la classe des Crustacés en trois sous-classes : les Malacostracés (*Malacostraca*), les Entomostracés (*Entomostraca*) et les Thécostracés (*Thecostraca*) ou Cirrhipèdes (*Cirripedia*).

II. *ÉVOLUTION GÉNÉRALE DU GROUPE*.

— Il nous est impossible de nous faire une idée nette de la forme sous laquelle a bien pu se manifester le premier Cirrhipède ancestral après le stade Cypris ! Dans l'état actuel de nos connaissances paléontologiques sur ces animaux, les premières traces qui nous en restent sont représentées, dans les terrains Silurien et Devonien d'Europe et de l'Amérique septentrionale, par des formations écailleuses, à peu près toutes semblables, considérées par de Koninck comme des plaques de Chitons (*Chiton Wrightianus*), par H. Woodward comme des écailles pédonculaires et par de Barrande comme des plaques capitulaires de Cirrhipèdes.

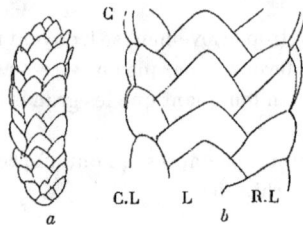

Fig. 1. — *a, Turrilepas Wrightii,* H. W., vue d'ensemble. — *b,* une partie du même plus grossie.
C, écailles carénales; CL, caréno-latérales; L. latérales; RL, rostro-latérales; R, rostrales.

Notre opinion est que ce sont là les restes des formations cuticulaires *complètes* d'un Cirrhipède primitif désigné par H. Woodward sous le nom de *Turrilepas* (1) (fig. 1).

L'animal proprement dit était alors enfoncé dans cette sorte de cylindre écailleux qui protégeait mal ses appendices.

Pour leur constituer un abri plus efficace, les plaques de la rangée supérieure se sont développées beaucoup plus que les autres et les formations cuticulaires se sont alors nettement divisées en deux groupes : la rangée supérieure, plus développée, a formé les plaques du *capi-*

(1) A. Gruvel. Expéditions du « Travailleur » et du « Talisman », page 5.

tulum, tandis que les autres, à peu près toutes semblables, ont constitué les écailles du *pédoncule*. C'est là une modification que nous pouvons observer chez une forme appartenant au Cénomanien (*Loricula Syriaca*, Dames) et chez une autre, très voisine, du Crétacé supérieur (*L. pulchella*, Sow.) (fig. 2). L'évolution commencée dans ce sens est, de plus en plus, devenue manifeste, de façon à constituer finalement des êtres que nous connaissons à la fois à l'état fossile et à l'état vivant, comme les *Pollicipes* par exemple, chez lesquels il existe deux régions généralement très distinctes, une, supérieure, formée de *plaques capitulaires* bien développées abritant très efficacement l'animal proprement dit, et une autre région, inférieure, servant uniquement de support et recouverte d'*écailles pédonculaires*, en général toutes semblables, et de dimensions très réduites.

Fig. 2. — *Loricula pulchella*, Sow. montrant le mode d'imbrication des écailles pédonculaires. — C, écailles carénales ; C.L, écailles caréno-latérales ; L, écailles latérales ; R.L, écailles rostro-latérales ; R, écailles rostrales.

Les déductions ci-dessus ressortent nettement, non seulement des données paléontologiques que nous venons de signaler, mais encore de faits d'ordre embryogénique et même anatomique. En effet, si l'on étudie le développement postlarvaire du *Pollicipes polymerus*, Sow. par exemple (Nussbaum), on voit que chez les très jeunes individus, il est impossible de limiter la région capitulaire tellement les plaques inférieures du *capitulum* sont semblables aux écailles supérieures du *pédoncule*.

De plus, Kœhler a, le premier, signalé au centre des écailles de *Pollicipes* un or

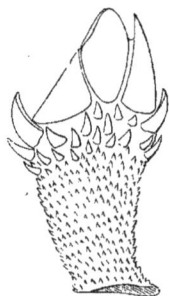

Fig.3.— *Pollicipes sertus*, Darw.

Fig.4.— *Pollicipes polymerus*, Sowerby Jeunes (d'après *Nussbaum*).

gane que nous avons décrit après lui comme étant un organe sensoriel. On le retrouve, modifié il est vrai, jusque dans les plaques inférieures. Il ne disparaît que dans celles qui ont

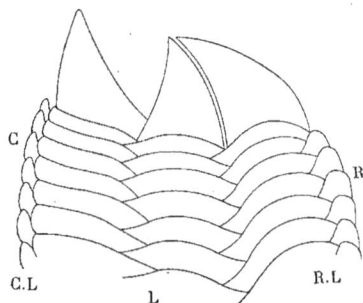

atteint un développement bien supérieur à celui des écailles (1).

Nous verrons, en étudiant séparément chacune des sections de cette sous-classe, comment les différentes formes dérivent du type primitif et comment elles se rattachent les unes aux autres.

III. *CLASSIFICATION GÉNÉRALE*. — Bien que de nombreux auteurs aient proposé une classification des Cirrhipèdes, depuis Bruguière en 1798 jusqu'à Gœrstœcker (1879) en passant par Leach (1817), Gray (1825), Latreille (1829) et Darwin (1851-53), il n'existe pas, à proprement parler, de classification nettement établie de ce groupe.

En nous basant sur les caractères évolutifs que nous venons de signaler et étant donnée l'importance philogénique que présentent le nombre et l'arrangement des formations cuticulaires, nous avons cherché à grouper les différents genres en tenant compte de l'ensemble de ces caractères particuliers.

Nous diviserons tout d'abord la sous-classe des THÉCOSTRACÉS ou CIRRHIPÈDES en cinq ordres : les THORACIQUES (*Thoracica*), les ACROTHORACIQUES (*Acrothoracica*) (2), les ASCOTHORACIQUES (3) (*Ascothoracica*), les APODES (*Apoda*) et les RHIZOCÉPHALES (*Rhizocephala*) ou KENTROGONIDES.

---

(1) Voir partie anatomique : formations articulaires.
(2) De αχρος, extrémité, bout.
(3) Ascothoracides (*Ascothoracida*) de H. de Lacaze-Duthiers.

CHAPITRE II

ORDRE DES CIRRHIPÈDES THORACIQUES (*THORACICA*)

Définition. — Cirrhipèdes (1) dont e corps, protégé par un manteau recouvert ou non de formations cuticulaires, présente un thorax constitué par six segments portant chacun une paire d'appendices biramés et multiarticulés.

L'ordre des Cirrhipèdes thoraciques se divise lui-même en deux sous-ordres : les PÉDONCULÉS (*Pedunculata*) et les OPERCULÉS (*Operculata*).

I. *PÉDONCULÉS*. — **Définition**. — Cirrhipèdes thoraciques présentant un pédoncule plus ou moins développé. Capitulum recouvert ou non de plaques calcaires ou chitineuses, mais formant toujours un ensemble homogène, c'est-à-dire que les *terga* et les *scuta*, quand ils existent, ne s'articulent jamais avec les autres plaques capitulaires.

Nous avons divisé les PÉDONCULÉS en quatre familles : les POLYASPIDÉS (2) (*Polyaspidæ*) pour ceux dont le capitulum porte un nombre de plaques supérieur à huit, ce nombre pouvant être, du reste, extrêmement variable, et parfois très grand ; les PENTASPIDÉS (*Pentaspidæ*) pour ceux qui n'en portent normalement que cinq ; les TÉTRASPIDÉS (*Tetraspidæ*) pour ceux qui n'en ont que quatre, et enfin les ANASPIDÉS (*Anaspidæ*) pour ceux dont le capitulum ne porte que des *scuta* plus ou moins atrophiés ou même nuls.

Ces familles sont, parfois, subdivisées, elles-mêmes, en sous-familles, et celles-ci en genres, comme le montre le tableau général de classification qui suit.

II. *OPERCULÉS*. — **Définition**. — Cirrhipèdes thoraciques dépourvus de pédoncule. Corps entièrement protégé par une muraille calcaire. Les *terga* et les *scuta* forment, de chaque côté, un volet, mobile ou

(1) La définition de la sous-classe des Cirrhipèdes sera donnée seulement à la fin de la partie systématique, quand nous aurons passé en revue tous les groupes qui la composent
(2) De πολύ, plusieurs, et ασπίσ, bouclier, plaque.

TABLEAU SYNOPTIQUE DE LA CLASSIFIC[...]

ORDRE.	S.-ORDRES.	TRIBUS.	FAMILLES.		SOUS-FAMILLES.

CIRRHIPÈDES THORACIQUES (*Thoracica.*)

Pédonculés. (*Pedunculata.*)

α. POLYASPIDÉS. (*Polyaspidæ.*)
- Écailles bien développées et réparties le plus souvent régulièrement sur la surface du pédoncule. — *a.* POLLICIPINÉS (*Pollicipinæ.*)
- Écailles bien développées seulement sur la partie supérieure du pédoncule. — *b.* LITHOTRYNÉS (*Litholrynæ.*)

β. PENTASPIDÉS. (*Pentaspidæ.*)
- *Scuta* avec l'umbo vers le milieu du bord occluseur. Pédoncule couvert de pointes calcaires disséminées sur toute sa surface. — *a.* OXYNASPINÉS (*Oxynaspinæ.*)
- *Scuta* avec l'umbo à la partie inférieure du bord occluseur. Pédoncule toujours lisse. — *b.* LÉPADINÉS (*Lepadinæ.*)

γ. TÉTRASPIDÉS. (*Tetraspidæ.*) — *Scuta* et *terga* seuls développés.

δ. ANASPIDÉS. (*Anaspidæ.*)
- Quand il existe des plaques, ce sont toujours les *scuta* plus ou moins atrophiés. — *a.* ALÉPADINÉS (*Alepadinæ.*)
- Jamais de plaques capitulaires, le plus souvent, pédoncule lisse. — *b.* ANÉLASMINÉS (*Anelasminæ.*)

Operculés. (*Operculata.*)

Asymétriques. (*Asymetrica.*) — VERRUCIDÉS. (*Verrucidæ.*)

Symétriques. (*Symetrica.*)

α. OCTOMÉRIDÉS (*Octomeridæ.*) — Rostre avec des ailes, mais pas de rayons.

β. HEXAMÉRIDÉS (*Hexameridæ.*)
- Rostre avec des ailes et pas de rayons. — *a.* CHTHAMALINÉS (*Chthamalinæ.*)
- *Scuta* et *terga* articulés entre eux. — *b.* BALANINÉS (*Balaninæ.*)
- Rostre avec des rayons et pas d'ailes. *Scuta* et *terga* non articulés entre eux. — *c.* CORONULINÉS (*Coronulinæ.*)
- *Scuta* et *terga* absents. — *d.* XÉNOBALANINÉS (*Xenobalaninæ.*)

γ. TÉTRAMÉRIDÉS. (*Tetrameridæ.*)
- Rostre avec des ailes et pas de rayons. — *a.* CHAMŒSIPHONÉS (*Chamœsiphonæ.*)
- Rostre avec des rayons et pas d'ailes. — *b.* TÉTRACLITINÉS (*Tetraclitinæ.*)

GÉNÉRIQUE DES CIRRHIPÈDES THORACIQUES,

Plus de quinze plaques capitulaires (en général de 18 à 35 et plus).............. *Pollicipes*, Leach, 1817.
Plus de huit plaques capitulaires (en général de 12 à 13)...................... *Scalpellum*, Leach, 1817.

Les deux plaques latérales rudimentaires ou nulles. Huit plaques capitulaires..... *Lithotrya*, G.-B. Sowerby, 1822.

Pointes calcaires disséminées sur le capitulum................................. *Oxynaspis*, Darwin, 1851.

Plaques normalement développées. Pédoncule souvent très long .... *Lepas*, Linné, 1767.
Scuta et carène très développées, cachant entièrement le pédoncule atrophié.
Plaques fortement striées .... *Megalasma*, Hœk, 1883.
Scuta très développés, parfois divisés en deux ; *terga* réduits ou nuls............ *Pœcilasma*, Darwin, 1851.
Plaques atrophiées. *Scuta* avec deux segments plus ou moins séparés ; *terga* réduits
ou nuls.. *Dichelaspis*, Darwin, 1851.
Capitulum sur le prolongement direct du pédoncule. Plaques très atrophiées ; ouver-
ture large... *Conchoderma*, Olfers, 1814.

Pédoncule recouvert de soies chitineuses longues et nombreuses................. *Ibla*, Leach, 1825.
Capitulum globuleux, recourbé, ouverture étroite, souvent frangée et prolongée en
un tube plus ou moins saillant, cirrhes normaux avec nombreux articles....... *Alepas*, Sander Rang, 1829.

Capitulum à ouverture large, non frangée, non prolongée en un tube saillant, man-
teau orné de pointes chitineuses. Cirrhes non atrophiés excepté la première paire
qui est simple.. *Chetolepas*, Studer, 1882.
Capitulum recourbé sur le pédoncule, ouverture étroite non frangée. (Sur les
Méduses.) Cirrhes atrophiés, articulés, pourvus de soies .... *Gymnolepas*, C.-W. Aurivillius, 1894.
Capitulum sur le prolongement direct du pédoncule, ouverture large. (Sur les
Squales.) Cirrhes atrophiés, non articulés, dépourvus de soies................ *Anelasma*, Darwin, 1851.

Scuta et *terga* mobiles sur *un seul côté*, formant de l'autre une partie de la
muraille.. *Verruca*, Schumacher, 1817.

Pièces recouvertes d'écailles imbriquées de bas en haut, base calcaire ou mem-
braneuse... *Catophragmus*, G.-B. Sowerby, 1827.
Pièces de la muraille à côtes saillantes plus ou moins régulières, base membra-
neuse, bords très découpés .... *Octomeris*, G.-B. Sowerby, 1825.
Muraille élevée, bords non découpés, base calcaire. Huit pièces chez le jeune, six
ou même quatre chez l'adulte. (Grandes profondeurs.) .... *Pachylasma*, Darwin, 1853.
Muraille en général assez plate, base membraneuse ; bord des pièces le plus souvent
très découpé à la base... *Chthamalus*, Ranzani, 1820.

Parois le plus souvent poreuses, base calcaire ou membraneuse, jamais régulière-
ment conique.. *Balanus*, Da Costa, 1778.
Pièces non poreuses, base calcaire, le plus souvent en forme de coupe. Vit dans
les Éponges... *Acasta*, Leach, 1817.
Muraille surbaissée, parois très épaisses avec nombreux septa, base membraneuse ;
parasite sur animaux marins (cétacés, tortues, crustacés, mollusques).......... *Chelonobia*, Leach, 1817.

Parois épaisses, septa nombreux. Valves operculaires plus petites que l'orifice de
la coquille. Fixé sur les Cétacés.. *Coronula*, Lamarck, 1802.
Test déprimé, lames radiaires saillantes à la partie externe du test et entre lesquelles
passe l'épiderme de la Baleine. Terga très réduits ou nuls. Base mem-
braneuse... *Cryptolepas*, Dall, 1872.
Test déprimé formé de pièces plus ou moins profondément bilobées. Base mem-
braneuse... *Platylepas*, Gray, 1825.
Muraille très élevée, cylindrique, base membraneuse (sur les Baleines)........ *Tubicinella*, Lamarck, 1802.
Test subglobuleux, peu élevé, annelé. Anneaux interrompus au niveau des parois.
Parasite des Tortues.. *Stephanolepas*, Fischer, 1886.

Muraille rudimentaire, à la base de fixation ; ni *scuta*, ni *terga* ; prosoma très développé en hauteur et débordant de beaucoup la muraille. Fixé sur les Baleines... *Xenobalanus*, Steenstrup, 1851.

Sutures quelquefois peu visibles, parois à côtes plus ou moins saillantes et plus ou
moins régulières vers la base, non poreuses. Base membraneuse.............. *Chamæsipho*, Darwin, 1853.

Pièces quelquefois soudées *extérieurement*, parois épaisses et très poreuses, base
irrégulièrement aplatie, calcaire ou membraneuse............................... *Tetraclita*, Schumacher, 1817.
Parois non poreuses, forme conique, assez élevée, base membraneuse.... .... *Elminius*, Leach, 1825.
Muraille formée de quatre pièces *distinctes*, base en forme de coupe. Fixé sur les
Madrépores.. *Creusia*, Leach, 1817.
Parois formées d'*une seule* pièce (résultant de la soudure de quatre), base en
forme de coupe. Fixé sur les Madrépores. .... *Pyrgoma*, Leach, 1817.

non, mais s'articulant nettement, d'un côté au moins, avec les autres pièces du test, pour constituer un véritable opercule simple ou double.

Immédiatement, la séparation de ce sous-ordre en deux tribus s'impose. La première, celle des ASYMÉTRIQUES (*Asymetrica*), comprend les operculés chez lesquels le volet scuto-tergal est mobile d'un *seul* côté, variable, du reste; la seconde, des SYMÉTRIQUES (*Symetrica*), renferme la très grande majorité des Operculés et comprend tous ceux dont les volets scuto-tergaux sont symétriques et mobiles *tous les deux*.

Les ASYMÉTRIQUES ne renferment qu'une seule famille, celle des VERRUCIDÉS (*Verrucidæ*), comprenant le seul genre *Verruca*, Schumacher.

Les SYMÉTRIQUES se laissent facilement diviser en trois familles que nous avons respectivement désignées sous les noms de OCTOMÉRIDÉS (*Octomeridæ* (1), HEXAMÉRIDÉS (*Hexameridæ*) et enfin TÉTRAMÉRIDÉS (*Tetrameridæ*) pour les Symétriques qui possèdent huit, six ou quatre pièces à la muraille. La dernière famille renferme aussi des animaux dont la muraille semble formée d'une seule pièce, mais, ce n'est là qu'une apparence, car cette pièce unique résulte de la soudure de quatre parties primitivement distinctes. De même, nous avons placé, parmi les OCTOMÉRIDÉS, des formes (*Pachylasma*, Darw.) qui ont primitivement huit pièces, mais, après soudures de deux ou de quatre d'entre elles, elles n'en présentent plus que six ou même seulement quatre.

La plupart de ces familles sont elles-mêmes subdivisées en sous-familles et celles-ci en genres, comme le montre le tableau ci-dessus qui résume la classification générique actuelle des Cirrhipèdes thoraciques.

(1) De μέρος, pièce, partie.

CHAPITRE III

A. PARTIE SYSTÉMATIQUE

Nous allons maintenant reprendre, avec plus de détails, l'étude des différents groupes que nous venons d'indiquer, en donnant pour chacun d'eux un aperçu de la constitution externe fournissant les caractères spécifiques; nous réserverons pour plus tard l'étude anatomique et histologique.

I. — PÉDONCULÉS (*Pedunculata*).

a. *Régression des plaques.* — Nous avons vu précédemment que l'on passe facilement du genre *Turrilepas* au genre *Loricula* et de celui-ci au genre *Pollicipes*, c'est-à-dire à la forme la plus ancestrale connue parmi les Cirrhipèdes encore représentés actuellement.

Le genre *Scalpellum* est rapidement dérivé du précédent. On trouve en Nouvelle-Zélande (pays qui a conservé en ce qui concerne la forme spéciale que nous étudions, un caractère ancestral très net) des échantillons de *Scalpellum villosum*, Leach, qui ressemblent de la façon la plus frappante à des exemplaires de *Pollicipes sertus* ou *spinosus*. Seul, le nombre des plaques capitulaires permet de faire la distinction.

A partir du genre *Pollicipes*, la réduction de l'appareil protecteur, plaques et écailles, se poursuit insensiblement, en nombre pour les premières, en dimensions pour les secondes. Déjà manifeste dans le genre *Scalpellum*, elle s'accentue encore avec le genre *Lithotrya*, Sow.

Les plaques dont le rôle protecteur est très réduit doivent être, selon notre théorie, les premières à disparaître; c'est ainsi que l'on voit d'abord le sous-rostre, la sous-carène et le rostre, s'atrophier, puis disparaître et il ne reste bientôt plus par exemple que les cinq plaques des *Lepas*. Les *terga* s'atrophient à leur tour, et manquent même parfois complètement dans le genre *Pœcilasma*, Darw. Puis, après être devenus bifides, les *scuta*, eux-mêmes, se réduisent de plus en plus chez les *Dichelaspis*, Darw., pour disparaître, à peu près, dans le genre

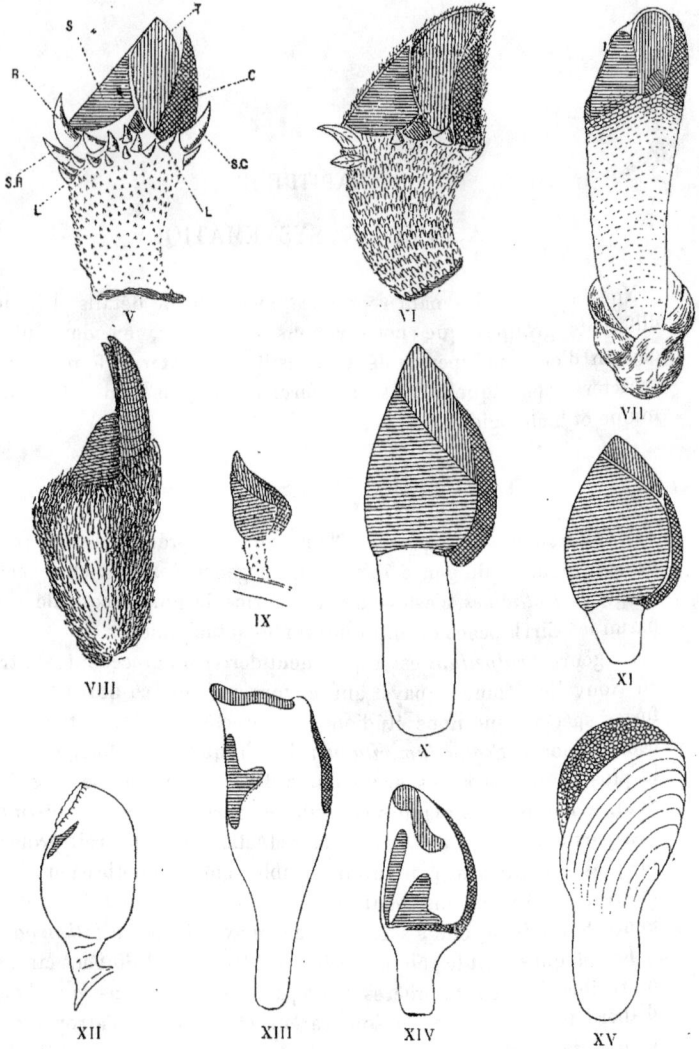

Fig. 5 à 15.

V. Pollicipes. — VI. Scalpellum. — VII. Lithotrya. — VIII. Ibla. — IX. Oxynaspis. — X. Lepas.
— XI. Pœcilasma. — XII. Dichelaspis. — XIII. Conchoderma. — XIV. Alepas. — XV. Anelasma.

Alepas, Sander Rang, et définitivement chez les *Anelasma,* Darw. (fig. 5, 6, 7, 8, 9, 10, 11, 12, 13, 14 et 15).

La réduction, d'abord, et ensuite la disparition des écailles pédonculaires, ont suivi celles des plaques capitulaires. Après avoir été bien développées chez beaucoup de *Pollicipes* et de *Scalpellum,* elles se réduisent déjà à de simples épines chez quelques formes appartenant à ces genres ainsi que chez les *Oxynaspis,* à de petits boutons chitineux chez les *Lepas, Dichelaspis,* etc., et disparaissent complètement avec les *Anelasma.*

b. *Nomenclature des formations cuticulaires.* — Nous avons distingué les formations articulaires des Cirrhipèdes en deux groupes, celles de la partie supérieure (l'animal étant représenté dans sa position de fixation) ou *plaques capitulaires* et celles de la partie inférieure ou *écailles pédonculaires.*

Les premières peuvent se diviser à leur tour en *principales* et *accessoires*; les principales sont : les *terga* et les *scuta,* pairs et symétriques, la carène et le rostre, impairs, placés respectivement : la première en arrière des terga et des scuta, le second en avant et au-dessous des scuta.

Les plaques accessoires sont : la *sous-carène* et le *sous-rostre,* placés, comme leur nom l'indique, au-dessous de la carène d'une part et du rostre de l'autre, et enfin les plaques latérales dont quatre seulement (de chaque côté) présentent une certaine constance, les *supra-latérales,* les *infra-médio-latérales* (1), les *caréno-latérales* et les *rostro-latérales*; les

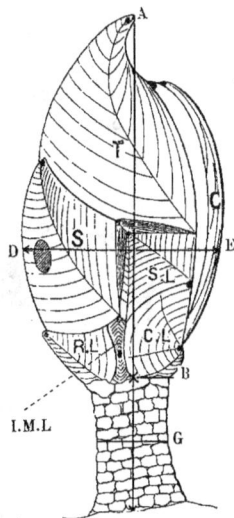

Fig. 16. — *Scalpellum.* T, tergum ; S. scutum ; C, carène ; S.L, plaque supra-latérale ; R.L, plaque rostro-latérale ; I.M.L, plaque infra-médio-latérale ou simplement infra-latérale ; C.L, plaque caréno-latérale.

autres n'offrent aucune stabilité de position, aussi les désigne-t-on simplement sous le nom de plaques *latérales* (fig. 16).

L'ensemble des plaques d'un même côté, avec la chitine qui les unit, prend le nom de *valve.* Les deux valves sont unies l'une à l'autre postérieurement et peuvent se rapprocher sous l'influence d'un muscle spécial qui s'insère à la face interne de chaque scutum (muscle adducteur des scuta) et qui traverse, dorsalement, la nuque de l'animal.

(1) Dans le langage courant on dit, le plus souvent : plaques *infra-latérales* pour *infra-médio-latérales.*

Les *écailles* pédonculaires sont, dans la plupart des cas, étroites et aplaties, souvent imbriquées les unes sur les autres, celles d'une rangée supérieure étant en partie recouvertes par celles qui viennent immédiatement au-dessous. Elles alternent généralement d'une rangée circulaire à l'autre. Souvent, elles sont représentées par des sortes d'épines (*Ibla*) ou par de simples nodules chitineux (*Lepas, Dichelaspis.*)

c. *Orientation du Cirrhipède*. — D'après ce que nous connaissons déjà de l'évolution des Cirrhipèdes, il est facile de se rendre compte de la façon dont l'orientation de ces animaux doit être comprise.

Les antennes de fixation réprésentent toujours la région antérieure de l'animal, elles doivent donc être placées en avant.

Par comparaison avec les autres Crustacés, nous devrons, en outre, placer les cirrhes en arrière, comme représentant les pieds des autres Entomostracés, et les tourner vers la partie inférieure. Nous obtiendrons ainsi l'orientation *morphologique* à laquelle il faut toujours se rapporter quand on veut indiquer la droite et la gauche de l'animal. Nous

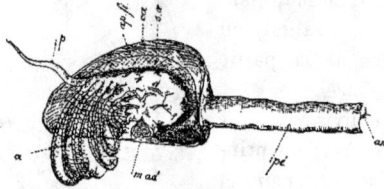

Fig. 17. — *an*, antennes; *pé*, pédoncule; *m.ad*. muscle adducteur des scuta; *s.œ*, sac à œufs; *ca*, carène; *ap. fi*, appendices filamenteux; *p*, pénis; *c*, cirrhes. (Position morphologique.)

dirons donc que les antennes et le pédoncule sont antérieurs, la bouche inférieure et antérieure, le pénis postérieur et terminal, etc. (fig. 17).

Dans la pratique courante et pour plus de simplicité nous considérerons l'animal dans sa position ordinaire de fixation, c'est-à-dire le capitulum en haut, le pédoncule en bas. La région supérieure sera donc capitulaire et la région antérieure correspondra à l'orifice du capitulum; la carène sera dorsale. Nous ne nous rapporterons à la position morphologique que lorsque nous voudrons indiquer le côté droit ou le côté gauche de l'animal.

d. *Caractères systématiques des Pédonculés*. — Nous entendons par là les caractères sur lesquels les auteurs s'appuient spécialement pour établir les diagnoses des genres et des espèces. Ils sont de deux sortes, les uns, *généraux*, communs aux Pédonculés et aux Operculés, sont tirés de l'animal proprement dit :

1° La *bouche*, formée d'une pièce impaire antérieure (*labre*) avec deux palpes labiaux, pairs et symétriques; en arrière, une paire de *mandibules*, puis une paire de *mâchoires* et enfin une *lèvre infé-*

rieure impaire, très réduite, avec deux palpes labiaux (2ᵉ paire de mâchoires des auteurs), bien développés, pairs et symétriques ;

2° Les *cirrhes*, avec une portion basilaire simple (*pédicelle*) et deux *rames* multiarticulées. Six paires de cirrhes. La première, la plus voisine de la bouche, porte deux rames, l'une *antérieure*, l'autre *postérieure*, toutes les autres ont une rame *interne* et une rame *externe* ; la première paire est placée à une distance variable des autres, mais le plus souvent rapprochée d'elles ;

3° Les *appendices terminaux* (Caudal appendages, de Darwin), représentent les appendices abdominaux très réduits, uni ou pluriarticulés, placés à l'extrémité postérieure du corps, en arrière de la sixième paire de cirrhes, à la base et à droite et à gauche du pénis ;

4° Les *appendices filamenteux* (filamentary appendages, de Darwin) sont des expansions cutanées placées sur les parties latérales du corps, les unes à la base de la 1ʳᵉ paire de cirrhes, les autres en avant ou un peu en arrière sur le *prosoma*.

Enfin le *pénis*, tout à fait terminal, impair et médian.

Les autres caractères sont *spéciaux* et s'appliquent seulement aux Pédonculés *ou* aux Operculés ; ils sont tirés, pour les premiers, de la forme et de la position des plaques ou des écailles.

Une plaque présente à considérer plusieurs parties : des *angles*, des *côtés* ou *bords* et des *lignes* ou *stries*. Il y a trois angles qu'on désigne d'une façon spéciale : celui qui est placé au sommet de la plaque (l'animal étant dans sa position verticale (non morphologique), c'est l'*apex* (A, fig. 18 et 19) ; celui d'où partent, concentriquement, les stries d'accroissement, c'est l'*umbo* (U) et enfin, celui qui est à la partie inférieure de la plaque, quand il n'y en a qu'un seul, c'est l'angle *basal* (a.bas.). Tous les autres

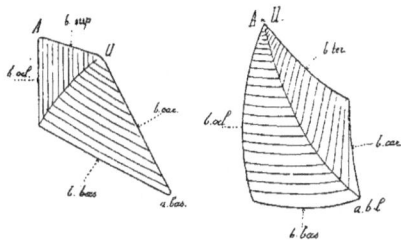

Fig. 18 et 19.

angles sont désignés par les noms juxtaposés des deux plaques ou des côtés qui les limitent respectivement : caréno-latéral, tergo-latéral, caréno-basal, etc. (fig. 18 et 19).

Les côtés sont également désignés de plusieurs façons : pour les plaques qui encadrent l'orifice du *capitulum*, on appelle bord *occluseur* ou *antérieur*, celui qui limite la pièce au niveau même de l'orifice (*b. ocl.*). Le côté inférieur d'une plaque s'appelle en général: *bord basal* (*b.bas.*), le côté dorsal : bord *carénal* (*b.car.*), mais si l'on veut mieux préciser, on le désigne par le nom même de la ou des plaques qu'il limite : bord *tergal*, bord *caréno-latéral*, etc.

Enfin sur la face externe des plaques, on trouve des lignes parallèles entre elles, ayant l'*umbo* pour centre, et qui marquent l'accroissement progressif de dimensions de la plaque : on les appelle *stries d'accroissement*, et, souvent aussi, des *arêtes* qui, partant de l'*umbo*, se dirigent vers tous les angles de la pièce. Celle qui va de l'umbo à l'angle basal prend le nom d'*arête médiane* ou *principale* ou *axiale*.

Ne voulant pas empiéter sur la partie anatomique de l'ouvrage, nous nous bornerons à ces simples notions qui suffisent, du reste, pour établir toutes les diagnoses des Pédonculés.

e. *Dimensions.* — Pour chaque espèce, nous indiquerons autant que possible les dimensions qui sont généralement prises sur le plus grand échantillon : *longueur du capitulum* = la distance verticale qui sépare le sommet du capitulum de sa base ; *largeur* = la distance comprise entre le bord occluseur et le bord dorsal de la carène, comptée sur une perpendiculaire à la verticale, passant par le muscle adducteur ; la *longueur du pédoncule* est égale à celle qui sépare le sommet de sa base suivant la verticale et la *largeur* est prise à peu près dans la région moyenne (Voy. fig. 16).

α. FAMILLE DES POLYASPIDÉS (*POLYASPIDÆ*).

a. Sous-Famille des POLLICIPINÉS (*POLLICIPINÆ*)

1. Genre *Pollicipes*, Leach, 1817.

Synonymie. — *Lepas*, F. 1767; *Anatifa*, Bruguière, 1789 ; *Mitella*, Oken, 1815 ; *Ramphidiona*, Schumacher, 1817; *Polylepas*, de Blainville, 1824 ; *Capitulum*, J. E. Gray, 1825.

Diagnose. — Cirrhipèdes pédonculés portant de dix-huit à cent plaques et même davantage, au capitulum. — Toutes les stries d'accroissement convexes du côté du pédoncule. — Sous-rostre et sous-carène toujours présents. — Pédoncule recouvert d'écailles imbriquées ou d'épines irrégulièrement distribuées. — Hermaphrodites. — Appendices filamenteux situés, quand ils existent, soit à la base de la première paire de cirrhes, soit sur la partie dorsale du prosoma. — Appendices terminaux uni ou pluriarticulés.

Distribution géographique. — Dans toutes les mers chaudes ou tempérées, fixés plus spécialement sur les rochers, très rarement sur les objets flottants.

Généralités. — Le nombre des plaques du *capitulum* est, dans ce genre, extrêmement variable, non seulement dans les espèces différentes, mais même chez les différents individus de la même espèce. Ces plaques sont épaisses, résistantes, recouvertes, chez les jeunes échantillons, d'une membrane chitineuse qui disparaît par usure chez les vieux individus. Le sous-rostre et la sous-carène sont toujours présents. La carène est, ou bien droite ou courbée, cette courbure étant surtout accusée dans la moitié supérieure. Les scuta présentent, intérieurement, une forte cavité pour l'insertion du muscle adducteur.

Le pédoncule est généralement très développé, parfois même beaucoup plus long que le capitulum (*P. elegans*). Les écailles sont tantôt plates, imbriquées, régulièrement alternes d'une série circulaire à l'autre (*P. cornucopia, P. elegans, P. mitella*), tantôt en pointes assez régulières (*P. polymerus*) ou irrégulières (*P. spinosus, P. sertus*).

La *bouche* est formée par un *labre* épais; les *mandibules* ont trois ou quatre dents et en présentent, parfois, d'autres plus petites entre la première et la deuxième; les mâchoires, dont le bord libre porte une ou plusieurs encoches, présentent des épines fortes à la partie supérieure et de plus en plus fines en allant vers la partie inférieure.

Les *cirrhes* sont très robustes, à articles parfois saillants antérieurement; la première paire est toujours très rapprochée de la deuxième.

1. *Pollicipes cornucopia.* Leach, 1824.

Synonymie. — *Lepas pollicipes*, Gmelin, 1789; *Lepas Gallorum*, Spengler, 1790.

Diagnose. — Capitulum avec une à trois rangées de plaques sous le rostre. — Écailles aplaties, en séries circulaires, serrées, régulières et imbriquées, ne dépassant pas un demi-millimètre de long. — Apex de la carène non saillant en dehors. — Plaques blanches ou grises (fig. 20).

Distribution. — Mers tempérées et tropicales. Côtes de France (Océan, Manche), Angleterre, Écosse, Irlande, Afrique du nord (Ténériffe, Mogador, Gorée, Saint-Louis), Jean de Mayen, Thibet (Mou-Pin), etc.

Observations. — Capitulum à peu près triangulaire, avec le bord occluseur généralement teinté de rouge; plaques serrées, épaisses, avec leur surface externe convexe, unies entre elles par une cuticule chitineuse brunâtre; leur nombre est très variable d'un individu à

l'autre. Les terga sont plus larges que les scuta et légèrement concaves intérieurement ; la carène, plutôt courbée, vient placer son apex
entre les terga ; elle est profondément concave intérieurement ; le rostre,
triangulaire, atteint à peine la longueur de la moitié de la carène.

Le pédoncule est assez étroit, généralement un peu plus long que le
capitulum.

Les mâchoires portent trois touffes de soies séparées par des épines
plus fortes ; le nombre des segments des rames de la première paire
de cirrhes n'atteint pas la moitié de celui de la sixième ; appendices
terminaux multi-articulés : appendices filamenteux portés par le prosoma.

Dimensions. — Longueur du capitulum : 18^{mm} ; largeur : 19^{mm}.
— pédoncule : 30^{mm} ; largeur : 11^{mm}.

2. *Pollicipes elegans*. Lesson, 1830.

Synonymie. — *Pollicipes ruber*, G. B. Sowerby 1833 ; *P. cornucopia*, Lamarck et
différents auteurs.

Diagnose. — Capitulum avec une à trois rangées de plaques sous
le rostre. — Écailles aplaties, rouge orangé, un peu plus grandes que
dans l'espèce précédente, en sé-
ries circulaires, serrées, régulières et imbriquées. — Apex de
la carène non saillant en arrière.
— Plaques rouge orangé avec des
marbrures parallèles (fig. 21).

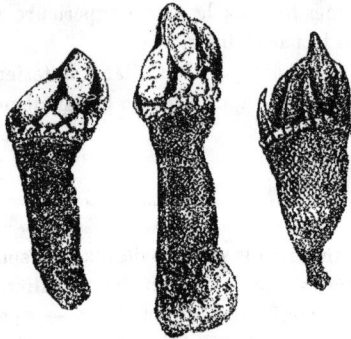

Distribution. — Pérou, Payta,
île Lobos, Mexico, Java.

Observations. — Cette espèce
ressemble tellement à *P. cornucopia*, qu'elle a été confondue
avec elle par Lamarck et bien
d'autres auteurs.

Fig. 20, 21 et 22.

Il semble que le capitulum
soit plus globuleux ; les plaques sont également serrées et en nmrboe
assez variable, mais leur coloration jaune orangé avec des bandes
parallèles plus foncées, les distingue immédiatement de celles de
P. cornucopia.

Le pédoncule est plus long, par rapport au capitulum, que dans
cette dernière espèce. Les écailles, également rouge orangé, ont une

dimension intermédiaire entre celles de *P. cornucopia* et celles de
P. mitella.

Le nombre des segments des rames de la première paire de cirrhes
dépasse la moitié de celui de la sixième ; les appendices terminaux sont
multi-articulés ; les appendices filamenteux, attachés au prosoma.

> *Dimensions.* — Longueur du capitulum : 21^{mm}; largeur : 18^{mm}.
>   —   pédoncule : 50^{mm}; largeur : 13^{mm}.

3. *Pollicipes mitella*. Linné, 1767.

Synonymie. — *Lepas mitella*, Linné ; *Pollicipes mitella*, G. B. Sowerby, 1833 ; *Polylepas
mitella*, de Blainville, 1824 ; *Capitulum mitella*, J. Gray, 1825.

Diagnose. — Capitulum avec une seule rangée de plaques sous le
rostre. — Écailles aplaties, de couleur jaunâtre, atteignant environ un
millimètre de long, en séries circulaires assez peu serrées, régulières
et imbriquées. — Apex de la carène non saillant, presque droit, ne
pénétrant pas entre les terga. — Plaques d'une couleur jaunâtre plus ou
moins foncée, de forme générale très allongée et triangulaire (fig. 22).

Distribution. — Mers chaudes et tropicales : Philippines, mers de
Chine (Japon, Cochinchine), Madagascar, Mindanao, Hawaï, etc.

Observations. — C'est l'une des espèces les plus faciles à distinguer.
Le capitulum est au moins aussi large que haut et les plaques principales sont toutes longues, étroites, triangulaires, de couleur jaunâtre,
due à la cuticule qui les recouvre et fortement striées. La carène est
légèrement courbée, mais son apex ne pénètre pas entre les terga ; le
rostre présente un peu la même forme et il est seulement un peu plus
court que la carène. Les plaques de l'unique rangée inférieure sont plus
ou moins larges et presque toutes tronquées carrément, comme cassées.

Le pédoncule est plus court, plus trapu que dans les deux premières
espèces ; les écailles, moins denses et moins régulièrement placées,
dépassent en dimensions celles de *P. elegans* (environ 1 millimètre de
long) ; elles sont également colorées en jaune.

Les mâchoires sont profondément encochées ; les appendices terminaux, multi-articulés ; les appendices filamenteux, absents.

> *Dimensions.* — Longueur du capitulum : 20^{mm}; largeur : 20^{mm}.
>   —   pédoncule : 32^{mm}; largeur : 16^{mm}.

4. *Pollicipes polymerus*. G. B. Sowerby, 1833.

Synonymie. — *Pollicipes Mortoni*, Conrad.

Diagnose. — Capitulum avec au moins trois rangées de plaques
sous le rostre. — Écailles des rangées supérieures aplaties, de couleur

gris sombre, petites, en séries circulaires serrées et régulières ; sur tout le reste du pédoncule, les écailles prennent la forme d'épines, irrégulièrement disposées. — Carène régulièrement courbée à apex non saillant. — Plaques très nombreuses, brunâtres (fig. 23).

Distribution. — Californie (Nord), San-Diego et Barbara ; Océan Pacifique : San Francisco.

Observations. — Cette espèce est très voisine de *P. cornucopia* et de *P. elegans*, mais le capitulum se distingue très facilement de celui de ces deux espèces par le nombre et la régularité de forme des plaques latérales, qui vont en diminuant régulièrement des supérieures aux inférieures.

Les écailles tiennent le milieu, par leur disposition sur le pédoncule, entre celles que nous avons rencontrées jusqu'ici et celles de *P. spinosus* ou *sertus*, par exemple. En effet, les plaques des rangées supérieures conservent bien le caractère de régularité des premières, elles sont de même forme aplatie, serrées et très petites, plus petites que celles de *P. cornucopia*, mais, vers le milieu de la hauteur du pédoncule, elles prennent la forme d'épines et se distribuent d'une manière de plus en plus irrégulière jusqu'à la base.

Fig. 23.

Le pédoncule, de forme à peu près cylindro-conique, est, en général, deux ou trois fois aussi long que le capitulum, mais parfois il ne dépasse pas sa longueur.

Les mâchoires présentent trois touffes de soies séparées par des épines plus grandes ; les appendices terminaux sont uniarticulés ; les appendices filamenteux nombreux (12 à 14 paires) et fixés dorsalement sur le prosoma.

Dimensions. — Longueur du capitulum : 18^{mm} ; largeur : 16^{mm}.
— pédoncule : 33^{mm} ; largeur : 10^{mm}.

5. *Pollicipes spinosus.* Quoy et Gaimard, 1834.

Synonymie. — *Anatifa spinosa*, Quoy et Gaimard.

Diagnose. — Capitulum avec une ou plusieurs rangées de plaques sous le rostre, toutes les latérales étant semblables, allongées, triangulaires et peu développées. — Écailles en forme de petits nodules, assez régulièrement disposées. — Carène à peu près droite, à apex non saillant. — Apex des terga ne dépassant pas de beaucoup celui des scuta. — Plaques blanches ou grises (fig. 24).

Distribution. — Nouvelle-Zélande.

Observations. — Le capitulum est assez aplati, large, avec des plaques en nombre variable et dont les terga, les scuta et la carène sont seuls bien développés. Le rostre, recourbé, est, aussi, saillant, mais toutes les autres plaques sont petites, aiguës, de forme triangulaire. C'est déjà un type de transition, avec le genre *Scalpellum* (*Sc. villosum*). Les écailles sont encore, le plus souvent, assez régulièrement disposées. Elles ont la forme depetits nodules chitineux, en partie cachés par la cuticule. Le pédoncule est trapu, à peu près de même longueur que le capitulum, et la cuticule d'un jaune sale.

Fig. 24.

Les mâchoires ont le bord libre carré et droit; les appendices terminaux sont uniarticulés et les appendices filamenteux absents.

Dimensions. — Longueur du capitulum : 17^{mm},5 ; largeur : 19^{mm},5.
— pédoncule : 14^{mm},0 ; largeur : 13^{mm},5.

6. *Pollicipes Darwini.* Hutton, 1878.

Diagnose. — Capitulum avec une ou deux rangées de plaques sous le rostre. — Scuta triangulaires, aussi larges que hauts, n'atteignant pas jusqu'à la moitié de la hauteur des terga. — Terga allongés, ovales, plus de deux fois aussi longs que larges. — Carène courbée, très concave intérieurement, atteignant plus des deux tiers de la longueur des terga, à apex non saillant. — Rostre court et large, beaucoup plus court que la moitié de la longueur de la carène. — Écailles pédonculaires inégales et disposées non symétriquement.

Distribution. — Nouvelle-Zélande : Dunedin, sur les rochers.

Observations. — Cette espèce semble très étroitement unie à *P. spinosus* et surtout à *P. sertus.* D'après Hutton, elle est facile à distinguer : de la première espèce, par la saillie considérable des terga au-dessus des scuta, et de la seconde, par le rostre court et l'apex de la carène non saillant.

Nous avons rencontré un *Pollicipes*, répondant à tous ces caractères, provenant de l' « Astrolabe » et nous n'avons pu le distinguer de certaines formes de *P. sertus* (1). *Pollicipes Darwini* ne serait-il qu'une variété de forme de *P. sertus*?

(1) Voir à ce sujet : *A. Gruvel.* Revision des Cirrhipèdes du Muséum, fasc. II, 1902, page 225.

7. *Pollicipes sertus.* Darwin, 1851.

Diagnose. — Capitulum avec une ou deux rangées de plaques sous le rostre ; plaques supra-latérales seulement un peu plus larges que les infra-latérales ; cuticule unissant les plaques, de couleur rouge brun sombre. — Rostre moitié aussi long que la carène qui est droite, à apex saillant en arrière des terga. — Écailles du pédoncule irrégulières et irrégulièrement disposées, en général en forme de pointes, le plus souvent presque entièrement cachées sous la cuticule (fig. 25).

Distribution. — Nouvelle-Zélande.

Observations. — Les caractères de *P. sertus* correspondant à cette diagnose sont évidemment ceux d'une forme moyenne, mais, en réalité,

Fig. 25.

l'aspect extérieur, tout en présentant, dans l'ensemble, une certaine uniformité, est, au contraire, éminemment variable, dans les détails, d'un individu à l'autre.

C'est ainsi, par exemple, que les plaques supra-latérales sont souvent trois et quatre fois aussi larges que les infra-latérales. Le rostre est tantôt plus long, tantôt beaucoup plus court que la moitié de la carène et celle-ci, qui, parfois, atteint le sommet des terga, ne dépasse pas, en certains cas, le niveau du milieu de ces plaques.

Chez certains individus, les plaques et surtout les écailles sont entièrement recouvertes par une cuticule rouge brun sombre et, seul, l'apex apparaît à l'extérieur ; chez d'autres, au contraire, les plaques sont simplement recouvertes à leur base et l'extrémité des écailles fait entièrement saillie hors de la cuticule.

Si ces caractères extérieurs sont, comme on le voit, extrêmement variables, il n'en est heureusement pas de même des caractères propres à l'animal.

Les mâchoires présentent deux touffes de soies séparées par de fortes épines ; les mandibules portent trois dents principales, avec, entre la première et la seconde, soit une, soit deux dents accessoires, plus petites ; les appendices terminaux sont courts, uniarticulés, avec le sommet garni de très courtes épines ; les appendices filamenteux vrais sont absents, mais on trouve, sur le prosoma, quelques petites papilles, qui, évidemment, en tiennent lieu, morphologiquement.

Dimensions. — Longueur du capitulum : 14ᵐᵐ ; largeur : 16ᵐᵐ.
           —   pédoncule : 12ᵐᵐ ; largeur : 13ᵐᵐ.

Le tableau suivant résume les principaux caractères de ces différentes espèces.

Tableau synoptique des espèces du genre POLLICIPES, Leach.

GENRE POLLICIPES.

Écailles aplaties, en séries circulaires serrées et régulières.

- 1 à 3 rangées de plaques sous le rostre.
  - Écailles ne dépassant pas 1/2 mm. de long.
    - Plaques blanches ou grises..... **P. cornucopia**, Leach.
  - Apex de la carène non saillant.
    - Plaques rouge orangé....... **P. elegans**, Lesson.
- Jamais qu'une seule rangée de plaques sous le rostre.
  - Écailles atteignant environ 1 millimètre de long............ **P. mitella**, Linné.

Écailles en pointes et disposées plus ou moins irrégulièrement.

- Au moins 3 rangées de plaques sous le rostre.
  - Écailles de la rangée supérieure du pédoncule généralement aplaties et en séries circulaires régulières. Apex de la carène non saillant........ **P. polymerus**, Sowerby.
- Jamais 3 rangées de plaques sous le rostre.
  - Écailles assez régulièrement disposées. Apex de la carène non saillant. *Terga* ne dépassant pas de beaucoup les scuta... **P. spinosus**, Quoy et Gaimard.
  - Écailles en pointes ou en nodules souvent cachées par une cuticule brunâtre.
    - Rostre court, *terga* très saillants au-dessus des *scuta*, carène courbe à apex non saillant. **P. Darwini?** Hutton.
    - Rostre assez long, saillant, *terga* peu élevés au-dessus des *scuta*, carène droite à apex très saillant........ **P. sertus**, Darwin.

2. Genre *Scalpellum*. Leach, 1817.

SYNONYMIE. — *Lepas*, Linné, 1767; *Pollicipes*, Lamarck, 1818; *Polylepas*, de Blainville, 1824; *Smilium* (partie du genre), Leach, 1825; *Calautica* (p. du g.), J.-E. Gray, 1825; *Thaliella* (p. du g.), J.-E. Gray, 1848; *Anatifa*, Quoy et Gaimard, 1834; *Xiphidium* (p. du g.), Dixon, 1850.

Diagnose. — Cirrhipèdes pédonculés portant de douze à quinze plaques au capitulum, soit en partie membraneuses, soit entièrement calcifiées. — Plaques latérales de la rangée inférieure, au nombre de quatre ou de six. — Sous-rostre assez rarement présent. — Pédoncule couvert d'écailles plus ou moins développées, rarement nu. — Pas d'appendices filamenteux ; appendices terminaux pluri ou uniarticulés ou absents. — Mandibules avec trois ou quatre dents. — La première paire de cirrhes à distance variable de la seconde. — Généralement hermaphrodites, parfois unisexués. — Mâles nains dans la plupart des cas (1).

Distribution géographique. — Toutes les mers tempérées et chaudes ; fixés sur les Bryozoaires, Hydraires, Échinodermes, etc. et aussi sur les rochers ou les coquilles vides. Toujours en profondeur, variable, du reste.

Généralités. — Le genre *Scalpellum* est, parmi les Pédonculés, celui qui renferme le plus grand nombre d'espèces (près d'une centaine) ne remontant guère qu'à un demi-siècle, puisque, lorsque Darwin écrivait sa belle monographie (1851) six espèces seulement étaient connues de lui. Cela tient à ce que ces animaux ne se rencontrent qu'à une profondeur variant de quelques mètres à près de 5 000 mètres. Ce sont seulement les dragages du « Challenger », du « Travailleur », du « Talisman », de la « Princesse Alice », etc., qui ont pu les faire connaître.

Souvent, les échantillons sont récoltés en très petit nombre, un ou deux ; on est donc obligé de se baser sur ces types, plus ou moins différents des formes connues, pour établir les espèces, c'est ce qui fait que le nombre de celles-ci est, relativement, très considérable. Au fur et à mesure que l'on trouvera des formes de passage, il est probable que certaines d'entre elles se fusionneront en une seule ; mais ce n'est, évidemment, que peu à peu, et à mesure des découvertes nouvelles, qu'il pourra en être ainsi.

L'aspect du capitulum est extrêmement variable ; tantôt très élancé, il est d'autres fois, au contraire, assez globuleux. — Les plaques sont, en général, assez serrées les unes contre les autres ; tantôt elles ne sont pas entièrement calcifiées et il reste alors une partie purement chitineuse (*Sc. Edwardsi*, etc.) ; mais c'est là l'exception et les plaques sont, dans la grande généralité des cas, entièrement calcifiées, parfois même très robustes (*Sc. velutinum*, etc.). Cependant, en général, elles sont d'une épaisseur assez peu considérable et se brisent assez facilement quand les animaux sont ramenés par les engins.

Le nombre des plaques est déjà beaucoup moins variable que chez les *Pollicipes*. Il n'est jamais inférieur à douze et jamais, non plus, supérieur à quinze.

(1) En ce qui concerne les mâles nains, voir après le genre *Ibla*.

Les écailles sont de formes et de nombre très divers. Tantôt aplaties et imbriquées, tantôt allongées transversalement et juxtaposées; d'autres fois de forme irrégulière : crochets, épines, etc., et disposées très irrégulièrement; mais la cuticule pédonculaire n'est que très rarement nue, et dans ce cas, on trouve toujours de petits nodules chitineux dans son épaisseur.

On rencontre des *Scalpellum* adultes de toutes les dimensions, depuis deux à trois millimètres (*Sc. salartiæ*), jusqu'à 90 millimètres (*Sc. giganteum*).

La couleur est, aussi, assez variable et souvent en rapport avec la couleur même du fond sur lequel se tient l'animal, mais, en général, c'est le blanc ou le gris qui dominent pour les plaques et le jaune plus ou moins foncé pour la cuticule.

Les pièces de la *bouche* sont aussi soumises à quelques variations. En général, cependant, le labre est très renflé et porte, dans la plupart des espèces, de petites dents, sur son bord supéro-interne. Les mandibules présentent trois ou quatre dents, avec, quelquefois, une ou deux dents accessoires entre les principales et un angle basal formé soit par une seule pointe, soit, plus souvent, bi ou pluridenté. Les mâchoires ont leur bord libre tantôt droit, tantôt plus ou moins profondément encoché, toujours garni de soies nombreuses, quelques-unes fortes, mais la plus grande partie très fines.

Les *cirrhes* sont, le plus souvent, longs et assez grêles. La première paire assez trapue, entièrement couverte de soies courtes, est placée à une distance variable de la seconde, en général, cependant, assez éloignée. Les deuxième et troisième paires présentent un grand nombre de soies sur leur bord antérieur, mais, dans les trois autres, le nombre des soies se réduit à trois ou quatre séries longitudinales doubles dont les plus longues sont les plus rapprochées de l'extrémité supérieure du segment. Entre ces longues soies et aussi sur la face dorsale s'en trouvent quelques autres plus courtes.

Les appendices terminaux sont, le plus souvent, petits, uniarticulés et garnis d'épines, mais, quelquefois, ils sont, au contraire, pluriarticulés (*Sc. velutinum, Sc. Novæ-Zelandiæ*); enfin, ils peuvent manquer totalement (*Sc. villosum*).

Les appendices filamenteux sont toujours absents.

Mâles nains. — Le genre *Scalpellum* est, avec le g. *Ibla*, le seul qui ne soit pas toujours hermaphrodite. L'hermaphrodisme est cependant encore, ici, la règle générale, mais il y a plusieurs degrés. L'hermaphrodisme *absolu* n'existe pour ainsi dire pas, puisqu'il n'a été signalé

que chez *Sc. balanoides* par Hœk. Pour être absolument affirmatif, il
faudrait avoir examiné un grand nombre d'individus, car, de ce que
quelques échantillons n'en portent pas, il ne s'ensuit pas que *tous* en
soient dépourvus. Dans la très grande majorité des cas, on trouve sur
l'hermaphrodite ou la femelle, relativement de grande taille, de petits
êtres fixés, les uns sur les côtés de l'orifice capitulaire, au-dessus du
muscle adducteur des scuta, les autres au-dessous de ce muscle, dans
une fossette médiane et que Darwin appelait des *mâles complémentaires*;
il est plus exact de substituer à ce nom celui de *mâles nains*.

Il existe aussi des formes *exclusivement femelles* (*Sc. ornatum*,
Sc. velutinum, etc.) sur lesquelles sont fixés des *mâles nains*.

En sorte que, chez les *Scalpellum*, il peut y avoir fécondation réciproque par les hermaphrodites entre eux et fécondation des hermaphrodites par les mâles nains qu'ils portent.

La forme de ces mâles est plus variable encore que celle des hermaphrodites. Chez les espèces qui se rapprochent le plus du g. *Pollicipes*,
par conséquent les plus ancestrales, comme *Sc. villosum*, *Sc. rostratum*, etc., les mâles ressemblent à de tout petits hermaphrodites; ils
possèdent un capitulum et un pédoncule distincts, des plaques (terga,
scuta, carène et rostre), en résumé une organisation à peu près complète; puis chez des formes plus récentes, le pédoncule disparaît, les
plaques s'atrophient, peuvent même disparaître complètement et le
mâle prend alors la forme d'un petit sac plus ou moins allongé (*Sc. striatum*, *Sc. vulgare*, etc.) chez lequel la plupart des organes se sont atrophiés ou ont disparu et semblent avoir laissé la place aux organes
mâles, très développés.

Étant donné le nombre considérable des espèces appartenant à ce
genre, nous avons adopté la méthode de Hœk et divisé l'ensemble en
plusieurs groupes, pour en faciliter l'étude.

1er *Groupe*. — Caractérisé par la présence, sur le capitulum, de
plaques, imparfaitement calcifiées, en nombre variable.

2e *Groupe*. — Plaques capitulaires parfaitement calcifiées. Ce groupe
se subdivise lui-même en trois :

A. Espèces qui ont la carène droite ;

B. Espèces dont la carène est courbée en angle net à l'umbo ;

C. Espèces dont la carène est régulièrement courbée.

Ce dernier groupe se subdivise également en deux autres :

C¹. Espèces dont le rostre est présent ;

C² Espèces dépourvues de rostre et de sous-carène.

Tableau des subdivisions du genre SCALPELLUM.   Groupes.

GENRE SCALPELLUM.	Plaques capitulaires imparfaitement calcifiées............................	1

Plaques capitulaires parfaitement calcifiées. II

- Carène droite.................................... A
- Carène courbée en angle net à l'umbo............ B
- Carène régulièrement courbe........ C { Rostre présent............. C^1 / Ni rostre, ni sous-carène.... C^2

I. PREMIER GROUPE. — Plaques capitulaires imparfaitement calcifiées.

1. *Scalpellum debile.* C. W. Aurivillius, 1898.

Diagnose (1). — Capitulum avec douze plaques, en partie membraneuses. — Carène arquée, bord dorsal aplati, caréné latéralement; umbo très peu éloigné de l'apex. — Plaques supra-latérales présentant la forme d'un V, l'umbo étant placé à l'angle des segments. — Cuticule non épineuse. — Bord basal des scuta presque droit. — Segment tergal des scuta très mince, peu divergent du segment occluseur et n'atteignant pas le segment carénal du tergum correspondant. — Segment occluseur des terga formant avec celui des scuta une courbe régulière. — Segment carénal des terga peu ou point dilaté à sa partie inférieure. La partie pré-umbonale de la carène égalant la moitié de l'espace compris entre l'umbo de la carène et l'apex du tergum. — Les deux segments des plaques latérales presque d'égale largeur, le segment scutal parfois bifurqué. — L'umbo des pièces caréno-latérales dépassant à peine la carène, les segments étant assez divergents. — Plaques infra-médianes dilatées à la base. — Rostre triangulaire.

Distribution. — Campagnes de la « Princesse Alice » : entre le Portugal et les Açores, par 4 000 à 5 000 mètres de profondeur.

Observations. — Cette espèce se distingue très facilement de toutes les autres du même groupe, par la présence de douze plaques seulement au capitulum (les rostro-latérales étant, probablement, absentes), et par la présence d'un rostre.

Dimensions. — Longueur du capitulum : 32ᵐᵐ; largeur : 17ᵐᵐ.
—   pédoncule : 11ᵐᵐ.

(1) C. W. Aurivillius. Cirrhipèdes nouveaux provenant des campagnes de la « Princesse Alice » (*Bull. Soc. Zool. de France*, décembre 1898). L'étude complète de ces formes qui doit être faite par G. Darboux n'a pas encore paru au moment de la mise en pages de cet ouvrage.

2. *Scalpellum marginatum*. Hœk, 1883.

Diagnose. — Capitulum avec treize plaques, imparfaitement calcifiées, recouvertes par une membrane chitineuse. — Carène simplement courbée, avec l'umbo presque à l'apex. — Plaques supra-latérales ayant la forme d'un V, l'umbo étant placé à l'angle des deux segments. — Rostre absent. — Pédoncule court, cylindrique, avec sept séries de chacune environ six écailles (fig. 26).

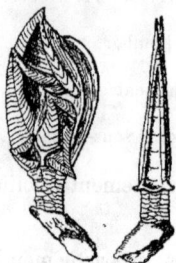

Distribution. — Campagnes du « Challenger ». Nord de la Nouvelle-Guinée, par 3 640 mètres de fond.

Observations. — Dans cette espèce, les bords occluseurs des terga et des scuta, au lieu de présenter la même courbure, font entre eux un angle très net. L'apex des scuta est saillant en avant du bord occluseur. De l'umbo des plaques supra-latérales, part une troisième branche qui est perpendiculaire au segment carénal des terga.

Fig. 26.

Les plaques de la rangée inférieure du capitulum sont imparfaitement calcifiées. Les plaques rostro-latérales sont présentes et l'umbo fait une légère saillie en avant. L'umbo des caréno-latérales est fortement saillant en arrière de la carène. Enfin le rostre manque.

Dimensions. — Longueur du capitulum : 22^{mm},5.
        —   pédoncule : 5^{mm}.

3. *Scalpellum Edwardsi*. A. Gruvel, 1900.

Diagnose. — Capitulum avec treize plaques imparfaitement calcifiées, recouvertes par une membrane chitineuse blanchâtre. — Bord antérieur du capitulum régulièrement courbe. — Plaques supra-latérales avec trois branches calcifiées, deux, larges, en forme de V, à peu près égales en longueur et en largeur et une troisième, très petite, perpendiculaire au segment tergal du scutum. — Pas de rostre. — Partie préumbonale de la carène correspondant au quart inférieur de l'espace compris entre l'umbo de la carène et l'apex des terga (fig. 27).

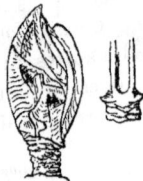

Fig. 27.

Distribution. — Expéd. du « Talisman » : Açores, par 4 235 mètres.

Observations. — Cette espèce est très voisine des deux premières, mais il semble au premier abord qu'elle se rapproche davantage de *Sc. debile* que de *Sc. marginatum*. Elle se distingue très facilement de la première par le nombre des plaques et la présence d'un rostre. Quant à la seconde, elle diffère de *Sc. Edwardsi* par la forme du bord occluseur et la saillie de l'apex des scuta, la forme des plaques supra-latérales et enfin la projection, en dehors de la carène, des plaques caréno-latérales.

Dimensions. — Longueur du capitulum : 25^{mm},00 ; largeur : 15^{mm}.
— pédoncule : 6^{mm},50 ; largeur : 6^{mm}.

4. *Scalpellum insigne*. Hœk, 1883.

Diagnose. — Capitulum avec treize plaques imparfaitement calcifiées, excepté celles de la rangée inférieure qui le sont entièrement et recouvertes d'une membrane ornée de poils. — Carène avec le bord dorsal aplati et l'umbo très voisin de l'apex. — La portion calcifiée des supra-latérales a une forme semi-lunaire. — Pas de rostre. — Pédoncule court, cylindrique, avec sept ou huit séries longitudinales de dix (ou plus) écailles dont le bord libre est seul visible à l'extérieur, quoiqu'indistinctement (fig. 28).

Distribution. — Expéd. du « Challenger » : Atlantique ; station VI (36°23 lat. N. ; 11°18′ long. O.), par 2 800 mètres de fond.

Fig. 28.

Observations. — Dans cette espèce, la calcification des plaques est plus complète que dans les précédentes. Toutes celles de la rangée inférieure sont complètement calcifiées. La partie calcifiée des supra-latérales prend la forme d'une demi-lune. L'apex des scuta, au lieu d'être retourné en arrière et rentrant comme chez *Sc. Edwardsi* est, au contraire, droit et légèrement saillant en avant.

Dimensions. — Longueur du capitulum : 16^{mm}.
— pédoncule : 5^{mm}.

5. *Scalpellum ovatum*. Hœk, 1883.

Diagnose. — Capitulum avec treize plaques couvertes par une membrane chitineuse, sans épines distinctes. — Terga et plaques supra-latérales imparfaitement calcifiées, la portion calcifiée de cette dernière étant en forme de V. Umbo de la carène très voisin de l'apex. — Bord dorsal de la carène aplati, mais peu développé en largeur, de la partie supérieure à la partie inférieure. — Pas de rostre. — Pédoncule cylindro-conique, passant insensiblement au capitulum, avec des écailles larges, recouvertes par la cuticule et en très petit nombre (fig 29).

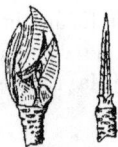

Fig. 29.

Distribution. — Expéd. du « Challenger » (2°56 lat. N. et 134° 11′ long. E. ; 37° 34′ lat. S. et 179° 22′ long. E.), par 3 640 mètres.

Observations. — Dans cette espèce, la carène est extrêmement redressée, presque droite ; la partie calcifiée des supra-latérales a la forme d'un V à branches très divergentes, le troisième segment manque. Les supra-latérales sont étroites, un peu plus larges à la base qu'au sommet. Enfin, l'umbo des caréno-latérales n'est pas saillant en arrière de la carène.

Dimensions. — Longueur du capitulum : 20^{mm}.
—   pédoncule : 8^{mm}.

6. *Scalpellum intermedium*. Hœk, 1883.

Diagnose. — Capitulum avec quatorze plaques imparfaitement calcifiées, excepté celles de la rangée inférieure et couvertes par une membrane chitineuse. — Carène avec l'umbo à l'apex et le bord dorsal, aplati et bordé, de chaque côté, par une arête distincte. — Portion calcifiée des plaques supra-latérales légèrement apparente et presque triangulaire. — Rostre rudimentaire, triangulaire. — Pédoncule court, couvert d'écailles bien développées, disposées en sept rangées longitudinales de huit écailles chacune (fig. 30).

Distribution.— Expéd. du « Challenger » : (34° 13′ lat. S. et 151° 38′ long. E.) par 740 mètres de fond ; 37° 34′ lat. S. et 179° 22′ long. E.), par 1275 mètres.

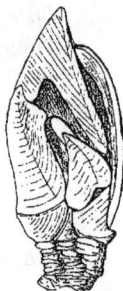

Fig. 30.

Observations. — Les terga sont, dans cette espèce, presque entièrement calcifiés, il reste à peine, entre les deux segments, une petite portion triangulaire, encore chitinisée. L'apex des terga est presque droit, celui des scuta légèrement recourbé en arrière et rentrant. Les plaques supra-latérales sont presque entièrement calcifiées et cette partie chargée de calcaire a, à peu près, une forme triangulaire. Les infra-latérales sont triangulaires et beaucoup plus larges à la base qu'au sommet. Enfin, l'umbo des caréno-latérales est légèrement saillant en arrière de la carène.

Dimensions. — Longueur du capitulum : 9^{mm}.
—   pédoncule : 2^{mm}.

7. *Scalpellum japonicum*. Hœk, 1883.

Diagnose. — Capitulum avec quatorze plaques calcifiées seulement en partie, celles de la rangée inférieure l'étant complètement; toutes, recouvertes par une membrane chitineuse et velue. — Carène droite, avec un bord dorsal plat bordé d'arêtes légèrement saillantes. — Bords latéraux de la carène distinctement développés dans la partie supérieure. — Umbo de la carène à une distance de l'apex égale à un douzième de la longueur du bord dorsal aplati. — Supra-latérales d'une forme allongée, irrégulièrement et ovale. — Rostre extrêmement petit et étroit, couvert par la membrane chitineuse et difficilement visible. — Pédoncule court avec, environ, huit rangées de, chacune, sept écailles larges et séparées par un espace membraneux (fig. 31).

Distribution. — Expéd. du « Challenger » (34°7′ lat. N. et 138° ,0′ long. E.) : sur une coquille de *Rissoa*, par 1130 mètres.

Fig. 31.

Observations. — L'apex des terga, en forme de crochet, est fortement recourbé en arrière. L'apex des scuta, pointu, légèrement rentré. La carène droite; les infra-latérales en forme de triangle dont le bord supérieur est beaucoup plus large que l'inférieur qui est angulaire. L'umbo des caréno-latérales ne fait pas de saillie en dehors de la carène.

Dimensions. — Longueur du capitulum : 13^{mm},5.
— pédoncule : 4^{mm},5.

I. Premier groupe. — Plaques capitulaires imparfaitement calcifiées.

Pas de plaques rostro-latérales (12 plaques).

Rostre présent, trian-
gulaire........... *Sc. debile*, C. W. Aurivillius.

I. — Umbo de la carène à l'apex ou très rapproché de lui.

Plaques rostro-laté-rales présentes.

Rostre absent (13 plaques).

Carène régulièrement courbé.

Plaques de la rangée inférieure imparfaitement calcifiées. Apex des scuta saillant en avant...... *Sc. marginatum*, Hœk.

Plaques rostro et infra-latérales parfaite-ment calcifiées. Apex des scuta tourné en arrière et rentrant. *Sc. Edwardsi*, A. Gruvel.

Toutes les plaques de la rangée inférieure parfaitement calci-fiées. Apex du ter-gum, droit........ *Sc. insigne*, Hœk.

Carène presque droite.

Apex du tergum tourné en arrière........ *Sc. ovatum*, Hœk.

Rostre présent (14 plaques).

Rostre triangulaire, très rudimentaire. Apex du tergum presque droit...... *Sc. intermedium*, Hœk.

Rostre petit et étroit, recouvert par la cuti-cule. Apex du tergum fortement tourné en arrière........ *Sc. japonicum*, Hœk.

II. Deuxième groupe. — Plaques capitulaires parfaitement calcifiées.

A. Carène droite.

8. *Scalpellum calyculus*. C. W. Aurivillius, 1898.

Diagnose. — Capitulum avec quatorze plaques, fortes, nues ; les principales (terga, scuta et carène) plus longues, en forme de pyra-mide triangulaire ; les accessoires (sous-carène, caréno-latérales, latérales, rostro-latérales, rostre et sous-rostre) plus courtes, avec l'apex incurvé, entourant la base des premières en trois séries (jusqu'ici *Sc. gemma*, Aur.) ; mais, terga avec apex droit ; de même pour les scuta qui sont carénés presque dans le milieu. — Carène droite (particulièrement chez les jeunes) ; sous-carène ayant à peu près la longueur et la largeur du sous-rostre, mais plus petite que le rostre.

Pédoncule orné d'environ dix-huit séries d'écailles robustes, droites et alternantes.

Dimensions. — Longueur du capitulum : 17^{mm}; largeur : 15^{mm}.
— pédoncule : 8^{mm}.

Distribution. — Dragages de la « Princesse Alice » : Açores, entre 850 et 900 mètres de profondeur.

9. *Scalpellum villosum*. Leach, 1824.

SYNONYMIE. — *Pollicipes villosus*, Leach, 1824, et Sowerby, 1826; *Calautica Homii*, J.-E. Gray, 1825.

Diagnose. — Capitulum avec quatorze plaques recouvertes par une membrane chitineuse extrêmement velue. — Les plaques principales (terga, scuta, carène) seules bien développées, les autres assez petites, mais robustes et triangulaires. — Apex des terga tourné en arrière. — Carène droite, à apex également tourné en arrière. — Rostre, sous-rostre et sous-carène, présents.

Pédoncule large et plus long que le capitulum ; écailles petites, aplaties, en forme d'épines, recouvertes par une membrane très velue et disposées d'une manière assez irrégulière.

Mandibules avec quatre dents, la seconde étant la plus petite. — Pas d'appendices terminaux (fig. 32).

Distribution. — Mers d'Orient, Nouvelle-Zélande.

Fig. 32.

Observations. — *Sc. villosum* représente un des types les plus ancestraux du genre, se rapprochant le plus, par conséquent, du genre *Pollicipes* (*P. spinosus*). L'enveloppe extrêmement velue de l'animal et la forme rejetée en arrière de ses terga et de sa carène, lui donnent un aspect facilement reconnaissable.

Dimensions. — Longueur du capitulum : 12^{mm},5.

10. *Scalpellum falcatum*. C. W. Aurivillius, 1898.

Diagnose. — Capitulum avec quatorze plaques résistantes, recouvertes d'une cuticule brune. — Les plaques principales (scuta, terga, carène) plus longues et en forme de pyramide triangulaire ; les plaques accessoires (sous-carène, carène, caréno-latérales, latérales, rostro-latérales, rostre et sous-rostre) courtes, avec apex (excepté ceux du rostre et du sous-rostre) incurvés et entourant, en trois séries, la base des premières, toutes étant plus ou moins distinctement réticulées et striées. — Apex des terga et des scuta proéminents (jusqu'ici : *Sc. gemma* et *Sc. calyculus*), mais : Carène fortement incurvée, l'apex se cachant entre les terga. — Terga et scuta non dressés, mais obliques, ces derniers étant carénés dans leur milieu. — Rostre et sous-rostre très visibles, le premier ayant à peu près la longueur de la sous-carène. — Pièces latérales, larges et inégales.

Pédoncule assez long, presque cylindrique, orné de verticilles serrés, d'écailles de forme conique, qui sont petites dans la partie inférieure, rondes et assez serrées, au contraire, dans la partie supérieure.

Distribution. — Dragages de la « Princesse Alice » : Açores, par 454 mètres de profondeur.

Dimensions. — Longueur du capitulum : 10^{mm} ; largeur : 7^{mm},5.
— pédoncule : 7^{mm}.

11. *Scalpellum sexcornutum*. Pilsbry (1), 1897.

SYNONYMIE. — *Sc. verticillatum*, Miers (British Museum).

Diagnose. — Capitulum de forme triangulaire avec treize plaques, celles de la rangée inférieure étant en forme de crochets, et recouvertes d'une membrane chitineuse finement poilue. — Carène simplement courbée, presque droite, avec son bord dorsal fortement convexe. — Umbo à l'apex. — Terga longs, triangulaires, à apex droit et pointu. — Scuta triangulaires à apex pointu, tourné en avant, et avec le bord occluseur légèrement concave. — Rostre triangulaire, aussi large que long. — Rostro-latérales, caréno-latérales et sous-carène, en forme de crochets recourbés vers le pédoncule. — Pas d'infra-médio-latérales. — Pédoncule plutôt court,

Fig. 33.

étroit, avec de petites écailles coniques et séparées les unes des autres (fig. 33).

Distribution. — Japon : mer intérieure (31° 31′ lat. N. et 133° 44′ long. E.), par 40 mètres de fond.

Observations. — Dans cette espèce, le capitulum est couvert de poils fins comme *Sc. villosum* et *Sc. trispinosum*. — La forme générale de

(1) American Naturalist, T. XXXI, p. 723 (1897).

ce capitulum et celle des plaques de la rangée inférieure sont suffisantes pour distinguer cette forme de ses voisines. Elle correspond absolument à un échantillon étudié par nous dans la collection du British Museum et que Miers avait appelé, sans jamais le décrire : *Sc. verticillatum.*

Dimensions. — Longueur du capitulum : 18^{mm} ; largeur (à la base) : 11^{mm}.

12. *Scalpellum scorpio.* C. W. Aurivillius, 1894 (1).

Diagnose. — Capitulum avec treize plaques solides, recouvertes par une cuticule poilue. — Carène presque droite, à peine recourbée à sa partie supérieure. — Sous-carène, caréno-latérales et rostro-latérales en forme de crochets robustes recourbés vers le pédoncule. — Rostre triangulaire, large à la base et caréné. — Plaques latérales triangulaires, à base courbe.

Pédoncule cylindro-conique, couvert de poils fins, avec trois ou quatre séries circulaires d'écailles en forme de crochets espacés (fig. 34).

Distribution. — Mers de Chine, à 50 milles environ de Amoy, par 60 mètres de fond ; Japon, par 33°10′ lat. N. et 129°,18′ long. O., par 80 mètres de profondeur.

Observations. — Cette forme est très voisine de la précédente, mais s'en distingue très nettement par : son rostre non saillant, ses plaques latérales en forme de crochets beaucoup plus robustes à leur base et la forme de la carène, dont les parties latérales sont très étroites.

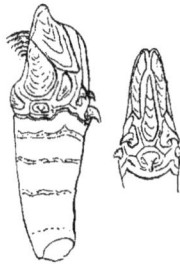

Fig. 34.

Les mandibules portent cinq dents.

Dimensions. — Longueur du capitulum : 24^{mm}.
—   pédoncule : 26^{mm}.

13. *Scalpellum trispinosum.* Hoek, 1883.

Diagnose. — Capitulum avec treize plaques parfaitement calcifiées dont la surface est recouverte par une membrane chitineuse poilue. — Carène droite, à peine courbée, à bord dorsal arrondi et dont l'apex se détache nettement des terga. — Apex des terga et des scuta libres et légèrement tournés vers la partie antérieure. — Rostre et sous-carène présents. Pas de sous-rostre. — Supra-latérales et caréno-latérales triangulaires et peu développées.

(1) Studien über Cirripedien. Stockholm, 1894.

Pédoncule très robuste, presque aussi large que le capitulum, orné d'écailles extrêmement petites, entièrement recouvertes par la membrane chitineuse (fig. 35).

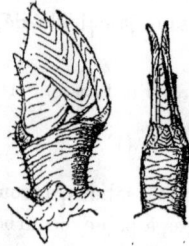

Fig. 35.

Distribution. — Expéd. du « Challenger » : Archipel des Philippines.

Observations. — Cette curieuse espèce ne ressemble guère, en vérité, à aucune autre et Hoek l'avait même placée dans un groupe spécial. A cause du redressement de sa carène et surtout de la réduction considérable de ses plaques latérales ; nous avons pensé que cette espèce pouvait, sans inconvénient, se placer dans un groupe qui renferme déjà *Sc. villosum*, dont elle est, par la plupart de ses caractères, extrêmement voisine.

Dimensions. — Longueur du capitulum : 13^{mm} ; largeur : 8^{mm}.
— pédoncule : 6^{mm}.

14. *Scalpellum gemma*. C. W. Aurivillius, 1894.

Diagnose. — Capitulum avec treize plaques fortes et nues, les principales (terga, scuta et carène) plus longues, en forme de pyramide triangulaire, les accessoires plus courtes à apex recourbé en dedans et portant, dans leur partie médiane externe, soit une crête, soit un sillon ; toutes, réticulées, striées et disposées en quatre séries. — Apex des terga et des scuta saillants et tournés vers la carène. — Apex de la carène placé entre les terga. — Rostre saillant en avant. — Pédoncule orné d'écailles aplaties, irrégulières, larges et non imbriquées (fig. 36).

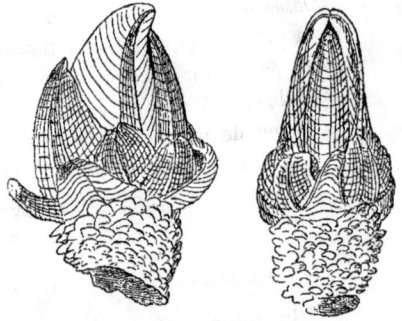

Fig. 36.

Distribution. — Sofia-expédition : Mers du Nord : Groënland, par 1 800 mètres de fond.

Observations. — Aucune espèce ne ressemble, extérieurement, à celle-ci, par le développement considérable que prennent les plaques accessoires, leur forte striation et surtout leur apex pour ainsi dire recroquevillé du côté interne. La carène est à peu près droite et seulement un peu recourbée en avant vers son extrémité supérieure qui vient se placer entre les terga, un peu au-dessous de leur apex.

Les mandibules portent trois grosses dents.

Dimensions. — Longueur du capitulum : 25^{mm}; largeur : 26^{mm}.
— pédoncule : 12.

15. *Scalpellum Grimaldi.* C. W. Aurivillius, 1898.

Diagnose. — Capitulum avec treize plaques fortes et nues. — Les principales (terga, scuta et carène) plus longues, en forme de pyramide triangulaire ; les accessoires (sous-carène, caréno-latérales, latérales, rostro-latérales et rostre) petites, incurvées, formant trois séries autour de la base des premières et toutes nettement striées. — Apex des terga et des scuta saillants ; apex de la carène, au moins chez les échantillons âgés, incurvé et à peine caché entre les terga (jusqu'ici *Sc. gemma*), mais : scuta égalant presque la longueur des terga. — Apex des terga non tourné en arrière ; à peine carénés dans le milieu. — Carène droite ; sous-carène atteignant seulement le tiers de la longueur du rostre. — Plaques latérales inégales et larges. — Pédoncule court, sub-conique, à écailles fortes, imbriquées, serrées et arrondies.

Distribution. — Camp. de la « Princesse Alice » : Açores, profondeur 845 mètres et 1230 mètres.

Dimensions. — Longueur du capitulum : 30^{mm}; largeur : 25^{mm}.
-- pédoncule : 10^{mm}.

A. Carène droite.

A. — Carène droite.	Apex de la carène droit.	Sous-rostre et sous-carène présents (14 plaques).	Plaques latérales inégales et larges...................... *Sc. calyculus*, C. W. Auriv.
	Apex de la carène tourné en arrière.	Sous-rostre et sous-carène présents (14 plaques).	Apex des terga et des scuta tourné en arrière.................. *Sc. villosum*, Leach.
	Apex de la carène tourné en avant.	Sous-rostre et sous-carène présents (14 plaques).	Écailles pédonculaires en verticilles, serrées, petites, rondes ou coniques................. *Sc. falcatum*, C. W. Auriv.
		Plaques caréno-latérales et sous-carène, en pointes recourbées en bas.	Rostre étroit, pointu, saillant en avant *Sc. sexcornutum*, Pilsbry.
		Écailles en forme d'épines irrégulières.	Rostre large, non saillant. *Sc. scorpio*, C. W. Auriv.
		Sous-carène présente, pas de sous-rostre (13 plaques).	Apex des scuta et des terga tourné en avant. Écailles petites, recouvertes par la cuticule...................... *Sc. trispinosum*, Hœk.
			Apex des scuta et des terga tourné en arrière. Rostre très développé, retourné vers le capitulum. Écailles grosses, très apparentes, non imbriquées .. *Sc. gemma*, C. W. Auriv.
			Apex des terga droit; écailles fortes, imbriquées, serrées et arrondies................... *Sc. Grimaldi*, C. W. Auriv.

B. Carène courbée en angle net a l'umbo.

16. *Scalpellum rostratum*. Darwin, 1851.

Fig. 37.

Diagnose. — Capitulum avec quinze plaques couvertes d'une membrane chitineuse garnie de poils très courts et très serrés. — Rostre large, caréné en son milieu; quatre paires de plaques latérales; supra-latérales de forme pentagonale. — Sous-carène peu élevée, saillante en arrière de la carène. — Umbo de la carène à une distance de l'apex égale environ à la moitié de celle de l'umbo à la base.

Pédoncule court, environ la moitié de la longueur du capitulum, recouvert d'écailles nombreuses, plates et allongées.

Mandibules avec quatre dents dont la seconde est aussi développée que les autres. — Angle basal légèrement pectiné. — Mâchoires avec l'angle basal proéminent (fig. 37).

Distribution. — Archipel des Philippines : Ile de Bantayan ; en général fixé sur des Hydraires.

Dimensions. — Longueur du capitulum : 7^{mm},50 environ.
— pédoncule : 3^{mm}.

17. *Scalpellum Renei*. A. Gruvel, 1902.

Diagnose. — Capitulum avec quinze plaques recouvertes par une cuticule glabre et légèrement séparées les unes des autres par un espace membraneux. — Umbo de la carène à une distance de l'apex dépassant la moitié de celle de l'umbo à la base. — Terga présentant trois ou quatre arêtes longitudinales nettes. — Rostre bien développé de forme pentagonale, avec une légère carène médiane et ventrale ; trois paires de plaques infra-latérales. — Sous-carène non saillante. — Pas de sous-rostre.

Pédoncule court, orné de plaques allongées, petites, irrégulières de formes et irrégulièrement distribuées.

Mandibules avec trois dents et l'angle basal bifide. — Mâchoires avec le bord libre présen-

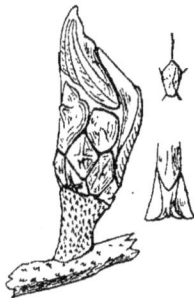

Fig. 38.

tant une encoche, plus rapprochée du bord supérieur que de l'angle basal (fig. 38).

Distribution — Fixé sur une tige d'Hydraire : Saint-Paul de Loanda.

Observations. — Cette espèce est, évidemment, très voisine de la précédente à cause de la forme de la carène et de la présence de quatre paires de plaques latérales. Mais, comme on peut le voir par les simples diagnoses, elles se distinguent très facilement l'une de l'autre.

Dimensions. — Longueur du capitulum : 5^{mm},25 ; largeur : 1^{mm},50.
— pédoncule : 5^{mm},25 ; largeur : 0^{mm},75.

18. *Scalpellum Peroni*. J. E. Gray, 1825.

Synonymie. — *Smilium Peronii*, Gray, 1825 ; *Anatifa obliqua*, Quoy et Gaimard, 1834 ; *Pollicipes obliqua*, Lamarck, 1818.

Diagnose. — Capitulum avec treize plaques, recouvertes (excepté, en général, leur umbo) par une cuticule garnie de poils fins, particulièrement nombreux autour de l'orifice du capitulum. — Umbo de la carène à peu près à égale distance de l'apex et de la base. — Deux paires de plaques infra-latérales. — Supra-latérales, allongées et étroites. — Rostre au moins aussi large que haut, saillant en avant. — Sous-carène saillante en dehors de la carène. — Pas de sous-rostre.

Pédoncule court dont la surface est garnie de nombreuses petites épines difficilement visibles sur les échantillons secs.

Fig. 39.

Mandibules avec neuf ou dix dents très inégales et un angle basal large et pectiné. — Mâchoires avec le bord libre à peu près égal à la moitié de celui des mandibules et portant de dix-sept à vingt paires d'épines (fig. 39).

Distribution. — Australie ; détroit de Bass, etc.; fixé sur des Hydraires.

Observations. — Par la présence de la sous-carène et par la forme de sa carène, cette espèce se rapproche des deux premières, mais elle s'en distingue nettement par la réduction de ses plaques latérales.

Dimensions. — Longueur du capitulum : 18^{mm},25 ; largeur 12^{mm},5.
—   pédoncule : 16^{mm}.

19. *Scalpellum gibberum*. C. W. Aurivillius, 1894.

Diagnose. — Capitulum avec quatorze plaques, séparées les unes des autres par un étroit espace exclusivement membraneux. — Umbo de la carène à peu près à égale distance de l'apex et de la base. — Trois paires de plaques infra-latérales. — Caréno-latérales faisant saillie en dehors de la carène d'un quart environ de leur propre longueur. — Umbo des scuta à l'apex. — Umbo des infra-médio-latérales à la base. — Rostre petit, rectangulaire allongé *verticalement* et légèrement caché sous la cuticule.

Pédoncule cylindro-conique, plus court que le capitulum et orné d'écailles sous forme de granules chitineux, plus ou moins régulièrement arrondies, et irrégulièrement disposées (fig. 40).

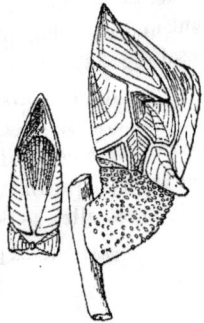

Fig. 40.

Dimensions. — Longueur du capitulum : 6^{mm}; largeur : 4^{mm}.
—   pédoncule : 2^{mm}.

Distribution. — Océan Atlantique : La Plata, par 100 mètres de fond, sur des Hydraires.

20. *Scalpellum calcaratum*. C. W. Aurivillius, 1894.

Diagnose. — Capitulum avec quatorze plaques, nettement séparées les unes des autres par un espace membraneux. — Umbo de la carène à une distance de l'apex égale environ au tiers de celle qui sépare l'umbo de la base. — Trois paires de plaques infra-latérales. — Caréno-latérales faisant saillie en dehors de la carène d'un tiers environ de leur longueur. — Umbo des scuta à l'apex. — Umbo des infra-médio-latérales très rapproché de la base. — Rostre très petit, rectangulaire, allongé *horizontalement* et légèrement caché sous la cuticule.

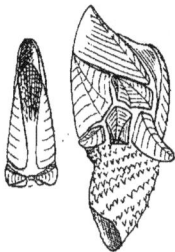

Fig. 41.

Pédoncule orné de séries obliques d'épines triangulaires et robustes. — Mandibules avec trois dents (fig. 41).

Dimensions. — Longueur du capitulum : 5ᵐᵐ ; largeur : 3ᵐᵐ,5. — pédoncule : 3ᵐᵐ.

Distribution. — Océan Pacifique, sur des Madrépores.

21. *Scalpellum Strœmi*. O. Sars, 1885.

Diagnose. — Capitulum avec quatorze plaques séparées les unes des autres par un espace étroit, purement chitineux. Umbo de la carène saillant et à une distance de l'apex égale environ à la moitié de celle de l'umbo à la base. — Trois paires de plaques infra-latérales. — Caréno-latérales faisant en dehors de la carène une saillie d'environ un quart de leur longueur. — Umbo des scuta à l'apex. — Umbo des infra-médio-latérales à l'angle antéro-basal. — Rostre allongé, étroit, avec le bord basal plus long que le bord supérieur, très nettement visible.

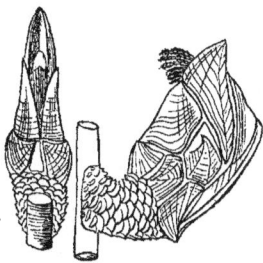

Fig. 42.

Pédoncule court et épais, offrant toujours une concavité ventrale ; entièrement couvert d'écailles larges, régulières et imbriquées (fig. 42).

Distribution. — Vestfjord, Porsangerfjord et Tanafjord, fixé sur des tubes de *Tubularia indivisa* et *Sertularella Gayi*. Profondeur : 1 583 mètres.

Observations. — Les trois espèces que nous venons de citer se ressemblent beaucoup par leur aspect général. Elles ne diffèrent guère que par des points de détail, tels que la distance respective de l'umbo à l'apex, la forme du rostre et celle des écailles pédonculaires.

Dimensions. — Longueur totale : 13mm.

22. *Scalpellum ornatum*. J. E. Gray, 1842.

SYNONYMIE. — *Thaliella ornata*, J. E. Gray, 1848.

Diagnose. — Capitulum avec quatorze plaques, épaisses, étroitement unies, recouvertes par une membrane chitineuse très mince et nue ; stries d'accroissement nettement marquées. — Carène à bords

latéraux larges ; umbo saillant, à une distance de l'apex un peu variable, mais, en général, moitié de celle qui sépare l'umbo de la base. — Bord dorsal de la carène avec des côtes longitudinales. — Trois paires de plaques infra-latérales. — Bord caréno-latéral des supra-latérales très concave pour recevoir le bord supérieur des caréno-latérales. — Umbo des infra-médio-latérales vers le milieu de la hauteur de la plaque. — Umbo des caréno-latérales saillant en dehors de la carène. — Umbo des rostro-latérales pointu

Fig. 43.

et saillant. — Rostre petit, étroit, s'élargissant un peu de l'apex à la partie inférieure et dont l'apex est saillant en haut et en avant.

Pédoncule très court, recouvert d'écailles calcaires très allongées transversalement et imbriquées, colorées en rouge. — Chaque rangée circulaire porte seulement quatre écailles.

Mandibules avec trois dents ; angle inférieur peu pointu, pectiné sur ses deux côtés.

Appendices terminaux, petits, plutôt larges, avec quatre très longues soies au sommet (fig. 43).

Dimensions. — Longueur du capitulum (max.): 50mm environ.
—   pédoncule   : 15mm environ.

Distribution. — Algoa Bay : sud de l'Afrique ; fixé sur des *Sertularia* et des *Plumularia*.

23. *Scalpellum septentrionale*. C. W. Aurivillius, 1894.

Diagnose. — Capitulum avec quatorze plaques, légèrement séparées les unes des autres par un intervalle membraneux et recouvertes par une cuticule mince et nue. — Umbo de la carène à une distance de

l'apex égale environ au quart de celle qui sépare l'umbo de la base. —
Bord dorsal arrondi, sans côtes longitudinales. —
Trois paires de plaques infra-latérales. — Umbo
des infra-médio-latérales vers le milieu de leur
hauteur et sur le bord rostral. — Umbo des caréno-latérales au tiers environ de la hauteur et non
saillant en arrière de la carène. — Umbo des rostro-
latérales, pointu et très légèrement saillant. —
Rostre triangulaire, allongé verticalement, la
base étant au contact du pédoncule, non saillant.

Pédoncule assez long et étroit, orné de huit
à neuf séries longitudinales portant chacune
huit ou neuf écailles aplaties, en demi-cercles et assez distantes les
unes des autres (fig. 44).

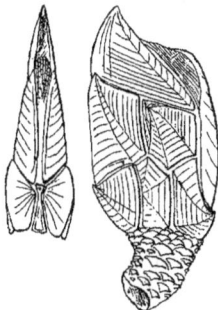

Fig. 44.

Dimensions. — Longueur du capitulum : 8ᵐᵐ ; largeur : 5ᵐᵐ.
                        —   pédoncule : 4ᵐᵐ.

Distribution. — Mer du Nord : Skagerak, par 590 à 890 mètres ; fixé
sur des Hydraires.

24. *Scalpellum obesum.* C. W. Aurivillius, 1894.

Diagnose. — Capitulum avec quatorze plaques, solides, un peu
séparées les unes des autres par une partie membraneuse. — Cuticule
nue. — Umbo de la carène à une distance
de l'apex égale au sixième de celle comprise entre l'umbo et la base. — Bord dorsal
régulièrement arrondi. — Trois paires de
plaques infra-latérales. — Umbo des infra-
médio-latérales vers le milieu de la hauteur
de la plaque et sur le bord rostral. — Umbo
des caréno-latérales vers le tiers de leur
hauteur et légèrement saillant en dehors
de la carène. — Rostre en forme coin avec
le bord basal plus long que le bord supérieur, rétréci au niveau des apex des rostro-
latérales qui font une légère saillie en avant.

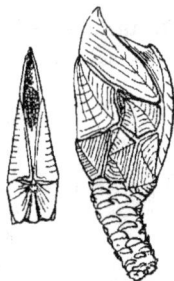

Fig. 45.

Pédoncule court, cylindro-conique, orné d'écailles élargies horizontalement et en forme de triangle curviligne (fig. 45).

Dimensions. — Longueur du capitulum : 8ᵐᵐ,5 ; largeur : 4ᵐᵐ,5.
                        —   pédoncule : 2ᵐᵐ,5.

Distribution. — Mer du Nord : par 110 mètres, sur des Hydraires.

25. *Scalpellum Stearnsi*. Pilsbry, 1890.

SYNONYMIE. — *Sc. calcariferum*, Fischer, 1891.

Diagnose. — Capitulum avec quatorze plaques solides et légèremen espacées les unes des autres, recouvertes par une cuticule mince. — Umbo de la carène à une distance de l'apex égale environ à la moitié de celle qui sépare l'umbo de la base. — Umbo des scuta au quart supérieur environ et le long du bord occluseur. — Umbo des infra-médio-latérales à la base. — Plaques caréno-latérales allongées, étroites, très saillantes en dehors de la carène et fortement recourbées vers le sommet. — Plaques rostro-latérales très basses et allongées transversalement. — Rostre très petit, à peine visible, triangulaire, enchâssé entre les extrémités umbonales des plaques rostro-latérales.

Fig. 46.

Pédoncule cylindro-conique, égalant, en longueur, environ la moitié du capitulum, orné d'écailles oblongues et imbriquées (fig. 46).

Distribution. — Enoshima (Japon), sur coquilles de *Trochus argenteo-niteus*, à une faible profondeur.

Observations. — Cette espèce, de très belle taille, décrite une première fois par Pilsbry en 1890 et l'année suivante par Fischer, se rapproche beaucoup de *Sc. vulgare*, mais elle s'en différencie très nettement par la forme des plaques caréno-latérales, très saillantes.

Dimensions. — Longueur totale : 40^{mm}.

26. *Scalpellum vulgare*. Leach, 1824.

SYNONYMIE. — *Lepas scalpellum*, L. 1767 et Poli, 1795 ; *Pollicipes scalpellum*, Lamarck 1818 ; *Polylepas vulgare*, de Blainville, 1824 ; *Sc. lœve*, Leach, 1825 ; *Sc. Siciliæ*, var., Chenu.

Diagnose. — Capitulum avec quatorze plaques, en général nettement séparées les unes des autres par un espace membraneux et recouvertes par une cuticule garnie de poils fins et assez courts. — La distance qui sépare l'umbo de la carène de l'apex est comprise environ une fois et demi dans celle qui sépare l'umbo de la base. — Umbo des scuta légèrement au-dessus du niveau de la moitié de la hauteur de la plaque et sur le bord occluseur. — Umbo des infra-médio-latérales très près de la base. — Umbo des caréno-latérales légèrement saillant en arrière de la carène. — Rostre trapézoïde, le bord supérieur étant le plus grand, dépassant légèrement au-dessus et au-dessous les extrémités umbonales des rostro-latérales.

Pédoncule, aussi long ou plus long que le capitulum, allongé, assez étroit, orné de séries parallèles de plaques, étroites, allongées horizontalement et largement séparées les unes des autres. — Cuticule entièrement couverte de poils (fig. 47).

Distribution. — Côtes de la Manche, Océan Atlantique, Méditerranée; fixé sur des Hydraires ou des Bryozoaires, à une faible profondeur.

Observations. — Cette espèce est l'une des plus répandues dans nos régions. Il est rare de faire un dragage dans la Manche, sur les côtes de l'Océan ou celles de la Méditerranée, sans en ramener un ou plusieurs exemplaires, si l'on a recueilli des touffes d'Hydraires.

On trouve quelques variations locales.

Tantôt les plaques sont très fortement calcifiées; d'autres fois, au contraire, elles le sont peu et restent, alors, très friables. Leur coloration varie du gris au blanc pur et au rouge vineux clair. Elles sont placées à des distances assez variables les unes des autres. Enfin, les écailles pédonculaires peuvent être disposées en

Fig. 47.

séries circulaires plus ou moins régulières et aussi plus ou |moins espacées.

Les mandibules portent cinq ou six dents; l'angle inférieur est plutôt large et fortement pectiné. Les mâchoires ont leur bord libre presque droit, sans encoche, avec douze ou treize paires d'épines inégales.

Les appendices terminaux sont très petits et aplatis.

Dimensions : Longueur du capitulum : 15^{mm},0; largeur : 9^{mm}.
—   pédoncule :   9^{mm},5; largeur : 4^{mm}.

27. *Scalpellum patagonicum*. A. Gruvel, 1900.

SYNONYMIE. — *Sc. papillosum*??? King.

Diagnose. — Capitulum avec quatorze plaques, largement espacées les unes des autres par un espace membraneux; blanches, et recouvertes par une cuticule très mince, garnie de poils extrêmement fins. — Umbo de la carène saillant et situé à peu près à égale distance de l'apex et de la base. — Umbo des infra-médio-latérales presque à la base. — Plaques caréno-latérales formant un éperon très saillant en arrière de la carène et dont l'extrémité libre est fortement recourbée vers le sommet du capitulum.

Rostre trapézoïde à angles mousses, le bord inférieur étant le plus

long; umbo légèrement saillant au milieu de la plaque, au niveau des extrémités rostrales des plaques rostro-latérales.

Pédoncule de longueur presque égale à celle du capitulum, orné seulement d'épines irrégulières, disséminées sans ordre à sa surface et ne laissant passer que leur pointe libre au-dessus de la cuticule qui les recouvre en grande partie. — Pas de limites nettes entre le capitulum et le pédoncule (fig. 48).

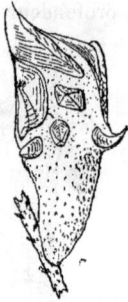

Dimensions. — Longueur du capitulum : 14^{mm}; largeur : 9^{mm},25.
—   pédoncule : 11^{mm}; largeur : 7^{mm},00.

Distribution — Côtes de Patagonie, sur une tige d'Hydraire.

Remarque. — Le capitaine King a signalé une espèce de *Scalpellum*, venant précisément des côtes de Patagonie. Sa description est tellement incomplète qu'il n'indique pas même le nombre des plaques. Dans ces conditions nous avons cru ne pas devoir en tenir compte et nous ne faisons qu'indiquer la possibilité de concordance entre ces deux espèces, ce que nous ignorons parfaitement, du reste.

Fig. 48.

28. *Scalpellum Hœki*. A. Gruvel, 1902.

Diagnose. — Capitulum avec quatorze plaques, fortes, serrées et à stries très nettes, recouvertes par une cuticule très mince et glabre. — Umbo de la carène très voisin de l'apex. — Carène très large à sa base, étroite à l'umbo, à bord dorsal régulièrement arrondi, sans arêtes latérales. — Terga à apex légèrement recourbé en arrière. — Umbo des scuta, à l'apex. — Umbo des caréno-latérales tout à fait à la base, et ne dépassant pas le bord externe de la carène; la forme de ces plaques est triangulaire. — Umbo des infra-médio-latérales à la base, la forme de ces plaques étant étroite, allongée, pointue à la base et à concavité antérieure. — Rostre allongé, en forme de triangle curviligne.

Pédoncule un peu moins long que le capitulum, cylindro-conique, orné de huit séries longitudinales d'écailles, allongées horizontalement et plus ou moins espacées les unes des autres. — Chaque série compte de huit à neuf écailles (fig. 49).

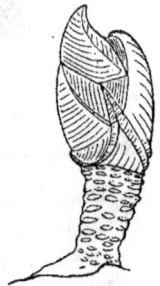

Fig. 49.

Distribution — Océan Pacifique; fixé sur un Bryozoaire.

Observations. — Cette très jolie petite espèce ne ressemble à aucune autre actuellement connue, par la forme de ses infra-latérales et de ses caréno-latérales, mais, par certains de ses caractères, elle se rapproche de *Sc. salartiæ*, A. Gruv. et surtout de *Sc. luridum*, Auriv.

Les mandibules portent trois fortes dents et l'angle inférieur est armé de trois pointes chitineuses.

Les mâchoires présentent une légère encoche, plus rapprochée du bord supérieur que du bord inférieur.

Pénis absent. Animal exclusivement femelle.

Appendices terminaux avec *trois* articles nets, ornés de soie.

Dimensions. — Longueur du capitulum : 5^{mm},50 ; largeur : 3^{mm},00.
— pédoncule : 2^{mm},75 ; largeur : 1^{mm},75.

29. *Scalpellum salartiæ*. A. Gruvel, 1901.

Diagnose. — Capitulum avec quatorze plaques, très légèrement séparées par un espace membraneux, avec stries d'accroissement à peine visibles, et recouvertes d'une cuticule mince et glabre. — Umbo de la carène saillant et à une distance de l'apex égale, environ, au cinquième de celle qui sépare l'umbo de la base. — Umbo des scuta à l'apex. — Umbo des plaques caréno-latérales, légèrement saillant en arrière de la carène. — Umbo des infra-médio-latérales un peu au-dessus de la base qui est plus courte que le bord supérieur. — Plaques rostro-latérales triangulaires avec le côté latéral presque aussi long que le bord basal. — Rostre quadrangulaire, légèrement recouvert par les extrémités umbonales des rostro-latérales.

Fig. 50.

Pédoncule à peu près moitié aussi long que le capitulum, orné d'écailles semi-lunaires, irrégulièrement disposées (fig. 50).

Distribution. — Mission du Cap Horn : sur une tige de *Salartia*, par 882 mètres de fond.

Dimensions. —Longueur du capitulum : 1^{mm},75 ; largeur : 1^{mm},25.
— pédoncule : 0^{mm},75 ; largeur : 0^{mm},40.

30. *Scalpellum luridum*. C. W. Aurivillius, 1894.

Diagnose. — Capitulum avec quatorze plaques nettement séparées les unes des autres par un espace membraneux, avec stries d'accroissement distinctes et recouvertes par une cuticule glabre. — Umbo de la carène à une distance de l'apex égale environ au onzième de celle qui sépare l'umbo de la base. — Umbo des scuta à l'apex. — Umbo des plaques caréno-latérales légèrement saillant en arrière de la carène et à une distance de la base égale environ au tiers de la hauteur de la plaque. — Umbo des infra-latérales (1) vers le milieu de la hauteur et sur le bord rostro-latéral. — Plaques rostro-latérales quadrangulaires avec le bord rostral presque égal au bord basal. — Rostre rectangulaire, allongé verticalement, non recouvert par les rostro-latérales (fig. 51).

Pédoncule presque aussi long que le capitulum, cylindro-conique, couvert d'écailles en forme de demi-cercles tronqués ou de trapèzes plus ou moins réguliers en séries irrégulières. Mandibules avec trois dents. — Pas de pénis.

Fig. 51.

Dimensions. — Longueur du capitulum : 6^{mm},5 ; largeur : 3^{mm},5.
—   pédoncule : 4^{mm},5.

Distribution. — Baie de Baffin : 68°8′ lat. N. et 58°47′ long. Ouest, par 300 mètres de profondeur.

31. *Scalpellum erosum.* C. W. Aurivillius, 1894.

Diagnose. — Capitulum avec quatorze plaques, légèrement séparées les unes des autres et assez largement, de la carène, par un espace membraneux, avec stries d'accroissement nettes et recouvertes d'une cuticule glabre. — Umbo de la carène à une distance de l'apex égale au onzième environ de celle qui sépare l'umbo de la base. — Umbo des scuta à l'apex. — Umbo des caréno-latérales non saillant en arrière de la carène et à une distance de la base dépassant le tiers de la hauteur de la plaque. — Umbo des infra-latérales vers le milieu de la hauteur et sur le bord rostro-latéral. — Bord antérieur des rostro-latérales égale le bord scutal ; umbo légèrement saillant en avant. — Rostre quadrangulaire, allongé, rétréci près de son bord supérieur et non recouvert par les rostro-latérales (fig. 52).

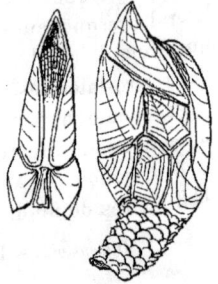

Fig. 52.

Pédoncule égalant à peu près la moitié de la longueur du capitulum, presque cylindrique, recouvert de huit séries longitudinales d'écailles en demi-cercle, régulières et imbriquées.

(1) Infra-latérales pour infra-médio-latérales.

Mandibules avec trois dents. — Appendices terminaux coniques. Pas de pénis.

Dimensions. — Longueur du capitulum : 8^{mm}; largeur : 4^{mm},5.
         —   pédoncule : 3^{mm}.

Distribution. — Nord-ouest de l'Atlantique : 53°34' lat. N. et 52°1' long. Ouest, par 1744 mètres de fond.

32. *Scalpellum aduncum.* C. W. Aurivillius, 1894.

Diagnose. — Capitulum avec quatorze plaques légèrement séparées les unes des autres par un espace membraneux ; cuticule glabre. — Umbo de la carène à une distance de l'apex égale environ au onzième de celle qui sépare l'umbo de la base. — Apex des terga recourbé en avant. — Umbo des caréno-latérales légèrement saillant en arrière de la carène et situé à une distance de la base égale environ au tiers de la hauteur de la plaque. — Umbo des infra-latérales vers le milieu de la hauteur et sur le bord rostral. — Rostre ayant la forme d'un trapèze isocèle avec le bord

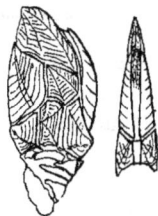

Fig. 53.

supérieur plus long que le bord basal, non recouvert par les extrémités rostrales des rostro-latérales (fig. 53).

Pédoncule court avec quelques écailles larges, à peu près en forme de demi-cercles et séparées les unes des autres.

Mandibules avec trois dents. — Appendices terminaux cylindro-coniques.

Dimensions. — Longueur du capitulum : 1^{mm},5; largeur : 1^{mm}.
        —   pédoncule : 0^{mm},5.

Distribution. — Sur un Pantopode : *Phoxichilidium fluminense*, Kröyer.

33. *Scalpellum recurvitergum.* A. Gruvel, 1900.

Diagnose. — Capitulum avec quatorze plaques, serrées les unes contre les autres. — Carène presque droite ; umbo très voisin de l'apex ; bord dorsal aplati, limité par deux arêtes latérales nettes, mais peu saillantes.

Apex des terga recourbé en arrière. — Umbo des caréno-latérales, non saillant en arrière de la carène et à une distance de la base plutôt inférieure au tiers de la hauteur de la plaque. — Infra-latérales quadrangulaires, allongées verticalement et rétrécies un peu au-dessous de la moitié de leur hauteur ; umbo vers le milieu de la hauteur. — Rostre triangulaire, allongé, très petit, à sommet tourné vers le pédoncule, et non recouvert par les rostro-latérales (fig. 54).

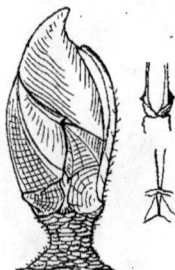

Fig. 54.

Pédoncule très court, cylindrique, couvert d'écailles très allongées transversalement, et très faiblement séparées les unes des autres par une membrane chitineuse portant des poils très fins et très courts qui se retrouvent sur la moitié inférieure et dorsale de la carène. Écailles placées en séries parallèles et alternantes de quatre, portant chacune, cinq ou six écailles.

Dimensions. — Longueur du capitulum : 11^{mm} ; largeur : 6^{mm},0.
      —   pédoncule :   3^{mm} ; largeur : 2^{mm},5.

Distribution. — Expéd. du « Talisman » : Sud-ouest des Açores, par 3175 mètres.

34. *Scalpellum carinatum*. Hœk, 1883.

Diagnose. — Capitulum avec quatorze plaques lisses, couvertes par une mince membrane chitineuse ; légèrement séparées les unes des autres, mais la carène largement séparée des autres par un espace membraneux. — Carène avec bord dorsal aplati et bordé par des arêtes peu nettes ; umbo très rapproché de l'apex. — Apex des terga fortement recourbés en arrière. — Umbo des caréno-latérales saillant en arrière de la carène et situé au quart environ de la hauteur à partir de la base. — Infra-latérales quadrangulaires, rétrécies en leur milieu au niveau de l'umbo. — Plaques rostro-latérales avec le bord basal et le bord scutal parallèles. —

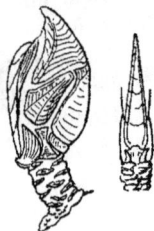

Fig. 55.

Rostre allongé et extrêmement étroit, enfermé entre les bords rostraux des rostro-latérales (fig. 55).

Pédoncule presque cylindrique, avec un petit nombre d'écailles à sa surface, allongées transversalement et disposées, environ, en sept rangées longitudinales, contenant, chacune, de quatre à six écailles.

Dimensions. — Longueur du capitulum : 16^{mm} env.
      —   pédoncule : 6^{mm}.

Distribution. — Expéd. du « Challenger » : Ile de Tristan da Cunha, par 1829 mètres.

Observations. — Ces cinq dernières espèces de *Scalpellum* se rapprochent les unes des autres par un caractère commun, c'est d'avoir l'umbo de la carène très voisin de l'apex, ce qui fait un passage entre celles où il est éloigné comme *Sc. vulgare*, etc. et celles où il est confondu avec l'apex. Mais si, dans les trois premières, le bord dorsal de la carène est régulièrement arrondi, déjà dans les deux dernières il est aplati et présente deux légères arêtes latérales, que nous allons retrouver très nettes dans le groupe suivant. Chez toutes, également, l'umbo des infra-latérales est situé vers le milieu de la hauteur des plaques.

Ces espèces se distinguent surtout entre elles par la constitution du rostre et par la forme et la disposition des écailles pédonculaires.

35. *Scalpellum recurvirostrum.* Hœk, 1883.

Diagnose. — Capitulum avec quatorze plaques séparées par un large espace membraneux, surtout la carène, des autres plaques ; une ligne blanche distincte, divise ces espaces en deux parties égales et marque la limite des plaques. — Stries d'accroissement peu nettes. — Carène presque droite; umbo très voisin de l'apex ; bord dorsal légèrement convexe avec de très faibles arêtes latérales. — Apex des terga recourbé en arrière. — Umbo des caréno-latérales à la base et très légèrement saillant en dehors. — Infra-latérales en forme de triangle équilatéral ; umbo à l'apex. — Rostre petit, triangulaire (fig. 56).

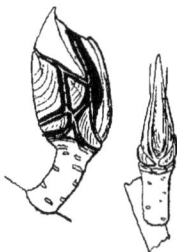

Fig. 56.

Pédoncule cylindrique dont la longueur égale, environ, la moitié de celle du capitulum, portant des écailles petites et peu nombreuses, peu saillantes et largement séparées les unes des autres.

Dimensions. — Longueur du capitulum : 13^{mm},0.
— pédoncule : 7^{mm},5.

Observations. — Cette espèce se distingue facilement des cinq précédentes par la forme triangulaire de ses infra-latérales dont l'umbo se confond avec l'apex.

Les mandibules ont trois dents et l'angle inférieur est pectiné. Mâchoires avec deux encoches, une, supérieure, profonde et une autre, moins accentuée, vers l'angle inférieur. Appendices terminaux avec quatre articles. Pénis, court, rudimentaire.

Distribution. — Expéd. du « Challenger », 1874 (52°4′ lat. S. et 71°22′ vées et long. E.), par 274 mètres de fond.

36. *Scalpellum glabrum*. Th. Studer, 1874.

Diagnose. (D'après une lettre de l'auteur.). — Capitulum avec quatorzes plaques calcaires, lisses, serrées et couvertes par une cuticule

nue. — Apex des terga pointu, droit et saillant. — Infra-latérales élevées et étroites.

Pédoncule couvert de demi-anneaux calcaires séparés par des intervalles nus (fig. 57).

Distribution. — Voyage de la « Gazelle », 1874 : Afrique occidentale (10°12′ lat. N. et 17°25′ long. O.), fixé sur un tube de *Hyalinœcia*, par 677 mètres de fond.

Observations. — Bien que, dans la lettre qu'il a bien voulu nous adresser, et dont nous le remercions, l'auteur ne parle pas du rostre, cette pièce doit exister puisqu'il

Fig. 57.

indique quatorze plaques sur le capitulum. Studer place *Sc. glabrum* auprès de *Sc. recurvirostrum* de Hœk. Par le nombre des plaques et la disposition des écailles pédonculaires son espèce se rapproche, en effet, de cette dernière, mais elle s'en distingue par la forme des infra-latérales et surtout par celle de la carène dont l'umbo semble, d'après le dessin, confondu avec l'apex.

Une description plus complète serait nécessaire pour fixer exactement la place de cette espèce.

37. *Scalpellum compressum*. Hœk, 1883.

Diagnose. — Capitulum avec treize (?) plaques, couvertes par une épaisse membrane chitineuse, qui rend très difficilement visibles leurs limites périphé-riques. — Umbo de la carène à une courte distance de l'apex ; cette pièce étant recouverte par la cuticule, striée longitudinalement. Apex des caréno-latérales à la base et non saillant en dehors de la carène.

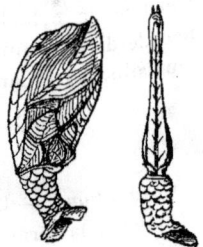

Infra-latérales quadrangulaires, allongées, fortement rétrécies en leur milieu ; apex voisin de la base.

Fig. 58.

Rostro-latérales quadrangulaires, avec le bord rostral légèrement arqué.

Pas de rostre ?

Pédoncule cylindrique, étroit, court, avec des écailles imbriquées, non calcaires mais à contours nets, formant huit séries longitudinales de chacune environ huit écailles.

Dimensions. — Longueur du capitulum : 31^{mm}.
—   pédoncule : 10^{mm}.

Observations. — Cette espèce semble dépourvue de rostre et par là seul se différencie des autres; mais Hœk n'ose dire s'il n'y aurait pas un rostre extrêmement petit sous l'épaisse cuticule chitineuse qui recouvre toutes les plaques. N'ayant qu'un seul échantillon, il n'a pu s'en rendre compte.

Distribution. — Expéd. du « Challenger » (2°55′ lat. N. et 124°53′ long. E.), par une profondeur de 3910 mètres.

Le tableau suivant résume les caractères les plus saillants des espèces appartenant au groupe que nous venons d'étudier et indique leurs affinités réciproques.

B — CARÈNE COURBÉE EN ANGLE NET A L'UMBO.

ESPÈCES.

B. — CARÈNE COURBÉE EN ANGLE NET A L'UMBO.

Rostre présent (14 plaques).

Sous-carène présente.

- **Trois paires d'infra-latérales (15 plaques).**
  - Sous-carène peu élevée, saillante en dehors de la carène....... *Sc. rostratum,* Darw.
  - Sous-carène élevée, non saillante en dehors de la carène. *Sc. Renei,* A, Gruvel.

- **Deux paires d'infra-latérales (13 plaques).**
  - Umbo de la carène vers le milieu de la plaque........... *Sc. Peroni,* Gray.

Pas de sous-carène.

Umbo de la carène assez éloigné de l'apex.

Umbo des scuta à l'apex.

- **Umbo des infra-latérales très près de la base.**
  - Rostre très petit, rectangulaire et allongé verticalement. Écailles pédonculaires en forme de granulations arrondies, irrégulièrement disposées.... *Sc. gibberum,* Auriv.
  - Rostre très petit, rectangulaire, allongé horizontalement. Écailles en forme d'épines triangulaires fortes................. *Sc. calcaratum,* Auriv.
  - Rostre triangulaire, allongé verticalement. Écailles demi-circulaires et imbriquées en partie...................... *Sc. Strœmi,* O. Sars.

- **Umbo des infra-latérales vers le milieu de la hauteur.**
  - Rostre petit, triangulaire. Écailles pédonculaires allongées transversalement et imbriquées. Plaques caréno-latérales saillantes en dehors de la carène................... *Sc. ornatum,* Gray.
  - Rostre triangulaire. Écailles demi-circulaires, largement espacées, caréno-latérales non saillantes en dehors de la carène...................... *Sc. septentrionale,* Auriv.
  - Rostre allongé, rétréci au milieu. Écailles en forme de triangle curviligne à peine séparées les unes des autres........... *Sc. obesum,* Auriv.

Umbo des scuta à une certaine distance de l'apex.

- **Umbo des infra-latérales très près de la base.**
  - Rostre très petit, triangulaire, écailles oblongues et imbriquées; caréno-latérales très fortement saillantes en dehors de la carène................ *Sc. Stearnsi,* Pilsbry.
  - Rostre quadrangulaire, large. Écailles allongées transversalement, en séries parallèles, non imbriquées............ *Sc. vulgare,* Leach.
  - Rostre quadrangulaire assez net. Écailles en forme d'épines irrégulièrement disposées.... *Sc. patagonicum,* A. Gruvel.

B. — Carène courbée en angle net a l'umbo. (*Suite.*)

ESPÈCES.

B. — CARÈNE COURBÉE EN ANGLE NET A L'UMBO.

Rostre présent (14 plaques).

Pas de sous-carène.

Umbo de la carène très voisin de l'apex et umbo des scuta à l'apex.

Umbo des infra-latérales très près de la base.

Infra-latérales très étroites, courbes, dirigées en bas et en avant; umbo tout à fait à la base; terminées en pointe ... *Sc. Hœki,* A. Gruvel.

Infra-latérales plus larges, droites; umbo à une petite distance de la base; terminées par un côté net .... *Sc. salartiæ,* A. Gruvel.

Umbo des infra-latérales vers le milieu de la hauteur.

Rostre rectangulaire, allongé verticalement. Écailles non imbriquées, à bord libre tronqué........................ *Sc. luridum,* Auriv.

Rostre allongé, rétréci au milieu. Écailles imbriquées en forme de demi-cercle .... *Sc. erosum,* Auriv.

Rostre quadrangulaire, plus large en haut qu'en bas. Écailles non imbriquées, peu nombreuses et larges .... *Sc. aduncum,* Auriv.

Rostre très étroit, allongé verticalement et terminé inférieurement en pointe fine. Écailles serrées et allongées transversalement. Carène non séparée des autres plaques.......... *Sc. recurvitergum* A. Gruvel.

Rostre allongé, très étroit. Écailles séparées par un intervale chitineux. Carène séparée des autres plaques par un large espace chitineux....... *Sc. carinatum,* Hœk.

Umbo des infra-latérales à l'apex.

Rostre petit, triangulaire. Écailles petites, peu nombreuses et très irrégulièrement disposées..................... *Sc. recurvirostrum.* Hœk.

Apex de terga, pointu, droit et saillant. Infra-latérales élevées et étroites. Écailles séparées (1). en forme de demi-anneaux... *Sc. glabrum,* Studer.

Pas de rostre (13 plaques).. ......

Apex du tergum tourné vers la carène. Bords latéraux de la carène très développés. Écailles pédonculaires arrondies et imbriquées .... *Sc. compressum,* Hœk.

(1) Nous faisons toutes nos réserves sur la position de cette espèce à cause de la situation indéterminée de l'apex de la carène. A. G.

C. Carène régulièrement courbe.

C¹ **Rostre présent.**

38. *Scalpellum squamuliferum*. Weltner, 1894.

Diagnose. — Capitulum avec treize plaques recouvertes par une épaisse cuticule chitineuse. — Carène régulièrement courbe ; umbo à l'apex ; bord dorsal régulièrement arrondi. — Apex des terga et des scuta, droit. — Sous-carène petite, triangulaire, non saillante, cachée sous la cuticule. — Rostre allongé, triangulaire, à apex retourné vers les scuta et généralement à nu. — Rostro-latérales, caréno-latérales et infra-médio-latérales petites et triangulaires, cachées sous la cuticule ; les infra-latérales non en contact immédiat avec la limite supérieure du pédoncule. —

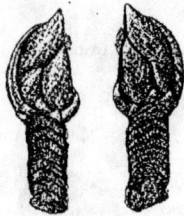

Fig. 59.

Supra-latérales quadrangulaires, à apex tourné en avant et faisant légèrement saillie en dehors de la cuticule (fig. 59).

Pédoncule à peu près aussi long que le capitulum, présentant des sortes de bourrelets chitineux annulaires, séparés par des sillons parallèles. — Ces bourrelets portent des écailles, en forme de pointes calcaires, irrégulières, placées sur la partie moyenne, et enfoncées dans la cuticule.

Dimensions. — Longueur du capitulum : 18ᵐᵐ ; largeur : 13ᵐᵐ,0.
— pédoncule : 20ᵐᵐ ; largeur : 11ᵐᵐ,5.

Distribution. — Océan Indien (Japon), sur *Hyalonema*, par 3200 mètres.
Observations. — Cette très jolie espèce se distingue immédiatement de toutes les autres du même groupe, par son épais revêtement de chitine et par son pédoncule avec ses annulations chitineuses parallèles.

Les mandibules portent 5 dents sur un côté, 6 à 7 sur l'autre.

Appendices terminaux présents. Pénis long.

39 *Scalpellum acutum*. Hœk, 1883.

Diagnose. — Capitulum avec treize plaques, à surface lisse, non recouvertes par une membrane. — Carène régulièrement courbe, très redressée, umbo à l'apex ; courte, les côtés manquant presque, légèrement développés seulement dans la partie supérieure. — Apex des terga et des scuta pointu et droit. — Sous-carène non saillante en dehors de la carène, triangulaire et plutôt petite. — Rostre large, beaucoup plus large que les rostro-latérales et beaucoup plus élevé que la sous-carène. — Infra-latérales triangulaires, la base étant presque aussi longue que les deux autres côtés. — Plaques caréno-latérales cachant toute la partie inférieure de la carène (fig. 60).

Pédoncule étroit, légèrement dilaté près du capitulum, entièrement couvert de petites écailles, arrondies à leur bord libre et dont les rangées ne sont pas très régulières.

Fig. 60.

Dimensions. — Longueur du capitulum : 5^{mm},5.

Distribution. — Expéd. du « Challenger » : 37°24′ lat. N. et 25°13′ long. O. (par 1829 mètres); 29°55′ lat. S. et 178°14′ long. O. (940 mètres); enfin 29°45′ lat. S. et 178°11′ long. O. (984 mètres).

40. *Scalpellum longirostrum.* A. Gruvel, 1900.

Diagnose. — Capitulum avec treize plaques, nues, très minces et sans stries d'accroissement nettes. — Carène régulièrement courbe, un peu redressée; umbo à l'apex; à bords latéraux beaucoup plus larges à la base qu'au sommet où ils sont très étroits. — Apex des terga et des scuta pointu (surtout celui de ces derniers) et droit. — Sous-carène non saillante, presque aussi élevée que le rostre. — Rostre losangique, caréné ventralement. — Infra-latérales triangulaires avec la base égalant environ la moitié de la longueur de chacun des autres côtés. — Plaques caréno-latérales laissant à découvert la partie inférieure de la carène (fig. 61).

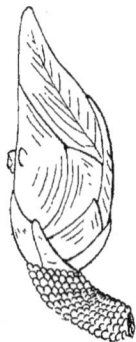

Fig. 61.

Pédoncule court, relativement à la longueur du capitulum, couvert de petites écailles à bord supérieur arrondi, imbriquées, et très régulièrement disposées en séries alternantes de vingt écailles chacune, environ.

Dimensions. — Longueur du capitulum : 6^{mm},0 ; largeur: 2^{mm},25.
— pédoncule : 2^{mm},5 ; largeur : 1^{mm},00.

Distribution. — Expéd. du « Talisman » : Côtes du Portugal (41°30 lat. N. et 11°57 long. O.), par 1923 mètres.

Observations. — Cette petite espèce est, évidemment, très voisine de la précédente. Elle en diffère cependant par les caractères suivants :

absence presque totale de stries d'accroissement ; bords latéraux de la carène larges à la partie inférieure ; plaques infra-latérales beaucoup plus longues que larges ; sous-carène presque aussi élevée que le rostre ; enfin, écailles pédonculaires en séries régulières.

De plus, les rames diffèrent aussi de longueur et les mâles nains ne sont pas semblables.

41. *Scalpellum stratum*. C. W. Aurivillius, 1894.

Diagnose. — Capitulum avec quinze plaques rigides. — Carène régulièrement courbe, à bord dorsal arrondi. — Apex des terga et des scuta pointu et à peu près droit. — Plaques infra-latérales présentes, quadrangulaires et non en contact immédiat avec le capitulum. — Sous-carène très petite, saillante, en forme de triangle équilatéral. — Rostro-carénales et caréno-latérales, triangulaires, peu élevées. — Rostre élevé, à peu près losangique, caréné antérieurement (fig. 62).

Fig. 62.

Pédoncule étroit, égalant à peu près la longueur de la moitié du capitulum, couvert d'écailles rhomboïdales, en quatorze séries obliques de 14 à 15 écailles chacune.

Dimensions. — Longueur du capitulum : 5^{mm},5 ; largeur : 3^{mm}.
—   pédoncule : 3^{mm},5.

Distribution. — Mer des Antilles.

Observations. — Cette petite espèce se rapprocherait des deux précédentes par sa forme générale, mais elle s'en distingue immédiatement par la présence des deux plaques infra-latérales qui manquent chez les autres.

Les mandibules ont quatre dents. Pénis très long.

42. *Scalpellum hamatum*. O. Sars, 1885.

Diagnose. — Capitulum plus large à la base qu'au sommet, avec quatorze plaques, recouvertes par une cuticule ornée de poils fins et courts, et dont les bords sont très peu calcifiés. — Carène régulièrement courbe, umbo à l'apex.

Fig. 63.

— Plaques infra-latérales allongées transversalement, pentagonales, avec l'umbo très près de la base. — Caréno-latérales à umbo saillant

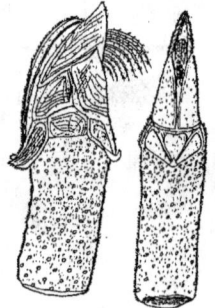

en arrière de la carène et dirigées obliquement de haut en bas et d'avant en arrière. — Rostro-latérales allongées, dirigées aussi, obliquement, en avant et en bas. — Rostre saillant, triangulaire, en forme de crochet (fig. 63).

Pédoncule très développé (au moins autant que le capitulum), cylindrique, orné de granulations chitineuses en séries régulières et couvert de poils courts.

Dimensions. — Longueur totale : 30^{mm}.

Distribution. — North-Atlantic-Expéd. : N.-O. de Finmark et Ouest du Spitzberg, par 750-800 mètres.

43. *Scalpellum groënlandicum.* C. W. Aurivillius, 1894.

Diagnose. — Capitulum avec quatorze plaques, striées, légèrement séparées les unes des autres; cuticule très mince, glabre. — Carène régulièrement courbe, l'umbo ne se confondant pas, cependant, d'une façon rigoureuse avec l'apex ; bord dorsal arrondi. — Umbo des infra-latérales vers le milieu de la hauteur de la plaque. — Umbo des caréno-latérales, un peu au-dessus du milieu de la hauteur et non saillant en arrière de la carène. — Bord rostral des rostro-latérales à peu près égal au bord basal. — Rostre quadrangulaire, non recouvert par les extrémités rostrales des rostro-latérales et à bord supérieur plus long que le bord inférieur (fig. 64).

Fig. 64.

Pédoncule à peu près moitié aussi long que le capitulum, couvert de huit séries longitudinales d'écailles en forme de triangle curviligne, plus ou moins régulières, non imbriquées.

Dimensions. — Longueur du capitulum : 5^{mm},5 ; largeur : 3^{mm}.
— pédoncule : 3^{mm},0.

Distribution. — Baffin's-bay, par 400 mètres de fond.

Observations. — Étant donné que, dans cette espèce, l'umbo n'est pas rigoureusement à l'apex, nous aurions pu la placer dans le groupe précédent, à côté de *Sc. aduncum* Auriv., par exemple, mais comme, d'autre part, le groupe est caractérisé par une carène courbée en *angle net à l'umbo* et qu'ici, cette pièce ne fait aucun angle en ce point, mais qu'elle se continue, régulièrement courbe, jusqu'à l'apex, nous avons pensé qu'il était plus exact de placer cette espèce ici.

44. *Scalpellum angustum.* O. Sars, 1885.

Diagnose. — Capitulum avec quatorze plaques, légèrement séparées, recouvertes par une mince cuticule et légèrement striées. — Carène régulièrement courbe, très redressée; umbo à l'apex; bord dorsal légèrement aplati. — Umbo des infra-latérales vers le milieu de la pièce mais un peu au-dessus. — Umbo des caréno-latérales vers le quart inférieur de la hauteur, non saillant en dehors. — Rostre rectangulaire, allongé verticalement, non recouvert par les bords rostraux des rostro-latérales (fig. 65).

Pédoncule presque aussi long que le capitulum, cylindro-conique, orné d'écailles en forme de demi-cercles, et largement espacées.

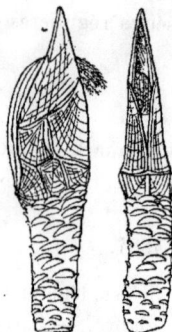

Fig. 65.

Dimensions. — Longueur totale : 13^{mm}.

Distribution. — Entre Norway et les îles Fœroé, par 750-850 mètres.

Observations. — Cette espèce est extrêmement voisine de la précédente dont elle ne diffère que par de très faibles caractères : forme plus élancée ; umbo de la carène absolument confondu avec l'apex, rostre rectangulaire. Les autres caractères sont à peu près identiques.

45. *Scalpellum pusillum.* C. W. Aurivillius, 1898.

Diagnose. — Capitulum avec quatorze plaques résistantes, couvertes d'une cuticule garnie de poils. — Carène régulièrement courbe. — Forme de la carène, des caréno-latérales, des latérales et des scuta, comme dans *Sc. minutum* (voir fig. 91), mais, terga plus penchés et rostro-latérales plus petites. — Rostre petit, à surface triangulaire.

Pédoncule poilu, orné de sept à huit séries d'écailles serrées et alternantes.

Dimensions. — Longueur du capitulum : 3^{mm},5 ; largeur : 2^{mm}.
— pédoncule : 2^{mm},0.

Distribution. — Expéd. de la « Princesse-Alice », près Terre-Neuve (1267 mètres) et Açores (2000 mètres).

46. *Scalpellum brevecarinatum.* Hœk, 1883.

Diagnose. — Capitulum avec quatorze plaques simplement recouvertes par une cuticule mince. — Carène très courte, régulièrement courbe; umbo à l'apex; bord dorsal pas tout à fait plat et présentant de légers sillons longitudinaux. — Apex des terga et des scuta légèrement retourné en arrière. — Plaques de la rangée inférieure remarquablement hautes. — Infra-latérales triangulaires, étroites et très allongées; umbo à l'apex. — Umbo des caréno-latérales pointu, légèrement saillant en dehors de la carène et situé au niveau du tiers supérieur de la plaque. — Rostre étroit, allongé, extrémité supérieure légèrement plus étroite que la base (fig. 66).

Pédoncule court, conique, avec de larges écailles calcaires à bord supérieur développé, fortement imbriquées et assez peu nombreuses.

Fig. 66.

Dimensions. — Longueur du capitulum : 7^{mm}.

Distribution. — Expéd. du « Challenger » : 46°46′ lat. S. et 45°31′ long. E. (2 500 mètres) ; 46°16′ lat. S. et 48°27′ long. E. (2 920 mètres).

Observations. — Le grand développement de toutes les plaques de la rangée inférieure et le peu de longueur de la carène différencient cette espèce de la suivante.

Mandibules avec trois dents et un angle inférieur très court, fortement pectiné.

Appendices terminaux uniarticulés.

47. *Scalpellum parallelogramma.* Hœk, 1883.

Diagnose. — Capitulum avec quatorze plaques couvertes par une membrane chitineuse jaunâtre. — Carène longue, simplement courbée, massive, avec umbo à l'apex ; bord aplati bordé de chaque côté par une arête distincte, les bords latéraux étant à angle droit avec le bord dorsal qui s'accroît considérablement en largeur de la partie supérieure à la partie inférieure. — Apex des terga et des scuta légèrement retourné en arrière. — Caréno-latérales allongées ; l'umbo dépasse la base du capitulum en dessous et la carène en arrière ; le bord latéral envoie dans sa partie supérieure une saillie qui pénètre dans une encoche du bord caréno-latéral des supra-latérales. — Rostro-latérales moins hautes que larges. — Infra-latérales triangulaires et larges, l'angle basal saillant en dessous et en dehors du capitulum (fig. 67).

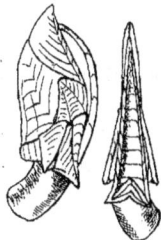
Fig. 67.

Rostre petit, rétréci au milieu, la partie inférieure étant quadrangulaire, la partie supérieure triangulaire et allongée.

Pédoncule cylindrique, court, dépourvu d'écailles.

Dimensions. — Longueur du capitulum : 21^{mm}.
— pédoncule : 4^{mm}.

Distribution. — Expéd. du « Challenger » : Atlantique Sud, 37°17′ lat. S. et 53°52′ long. O. (1 098 mètres) sur une *Dendrophyllia*.

Observations. — Mâchoires avec trois dents et l'angle inférieur pectiné. Appendices terminaux multiarticulés (7 segments).

48. *Scalpellum album*. Hœk, 1883.

Diagnose. — Capitulum avec quatorze plaques blanches, lisses, largement séparées les unes des autres et nettement striées. — Carène

Fig. 68.

régulièrement courbe avec umbo à l'apex qui se trouve à peu près au milieu du bord carénal des terga ; bord dorsal nettement caréné ; bords latéraux arrondis. — Apex des terga et des scuta droit. — Caréno-latérales quadrangulaires, avec umbo à l'apex qui est pointu et fortement incurvé vers les supra-latérales. — Infra-latérales triangulaires, allongées, avec umbo à l'apex. — Rostre relativement large, de forme ovale, recouvert, de chaque côté, par les bords libres des rostro-latérales qui se touchent en un point médian (fig. 68).

Pédoncule conique, beaucoup plus étroit à sa base que près du capitulum, portant six rangées longitudinales d'écailles calcaires, contenant, chacune, environ dix-sept écailles élargies transversalement.

Dimensions. — Longueur du capitulum : 13^{mm}.

Distribution. — Expéd. du « Challenger » : Archipel Malais, 4°33′ lat. N. et 127°6′ long. E., par 915 mètres.

Observations. — La forme du capitulum tout entier et celle des différentes plaques permettent de reconnaître facilement cette espèce.

49. *Scalpellum africanum*. Hœk, 1883.

Diagnose. — Capitulum avec quatorze plaques, très épaisses, non séparées par un espace chitineux, couvertes par une membrane qui porte de très petits poils. — Carène simplement courbée, assez courte, large à sa partie inférieure qui s'engage très peu sous les caréno-

latérales, umbo à l'apex; bord dorsal en forme de carène de bateau.
— Apex des caréno-latérales vers le milieu de la hauteur de la plaque
et à peine saillant en dehors de la carène. — Infra-
latérales avec le bord basal large et l'umbo à l'apex.
— Rostro-latérales petites et presque triangulaires,
à cause de la très faible dimension du bord basal.

Rostre pas très petit et distinct, ovale, avec ses
bords latéraux recouverts par les bords rostraux des
rostro-latérales (fig. 69).

Pédoncule très court, totalement couvert par
des écailles calcaires à bord libre très saillant,
placées en huit rangées longitudinales de chacune cinq écailles.

Fig. 69.

Dimensions. — Longueur du capitulum : 7mm.

Distribution. — Expédition du « Challenger » : Nigthingale Island
(182 mètres) et île de Tristan da Cunha.

50. *Scalpellum primulum*. C. W. Aurivillius, 1894.

Diagnose. — Capitulum avec quatorze plaques légèrement
séparées, recouvertes par une cuticule mince et glabre. — Carène
arquée régulièrement; umbo à l'apex. — Umbo
des caréno-latérales à la base et saillant en dehors
du bord dorsal et au-dessous de la carène. — Umbo
des infra-latérales à la base. — Rostro-latérales
quadrangulaires ; umbo à l'apex, légèrement
saillant en avant du bord occluseur et recouvrant
un peu les bords du rostre. — Rostre très petit,
atteignant, seulement, environ un tiers de la hauteur du bord rostral des rostro-latérales (fig. 70).

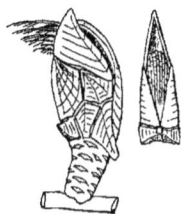

Fig. 70.

Pédoncule égalant environ la moitié du capi-
tulum, orné de huit séries longitudinales d'écailles allongées transversalement, alternes et largement espacées.

Dimensions. — Longueur du capitulum : 4mm; largeur : 2mm,5.
— pédoncule : 2mm.

Distribution — Mer des Antilles : Saint-Martin, par 350-600 mètres de
fond.

Observations. — Dans cette espèce le rostre est très petit et très peu
recouvert par les bords libres des rostro-latérales. On pourrait presque
le placer dans le groupe précédent, à côté de Sc. *hamatum*, O. Sars.

51. *Scalpellum striolatum.* O. Sars, 1885.

Diagnose. — Capitulum plus de deux fois aussi long que large avec quatorze plaques serrées, striées et recouvertes par une cuticule garnie de poils courts. — Carène régulièrement courbe; umbo à l'apex. — Apex des scuta et des terga tourné en arrière. — Umbo des caréno-latérales très près de la base et non saillant en dehors de la carène. — Infra-latérales en forme de verre à boire avec la partie la plus étroite, au niveau de laquelle se trouve l'umbo, très rapprochée de la base.

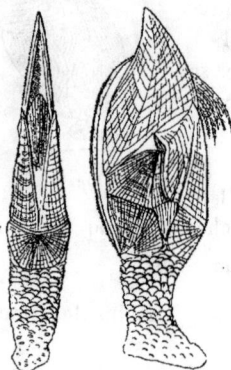

Rostre, en partie caché par le bord rostral des rostro-latérales, plus large à la base et allant en se rétrécissant en pointe jusqu'au sommet (fig. 71).

Pédoncule relativement court, environ moitié aussi long que le capitulum, couvert d'écailles demi-circulaires, larges et imbriquées dans les deux tiers supérieurs, plus petites et séparées à la base.

Fig. 71.

Dimensions. — Longueur totale : 35mm.

Distribution. — Norwegian-Expédition, entre Norway, les Fœroé et Beeren Eiland, par une profondeur de 750 à 2000 mètres, attaché aux éponges.

Observations. — Étant donnés les caractères du rostre sur lesquels nous nous sommes basé pour la classification, il nous a été difficile de placer cette espèce, à cause du peu de précision de la description et des dessins de Sars concernant cette plaque. Il nous a semblé que cette place, indiquée du reste par Hœk, était celle que nous pouvions le plus sûrement lui donner.

52. *Scalpellum nymphocola,* Hœk.

Diagnose. — Capitulum avec quatorze plaques lisses, recouvertes par une membrane mince et séparées les unes des autres par un espace chitineux plutôt large. — Carène simplement courbée, avec le bord dorsal plat et l'umbo placé à l'apex. — Apex des terga pointu et droit.

Umbo des caréno-latérales vers le tiers inférieur de la plaque et légèrement saillant. — Rostro-latérales irrégulièrement quadrangulaires, avec l'umbo saillant en avant. — Infra-latérales fortes, presque aussi hautes que larges avec l'umbo vers le milieu de la hauteur de la plaque. — Rostre étroit, droit et court, légèrement recouvert, latéralement, par les bords rostraux des rostro-latérales.

Pédoncule cylindro-conique, orné d'écailles assez larges, largement séparées les unes des autres, en rangées longitudinales (fig. 72).

Dimensions. — Longueur du capitulum : 7ᵐᵐ,5.
—   pédoncule : 6ᵐᵐ,0 environ.

Fig. 72.

Distribution. — Expédition du « Knight Errant » par 60°3′ lat. N. et 5°51′ long. O. (987 mètres). Expédition du « Triton », 60°18′ lat. N. et 6°15′ long. O. (1170 mètres).

Observations. — Par beaucoup de caractères, cette espèce se rapproche de *Sc. angustum* O. Sars, mais elle s'en distingue par la brièveté du rostre et parce qu'il est en partie couvert latéralement par les rostro-latérales. Il est aussi très voisin de *Sc. striolatum* O. Sars, à côté duquel nous le placerons.

Mandibules avec trois dents, la première et la seconde séparées par une forte encoche ; angle basal fortement pectiné. Appendices terminaux petits et uniarticulés.

53. *Scalpellum anceps*. C. W. Aurivillius, 1898.

Diagnose. — Capitulum avec quatorze plaques rigides. — Carène arquée régulièrement, à bord dorsal aplati ; bords latéraux à peine crénelés, pas de sous-carène. — Rappelle par son extérieur *Sc. abyssicola* Hœk. — Infra-médianes oblongo-quadrangulaires, rétrécies au milieu, mais rostre très petit et cunéiforme. — Scuta nettement sinueux près du bord tergal, l'umbo des latérales occupant l'angle formé. — Plaques latérales à six angles comme *Sc. distinctum* Hœk.

Pédoncule court, à peine couvert de poils, orné de huit séries d'écailles, alternant avec cinq.

Dimensions. —Longueur du capitulum : 15ᵐᵐ ; largeur : 7ᵐᵐ.
—   pédoncule : 4ᵐᵐ.

Distribution. — Expédition de la « Princesse Alice » : Açores, par 4261 mètres de fond.

54. *Scalpellum cornutum*. O. Sars, 1885.

Diagnose. — Capitulum avec quatorze plaques en contact étroit,

GRUVEL. – Cirrhipèdes.   5 fortement striées et recouvertes par une cuticule très mince. — Carène

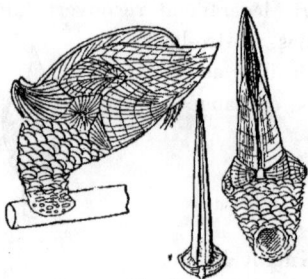

Fig. 73.

régulièrement courbée, umbo à l'apex. — Apex des terga et des scuta légèrement retourné en arrière. — Umbo des caréno-latérales très saillant en arrière de la carène et situé, environ, au niveau du milieu de la plaque. — Infra-latérales pentagonales, larges, avec l'umbo presque au milieu de la plaque. — Rostro-latérales à peu près triangulaires, les bords rostraux étant très courts. — Rostre très petit, mais distinct, quadrangulaire, avec le bord supérieur arrondi (fig. 73).

Pédoncule court, étroit à la base, moitié plus petit environ que le capitulum, couvert d'écailles larges, à bord libre arrondi, imbriquées et régulières.

Dimensions. — Longueur totale : 11^{mm}.

Distribution. — Côte de Nordland ; Barent's Sea et côte ouest du Spitzberg, par 270 à 755 mètres.

55. *Scalpellum hirsutum*. Hœk, 1883.

Diagnose. — Capitulum avec quatorze plaques recouvertes par une membrane garnie de très longs poils, serrées fortement. — Carène simplement courbée ; umbo à l'apex ; bord dorsal aplati. — Plaques de la rangée inférieure, basses. — Apex des terga et des scuta pointu et allongé. — Umbo des caréno-latérales relevé vers le haut et non saillant en dehors de la carène. — Infra-latérales triangulaires, umbo à l'apex. — Rostro-latérales très peu élevées. — Rostre petit, linéaire, enfermé entre les bords rostraux des plaques rostro-latérales.

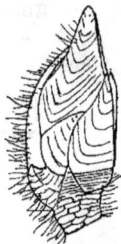

Fig. 74.

Pédoncule court, écailles placées en rangées longitudinales et légèrement saillantes (fig. 74).

Dimensions. — Longueur du capitulum : 6^{mm}.
　　　　　— 　　　　pédoncule : 2^{mm} environ.

Distribution. — Expédition du « Challenger » : 0°48′ lat. S. et 120°58′ long. E., par 1500 mètres.

Observations. — Nous faisons toutes nos réserves au sujet de cette espèce qui pourrait bien n'être que la forme jeune de *Sc. velutinum* Hœk.

Voir à ce sujet notre Mémoire des Cirrhipèdes du « Talisman », page 62 et planche II, figure 14.

56. *Scalpellum hispidum*. O. Sars, 1898.

Diagnose. — Capitulum avec quatorze plaques étroitement serrées, recouvertes par une cuticule gris sombre garnie partout de poils assez longs. — Carène régulièrement arquée, umbo à l'apex. — Terga petits, triangulaires, bord occluseur beaucoup plus court que le bord basal. — Scuta un peu plus petits que les terga, irrégulièrement quadrangulaires, plus de deux fois aussi longs que larges ; apex légèrement saillant. — Plaques latérales supérieures à peine plus petites que les scuta, irrégulièrement pentagonales, umbo à peine saillant. — Plaques basales assez inégales. — Caréno-latérales avec l'umbo légèrement saillant en arrière ; plaques infra-médianes, très étroites, triangulaires, à sommet aigu. — Rostre petit, triangulaire.

Pédoncule plus court et plus étroit que le capitulum, dressé, cylindrique, couvert d'écailles calcaires disséminées et non imbriquées, membrane chitineuse couverte de poils.

Dimensions. — Longueur : 10 à 13ᵐᵐ.

Distribution. — Peu commun, sur les bords occidentaux et septentrionaux de la Norwège, fixé sur *Flustra abyssicola* et *Waldhemia septigera*, par 274 à 548 mètres.

Observations. — Cette espèce qui, d'après l'auteur, rappelle *Sc. striolatum* O. Sars, nous paraît se rapprocher bien davantage de *Sc. hirsutum* Hœk.

57. *Scalpellum rubrum*. Hœk, 1883.

Diagnose. — Capitulum avec quatorze plaques serrées, lisses, colorées de blanc et rouge et sans cuticule distincte. — Carène simplement mais fortement courbée, avec le bord dorsal légèrement convexe et l'umbo à l'apex. — Caréno-latérales plus grandes que les autres plaques de la rangée inférieure, avec le bord carénal arqué en avant ; umbo à l'apex en avant du bord dorsal de la carène. — Infra-latérales petites, triangulaires, avec l'umbo à l'apex. — Rostro-latérales très basses avec le bord scutal presque parallèle au bord basal. — Rostre petit, mais distinct, de forme triangulaire, avec la base voisine du pédoncule.

Pédoncule cylindrique, égalant seulement un tiers de la longueur du capitulum ; orné de quatre séries longitudinales, d'environ chacune cinq écailles larges, assez irrégulières de forme et nettement séparées par un espace chitineux (fig. 75).

Fig. 75.

Dimensions. — Longueur du capitulum : 5^{mm},00.
— pédoncule : 1^{mm},75.

Distribution. — Expédition du « Challenger » : 12°43′ lat. N. et 122° 10′ long. E., par 182 à 325 mètres de fond.

58. *Scalpellum atlanticum.* A. Gruvel, 1900.

Diagnose. — Capitulum avec quatorze plaques, fortes, finement striées, serrées et couvertes d'une cuticule garnie de nombreux poils fins et courts localisés à la base du capitulum et sur le bord dorsal de la carène seulement. — Carène régulièrement courbe, assez redressée ; bord dorsal aplati, avec deux arêtes latérales larges, mais peu saillantes ; umbo à l'apex. — Plaques caréno-latérales élevées ; umbo vers le cinquième inférieur de hauteur de la plaque et saillant légèrement en arrière de la carène. — Infra-latérales petites, triangulaires, umbo à l'apex. — Rostro-latérales, avec l'angle rostral pointu et cachant les parties latérales du rostre. — Rostre ovale, distinctement visible à la surface.

Fig. 76.

Pédoncule cylindrique, court et large, orné de huit séries longitudinales et alternes, d'écailles allongées transversalement et séparées par un léger intervalle chitineux ; une cuticule, ornée de poils très courts et fins, recouvre tout le pédoncule (fig. 76).

Dimensions. — Longueur du capitulum : 11^{mm},0 ; largeur : 6^{mm},0.
— pédoncule : 2^{mm},5 ; largeur : 2^{mm},5.

Distribution. — Expédition du « Talisman », fixé sur une tige d'Hydraire ; environs des Açores, par 960-998 mètres de fond.

Observations. — La forme des caréno-latérales et la position de l'umbo près de la base, distingue nettement cette espèce des trois autres du même groupe.

59. *Scalpellum truncatum.* Hœk, 1883.

Diagnose. — Capitulum avec quatorze plaques, fortement striées et serrées. — Carène simplement et légèrement courbée ; umbo à l'apex ; bord dorsal aplati bordé par des arêtes très saillantes ; bords latéraux bien développés. — Terga quadrangulaires, comme tronqués, le bord occluseur faisant avec celui des scuta un angle de 135° environ. — Umbo des caréno-latérales situé vers le quart inférieur de la hauteur de la plaque et légèrement saillant en arrière. — Infra-latérales triangulaires, allongées et étroites ; umbo à l'apex. — Rostro-latérales avec le bord scutal et le bord basal parallèles, l'umbo légèrement saillant en avant. — Rostre extrêmement étroit, un peu plus large vers la partie supérieure qu'à la base.

Fig. 77.

Pédoncule très court et cylindrique (un quart de la longueur du capitulum environ), écailles irrégulières, non saillantes, en séries peu régulières et légèrement espacées.

Dimensions. — Longueur du capitulum : 10ᵐᵐ,5.
—   pédoncule : 2ᵐᵐ,60.

Distribution. — Expédition du « Challenger » : 12°8′ lat. S. et 145°10′ long. E., par 2 650 mètres.

Observations. — Cette espèce est suffisamment caractérisée par la forme de ses terga.

60. *Scalpellum mammilatum.* Aurivillius, 1898.

Diagnose. — Capitulum avec quatorze plaques rigides. — Carène régulièrement arquée ; pas de sous-carène ; rostre très petit, presque caché par les plaques rostro-latérales. — Plaques infra-médianes avec l'umbo à l'apex, peu saillant (jusqu'ici : comme forme des plaques latérales, des scuta, des rostro-latérales, des infra-latérales et des caréno-latérales, comme *Sc. truncatum* Hœk), mais, les terga sont triangulaires, leur bord occluseur formant avec celui des scuta un arc régulier (non anguleux).

Pédoncule orné de dix séries circulaires d'écailles et alternantes de douze à treize chacune, serrées et inégales.

Dimensions. — Longueur du capitulum : 20ᵐᵐ ; largeur : 11ᵐᵐ,5.
—   pédoncule : 7ᵐᵐ.

Distribution. — Expédition de la « Princesse Alice » : Açores et entre le Portugal et les Açores, par 4 020 à 4 261 mètres de fond.

61. *Scalpellum elongatum.* Hœk, 1883.

Diagnose. — Capitulum avec quatorze plaques, distinctement striées et non recouvertes par une membrane. — Carène simplement courbée, umbo à l'apex ; bord dorsal plat, profondément sillonné longitudinalement, les bords latéraux étant aplatis et formant un angle droit avec le bord dorsal. — Bord occluseur des scuta et des terga formant un arc régulier à grand rayon. — Caréno-latérales deux fois aussi hautes que larges ; umbo vers le tiers inférieur de la plaque, au-dessous et en dehors de la carène. — Infra-latérales en forme de triangle équilatéral, umbo à l'apex. Rostro-latérales avec le bord latéral long, convexe, passant insensiblement au bord basal ; umbo légèrement saillant. — Rostre extrêmement petit, non distinct.

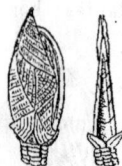

Fig. 78.

Pédoncule court, avec de larges écailles, bien développées, placées en six rangées longitudinales, contenant, chacune, sept écailles.

Dimensions. — Longueur du capitulum : 24^{mm}.
—   pédoncule : 5^{mm}.

Distribution. — Expédition de « Challenger » : Ile Tristan da Cunha ; Sydney ; Auckland, par 110 à 2 011 mètres.

Observations. — Cette espèce est très voisine de *Sc. striatum* A. Gruv., (n° 65) mais elle en diffère cependant par plusieurs points ; d'abord la cuticule capitulaire, glabre sur les plaques, est couverte de poils fins et courts dans les intervalles ; sur le pédoncule, ces poils la recouvrent entièrement. Le bord occluseur des terga forme chez *Sc. striatum*, non pas un arc régulier avec celui des scuta, mais une ligne absolument droite qui se porte en avant et en haut ; les plaques de la rangée inférieure sont beaucoup moins élevées que chez *Sc. elongatum*, en particulier les caréno-latérales qui sont aussi larges que hautes ; enfin elle s'en distingue aussi par la présence d'un rostre très net, quoique petit, qui manque à peu près chez *S. elongatum*.

62. *Scalpellum antarcticum.* Hœk, 1883.

Diagnose. — Capitulum avec quatorze plaques serrées, couvertes par une membrane garnie de poils nombreux et très courts. — Carène simplement courbée avec l'umbo à l'apex et le bord dorsal plat ; non séparée des autres plaques. — Caréno-latérales au moins aussi larges que hautes, avec l'umbo vers le quart inférieur de la hauteur et non saillant; le bord latéral est le plus court. — Infra-latérales petites, triangulaires, umbo à l'apex. — Rostro-latérales basses, umbo à l'apex légèrement saillant. — Rostre seulement visible après que la cuticule qui le couvre a été enlevée.

Pédoncule court, cylindrique, avec des écailles allongées transversalement, étroites, couvertes par la cuticule, largement espacées et en séries irrégulières.

Fig. 79.

Dimensions. — Longueur du capitulum : 20^{mm},0.
— pédoncule : 5^{mm},5.

Distribution. — Expédition du « Challenger » : 65°42′ lat. S. et 79°49′ long. E. (3 060 mètres).

63. *Scalpellum incisum*. C. W. Aurivillius, 1898.

Diagnose. — Capitulum avec quatorze plaques résistantes couvertes d'une cuticule garnie de poils. — Carène arquée régulièrement, pas de sous-carène. — Rostre à petite surface triangulaire, caché vraisemblablement par les bords des plaques rostro-latérales. — Umbo des pièces caréno-latérales près de la base (jusqu'ici, comme *Sc. antarcticum* Hœk), mais, scuta à bord latéral distinctement mais légèrement sinueux. — Plaques infra-latérales faiblement triangulaires. — Pièces carénolatérales à bord latéral presque droit, formant avec la carène un angle plus aigu que chez *Sc. antarcticum*.

Pédoncule couvert de poils, orné de huit rangées d'environ cinq écailles larges et serrées.

Dimensions. — Longueur du capitulum : 13^{mm} ; largeur : 7^{mm}.
— pédoncule : 3^{mm}.

Distribution. — Expédition de la « Princesse Alice » : Açores, par 1 022 mètres de fond.

64. *Scalpellum rutilum*. Darwin, 1851.

Diagnose. — Capitulum avec quatorze plaques séparées par un léger intervalle, surtout la carène ; marquées de fines stries d'accroissement et couvertes par une cuticule portant, sur les bords, des plaques et quelques poils fins. — Carène régulièrement et fortement courbée ; umbo à l'apex ; bord dorsal plat, bordé latéralement par deux arêtes arrondies et saillantes. — Caréno-latérales triangulaires, étroites, avec l'umbo à la base et saillant en arrière de la carène. — Infra-latérales quadrangulaires, le bord basal étant le plus long, umbo à l'angle

antéro-basal. — Rostro-latérales triangulaires à umbo légèrement
saillant en avant. — Rostre inconnu, mais existant probablement sous
la cuticule.

Pédoncule de longueur inconnue, orné d'écailles
petites, minces, presque arrondies (fig. 80).

Dimensions. — Longueur du capitulum : 10ᵐᵐ.

Distribution. — Habitat inconnu, associé à *Dichelaspis orthogonia.*

Fig. 80.

Observations. — Mandibules avec trois dents et
l'angle inférieur pectiné. Bien que la description de Darwin soit incomplète à plusieurs points de vue, il nous a semblé que la place de cette
espèce est dans ce groupe.

65. *Scalpellum striatum.* A. Gruvel, 1900.

Diagnose. — Capitulum avec quatorze plaques, fortes, très
nettement striées, recouvertes par une cuticule mince, glabre sur les
plaques, mais couverte de poils fins et courts dans les intervalles de ces
formations. — Carène régulièrement courbe, séparée des
autres pièces ; umbo à l'apex ; bord dorsal aplati avec
deux arêtes latérales saillantes. — Bord occluseur des
terga absolument droit et penché en avant, apex droit et
pointu. — Caréno-latérales presque aussi larges que
hautes, umbo placé au niveau du sixième inférieur de la
hauteur de la plaque et saillant en arrière de la carène. —
Infra-latérales en forme de triangle équilatéral, très petites ; umbo à l'apex. — Rostro-latérales quadrangulaires, bords basal et scutal à peu près parallèles, ce dernier atteignant à peu près le double de la longueur du premier. — Rostre triangulaire, allongé, très net, mais caché sous la cuticule (fig. 81).

Fig. 81.

Pédoncule court, cylindrique, orné de sept séries longitudinales et
alternes de plaques, allongées transversalement, séparées par un
intervalle chitineux très net, au nombre de neuf à dix par rangée
et recouvertes par une cuticule garnie de poils courts, fins et serrés.

Dimensions. — Longueur du capitulum : 30ᵐᵐ ; largeur : 17ᵐᵐ.

Distribution. — Expédition du « Talisman » : Açores, par 2 995 mètres
de fond.

Observations. — Nous avons dit quelles étaient les affinités de cette espèce en parlant de *Sc. elongatum* Hœk (n° 61) ; elle se rapproche aussi de *Sc. erectum* Auriv.

66. *Scalpellum pedunculatum*. Hœk, 1883.

Diagnose. — Capitulum avec quatorze plaques, couvertes par une membrane garnie de nombreux poils et serrées les unes contre les autres, celles de la rangée inférieure étant très basses. — Carène simplement arquée avec l'umbo à l'apex et le bord dorsal aplati ; apex pénétrant entre les terga. — Caréno-latérales de forme triangulaire curieuse ; l'umbo est fortement saillant en arrière de la carène et latéralement en dehors du capitulum et les deux plaques se rencontrent à la base de la carène, au-dessous d'elle et sur la ligne médiane. — Infra-latérales petites, triangulaires,

Fig. 82.

umbo à l'apex. — Rostro-latérales larges mais très basses, avec le bord basal et le bord scutal presque parallèles. — Rostre très petit, presque entièrement caché sous la cuticule chitineuse (fig. 82).

Pédoncule aussi long que le capitulum, cylindrique, recouvert par une cuticule ornée de poils. — Les écailles sont entièrement recouvertes par cette membrane, excepté à la partie inférieure où elles font saillie à la surface.

Dimensions. — Longueur du capitulum : 18^{mm},5.
— pédoncule : 18^{mm},0.

Distribution. — Expédition du « Challenger » : Océan Pacifique, près de la Nouvelle-Zélande, par 274 mètres de fond.

67. *Scalpellum velutinum*. Hœk, 1883.

SYNONYMIE. — *Sc. velutinum*, Hœk, 1883 ; *Sc. eximium*, Hœk, 1883 ; *Sc. sordidum*, C. W. Auriv., 1898 ; *Sc. alatum*, A. Gruv., 1900.

Diagnose. — Capitulum avec quatorze plaques, solides, plus ou moins complètement recouvertes par une cuticule jaunâtre, ornée de poils courts et nombreux. — Carène régulièrement courbe, parfois un peu redressée et dont l'umbo, qui est à l'apex, pénètre entre les terga ; bord dorsal aplati, bordé de deux arêtes plus ou moins larges et saillantes. — Apex des terga ordinairement droit, parfois légèrement recourbé en arrière ; il en est de même de l'apex des scuta qui peut être fortement recourbé en arrière. — Umbo des caréno-latérales à l'apex, saillant, retourné en haut et en dehors, de façon très variable. — Plaques rostro-latérales larges et peu élevées. — Infra-latérales petites, triangulaires, umbo à l'apex retourné en dedans. — Rostre ovale, recouvert par les bords rostraux des rostro-latérales et caché par la cuticule.

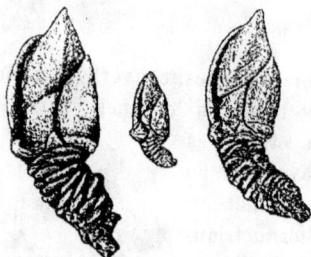

Fig. 83. — Trois aspects différents de *Sc. velutinum.*

Pédoncule de longueur variable, cylindrique, portant des séries longitudinales d'écailles serrées chez les jeunes individus, espacées dans les grandes formes, très allongées transversalement, couvertes par une cuticule, le plus généralement garnie de poils courts et nombreux, mais qui peut, rarement, cependant, être glabre (fig. 83).

Dimensions. — Longueur du capitulum : 40^{mm} ; largeur : 25.
(très variables). — pédoncule : 18^{mm}.

Distribution. — Expédition du « Challenger » : 37°2′ lat. N. et 9°14′ long. O., par 1650 mètres ; 32° 24′ lat. S. et 13°5′ long. O., par 2 600 mètres près du cap Saint-Vincent et de Tristan da Cunha.

Tristan da Cunha (1829 mètres) ; expédition de la « Princesse Alice » : près Terre-Neuve, par 1 267 et 2 028 mètres ; enfin, expédition du « Talisman » : cap Cantin (1350-1590 mètres) ; cap Mogador (1050 mètres); Fuerteventure (2 000 mètres), et Pilones (882 mètres).

Fixé soit sur des roches poreuses, soit sur des coralliaires.

Observations. — Nous avons montré que les quatre espèces signalées en synonymie n'en faisaient en réalité qu'une seule, dont nous avons trouvé toutes les formes de passage des unes aux autres (1). Les caractères de l'animal proprement dit sont, seuls, toujours à peu près identiques :

Mandibules avec trois dents et l'angle inférieur fortement pectiné.

Pénis absent. Appendices terminaux formés de sept ou huit articles, les deux derniers avec de très longues soies.

68. *Scalpellum erectum.* C. W. Aurivillius, 1898.

Diagnose. — Capitulum avec quatorze plaques rigides, couvertes d'une cuticule garnie de poils. — Carène arquée, à bord dorsal plat. — Pas de sous-carène. — Rostre à surface à peu près triangulaire,

(1) Voir A. Gruvel. Expéditions du « Travailleur » et du « Talisman ». Cirrhipèdes, p. 56.

caché sous la cuticule et recouvert, latéralement, par les bords rostraux des rostro-latérales. — Umbo des pièces caréno-latérales, s'étendant beaucoup en dehors de la carène. — Infra-médio-latérales triangulaires. — (Jusqu'ici : *Sc. velutinum* Hœk.) — Mais : terga droits, le bord occluseur égalant presque le bord scuto-latéral. — Partie supérieure de la carène plus droite. — Caréno-latérales plus élevées.

Pédoncule couvert de poils et orné de neuf séries circulaires de six à douze écailles.

Dimensions. — Longueur du capitulum : 20^{mm} ; largeur : 11^{mm}.
— pédoncule : 8^{mm}.

Distribution. — Expéditions de la « Princesse Alice » : Açores, par 1135 et 1165 mètres de fond.

Observations. — Par la description qui précède, cette espèce ressemble beaucoup à la forme jeune de *Sc. velutinum* Hœk. C'est la comparaison seule de ces espèces qui pourrait nous fixer à cet égard.

69. *Scalpellum gigas.* Hœk, 1883.

Diagnose. — Capitulum avec quatorze plaques serrées, recouvertes par une membrane chitineuse glabre. — Carène simplement courbée, plutôt massive, avec umbo à l'apex ; bord dorsal légèrement arrondi, sans arêtes latérales. — Caréno-latérales élevées, umbo à l'apex qui est retournée en avant et ne dépasse pas le bord externe de la carène. — Infra-médio-latérales en forme de triangle équilatéral, umbo à l'apex. Rostro-latérales trapézoïdes avec le bord scutal à peu près parallèle au bord basal ; umbo non saillant. — Stries des plaques, larges et peu marquées. — Rostre petit, triangulaire, avec l'apex entre les bords rostraux des rostro-latérales (fig. 84).

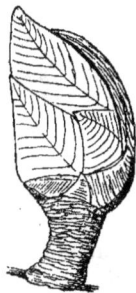

Fig. 84.

Pédoncule plus court que la moitié du capitulum. — Écailles allongées transversalement, serrées et recouvertes par une cuticule garnie de poils très courts.

Dimensions. — Longueur du capitulum : 42^{mm} ; largeur : 25^{mm},0.
— pédoncule : 20^{mm} ; largeur : 9^{mm},5.

Distribution. — Expédition du « Challenger » : par 36°10′ lat. N. et 178° 0′ long. E., par 3 730 mètres. Expédition du « Talisman » : Açores, par 4 787 mètres.

70. *Scalpellum moluccanum.* Hœk, 1883.

Diagnose. — Capitulum avec quatorze plaques, recouvertes par une membrane chitineuse peu épaisse, qui laisse l' pex à découvert et qui est garnie de poils épars, les lignes d'accroisse-ment ne sont pas très distinctes. — Carène sim-plement mais légèrement courbe, s'élargissant considérablement de l'apex à la base ; bord dor-sal légèrement convexe, les côtés formant avec lui un angle plus grand que 90° ; umbo à l'apex. — Caréno-latérales avec l'umbo à l'apex qui est légèrement en dehors du capitulum, mais retourné vers le bord interne de la carène. — Infra-médio-latérales triangulaires, assez développées, avec l'umbo à l'apex. — Rostro-latérales larges mais très basses, avec l'umbo à l'angle rostral.

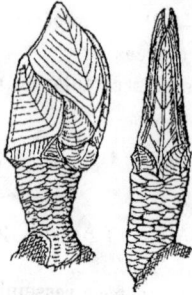

Fig. 85.

Pédoncule fort, avec des écailles disposées, en général, en neuf ran-gées longitudinales et totalement recouvertes par la cuticule ; chaque rangée contient huit écailles (fig. 85).

Dimensions. — Longueur du capitulum : 33ᵐᵐ.
— pédoncule : 16ᵐᵐ.

Distribution. — Expédition du « Challenger » : 4° 21 lat. S. et 129° 7′ long. E. ; par 2 600 mètres.

71. *Scalpellum molle.* C. W. Aurivillius, 1898.

Diagnose. — Capitulum portant quatorze plaques rigides avec la cuticule couverte de poils. — Carène régulièrement arquée, les bords latéraux étant légèrement convexes. — Pas de sous-carène. — Rostre vraisemblablement caché sous la cuticule (le rostre de l'unique exem-plaire étant mis à nu par l'érosion des plaques rostro-latérales. — Umbo des caréno-latérales éloigné de la base. — Plaques infra-latérales triangulaires. (Jusqu'ici comme *Sc. moluccanum*, Hœk) ; mais les bords occluseurs des scuta et des terga ne formant pas d'angle entre eux. — Bord supérieur des plaques rostro-latérales, horizontal. — Bords postérieurs des plaques caréno-latérales ne se touchant pas à la base, à peine arqués.

Pédoncule très poilu, avec huit séries alternantes de neuf écailles chacune.

Dimensions. — Longueur du capitulum : 28^{mm} ; largeur : 17^{mm}.

— pédoncule : 12^{mm}.

Distribution. — Expéditions de la « Princesse Alice » : Açores, par 4 020 mètres de fond.

72. *Scalpellum regium.* Wyv. Thompson, 1873.

Diagnose. — Capitulum avec quatorze plaques recouvertes par une membrane cuticulaire qui, dans quelques échantillons, est lisse, chez d'autres, couverte de poils. — Carène très robuste, régulièrement courbe, avec l'umbo à l'apex qui ne pénètre pas entre les terga ; la carène s'accroît beaucoup en largeur jusqu'à la base ; bord dorsal plutôt convexe avec les côtés peu développés. — Caréno-latérales avec umbo à l'apex, qui est pointu et distinctement recourbé en avant de la carène. — Plaques supra-latérales plutôt quadrangulaires. — Infra-latérales triangulaires, avec l'umbo à l'apex.

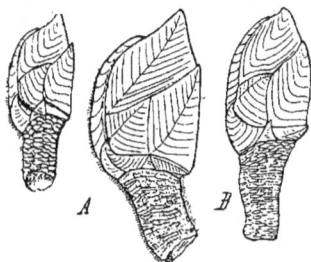

Fig. 86.

— Rostro-latérales larges mais très basses. — Rostre très petit, ovale, séparé de l'orifice du capitulum par les angles rostraux des rostro-latérales (fig. 86, A).

Pédoncule plutôt court, cylindrique, robuste, avec onze rangées longitudinales de seize écailles chacune, couvertes par une membrane qui les laisse distinctement visibles et qui est garnie de soies longues et fines.

Dimensions. — Longueur du capitulum : 37^{mm} ; largeur : 26^{mm}.

— pédoncule : 22^{mm}.

Distribution. — Expédition du « Challenger » : 34° 54′ lat. N. et 56° 38′ long. O., par 5 186 mètres ; 35° 29′ lat. N. et 50° 53′ long. O., par 5 000 mètres. Expédition du « Talisman » : San-Miguel (Açores).

Observations. — Mandibules avec trois dents presque égales et l'angle inférieur large, arrondi et indistinctement pectiné. Pas de pénis.

Sc. regium, var. ovale. Hœk, 1883 (fig. 86, B).

Cette variété diffère de l'espèce par un capitulum ovalaire, une plus grande longueur de la carène dont l'apex est placé entre les terga, les caréno-latérales plus élevées. Les écailles, distinctes dans la partie inférieure, sont entièrement recouvertes par la cuticule, près du capitulum.

73. *Scalpellum Darwini*. Hœk, 1883.

Diagnose. — Capitulum avec quatorze plaques presque entièrement cachées sous une épaisse cuticule. — Carène simplement courbée avec

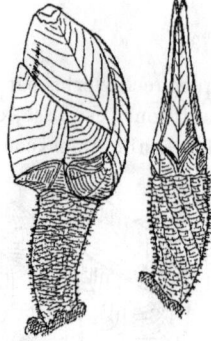

un bord dorsal arrondi, s'élargissant beaucoup à la base ; umbo à l'apex. Caréno-latérales, avec umbo à l'apex recourbé en haut et en dehors du capitulum. — Rostro-latérales trapéziformes avec l'angle rostral légèrement saillant en avant. — Infra-latérales triangulaires, avec les côtés sensiblement égaux ; umbo à l'apex. — Rostre très petit et très étroit, entre les angles rostraux des rostro-latérales (fig. 87).

Pédoncule cylindrique, long et fort, orné d'écailles allongées transversalement, très peu distinctes, surtout dans la partie supérieure,

Fig. 87.

et couvertes d'une cuticule garnie de poils courts.

Dimensions. — Longueur du capitulum : 46^{mm}.
—   pédoncule : 31^{mm}.

Distribution. — Expédition du « Challenger » : 33°31′ lat. S. et 73°43′ long. O., par une profondeur de 3 930 mètres.

74. *Scalpellum giganteum*. A. Gruvel, 1901.

Diagnose. — Capitulum avec quatorze plaques, presque complètement recouvertes par une épaisse cuticule chitineuse, les apex seuls faisant saillie au dehors ; la limite exacte des pièces est presque impossible à déterminer sans enlever la cuticule ; ces plaques sont largement espacées les unes des autres. — Carène régulièrement courbe, umbo à l'apex non saillant entre les terga. — Bord dorsal et bords latéraux convexes et à angles arrondis. — Plaques supra-latérales irrégulièrement quadrilatères. — Plaques caréno-latérales, allongées, étroites, inclinées de bas en haut et d'avant en arrière ; umbo à l'apex, très rap-

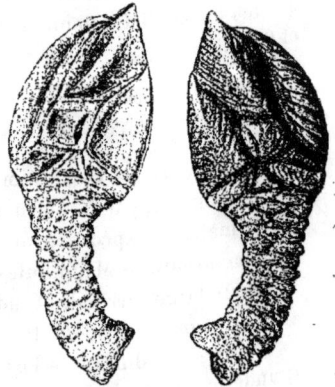

Fig. 88. — A droite la cuticule est en place ; à gauche, elle a été enlevée pour laisser voir la limite des plaques.

proché de la base, fortement recourbé en haut et en avant. Plaques infra-latérales triangulaires, avec le bord basal plus long que les bords latéraux. — Plaques rostro-latérales, allongées, peu élevées, avec le bord rostral concave. — Rostre petit et ovale; bords latéraux cachés par les sommets et les bords internes des rostro-latérales.

Pédoncule aussi long que le capitulum, presque aussi épais ; à peu près cylindrique, orné de six séries longitudinales et alternes d'écailles allongées transversalement, séparées par un intervalle assez large, et, en général, complètement recouvertes par la cuticule entièrement glabre. Chaque série longitudinale compte de dix à douze écailles (fig. 88).

> *Dimensions.* — Longueur du capitulum : 45^{mm}; largeur : 32^{mm}.
> — pédoncule : 45^{mm}; largeur : 15^{mm}.

Distribution. — Côtes de Cuba, par 915 mètres de fond.

Observations. — Cette magnifique espèce se rapproche sensiblement de la précédente, mais en diffère nettement par la forme et la disposition des plaques.

Mandibules avec trois dents et l'angle inférieur saillant, garni de soies courtes et robustes. Appendices terminaux avec quatre articles, l'article terminal étant plus large que les autres. Pénis présent.

Le tableau suivant résume les caractères les plus saillants des espèces que nous venons d'étudier.

C¹. — Carène régulièrement courbée. Rostre présent.

Espèces.
Plaques caréno-latérales cachant toute la partie inférieure de la carène. Pédoncule orné d'écailles arrondies et imbriquées ... — Sc. acutum, Hœk.
Plaques caréno-latérales laissant à découvert la partie inférieure de la carène. Écailles arrondies et imbriquées ... — Sc. longirostrum, A. Gruvel.
Plaques couvertes par une épaisse cuticule. Écailles en forme d'épines placées sur des bourrelets chitineux et parallèles. Sous-carène non saillante ... — Sc. squamuliferum, Weltner.
Écailles pédonculaires losangiques, non imbriquées. Plaques non recouvertes par une cuticule épaisse, sous-carène saillante en arrière ... — Sc. striatum, Auriv.
Rostre saillant, en forme de crochet. Pédoncule couvert de poils, avec simples granulations calcaires ... — Sc. hamatum, O. Sars.
Rostre quadrangulaire, côté supérieur plus long que l'inférieur. Écailles allongées transversalement, demi-circulaires, non imbriquées. ... — Sc. groenlandicum, Auriv.
Rostre rectangulaire, allongé verticalement. Écailles demi-circulaires, largement espacées. ... — Sc. angustum, O. Sars.
Rostre petit, triangulaire. Écailles serrées, pédoncule couvert de poils. ... — Sc. pusillum, Auriv.
Umbo des caréno-latérales vers la partie supérieure, très peu saillant. Écailles très développées et imbriquées. ... — Sc. brevecarinatum, Hœk.
Umbo des caréno-latérales à l'angle basal et fortement saillant en dehors. Pédoncule presque lisse, pas d'écailles calcaires. ... — Sc. parallelogramma, Hœk.
Plaques séparées par un intervalle chitineux très net. Apex des caréno-latérales très en avant de la carène. ... — Sc. album, Hœk.
Plaques non séparées par un intervalle chitineux. Apex des caréno-latérales au niveau du bord dorsal de la carène. ... — Sc. africanum, Hœk.
Umbo des caréno-latérales saillant en dehors de la carène. Écailles séparées par un intervalle chitineux, non imbriquées. ... — Sc. primulum, Auriv.
Umbo des caréno-latérales non saillant. Écailles serrées et imbriquées. ... — Sc. striolatum, O. Sars.
Plaques séparées par un intervalle chitineux. ... — Sc. nymphocola, Hœk.
Plaques serrées. Infra-latérales, allongées, étroites et rétrécies au milieu. ... — Sc. anceps, Auriv.
Plaques serrées, non séparées. Infra-latérales presque aussi larges que hautes, non rétrécies au milieu. ... — Sc. cornutum, O. Sars.
Rostre très petit, en forme de bande allongée. Surface des plaques couverte de longs poils. ... — Sc. hirsutum, Hœk.
Rostre très petit, triangulaire, surface des plaques couverte de longs poils. ... — Sc. hispidum, Hœk.
Umbo des caréno-latérales à l'apex. Cuticule glabre. ... — Sc. rubrum, Hœk.
Umbo des caréno-latérales très près de la base. Cuticule couverte de poils fins et très courts. ... — Sc. allanticum, A. Gruvel.
Terga brusquement tronqués vers le sommet. Carène non séparée des autres plaques, écailles non serrées, irrégulières. ... — Sc. truncatum, Hœk.
Tergum triangulaire, non tronqué. Carène non séparée des autres plaques. Écailles serrées. ... — Sc. mammilatum, Auriv.

Clé (sous-divisions latérales)

- **1. Rostre présent.**
  - **Pas de sous-carène.**
    - Rostre non recouvert latéralement par les bords libres des plaques rostro-latérales.
      - Pas d'infra médio-latérales.
      - Infra-médio-latérales présences.
      - Umbo des infra-latérales très près de la base.
      - Umbo des infra-latérales vers le milieu.
      - Umbo des infra-latérales au sommet.
    - Rostre large, de forme ovale.
      - Umbo des infra-latérales très près de la base.
      - Umbo des infra-latérales vers le milieu.
      - Umbo des infra-latérales à l'apex.
    - Rostre, distinctement visible à la surface.
    - Rostre recouvert latéralement par les bords rostraux des plaques rostro-latérales.
    - Rostre extrêmement étroit, difficilement visible à la surface.
  - **S.-carène présente.**

Rostre complètement recouvert par une membrane chitineuse.

Umbo des plaques caréno-latérales presque à la base.

Carène non séparée des autres plaques.

Bord latéral des caréno-latérales très oblique d'avant en arrière et de haut en bas. Pédoncule glabre .... Sc. antarcticum, Hœk.

Bord latéral des caréno-latérales presque droit. Pédoncule couvert de poils .... Sc. incisum, Auriv.

Carène séparée des autres plaques.

Umbo des infra-latérales à la base. Caréno-latérales, triangulaires, étroites .... Sc. rutilum, Darwin.

Umbo des infra-latérales à l'apex. Caréno-latérales, quadrangulaires, larges .... Sc. striatum, A. Gruvel.

Umbo des plaques caréno-latérales éloigné de la base.

Bord dorsal de la carène aplati.

Bord occluseur des terga dépassant la moitié du bord scuto-latéral. Umbo des caréno-latérales très près de la base et très fortement saillant en arrière de la carène. .... Sc. pedunculatum, Hœk.

Bord occluseur des terga égalant à peu près la moitié du bord scuto-latéral. Umbo des caréno-latérales à l'apex et peu saillant en arrière de la carène. .... Sc. velutinum, Hœk.

Bord occluseur des terga égalant presque le bord scuto-latéral. Umbo des caréno-latérales saillant en dehors de la carène. Caréno-latérales élevées. .... Sc. erectum, Auriv.

Plaques caréno-latérales élevées. Pédoncule orné de poils très courts. .... Sc. gigas, Hœk.

Bord dorsal de la carène, arrondi.

Plaques caréno-latérales peu élevées.

Plaques supra-latérales triangulaires. Bords occluseurs des terga et des scuta formant entre eux un angle net. Pédoncule glabre. .... Sc. moluccanum, Hœk.

Plaques supra-latérales triangulaires. Bords occluseurs des terga et des scuta ne formant pas d'angle entre eux. Pédoncule fortement couvert de poils. .... Sc. molle, Auriv.

Plaques supra-latérales, plutôt quadrangulaires.

Plaques peu ou point recouvertes par la cuticule.

Écailles très distinctes ; bord basal des rostro-latérales = plus de la moitié du bord scutal...... Sc. regium, W. Thompson.

Écailles très difficilement distinctes ; bord basal des rostro-latérales = 1/3 du bord scutal...... Sc. Darwini, Hœk.

Plaques à peu près complètement recouvertes par la cuticule.

Écailles très distinctes, mais en grande partie recouvertes par la cuticule...... Sc. giganteum, A. Gruvel.

C². Rostre absent.

75. *Scalpellum australicum*. Hœk, 1883.

Diagnose. — Capitulum avec treize plaques, présentant des arêtes radiaires nettes et étroitement unies. — Carène simplement courbée, avec l'umbo à l'apex et le bord dorsal plat, bordé par des arêtes latérales plutôt saillantes. — Supra-latérales trapéziformes. — Infra-latérales allongées, très étroites, avec umbo près de la base. — Rostro-latérales irrégulièrement quadrangulaires ; l'umbo à l'angle rostral supérieur, d'où part une arête allant à l'angle latéro-basal. — Caréno-latérales quadrangulaires avec l'umbo fortement saillant en arrière de la carène et situé, à peu près, au niveau du quart inférieur de la plaque.

Fig. 89.

Pédoncule cylindro-conique, court, portant des écailles proéminentes et peu nombreuses, en cinq rangées longitudinales de sept écailles chacune, plus larges près du capitulum que vers la base (fig. 89).

> *Dimensions*. — Longueur du capitulum : 12ᵐᵐ,5.
> —   pédoncule : 2ᵐᵐ,5.

Distribution. — Expédition du « Challenger » : 12°8′ lat. S. et 145°10′ long. E., par 2557 mètres.

76. *Scalpellum distinctum*. Hœk, 1883.

Diagnose. — Capitulum avec treize plaques, séparées par un espace chitineux distinct. — Carène simplement courbée, avec l'umbo à l'apex et un bord dorsal plat, bordé latéralement par des arêtes nettes. — Supra-latérales irrégulièrement hexagonales. — Infra-latérales ayant la forme d'un verre à boire, rétrécies à peu près vers le milieu, au niveau de l'umbo et élargies à leur partie supérieure. — Rostro-latérales irrégulièrement quadrangulaires avec le bord latéral en forme d'S. — Caréno-latérales avec l'umbo situé, environ au niveau du quart inférieur de la plaque, et légèrement saillant en arrière de la carène.

Fig. 90.

Pédoncule court, couvert de petites écailles, nombreuses, en rangées assez régulières, très légèrement séparées par un intervalle chitineux (fig. 90).

Dimensions. — Longueur du capitulum : 15^{mm},5.
                  —   pédoncule : 5^{mm},5.

Distribution. — Expédition du « Challenger » : 2°33′ lat. S. et 144°4′ long. E., par 1955 mètres.

77. *Scalpellum minutum*. Hœk, 1883.

Diagnose. — Capitulum avec treize plaques, serrées, recouvertes par une cuticule mince et sans stries d'accroissement distinctes. — Carène presque droite avec l'umbo à l'apex ; le bord dorsal plat, avec un léger épaississement dans la région apicale. — Supra-latérales pentagonales. — Infra-latérales étroites avec l'umbo un peu au-dessous du milieu de la plaque. — Rostro-latérales triangulaires. — Caréno-latérales irrégulières avec l'umbo à peu près vers le milieu, mais plus rapproché de la base (fig. 91).

Fig. 91.

Pédoncule très court avec de très petites écailles irrégulières, développées vers la partie supérieure et manquant à l'extrémité inférieure.

Dimensions. — Longueur du capitulum : 6^{mm},00.
                  —   pédoncule : 2^{mm},00.

Distribution. — Expédition du « Challenger » : 42°43′ lat. S. et 82°11′ long. O.; par 2700 mètres

78. *Scalpellum abyssicola*. Hœk, 1883.

Diagnose. — Capitulum avec treize plaques, minces, friables, recouvertes d'une membrane très peu épaisse, presque lisse. — Carène régulièrement courbe, umbo à l'apex, avec un bord dorsal plat et des côtés plus développés à la partie supérieure qu'à la partie inférieure. — Supra-latérales allongées verticalement, irrégulièrement trapézoïdes. — Infra-latérales allongées verticalement presque rectangulaires, avec l'umbo vers le milieu. — Rostro-latérales plutôt élevées, avec l'angle rostral saillant en avant. — Caréno-latérales élevées avec l'umbo un peu au-dessous du milieu de la plaque et non saillant en arrière (fig. 92).

Fig. 92.

Pédoncule court, complètement recouvert par des écailles disposées en séries longitudinales très irrégulières, au nombre de sept environ, contenant, chacune, huit écailles.

Dimensions. — Longueur du capitulum : 8^{mm},00.
— pédoncule : 2^{mm},75.

Distribution. — Expédition du « Challenger » : 36°10′ lat. N. et
178°0′ long. E., par 3 730 mètres.

79. *Scalpellum luteum*. A. Gruvel, 1900.

Diagnose. — Capitulum formé de treize plaques, fortes, à côtes
longitudinales saillantes, non séparées par un intervalle chitineux et
recouvertes par une cuticule mince. — Carène régulièrement courbe,
umbo à l'apex ; bord dorsal plat, limité par des arêtes
latérales saillantes. — Plaques supra-latérales pentagonales avec le bord basal très court. — Plaques infra-
latérales petites, triangulaires ; umbo à l'apex, saillant.
— Rostro-latérales avec le bord scutal et le bord basal
droits et parallèles, celui-ci égalant environ la moitié
du premier ; umbo à l'apex, saillant en avant. —
Caréno-latérales avec l'umbo très près de la base, à
peine saillant en arrière de la carène (fig. 93).

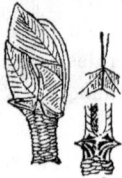

Fig. 93.

Pédoncule cylindro-conique avec dix séries d'écailles serrées,
allongées transversalement, non imbriquées et recouvertes par la
cuticule mince ; chaque série avec environ douze écailles.

Dimensions. — Longueur du capitulum : 20^{mm} ; largeur : 12^{mm},00.
— pédoncule : 8^{mm} ; largeur : 5^{mm},00.

Distribution. — Expédition du « Talisman » : Sud-ouest des Açores,
par 3 175 mètres.

80. *Scalpellum vitreum*. Hœk, 1883.

Diagnose. — Capitulum avec treize plaques,
nettement striées radiairement et non recouvertes
par la cuticule. — Carène longue, redressée, umbo
à l'apex, avec un bord plat, des bords latéraux
bien développés et des sillons obliques dans la
partie supérieure. — Plaques supra-latérales trapéziformes avec le côté basal arrondi, presque nul.
— Infra-latérales triangulaires, allongées, avec
umbo à l'apex. — Rostro-latérales presque triangulaires, avec le côté latéral long et l'umbo non
saillant. — Caréno-latérales élevées ; umbo vers

Fig. 94.

le quart inférieur et à peine saillant en dehors de la carène (fig. 94).

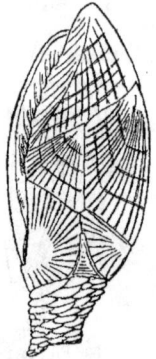

Pédoncule très court, garni d'écailles disposées en sept rangées longitudinales d'environ huit écailles élargies transversalement et recouvertes par une cuticule qui empêche de les distinguer très nettement.

Dimensions. — Longueur du capitulum : 13^{mm},50.
— pédoncule : 3^{mm},50.

Distribution. — Expédition du « Challenger » : près de Yeddo, par 3 415 mètres ; expédition du « Talisman » : Cap Ghir, par 2 125 mètres.

81. Scalpellum curvatum. A. Gruvel, 1900.

Diagnose. — Capitulum avec treize plaques, assez minces et peu résistantes, légèrement séparées par une partie membraneuse et recouvertes par une cuticule rouge orangé, complètement glabre. — Carène presque droite, umbo à l'apex ; bord dorsal plat, limité par deux arêtes légèrement saillantes ; les bords latéraux, un peu plus développés vers le sommet, présentent des sillons transversaux étroits. — Apex des terga et des scuta légèrement recourbé vers la carène. — Plaques supra-latérales trapézoïdes ; umbo à l'apex, très pointu et droit. — Infra-latérales triangulaires, équilatérales ; tous les côtés légèrement concaves, umbo à l'apex. — Rostro-latérales trapézoïdes, avec le bord scutal et le bord basal parallèles, ce dernier égalant environ le quart de la longueur du premier ; umbo à l'apex, non saillant. — Caréno-latérales avec l'umbo à la hauteur du milieu de la plaque environ, non saillant en arrière de la carène ; les deux bords postérieurs s'engrainent par quatre côtes articulaires (fig. 95).

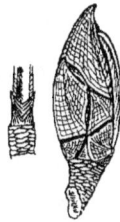

Pédoncule extrêmement court, de forme troncoconique, orné de huit séries longitudinales et alternes d'écailles allongées transversalement, non saillantes et très serrées, recouvertes par une cuticule qui les cache presque complètement et sur laquelle on peut, avec une forte loupe, distinguer un revêtement de poils courts. — Chaque série porte de neuf à dix écailles.

Fig. 95.

Dimensions. — Longueur du capitulum : 18^{mm},00 ; largeur : 6^{mm},00.
— pédoncule : 4^{mm},50 ; largeur : 2^{mm},50.

Distribution. — Expédition du « Talisman » : Açores, par 1 257 mètres de fond.

82. *Scalpellum Talismani*. A Gruvel, 1900.

Diagnose. — Capitulum avec treize plaques blanches, très serrées, nettement striées et recouvertes par une cuticule mince, ornée de poils courts, seulement dans la région postérieure. — Carène régulièrement courbe avec accentuation de la courbure dans la partie supérieure; umbo à l'apex; bord dorsal plat, avec arêtes latérales nettes mais peu saillantes; bords latéraux larges avec des plissements très accentués vers le sommet. — Plaques supra-latérales trapézoïdes. — Infra-latérales triangulaires isocèles, avec umbo à l'apex, pointu et saillant. — Rostro-latérales trapézoïdes, plus élevées que celles de *Sc. curvatum*, à bord basal égalant environ le tiers du bord scutal, mais non parallèle à lui; apex légèrement saillant. — Caréno-latérales avec l'umbo non relevé vers le haut, légèrement saillant en arrière de la carène et situé vers le tiers inférieur de la hauteur de la plaque (fig. 96).

Fig. 96.

Pédoncule orné de six séries longitudinales et alternes, de chacune six ou sept écailles à bord libre, saillant et arrondi, séparées par un léger intervalle chitineux et recouvertes par une cuticule garnie de poils, très nombreux, blanchâtres et assez longs.

> *Dimensions*. — Longueur du capitulum : 18^{mm},0 ; largeur : 9^{mm},0.
> —   pédoncule : 3^{mm},5 ; largeur : 4^{mm},5.

Distribution. — Expédition du « Talisman » : Golfe de Gascogne, par 4255 mètres, avec *Sc. Edwardsi*, A. Gruvel.

83. *Scalpellum rigidum*. C. W. Aurivillius, 1898.

Diagnose. — Capitulum avec treize plaques résistantes, à peine striées, recouvertes par une cuticule garnie de poils. — Carène régulièrement arquée; bord dorsal aplati avec arêtes latérales distinctes et bords latéraux nets. — Pas de sous-carène ni de rostre. — Infra-latérales très petites, triangulaires (jusqu'ici comme *Sc. vitreum* Hœk), mais bords occluseurs des scuta et des terga formant à peine un arc. — Terga presque régulièrement triangulaires, à arête médiane absente; bords droits, à apex pointu, non recourbé. — Carène plus fortement recourbée à sa partie supérieure. — Bord rostral des plaques rostro-latérales, égalant presque le bord scutal.

Pédoncule couvert de poils, garni de huit séries longitudinales et alternes de chacune dix écailles.

Dimensions. — Longueur du capitulum : 29ᵐᵐ ; larg. 14ᵐᵐ.
                    —   pédoncule : 7ᵐⁱⁿ.

Distribution. — Expédition de la « Princesse Alice » : Açores et entre Portugal et Açores, par 4 000 à 4 400 mètres de fond.

Observations. — Cette espèce, qui se distingue de *Sc. vitreum* Hœk, se rapproche beaucoup de la précédente par la partie supérieure de sa carène plus arquée et la forme triangulaire de terga, mais elle s'en distingue facilement par la forme du bord occluseur des scuta et des terga formant un arc bien développé, l'apex des terga légèrement recourbé en arrière, la striation très nette des plaques, enfin la disposition des écailles sur le pédoncule, chez *Sc. Talismani.*

84. *Scalpellum planum.* Hœk, 1883.

Diagnose. — Capitulum avec treize plaques, serrées et recouvertes par une membrane mince (la carène, seule, séparée des autres plaques par un léger espace chitineux). — Scuta triangulaires, le bord basal et le bord latéral étant à peu près en ligne droite. — Carène régulièrement courbe ; umbo à l'apex ; bord dorsal plat, bordé d'arêtes latérales saillantes ; bords latéraux distincts plus développés vers le sommet que vers la base. Supra-latérales de forme irrégulièrement pentagonale, avec l'umbo placé vers le milieu de la plaque et sur le bord scutal, le plus long, qui est droit. Infra-latérales allongées, triangulaires, extrêmement étroites, avec l'umbo à une petite distance de l'apex et légèrement saillant (fig. 97).

Fig. 97.

Rostro-latérales se rejoignant au-dessous de l'ouverture capitulaire en un long bord rostral ; umbo saillant en avant. — Caréno-latérales irrégulièrement pentagonales, avec l'umbo relevé en haut et en dehors, légèrement saillant en arrière de la carène et situé un peu au-dessous du niveau du milieu de la plaque.

Pédoncule court, complètement couvert par onze séries d'environ chacune onze écailles, à peu près régulières.

Dimensions. — Longueur du capitulum : 12ᵐᵐ,00.
                    —   pédoncule : 3ᵐᵐ,00.

Distribution. — Expédition du « Challenger » : 42°42′ lat. S. et 134°10′ long. E., par 4 750 mètres.

85. *Scalpellum tenue.* Hœk, 1883.

Diagnose. — Capitulum avec treize plaques, recouvertes par une cuticule assez épaisse qui empêche de distinguer facilement les stries d'accroissement.

Carène très large, simplement courbée et presque droite ; bord dorsal plat, non bordé par des arêtes distinctes ; bords latéraux nets, plus développés vers le sommet qu'à la base. — Supra-latérales trapézoïdes avec l'angle basi-scutal tronqué et l'apex débordant légèrement sur le scutum. Infra-latérales triangulaires, étroites, avec l'umbo à l'apex. Rostro-latérales avec les bords basal et scutal parallèles, ce dernier de longueur environ double de celle du premier (fig. 98).

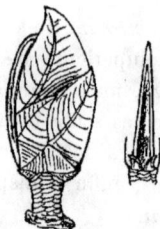

Fig. 98.

Caréno-latérales quadrangulaires avec le bord carénal droit, l'umbo vers le quart inférieur de la plaque et très légèrement saillant en arrière de la carène. — Rostre extrêmement rudimentaire et ne pouvant pas compter pour une plaque distincte.

Pédoncule cylindrique, très étroit ; écailles indistinctes, étant complètement recouvertes par la cuticule ; leurs bords libres, seuls, légèrement saillants en dehors.

Dimensions. — Longueur du capitulum : 17^{mm},00.
—   pédoncule : 5^{mm},50.

Distribution. — Expédition du « Challenger » : 46°46′ lat. S. et 45°31′ long. E., par 2500 mètres.

Observations. — Si l'on veut tenir compte de la présence du rostre extrêmement rudimentaire, cette espèce vient se placer dans le groupe précédent à côté de Sc. pedunculatum, Hœk, par exemple.

86. Scalpellum Novæ-Zelandiæ. Hœk, 1883.

Diagnose. — Capitulum avec treize plaques, couvertes par une membrane chitineuse très mince. — Carène régulièrement courbe, séparée des autres plaques par un espace membraneux très net ; umbo à l'apex et bord dorsal aplati, sans arêtes latérales, mais avec des bords latéraux bien développés. Supra-latérales pentagonales avec le bord basal court ; l'umbo est à l'apex, qui s'avance vers le scutum. Infra-latérales, en forme de quadrilatère irrégulier, allongées, étroites, avec l'umbo très peu au-dessous

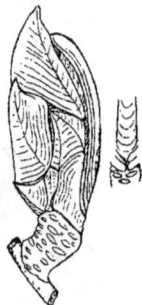

Fig. 99.

du milieu de la plaque. Rostro-latérales assez élevées, avec le bord rostral à peu près égal au bord scutal et l'umbo à l'apex, légèrement saillant. Caréno-latérales élevées, quadrangulaires, avec l'umbo vers le tiers inférieur du bord carénal qui est légèrement excavé pour recevoir le bord basal de la carène (fig. 99).

Pédoncule court, cylindrique, orné d'écailles allongées transversalement, de forme assez irrégulière, et recouvertes par une membrane chitineuse.

Dimensions. — Longueur du capitulum : 7^{mm},00.
— pédoncule : 2^{mm},00.

Distribution. — Expédition du « Challenger » : 37°34′ lat. S. et 179°22′ long. E., par 1 280 mètres. — Expédition du « Travailleur » : 38°8′ lat. N et 12°3′ long. O., par 2 400 à 2 500 mètres.

87. *Scalpellum indicum.* Hœk, 1883.

Diagnose. — Capitulum avec treize plaques serrées, recouvertes par une membrane chitineuse garnie de poils courts. — Carène simplement, mais assez fortement arquée; umbo à l'apex, avec le bord dorsal plat, non limité par des arêtes latérales; la base, triangulaire, pénètre entre les deux bords carénaux des caréno-latérales. — Supra-latérales quadrangulaires avec umbo à l'apex. — Rostro-latérales très peu élevées, mais très larges, le bord rostral extrêmement court. — Caréno-latérales presque triangulaires avec l'umbo à l'apex recourbé en avant et au niveau du bord antérieur de la carène; bord carénal courbe. Infra-latérales triangulaires, petites, avec l'umbo à l'apex (fig. 100).

Fig. 100.

Pédoncule orné d'écailles fortes, peu distinctes, recouvertes qu'elles sont par une cuticule épaisse. A la partie supérieure du pédoncule, elles sont serrées, tandis qu'à la partie inférieure elles sont séparées par un intervalle membraneux.

Dimensions. — Longueur du capitulum : 7^{mm},00.

Distribution. — Expédition du « Challenger » : 5°42′ lat. S. et 132°25′ long. E., profondeur 235 mètres.

88. *Scalpellum tritonis.* Hœk, 1883.

Diagnose. — Capitulum avec treize plaques (celles de la rangée inférieure étant peu développées) couvertes par une membrane qui est distinctement garnie de poils. Carène simplement courbée, large, avec un bord dorsal plat, non bordé d'arêtes distinctes. — Supra-latérales trapézi-

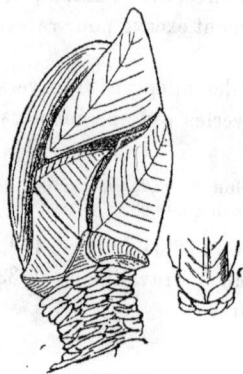

Fig. 101.

formes avec le bord carénal très court, parallèle au bord scutal qui est le plus long. —
Infra-latérales extrêmement petites, triangulaires, avec l'umbo à l'apex. — Rostro-latérales très basses avec le bord rostral extrêmement court et l'umbo légèrement saillant en
avant. Caréno-latérales presque triangulaires
avec le bord carénal droit et l'umbo situé
vers le quart inférieur de la plaque (fig. 101).

Pédoncule cylindrique, plutôt large, couvert d'écailles saillantes, disposées en sept
rangées longitudinales de sept écailles chacune, recouvertes par une membrane épaisse
et garnie de poils.

Dimensions. — Longueur du capitulum : 10^{mm},00.
—   pédoncule : 3^{mm},00.

Distribution. — Expédition du « Triton » : Canal de Faroé : 59°40
lat. N. et 7°21' long. O.

89. *Scalpellum dubium*. Hœk, 1883.

Diagnose. — Capitulum avec treize plaques serrées, recouvertes par
une cuticule mince garnie de poils. — Carène
simplement courbée avec l'umbo à l'apex, avec
le bord dorsal plat sur la partie médiane, mais
les bords latéraux arrondis et non bordés d'arêtes
distinctes. — Supra-latérales trapézoïdes, avec
le bord carénal égalant un peu plus du tiers de la
longueur du bord scutal. Infra-latérales triangulaires, très allongées, étroites. — Rostro-
latérales quadrangulaires, avec le bord rostral
égalant à peu près la moitié du bord scutal.
Caréno-latérales avec l'umbo vers le tiers supérieur, légèrement recourbé en avant et non
saillant en arrière de la carène.

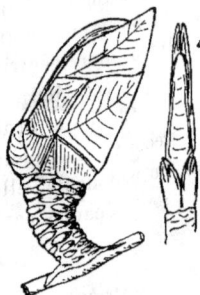

Fig. 102.

Pédoncule cylindrique, long, avec des écailles peu distinctes, à bord
libre arrondi, allongées transversalement et disposées en sept rangées
longitudinales de chacune douze écailles recouvertes par une cuticule
garnie de poil.

Dimensions. — Longueur du capitulum : 18^{mm},5.
— pédoncule : 9^{mm},0.

Distribution. — Expédition du « Challenger » : 12°8′ lat. S et 145°10′ long. E., par 2 557 mètres de fond.

90. *Scalpellum flavum.* Hœk, 1883.

Diagnose. — Capitulum avec treize plaques recouvertes par une membrane chitineuse qui masque légèrement les stries d'accroissement. — Carène très longue, simplement courbée, avec l'umbo à l'apex et le bord dorsal convexe latéralement, sans arêtes latérales et avec les bords latéraux à peu près de même largeur sur toute l'étendue de la plaque.
Supra-latérales trapézoïdes avec le bord carénal égalant environ la moitié du bord scutal; umbo à l'apex légèrement saillant vers le scutum. — Infra-latérales élevées et étroites ; umbo un peu au-dessous du milieu de la plaque, à l'endroit où elle est le plus rétrécie. — Rostro-latérales presque triangulaires, le bord basal étant très court ; umbo à l'apex légèrement saillant en avant et en haut. — Caréno-latérales allongées, de forme irrégulière, avec le bord

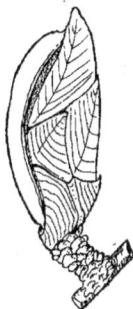

Fig. 103.

carénal légèrement concave vers le milieu et l'umbo immédiatement au-dessous de la carène, vers le quart inférieur du bord carénal.
Pédoncule très court et étroit, formant un angle de 135° environ avec le bord antérieur du capitulum, orné d'environ sept séries longitudinales de chacune quatre ou cinq écailles saillantes, avec le bord libre arrondi.

Dimensions. — Longueur du capitulum : 7^{mm},50.

Distribution. — Expédition du « Challenger » : 46°46′ lat. S. et 45°31′ long. E., par 2 500 mètres.

Observations. — Cette espèce se rapproche beaucoup de *Sc. Novæ-Zelandiæ*, Hœk, mais elle en diffère : 1° par la forme convexe du bord dorsal de la carène, 2° la forme triangulaire des rostro-latérales, et 3° la longueur de la carène.
Mandibules avec trois dents et l'angle inférieur avec six fortes épines, les mâchoires sans encoche sur le bord libre (une, médiane, assez profonde chez *Sc. Novæ-Zelandiæ*); appendices terminaux avec six ou sept articles (quatre seulement dans l'autre espèce).

91. *Scalpellum balanoïdes*. Hœk, 1883.

Diagnose. — Capitulum avec treize plaques recouvertes par une membrane très mince. Carène extrêmement courte, simplement, mais très peu courbée, umbo à l'apex ; pas de limite nette entre le bord dorsal et les bords latéraux. Supra-latérales petites, triangulaires. Infra-latérales allongées, étroites, rétrécies vers le sommet où se trouve placé l'umbo. Rostro-latérales trapézoïdes ; bord rostral égalant à peu près le bord basal. Caréno-latérales aussi longues que la carène, umbo à l'apex, recourbé en pointe en avant (fig. 104).

Fig. 104.

Pédoncule couvert par des écailles chitineuses et plutôt saillantes, disposées en cinq rangées longitudinales de sept écailles chacune.

Dimensions. — Longueur du capitulum : 4^{mm},5.
— pédoncule : 2^{mm},0.

Distribution. — Expédition du « Challenger » : 5°42' lat. S. et 132°25' long. E., par 198 mètres sur un bras de *Comatula* ou de *Pentacrinus*.

Observations. — Par la brièveté de sa carène, cette espèce se rapproche de *Sc. brevecarinatum* Hœk, mais elle s'en distingue facilement par de nombreux caractères différentiels.

Mandibules avec trois dents et un angle basal pointu portant six fortes épines. Mâchoires avec une encoche distincte. Appendices terminaux avec douze segments ornés de quelques soies. Pénis bien développé, plutôt long.

92. *Scalpellum triangulare*. Hœk, 1883.

Diagnose. — Capitulum avec treize plaques, serrées, recouvertes par une cuticule garnie de poils courts, cachant légèrement leur limite.

Carène simplement courbée, umbo à l'apex ; les côtés seulement développées dans la moitié supérieure et en forme de demi-lune ; le bord dorsal se confond avec les bords latéraux. Supra-latérales trapéziformes. Infra-latérales triangulaires, isocèles, avec le bord basal égalant à peu près la hauteur ; umbo à l'apex. Rostro-latérales presque deux fois aussi larges que hautes. Caréno-latérales avec le bord carénal

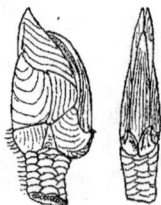

Fig. 105.

très concave dans la moitié supérieure, très convexe au contraire dans la moitié inférieure, l'umbo étant au point d'union de ces deux parties, c'est-à-dire vers le milieu de la hauteur (fig. 105).

Pédoncule court avec sept rangées longitudinales de chacune environ huit écailles recouvertes par une membrane chitineuse.

Dimensions. — Longueur du capitulum : 9^{mm},5.
— pédoncule : 3^{mm},5.

Distribution. — Expédition du « Challenger » : 37°17′ lat. S. et 53°52′ long. O., par une profondeur de 1 098 mètres, fixé sur un *Flabellum* ?

Observations. -- Mandibules avec trois dents équidistantes, l'angle inférieur est tronqué et porte de nombreuses et courtes épines. Mâchoires avec une très petite encoche. Appendices terminaux rudimentaires, avec un seul article.

93. *Scalpellum galea*. C. W. Aurivillius, 1894.

Diagnose. — Capitulum avec douze plaques séparées par un léger intervalle chitineux, un peu plus large entre la carène et les autres plaques. Carène régulièrement courbe, plus arquée à la partie supérieure. Supra-latérales trapézoïdes. Infra-latérale droite, absente, et la gauche en forme de crochet recourbé. Rostro-latérales très basses ; à gauche, plus grande, s'étendant vers le côté droit en passant au-dessous du bord occluseur des scuta, son extrémité étant bifide. Caréno-latérales avec l'umbo saillant en arrière de la carène et vers le tiers inférieur du bord carénal (fig. 106).

Fig. 106.

Pédoncule orné de séries longitudinales de dix à douze écailles, à bord libre arrondi, et séparées par un intervalle chitineux.

Dimensions. — Longueur du capitulum : 7^{mm} ; largeur : 4^{mm},5.
— pédoncule : 3^{mm}.

Distribution. — Eugénie-Expédition : Océan Atlantique : La Plata, par 93 mètres de fond.

Observations. — Cette espèce est, évidemment, différente de toutes celles décrites précédemment. Nous nous sommes déjà demandé si c'est là une forme normale ou une monstruosité, obtenue peut-être par la fusion du rostre et de la plaque rostro-latérale gauche. Comme Aurivillius n'a eu à sa disposition qu'un seul exemplaire, il n'est pas impossible que cette hypothèse soit vraie.

Mandibules avec trois dents. Appendices terminaux avec sept articles.

Nous résumons dans le tableau suivant les principaux caractères des espèces que nous venons de décrire et qui sont les dernières appartenant au genre *Scalpellum*.

C². — Carène régulièrement courbe. Rostre absent.

Espèces.

Voûte de la carène, plate, bordée par des arêtes latérales plus ou moins saillantes.

- Umbo des infra-latérales près de la base.
  - Umbo des plaques caréno-latérales dépassant le bord externe de la carène.... *Sc. australicum*, Hœk.
- Umbo des infra-latérales vers le milieu.
  - Plaques infra-latérales beaucoup plus larges à la partie supérieure qu'à la base.... *Sc. distinctum*, Hœk.
  - Plaques infra-latérales à peine plus larges à la partie supérieure qu'à la base. Umbo des rostro-latérales non saillant en avant.... *Sc. minutum*, Hœk.
  - Plaques infra-latérales un peu plus étroites à la partie supérieure qu'à la base. Umbo des rostro-latérales saillant en avant.... *Sc. abyssicola*, Hœk.

Plaques infra-latérales triangulaires et larges à la base.

- Pédoncule glabre.
  - Plaques rostro-latérales faisant une forte saillie en avant des scuta.... *Sc. luteum*, A. Gruvel.
  - Plaques rostro-latérales ne faisant pas de saillie en avant des scuta.... *Sc. vitreum*, Hœk.
- Pédoncule couvert de poils fins.
  - Bord rostral des rostro-latérales plus court que le bord scutal. Plaques très légèrement espacées les unes des autres.... *Sc. curvatum*, A. Gruvel.
  - Bord rostral des rostro-latérales à peu près égal au bord scutal. Plaques très serrées les unes contres les autres et très nettement striées. Carène légèrement arquée à sa partie supérieure.... *Sc. Talismani*, A. Gruvel.
  - Bord rostral des rostro-latérales égalant presque le bord scutal. Carène très fortement recourbée à sa partie supérieure.. *Sc. rigidum*, Auriv.

Voûte plate non bordée d'arêtes distinctes.

Umbo des infra-latérales à l'apex.

- Scuta triangulaires, bord latéral droit.... *Sc. planum*, Hœk.
- Scuta quadrangulaires. Bord latéral avec une forte échancrure pour recevoir l'apex des supra-latérales.... *Sc. tenue*, Hœk.

Umbo des infra-latérales au milieu.

- Plaques rostro-latérales élevées; bord rostral des rostro-latérales égalant à peu près le bord scutal.... *Sc. Novæ-Zelandiæ*, Hœk.

Voûte légèrement convexe latéralement.

Umbo des infra-latérales à l'apex.

- Umbo des caréno-latérales à l'apex. Infra-latérales triangulaires.... *Sc. indicum*, Hœk.
- Umbo des caréno-latérales très près de la base. Infra-latérales rectangulaires.... *Sc. tritonis*, Hœk.
- Plaques rostro-latérales très basses.
  - Umbo des caréno-latérales près de l'apex. Infra-latérales triangulaires.... *Sc. dubium*, Hœk.
  - Umbo des caréno-latérales à l'apex. Infra-latérales allongées, étroites.... *Sc. flavum*, Hœk.

Carène sans voûte distincte.

- Umbo des caréno-latérales au niveau du milieu de la plaque. Infra-latérales triangulaires, assez larges.... *Sc. balanoïdes*, Hœk.
- Pas de plaque infra-latérale droite. Rostro-latérale gauche s'étendant au-devant de l'ouverture du capitulum.... *Sc. triangulare*, Hœk.

Sc. galea, Auriv.

Carène avec une voûte et des bords latéraux distincts.

C³. — Pas de sous-carène. Pas de rostre.

b. Sous-Famille des LITHOTRYNÉS (*LITHOTRYNÆ*)

3. Genre *Lithotrya*, G. B. Sowerby, 1822.

Synonymie. — *Litholepas*, de Blainville, 1824 ; *Absia*, Leach, 1825 ; *Brisnœus et Conchotrya*, J. E. Gray, 1825 ; *Lepas*, Gmelin, 1789 ; *Anatifa*, Quoy et Gaimard, 1832.

Diagnose. — Capitulum avec huit plaques ; rostre et plaques latérales souvent rudimentaires, ces derniers pouvant même manquer complètement. Stries d'accroissement ornées de denticulations ; pédoncule couvert d'écailles dont celles des rangées supérieures régulières et denticulées, les autres étant de simples nodules chitineux ; fixés soit au fond d'une sorte de coupe calcaire, soit sur une lame calcifiée en forme de disque.

Corps logé en grande partie dans le pédoncule ; mandibules avec trois dents, l'espace compris entre elles, ainsi que l'angle basal étant pectinés ; ces pièces sont parfois asymétriques. Appendices terminaux multiarticulés. Pas d'appendices filamenteux. Toujours hermaphrodites.

Distribution géographique. — Enfoncés dans les pierres ou les vieilles coquilles dans les mers chaudes et tropicales.

Généralités. — Ce genre est représenté seulement par sept espèces, présentant toutes entre elles une très grande ressemblance. Le capitulum a une forme allongée et étroite, due à ce que ces animaux vivant enfoncés dans les trous de rochers ne peuvent que difficilement s'accroître en diamètre ; les plaques restent donc étroites, mais s'allongent beaucoup. Le scutum peut recouvrir, par chevauchement, un tiers ou même la moitié du tergum correspondant. La carène est généralement concave intérieurement et peut, ou non, présenter une crête longitudinale médiane. Enfin, le rostre, normalement peu développé, peut être parfois extrêmement rudimentaire ; les pièces latérales, placées à la base des terga, entre le scutum et la carène de chaque côté, ne se montrent très développées que dans *L. pacifica :* déjà très rudimentaires chez *L. truncata*, elles n'existent plus chez *L. valentiana.* Toutes ces plaques présentent, plus ou moins, des lignes d'accroissement parallèles et garnies d'ornements denticulés, en saillie.

Le pédoncule est, en général, long, cylindro-conique, parfois même terminé presque en pointe à sa base. Les écailles qui le recouvrent ont des formes variables suivant leur position et aussi suivant les espèces. Celles qui sont le plus rapprochées du capitulum, en général les deux ou trois premières rangées, sont de forme régulière et régulièrement disposées. Elles présentent, le plus souvent, la forme d'un carré ou d'un rectangle avec le bord supérieur parfois arrondi et le bord inférieur denticulé, puis, au fur et à mesure que l'on se rapproche de la partie inférieure, les écailles prennent une forme de plus en plus petite et arrondie, pour, finalement, n'être plus que de simples globules chitineux.

A cause de la réduction considérable de la surface capitulaire par la disparition des plaques de second ordre et le rétrécissement des autres, l'animal ne trouvait plus, entre les valves, un abri suffisant; il a dû s'enfoncer peu à peu dans le pédoncule et il a fini par en occuper la plus grande partie.

Le pédoncule est terminé à son extrémité inférieure, par une formation curieuse, présentant un aspect variable, tantôt celui d'une coupe plus ou moins profonde, tantôt celui d'un disque aplati. Cette formation particulière dont nous étudierons la structure et les fonctions dans la seconde partie de ce travail, est rattachée à l'extrémité inférieure du pédoncule mais non adhérente aux parois de la loge.

Le corps proprement dit de l'animal ne présente rien de bien particulier. Le labre est légèrement saillant, orné, sur son bord libre, de denticulations chitineuses mélangées de soies; les mandibules ont trois dents avec, entre elles, de petites denticulations qui se rencontrent aussi sur l'angle basal.

Dans un cas (*L. valentiana*), nous avons trouvé les deux mandibules asymétriques, la droite étant normale, tandis que la gauche présentait six dents à peu près égales et un angle inférieur pectiné.

Le bord libre des mâchoires est tantôt droit, tantôt plus ou moins encoché et garni de soies, les unes longues et rigides, les autres, à la base des premières, plus courtes et plus flexibles.

Les appendices terminaux sont multiarticulés, avec des soies plus ou moins longues à la limite supérieure de chaque segment. Dans *L. valentiana*, l'appendice droit est souvent, sinon toujours, atrophié; le gauche est formé de vingt-trois articles et dépasse la longueur de la sixième paire de cirrhes. Les ovaires sont contenus dans la partie inférieure du pédoncule et s'étendent même dans l'épaisseur de la paroi, mais jamais dans le capitulum. Le pénis est long et il existe parfois des freins ovigères (*L. truncata*).

1. *Lithotrya cauta*. Darwin, 1851.

Diagnose. — Capitulum avec huit plaques, les latérales étant présentes. Scuta recouvrant largement les terga. Carène concave intérieurement, sans trace de crête médiane : rostre à peine aussi large que l'une des écailles sous-jacentes ; plaques latérales avec la surface interne en forme d'ellipse large, égalant environ deux fois et demi la longueur des écailles sous-jacentes ; écailles de la rangée supérieure égalant quatre fois environ la largeur de celles de la seconde rangée (fig. 107).

Mandibules avec un nombre égal de denticulations entre la première, la seconde et la troisième dent normales ; mâchoires avec une encoche et le bord libre presque droit. Appendices terminaux dépassant légèrement, en longueur, le protopodite de la sixième paire de cirrhes.

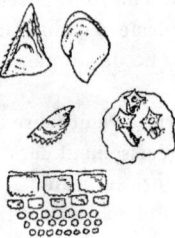
Fig. 107.

Disque calcaire à la base du pédoncule, présentant des lignes d'accroissement nettes ornées de formations denticulées saillantes.

Dimensions. — Longueur totale   : 5^{mm},000.
Largeur du capitulum : 1^{mm},875.

Distribution. — Nouvelle-Galles du Sud ; Australie ; logé dans un *Conia*.

2. *Lithotrya dorsalis*. G. B. Sowerby, 1822.

Synonymie. — *Lepas dorsalis*, Ellis, 1786 ; *Litholepas Montis-Serrati*, de Blainville, 1824.

Diagnose. — Capitulum avec huit plaques, les latérales étant présentes ; scuta recouvrant très peu les terga ; carène concave intérieurement, sans trace de crête médiane longitudinale. Rostre environ aussi large que deux ou trois des écailles sous-jacentes ; plaques latérales avec leur surface interne elliptique et étroite, aussi larges que cinq des écailles sous-jacentes ; écailles de la rangée supérieure moins de deux fois aussi larges que celles de la seconde rangée (fig. 108).

Mandibules avec deux fois autant de denticulations entre la première et la seconde dent qu'entre celle-ci et la troisième. Mâchoires sans encoche ; bord libre presque droit, portant de très nombreuses épines.

Appendices terminaux dépassant de moitié la longueur du pédicelle de la sixième paire de cirrhes. Coupe calcaire à la base du pédoncule.

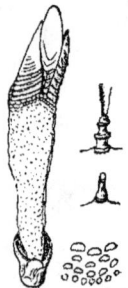
Fig. 108. — Vue d'ensemble ; deux aspects du rostre ; écailles de la partie supérieure du pédoncule.

Dimensions. — Longueur totale   : 37^{mm},5.
— du capitulum : 12^{mm},5.

Distribution. — Barbades; Vénézuéla; Honduras; enfoncé dans le calcaire.

3. *Lithotrya nicobarica.* Reinhart, 1850.

Diagnose — Capitulum avec huit plaques. Scuta recouvrant légère-ment les terga; carène concave intérieurement, mais présentant une légère crête médiane dans la partie supérieure. Rostre très net, aussi large que six des écailles sous-jacentes. Plaques laté-rales peu développées en hauteur avec leur sur-face interne triangulaire et environ aussi large que sept des écailles sous-jacentes (fig. 109).

Palpes de la lèvre supérieure à bord libre carré; mandibules avec deux fois autant de denti-culations entre la première et la seconde dent qu'entre celle-ci et la troisième; mâchoires légèrement encochées, avec l'angle inférieur à peine saillant. Appendices terminaux plus de deux fois aussi long que le pédicelle de la sixième paire de cirrhes.

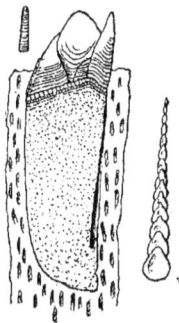

Fig. 109. — Vue d'en-semble de l'animal dans sa loge; à gauche, le rostre séparé; à droite, la série des disques de fixation.

Série rectiligne de petits disques, attachés à la paroi de la cavité qui loge l'animal.

Dimensions. — Longueur totale   : 25mm.
               — du capitulum : 10mm.

Distribution. — Timor; île Nicobar.

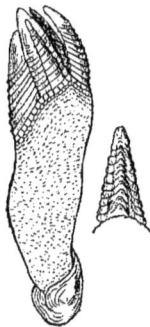

Fig. 110. — Vue d'en-semble et carène vu intérieurement.

4. *Lithotrya pacifica.* Borrodaile, 1900.

Diagnose. — Capitulum avec huit plaques. Scuta triangulaires recouvrant parfois à peine les terga; terga longs, étroits, triangulaires; plaques latérales très hautes, presque aussi longues que les terga, aussi larges que sept écailles de la rangée sous-jacente. Carène longue, plutôt étroite, quel-quefois fortement arquée, concave intérieurement mais présentant une rangée médiane de saillies triangulaires, correspondant aux arêtes externes. Rostre encadré par une rangée courbe de fines écailles; pédoncule long. Couleur gris blanc, en alcool (fig. 110).

Dimensions. — Longueur totale   : 28mm,0.
               — de la carène : 6mm,5.

Distribution. — Nouvelle-Zélande: Funafuti.

5. *Lithotrya rhodiopus*. J. E. Gray, 1825.

Synonymie. — *Brisnæus rhodiopus*, J. E. Gray, 1825 et 1830.

Diagnose. — Capitulum avec huit plaques. Scuta recouvrant largement les terga. Carène concave intérieurement, avec une légère arête
médiane, ornée, comme les autres plaques, d'épines
chitineuses courtes. Plaques latérales avec leur surface interne symétriquement et largement ovale,
égalant plus d'un tiers de la largeur de la carène.
Terga avec la pointe basale étroite et l'angle caréno-
basal saillant. Rostre et pédoncule inconnus (fig. 111).

Mandibules avec quatre fois autant de denticulations
entre la première et la seconde dent, qu'entre celle-ci
et la troisième, et distance plus considérable entre les
sommets de la première et de la seconde dent
qu'entre le sommet de la seconde dent et l'angle inférieur.

Fig. 111. — Scutum,
tergum, plaque
latérale et carène.

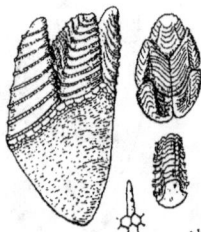

Bord libre des mâchoires largement encoché, avec la partie inférieure
formant deux saillies peu nettes. Appendices terminaux perdus.

Distribution. — Habitat inconnu. Enfoncé dans des coralliaires
massifs.

6. *Lithotrya truncata*, Quoy et Gaimard, 1834.

Synonymie. — *Anatifa truncata*, Quoy et Gaimard, 1834.

Diagnose. — Capitulum avec huit plaques. Scuta enfoncés dans un
pli profond des terga. Carène avec une large arête interne à section
triangulaire et arête médiane arrondie venant
se placer entre les terga. Rostre et plaques
latérales rudimentaires, égalant environ un
quinzième de la largeur de la carène (fig. 112).

Mandibules avec près de trois fois autant
de denticulations entre la première et la seconde dent, qu'entre celle-ci et la troisième;
distance entre les sommets de la première et
de la seconde dent égale à celle qui existe
entre le sommet de la seconde dent et l'angle
inférieur. Mâchoires largement encochées,

fig. 112. — Vue d'ensemble;
vue de la partie supérieure;
carène du côté interne; rostre
et écailles sous-jacentes.

avec la partie inférieure formant deux saillies. Appendices terminaux égalant à peine la longueur de la sixième paire de cirrhes.

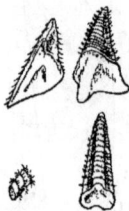

Pédoncule court, avec une coupe calcaire, peu développée, à sa base.

Dimensions. — Longueur totale : 13^{mm}.

Distribution. — Ile des Amis ; Philippines.

7. *Lithotrya valentiana.* J. E. Gray, 1825.

Synonymie. — *Conchotrya valentiana,* J. E. Gray, 1825.

Diagnose. — Capitulum avec six plaques, les latérales faisant défaut. Scuta enfoncés dans un pli profond des terga qui présentent un second pli à peu près semblable du côté carénal pour recevoir les bords latéraux internes de la carène. Carène avec une crête interne, médiane, saillante, à bord carré ; rostre rudimentaire, allongé, entièrement chitineux ; plaques latérales absentes (fig. 113).

Pédoncule assez court, à peu près régulièrement cylindrique, portant dorsalement, mais presque à l'extrémité, un petit disque triangulaire, chitineux et légèrement calcifié.

Mandibules non symétriques dans l'échantillon étudié par nous. La droite a trois dents et l'angle inférieur pectiné, la gauche en a six, à peu près identiques, avec le même angle inférieur. Mâchoires symétriques, à bord libre droit, non encoché et dents presque toutes semblables.

Des appendices terminaux, l'un est atrophié, à droite, l'autre est formé de vingt-trois articles et dépasse en longueur l'extrémité de la sixième paire de cirrhes. Pénis long, régulièrement cylindro-conique.

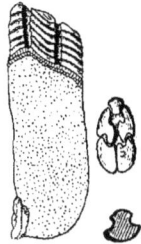

Fig. 113. — Vue d'ensemble ; vue de la partie supérieure ; coupe transversale de la carène.

Dimensions. — Longueur totale   : 11^{mm},5.
— du capitulum : 2^{mm},5.

Distribution. — Mer Rouge ; Zanzibar, enfoncé dans le calcaire entre des coquilles d'huîtres

Tableau synoptique des espèces du genre LITHOTRYA.

GENRE LITHOTRYA.

Carène concave intérieurement.

Carène sans crête interne.

Mandibules avec le même nombre de denticulations entre la 1re et la 2e et la 2e et la 3e dent.
Disque calcaire à la base..... *L. cauta*, Darwin.

Mandibules avec le double de denticulations entre la 1re et la 2e dent qu'entre la 2e et la 3e.
Coupe calcaire à la base...... *L. dorsalis*, G. B. Sowerby.

Carène avec une crête interne.

Scuta recouvrant légèrement les terga.

Plaques latérales très peu élevées......... *L. nicobarica*, Reinhart.

Plaques latérales presque aussi élevées que les terga........ *L. pacifica*, Borrodaile.

Scuta recouvrant largement les terga. Mandibules avec quatre fois autant de denticulations entre la 1re et la 2e dent qu'entre la 2e et la 3e. *L. rhodiopus*, J. E. Gray.

Carène convexe intérieurement.

Plaques latérales rudimentaires........ *L. truncata*, Quoy et Gaimard.

Pas de plaques latérales.............. *L. valentiana*, J. E. Gray.

β. FAMILLE DES PENTASPIDÉS (*PENTASPIDÆ*).

a. SOUS-FAMILLE DES OXYNASPINÉS (*OXYNASPINÆ*).

1. Genre *Oxynaspis*. Darwin, 1851.

Diagnose. — Capitulum avec cinq plaques. Scuta avec l'umbo vers le milieu du bord occluseur; carène courbée, vers son milieu, en angle plus ou moins droit et s'étendant, à sa partie supérieure, entre les terga. Plaques couvertes de petites pointes calcaires.

Mandibules avec quatre ou cinq dents; mâchoires présentant une encoche, avec la partie inférieure saillante. Appendices terminaux très petits ou absents.

Distribution géographique. — Madère; mer des Antilles; fixés sur les Antipathes.

Généralités. — Par sa forme extérieure et la présence de cinq plaques seulement au capitulum, ce genre se rapproche beaucoup des genres *Lepas* et *Pœcilasma*, mais, par son habitat, parfois à une assez grande profondeur, sa fixation sur les Antipathes, les caractères des scuta, des pièces buccales et des cirrhes, il se rapproche davantage du genre *Scalpellum.*

Chez les deux espèces connues, la membrane qui recouvre l'Antipathe, se poursuit non seulement sur le pédoncule de l'*Oxynaspis*, mais aussi sur le capitulum et donne à ces parties sa couleur propre. Mais, comme cette membrane est couverte d'épines chitineuses appartenant à l'Antipathe, il en résulte que l'*Oxynaspis* paraît couvert d'épines chitineuses, qui, en réalité, ne lui appartiennent pas. On trouve cependant, sous cette cuticule, de petites pointes calcaires qui appartiennent, en propre, aux plaques elles-mêmes.

1. *Oxynaspis celata.* Darwin, 1851.

Diagnose. — Capitulum avec cinq plaques normalement développées et ne laissant entre elles aucun espace membraneux; scuta beaucoup plus développés que les terga. Bord basal de la carène tronqué et légèrement sinueux (fig. 114).

Pédoncule court et étroit, sans épines propres, mais complètement entouré par la membrane de l'Antipathe.

Mandibules avec quatre dents et l'angle inférieur aigu; distance de la première dent à la seconde égale à celle de cette dernière à l'angle inférieur. D'un côté sur un échantillon, cinq dents.

Mâchoires avec une encoche profonde et la partie inférieure tronquée, mais à angles arrondis.

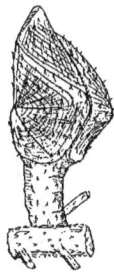

Fig. 114.

Première paire de cirrhes très éloignée de la seconde.

Appendices terminaux petits, uniarticulés, avec six ou sept longues soies à leur sommet.

Dimensions. — Longueur du capitulum : 5^{mm}.

Distribution. — Madère.

2. *Oxynaspis patens.* C. W. Aurivillius, 1894.

Diagnose. — Capitulum avec cinq plaques. Scuta incomplètement développés, laissant entre eux et la carène un large espace membraneux.

Bord basal de la carène régulièrement arrondi. Pédoncule cylindrique,

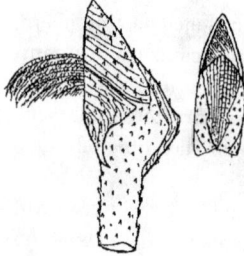

Fig. 115.

mou, plus de moitié aussi grand que le capitulum et couvert, ainsi que le capitulum, par la cuticule épineuse de l'antipathe qui le porte (fig. 115).

Mandibules avec quatre ou cinq dents. Mâchoires avec une encoche peu profonde et la partie située au-dessous, environ quatre fois aussi large que la partie supérieure, fortement saillante et régulièrement arrondie. Appendices terminaux absents. Pénis environ aussi long que la cinquième ou la sixième paire de cirrhes.

Dimensions. — Longueur du capitulum : 8^{mm} ; largeur : 4^{mm}.
—   pédoncule : 6^{mm}.

Distribution. — Mer des Antilles, près de l'Ile Anguilla, par 125 à 355 mètres de fond.

b. SOUS-FAMILLE DES LÉPADINÉS (*LEPADINÆ*).

2. Genre *Lepas*, L. 1767.

SYNONYMIE. — *Anatifa*, Bruguière, 1789 ; *Anatifera*, Lister ; *Pentalasmis*, Leach, 1817 ; *Pentalepas*, de Blainville, 1824, et *Dosima*, J. E. Gray, 1825.

Diagnose. — Capitulum avec cinq plaques normalement développées ; carène se terminant en pointe à la partie supérieure, entre les terga et à la partie inférieure, soit en forme de disque, soit en forme de fourche. Scuta subtriangulaires avec l'umbo à l'angle rostral.

Mandibules avec quatre ou le plus souvent cinq dents et l'angle inférieur généralement aigu et saillant. Mâchoires à bord libre scalariforme. Appendices filamenteux variant de zéro à cinq ou six. Appendices terminaux courts, uniarticulés, couverts, en général, de petits ornements pectinés.

Distribution. — Toutes les mers, surtout tempérées et tropicales ; toujours fixés sur les objets flottants.

Généralités. — Le genre *Lepas* peut être pris comme type de tout le groupe des Pédonculés ; c'est une forme moyenne, bien pondérée et de laquelle il est facile de passer à toutes les autres formes connues, d'où le nom de *Lépadides*, donné par Darwin à tout le groupe des Pédonculés.

Le capitulum, généralement aplati, est entièrement couvert par cinq plaques, blanches, bien développées, en général assez résistantes, quoique minces, avec stries d'accroissement plus ou moins accentuées.

Le pédoncule, souvent court, peut atteindre parfois, chez *L. anatifera*, par exemple, plus de dix et même vingt fois la longueur du capitulum.

Il est totalement dépourvu d'épines ou écailles, qui ne sont plus représentées que par de petits nodules chitineux, invisibles à l'œil nu, d'où l'aspect absolument lisse qu'il présente.

Les appendices filamenteux sont attachés sur le prosoma, à la base de la première paire de cirrhes; leur nombre varie de zéro à cinq ou six.

La première paire de cirrhes est placée près de la seconde; tous sont robustes et bien développés. Les appendices terminaux sont très petits, à extrémité libre arrondie ou pointue, uniarticulés, avec, en général, de très petits ornements pectinés à leur surface.

1. *Lepas fascicularis*. Ellis et Solander, 1786.

SYNONYMIE. — *L. cygnæa*, Spengler, 1790; *L. dilatata*, Donovani, 1804; *Pentalasmis fascicularis*, Brown, 1844; *P. spirulicola* et *Donovani*, Leach, 1818; *Anatifa vitræa*, Lamarck; *Dosima fascicularis*, J. E. Gray, 1825; *Pentalepas vitræa*, Lesson, 1830; *Anatifa oceanica*, Quoy et Gaimard, 1832.

Diagnose. — Capitulum avec cinq plaques capitulaires lisses, transparentes; carène courbée à peu près à angle droit, vers son tiers inférieur, avec sa partie terminale dilatée en une sorte de disque aplati de forme triangulaire plus ou moins arrondie (fig. 116).

Pédoncule très court, absolument lisse.

Cinq appendices filamenteux de chaque côté; segments des trois dernières paires de cirrhes avec des ornements pectinés.

Variétés. — *Donovani*, Leach. Carène avec la partie supérieure aplatie, lancéolée et portant extérieurement une étroite arête médiane.

Variétés. — *Villosa*, Darwin. Plaques séparées par une petite partie membraneuse; carène extrêmement étroite, avec, à peu près, la même largeur partout: terga avec la partie inférieure plus étroite et plus pointue; corps de l'animal légèrement couvert de poils (fig. 116, *a*).

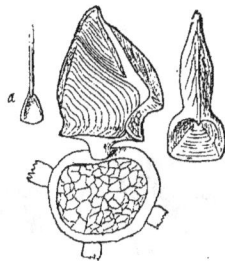

Fig. 116.

Dimensions. — Longueur totale : 38ᵐᵐ; largeur : 30ᵐᵐ.

Distribution. — Un peu dans toutes les mers tempérées et tropicales et la mer Baltique selon Montaigu ; fixés sur des coquilles ou autres corps flottants.

Observations. — Il arrive quelquefois qu'un ou plusieurs individus, grâce à une abondante sécrétion des glandes cémentaires, se forment, à la base du pédoncule, une sorte de vésicule commune, présentant, intérieurement, de vastes lacunes pleines d'air et qui leur sert de flotteur.

2. *Lepas anserifera.* L. 1767.

SYNONYMIE. — *Anatifa striata*, Bruguière ; *Pentalasmis dilatata*, Leach, 1818 ; *Anatifa sessilis*, Quoy et Gaimard, 1832 ; *Lepas nauta*, Macgillivray ; *Pentalasmis anseriferus*, Brown, 1844.

Diagnose. — Capitulum avec cinq plaques, nettement striées, surtout les terga. Carène régulièrement courbe, terminée en fourche à la base. Bord libre des scuta saillant fortement en avant ; une forte dent umbonale interne sur le scutum droit ; simple petite dent ou seulement une arète interne sur le scutum gauche.

Pédoncule généralement aussi long que le capitulum, avec la partie supérieure de couleur orangée plus ou moins atténuée (fig. 117).

Cinq ou six appendices filamenteux de chaque côté.

Fig. 117.

Variété : dilatata (jeune). — Plaques plutôt minces, finement sillonnées et, souvent, fortement pectinées ; scuta larges, avec le bord occluseur plus saillant ; carène souvent dentée.

Dimensions. — Longueur du capitulum : 38^{mm} ; largeur : 26^{mm}.

Distribution. — Méditerranée et mers tropicales : Amérique du Sud, côtes d'Afrique, océan Indien, océan Pacifique, mers de Chine, etc.

3. *Lepas denticulata.* A. Gruvel, 1900.

Diagnose. — Capitulum avec cinq plaques très serrées, de couleur très blanche et fortement pectinées. Carène terminée en fourche à sa partie inférieure, chacune des branches portant, du côté pédonculaire, deux pointes saillantes, l'interne plus longue que l'externe ; crête médiane dorsale avec quatre fortes dents et une série de plus petites entre les premières. Bord occluseur des scuta, convexe et fortement

saillant antérieurement. Une dent à l'angle umbonal interne du scutum
gauche (1). Rien à droite (fig. 118).

Pas d'appendices filamenteux.

Pédoncule extrêmement court et étroit, sans ornements.

Les mandibules portent les cinq dents ordinaires,
mais l'angle inférieur forme, lui-même, une véritable dent, ce qui en fait, en réalité, six.

Dimensions. — Longueur du capitulum : 2^{mm},5 ; largeur : 1^{mm},65.
— pédoncule : 0^{mm},4 ; largeur : 0^{mm},4.

Fig. 118.

Distribution. — Baie de Honda (Philippines), sur des pontes flottantes
de mollusques.

4. *Lepas pectinata.* Spengler, 1793.

SYNONYMIE. — *L. muricata* (var.), Poli, 1795 ; *L. anserifera*, Poli ; *Pentalasmis sulcata*,
Leach, 1824 ; *P. spirulæ* (var.), Leach, 1818 ; *P. radula* (var.) et *sulcatus*, Brown, 1844 ;
P. inversus, Chenu ; *Anatifa sulcata*, Quoy et Gaimard, 1832.

Diagnose. — Capitulum avec cinq plaques minces, fortement
sillonnées, souvent pectinées. Scuta avec une arête saillante, s'étendant
de l'umbo à l'apex et très rapprochée du bord occluseur.
Fourches de la carène dont des branches forment entre elles
un angle de 135° à 180°.

Dents à l'angle umbonal interne des scuta, plus ou moins
saillantes, quelquefois plus saillantes à droite qu'à gauche.
Carène large, profondément concave intérieurement, quelquefois fortement dentée sur la ligne médiane externe.

Fig. 119.

Pédoncule étroit, plus court que le capitulum (fig. 119).
Appendices filamenteux, absents, ou seulement une paire de
chaque côté.

Mandibules avec l'angle inférieur formant une dent unique.

Dimensions. — Longueur du capitulum : 15^{mm} ; largeur : 11^{mm}.

Var : (a), Darwin. — Partie supérieure des terga limitée par les
deux bords occluseurs, faisant une saillie aiguë ; surface de toutes les
plaques souvent fortement pectinée et carène dentée.

Var : *squamosa*, Fischer. — Scuta couverts de côtes squameuses,
épineuses. Terga courts et écailleux. Carène courte et large, très arquée.
Bord de l'ouverture des scuta, denticulé.

Habitat. — Ile Nou.

(1) Gauche morphologique.

Distribution. — Océan Atlantique, du nord de l'Irlande au cap Horn; commun dans la Méditerranée et les mers tropicales; fixé sur les objets flottants, bouchons, coquilles de spirules, etc.

Fig. 120. — Groupe de *Lepas anatifera* vivants, fixés sur un fond de bouteille flottante.

5. *Lepas anatifera*. L. 1767.

Fig. 121.

SYNONYMIE. — *Anatifa* ou *Anatifera* ou *Pentalasmis lœvis*, beaucoup d'auteurs; *Anatifa engonata*, Conrad, 1837; *A. dentata*, Bruguière, 1789; *Pentalasmis dentatus* (var.) Brown; *Anatifa...*, Martin Saint-Ange, 1835.

Diagnose. — Capitulum avec cinq plaques lisses ou délicatement striées. Carène séparée des autres plaques par un espace membraneux très étroit ou nul; large dans sa région moyenne, avec les deux branches de la fourche courtes et divergeant de moins de 90°. Dent umbonale interne seulement sur le scutum droit.

Pédoncule étroit, lisse, de longueur très variable, pouvant atteindre jusqu'à dix et vingt fois celle du capitulum, de couleur sombre quand les ovaires y sont développés (fig. 120 et 121).

Deux appendices filamenteux de chaque côté ; quelquefois seulement un seul de bien développé.

Var : (a) *punctata*, Darwin. — Scuta et terga avec une ou plusieurs lignes diagonales de taches brun sombre, carrées et légèrement déprimées.

Var : (b) *dentata*, Darwin. — Carène fortement dentée (fig. 121, *a*).

Dimensions très variables. — Longueur du capitulum : 50ᵐᵐ au maximum ; largeur, 25ᵐᵐ.

Distribution. — Extrêmement commun. A peu près dans toutes les mers ; fixé sur des objets flottants : épaves, bouchons, bouteilles, etc.

6. *Lepas australis*. Darwin, 1851.

Diagnose. — Capitulum avec cinq plaques lisses, minces et friables. Carène non séparée des autres plaques ; fourches à branches plates, larges, minces et pointues, divergeant d'environ 75°, à peine développées chez les jeunes (fig. 122).

Dent umbonale interne sur chaque scutum.

Deux appendices filamenteux sur chaque côté.

Pédoncule ou tout à fait court, ou aussi long ou plus long que le capitulum.

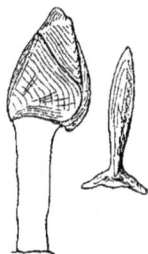

Dimensions. — Longueur du capitulum : 25ᵐᵐ.

Fig. 122.

Distribution. — Commun dans tout l'Océan antarctique ; détroit de Bass, terre de Van Diémen, Patagonie, Nouvelle-Zélande, etc., fixé sur des objets flottants : tiges de laminaires, épaves, etc.

7. *Lepas testudinata*. C. W. Aurivillius, 1894.

Diagnose. — Capitulum avec cinq plaques minces, très translucides, et finement striées. Carène presque droite, nettement séparée des autres plaques par un espace membraneux assez large, terminée à sa partie inférieure par une fourche à branches très courtes, mais nettes chez les échantillons adultes. Bord occluseur des terga et des scuta presque en ligne droite, légèrement rentrant à la limite des deux plaques. Pas de dent umbonale interne sur les scuta.

Pédoncule étroit, transparent, de longueur variable, pouvant atteindre cinq et six fois celle du capitulum (fig. 123).

Deux appendices filamenteux de chaque côté.

Mandibules avec, seulement, quatre dents et l'angle inférieur pectiné.

Mâchoires à bord libre scalariforme, avec quatre saillies et l'angle inférieur protubérant.

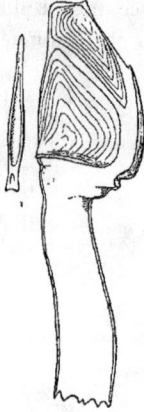

Appendices terminaux courts, arrondis, ornés de saillies chitineuses pectinées.

Dimensions. — Longueur du capitulum : 25ᵐᵐ; largeur : 15ᵐᵐ.

Distribution. — Environs du cap de Bonne-Espérance, fixé en grande partie sur des débris flottants de laminaires.

8. *Lepas Hilli*. Leach, 1818.

SYNONYMIE. — *Pentalasmis Hillii*, Leach, 1818; *P. cheloniæ*, id., *Anatifa tricolor*, Quoy et Gaimard, 1827; *A. substriata*, Conrad, 1837.

Fig. 123.

Diagnose. — Capitulum avec cinq plaques lisses, fortes, non transparentes. Carène largement séparée des autres plaques par un espace membraneux, avec sa fourche éloignée de la partie inférieure des scuta. Bord occluseur des scuta et des terga non en ligne droite, mais faisant une saillie très appréciable vers le milieu des scuta.

Pas de dent umbonale interne sur les scuta.

Pédoncule assez large avec la partie supérieure, ainsi que la membrane qui sépare la carène des autres plaques, colorées, généralement, en jaune plus ou moins sombre (fig. 124).

Trois appendices filamenteux de chaque côté.

Dimensions. — Longueur du capitulum : 27ᵐᵐ,5 ;
— largeur : 22ᵐᵐ.

Fig. 124.   Fig. 125.

Distribution. — Très commun. Répandu dans les mêmes régions que *L. anatifera* et *L. anserifera*; souvent fixé aux carènes des bateaux.

Observations. — Cette espèce a été longtemps confondue et l'est souvent encore, dans les Musées, avec *L. anatifera*.

Var : *striolata* Fischer. — Scuta striés, avec quelques fines granulations obsolètes. Carène granuleuse, terminée par une fourche à branches courtes, non divergentes.

Habitat. — Ile Nou.

Var : *californiensis*, A. Gruvel, 1901. — Stries d'accroissement nettement marquées sur les plaques. Légère saillie à la partie umbonale interne des scuta, mais pas de véritable dent. Carène avec une fourche à branches très peu divergentes, mais fortement recourbées en arrière. Cuticule capitulaire et pédonculaire de couleur rouge violacé, lie de vin. Dimensions très considérables (fig. 125).

> *Dimensions.* — Longueur du capitulum : 54^{mm}; largeur : 33^{mm}.
> — pédoncule : 35^{mm}; largeur : 17^{mm}.

Distribution. — Basse Californie.

Tableau synoptique des espèces du genre LEPAS.

Carène terminée en disque à sa base.	Plaques lisses, minces et transparentes. 5 appendices filamenteux de chaque côté.			*L. fascicularis*, Ellis et Solander.
Carène terminée en fourche à sa base.	Plaques à sillons très apparents.	Bord libre du scutum saillant fortement en avant.	5 ou 6 appendices filamenteux de chaque côté....	*L. anserifera*, L.
			Pas d'appendices filamenteux....	*L. denticulata*, A. Gruvel.
		Bord libre du scutum peu saillant, très rapproché de la ligne umbo-apicale........		*L. pectinata*, Spengler.
	Plaques à sillons lisses ou à peine visibles.	Carène non séparée des autres plaques. 2 appendices filamenteux.	Dent umbonale interne sur le scutum droit......	*L. anatifera*, L.
			Dent umbonale interne sur chaque scutum........	*L. australis*, Darwin.
		Carène séparée des autres plaques. Pas de dent umbonale interne sur les scuta.	Plaques transluci-des; 2 appendices filamenteux de chaque côté....	*L. testudinata*, Auriv.
			Plaques fortement calcifiées; 3 appendices fila-menteux de chaque côté........	*L. Hilli*, Leach.

GENRE LEPAS.

Variétés : *L. fascicularis*, var. : Donovani, Leach ; var. : *villosa*, Darwin.
  — *L. pectinata*, var. : (a), Darwin ; var. : *squamosa*, P. Fischer.
  — *L. anatifera*, var. : *punctata*, Darwin ; var. : *dentata*, Darwin.
  — *L. Hilli*, var. ; *striolata*, P. Fischer ; var. : *californiensis*, A. Gruvel.

3. Genre *Megalasma*. Hœk, 1883.

Diagnose. — Capitulum avec cinq plaques serrées, fortes et à stries très marquées, recouvertes d'une cuticule persistante. Carène s'étendant seulement jusqu'à l'angle basal des terga, avec la partie inférieure tronquée et très large. Scuta triangulaires avec l'umbo situé environ au cinquième inférieur de la longueur du bord occluseur. Terga allongés, étroits. Bord basal du capitulum formé, en très grande partie, par les bords latéraux de la carène. Pédoncule très court.

Mandibules avec quatre dents ; mâchoires avec une légère encoche et l'angle inférieur légèrement saillant. Appendices terminaux courts, uniarticulés.

Distribution. — Archipel des Philippines (sur des radioles d'*Echinus*) ; Océan Indien sur une tige d'*Hyalonema*.

Généralités. — Ce genre assez curieux n'est encore représenté que par deux espèces, l'une qui a servi à Hœk de type pour le genre, la seconde, décrite par Weltner en 1894. La forme à peu près ovale du capitulum et l'atrophie presque complète du pédoncule, caché complètement par la partie inférieure du capitulum, donnent à cette forme un facies tout à fait caractéristique.

De plus, vers le milieu du bord dorsal, au point où se termine supérieurement la carène, vient également aboutir l'angle carénal des scuta qui ont une forme triangulaire avec une forte crête allant de cet angle à l'umbo.

Le bord basal du capitulum est formé, pour une très petite portion, par le bord inférieur des scuta et, pour tout le reste, par le bord basal des parties latérales de la carène, très développées dans cette région.

Le bord dorsal de la carène est très aplati et se continue, pour ainsi dire, sans transition, avec les bords carénaux des terga, également très larges et plats.

Par le grand développement des scuta, ce genre se rapproche beaucoup du genre *Pœcilasma*, et en particulier de *P. carinatum*, Hœk.

1. *Megalasma striatum*. Hœk, 1883.

Diagnose. — Caractères généraux du genre. Terga triangulaires et bien développés. Carène à bord dorsal plat, régulièrement arrondi, non denté (fig. 126).

Dimensions. — Longueur totale : 11^{mm}.

Distribution. — Fixé sur des radioles d'*Echinus*, par 210 mètres. Expéd. du « Challenger » : Archipel des Philippines.

2. *Megalasma carino-dentatum.* Weltner, 1894.

Diagnose. — Caractères généraux du genre. Terga quadrangulaires, peu développés. Carène pourvue d'une dent vers le tiers supérieur de son bord dorsal (fig. 127).

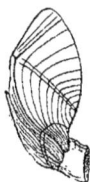

Fig. 126.

Dimensions. — Longueur du capitulum : 6^{mm} ;
largeur : 3^{mm}.
— pédoncule : 1^m,5.

Distribution. — Océan Indien sur une tige de *Hyalonema masoni*, Schulze, par une profondeur de 3 200 mètres.

Fig. 127.

4. Genre *Pœcilasma.* Darwin, 1851.

SYNONYMIE. — *Anatifa*, J. E. Gray, 1848 ; *Trilasmis*, Hinds, 1844.

Diagnose. — Capitulum avec trois, cinq ou sept plaques ; scuta très développés, parfois divisés en deux, avec l'umbo à l'angle rostral ; scuta généralement pourvus d'une forte dent umbonale interne ; terga très réduits ou nuls ; carène ne dépassant que de peu ou point le niveau de l'angle inférieur des terga, avec son extrémité inférieure ou tronquée, ou terminée en un disque profondément échancré ou encore en forme de carène de bateau et considérablement élargie.

Mandibules avec, en général, quatre dents, parfois asymétriques ; mâchoires avec une encoche sur leur bord libre ; rames antérieures de la seconde paire de cirrhes pas plus fortes que les rames postérieures ; appendices terminaux uniarticulés et toujours garnis de soies ; pas d'appendices filamenteux.

Distribution. — Mers chaudes, fixés sur des crustacés, des radioles d'oursins, etc., en mer profonde.

Généralités. — Au premier abord, le genre *Pœcilasma* semble différer

GRUVEL. — Cirrhipèdes. 8

très peu du genre *Lepas*, mais il est cependant assez facile à distinguer par le grand développement des scuta et la réduction considérable, parfois même la disparition totale, des terga. De plus, la partie supérieure de la carène ne dépasse pas le niveau inférieur des terga ; les pièces de la bouche et même les cirrhes sont différents, les appendices fila-menteux n'existent pas, et enfin, tandis que tous les *Lepas* sont pela-giques, les *Pœcilasma,* au contraire, vivent dans les fonds plus ou moins grands, fixés sur des animaux vivants.

Dans certains cas (*P. fissa*), les scuta se dédoublent et sont alors formés d'un segment antérieur ou occluseur étroit et d'un segment latéral large et bien développé. Ils forment ainsi un passage net au genre *Dichelaspis.*

Le pédoncule est de longueur variable et présente, parfois, soit des épines chitineuses, soit des nodules arrondis, en séries plus ou moins régulièrement parallèles.

1. *Pœcilasma Kempferi.* Darwin, 1851.

Diagnose. — Capitulum avec cinq plaques entières, blanches ou légèrement colorées en rouge orangé, à stries très peu marquées. Carène

étroite, tronquée carrément et à peine enfoncée dans la cuticule pédonculaire. Terga allongés, presque rectan-gulaires avec l'angle basal tronqué et le bord basal court, à peu près parallèle au bord occluseur (fig. 128).

Scuta non divisés, avec de fortes dents umbonales internes et une légère arête allant de l'umbo à l'apex.

Pédoncule parfois aussi long que le capitulum avec des ponctuations chitineuses saillantes sur toute la surface

Fig. 128.

Labre avec une série de dents sur le bord libre. Mandibules avec quatre dents, la quatrième étant très voisine de l'angle basal.

Appendices terminaux atteignant seulement le tiers de la longueur du protopodite de la sixième paire de cirrhes, avec quelques épines assez longues et fortes au sommet. Pénis couvert de poils.

Dimensions. — Longueur du capitulum : 12^{mm},5.

Distribution. — Japon : fixé sur *Inachus Kempferi*; Madère (cap Bojador), fixé sur *Emmunita picta* et sur *Dorocidaris papillata*, par 350 à 400 mètres de fond.

Observations. — Darwin avait signalé la profonde ressemblance qui

existe entre *P. Kempferi* et *P. aurantia*. La principale différence portait
sur la couleur des plaques et sur l'habitat, la première espèce étant du
Japon, la seconde de Madère. Or, nous avons
montré que les deux, recueillies par le « Talisman »
au voisinage du cap Bojador, forment, en réalité,
une espèce unique, la deuxième se réduit donc à
P. Kempferi, variété *aurantia*, Darwin (fig. 129).

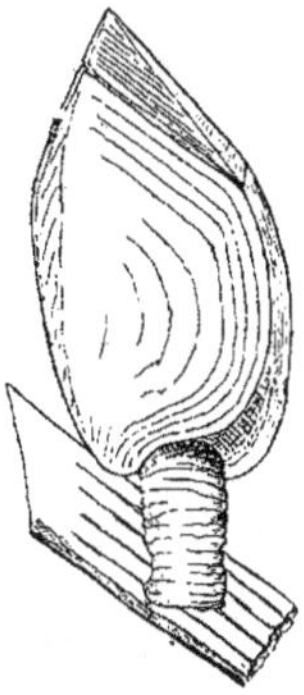

2. *Pœcilasma carinatum*. Hœk, 1883.

Diagnose. — Capitulum avec cinq plaques entières; carène considérablement élargie à la partie
inférieure et terminée par une sorte de disque plein ;
dents umbonales des scuta peu développées; bord
carénal des scuta, concave vers sa partie inférieure
pour recevoir la partie inférieure, dilatée de la carène.

Fig. 129.

Terga avec l'angle basal tronqué, presque parallèle au bord occluseur.

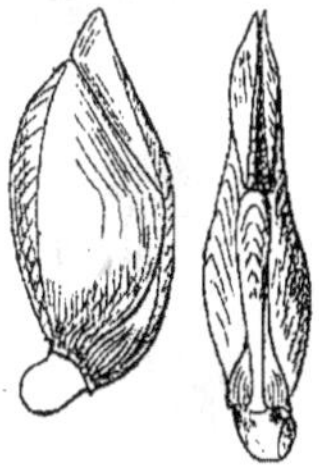

Pédoncule très court, avec une annulation très
peu distincte (fig. 130).

Mandibules avec quatre dents et l'angle inférieur pointu, denticulé et saillant, à droite ;
seulement trois dents, plus ou moins pectinées, à
gauche.

Mâchoires avec une encoche profonde et glabre
vers le tiers supérieur.

Fig. 130.

Appendices terminaux égalant environ le quart
du protopodite de la sixième paire de cirrhes.
Pénis long, avec quelques poils disséminés.

Dimensions. — Longueur du capitulum : 14^{mm} ; largeur : 4^{mm},5
pédoncule : 2^{mm},5 ; largeur : 2^{mm}.

Distribution. — Colubra Island ; île de l'Ascension (Océan Atlantique) ;
côtes de Cuba, par un fond de 600 à 900 mètres, fixé sur des coraux et
sur le pédoncule de *Scalpellum giganteum*, A. Gruvel.

3. *Pœcilasma gracile*. Hœk, 1883.

Diagnose. — Capitulum avec cinq plaques entières ; carène très
étroite à sa partie supérieure, très large et en forme de quille de bateau
à sa partie inférieure. Terga avec l'angle basal tronqué et presque
parallèle au bord occluseur. Bord carénal des scuta régulièrement
arrondi (fig. 131).

Pédoncule égalant environ le tiers de la longueur du capitulum.

Mandibules avec quatre dents, et l'angle inférieur bipectiné.

Appendices terminaux avec de longues épines à l'extrémité libre.

Pénis peu couvert de poils.

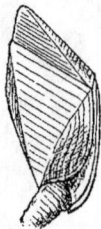

Dimensions. — Longueur totale : 8ᵐᵐ.
— du capitulum : 6ᵐᵐ.

Fig. 131.

Distribution. — Expédition du « Challenger » : Australie, Sydney, par 750 mètres environ.

4. *Pœcilasma crassum.* J. E. Gray, 1848.

Synonymie. — *Anatifa crassa*, J. E. Gray, 1848.

Diagnose. — Capitulum avec cinq plaques entières, plutôt épaisses, avec de très petites épines sur la membrane bordante. Carène plus courte que les scuta, terminée, à sa partie inférieure, en un très petit disque oblong. Scuta fortement convexes, largement développés et à apex très arrondi, sans dents umbonales internes : une arête légèrement saillante unit l'umbo à l'apex. Terga petits, presque rudimentaires, à peine plus larges que la carène, avec l'angle basal terminé en pointe mousse. Pédoncule très court, étroit, avec des annulations sans épines apparentes (fig. 132).

Fig. 132.

Labre avec des dents larges, pointues et inégales, sur le bord libre. Mandibules avec quatre fortes dents à peu près égales et l'angle basal erminé en une pointe unique.

Mâchoires avec une forte encoche. Segments des cirrhes postérieurs non saillants, avec une seule rangée transversale de soies.

Dimensions. — Longueur du capitulum : 10ᵐᵐ.

Distribution. — Archipel des Phillipines; île de Bohol; Açores, sur *Cancerbellianus.*

5. *Pœcilasma unguiculus.* C. W. Aurivillius, 1898.

Diagnose. — Capitulum avec cinq plaques entières : terga présents et terminés, à la partie inférieure, en un angle aigu. Scuta non divisés (jusqu'ici *P. crassum*), mais, scuta de forme ovale anguleuse avec deux côtes rayonnantes; bord basal remontant obliquement. Carène très légèrement éloignée des scuta, avec la partie inférieure non incurvée. Terga petits, à peine plus larges que lá carène et ne s'élevant pas au-dessus de l'apex des scuta.

Pédoncule court, subconique.

Distribution. — Expédition de la « Princesse Alice » : Açores, par 880 mètres de profondeur.

6. *Pœcilasma tridens.* C. W. Aurivillius, 1894.

Diagnose. — Capitulum avec sept plaques, les scuta étant divisés; segment occluseur étroit, à bords latéraux, à peu près parallèles. Terga n'atteignant pas le sommet du capitulum, qui les dépasse d'une partie purement membraneuse; leur bord scutal est tridenté, la dent médiane, située vers le quart antérieur du bord scutal, pénètre entre les deux segments des scuta. Environ un sixième de la carène placé entre les terga; partie préumbonale dilatée en un disque à peine deux fois plus large que la partie post-umbonale et formant un angle presque droit avec le bord antérieur concave (fig. 133).

Fig. 133.

Pédoncule mou, rugueux, avec une annulation transversale; dépassant un peu la longueur du capitulum.

Mandibules avec quatre dents et l'angle inférieur en forme de pointe; mâchoires sans encoche sur leur bord libre, avec une dizaine de soies raides.

Appendices terminaux n'atteignant pas jusqu'au segment distal du sixième protopodite, à extrémité arrondie et portant une rangée de soies égales à leur propre longueur.

Pénis annelé et pourvu de poils fins, disséminés.

Dimensions. — Longueur du capitulum : 3^{mm}; largeur : 2^{mm}.
— pédoncule : 4^{mm}; largeur : 1^{min}.

Distribution. — Philippines, sur *Macrophthalmus tomentosus*.

7. *Pœcilasma vagans.* C. W. Aurivillius, 1894.

Diagnose. — Capitulum avec sept plaques, les scuta étant divisés; segment occluseur beaucoup plus large au sommet qu'à la base. Terga de forme trapézoïde avec le bord occluseur très rejeté en arrière et n'atteignant pas le sommet du capitulum; deux fois aussi larges que la

partie post-umbonale de la carène. Scuta bien développés ; région umbonale du segment latéral très saillante en avant ; bord basal court,
légèrement concave et se continuant, par
une courbe régulière, avec le bord carénal. Partie supérieure de la carène dépassant un peu le niveau de l'angle basal des
terga ; partie inférieure, dilatée en forme
de disque et égalant, environ, trois fois la
largeur de la partie post-umbonale.

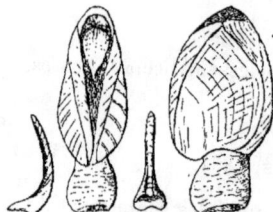

Pédoncule mou, rugueux, égalant à
peine les deux tiers de la longueur du
capitulum (fig. 134).

Fig. 134.

Mandibules avec quatre dents. Mâchoires avec une encoche très profonde. Appendices terminaux un peu plus élevés que le segment
proximal du sixième protopodite et avec de longues soies sur le bord libre.

Dimensions. — Longueur du capitulum : 7^{mm} ; largeur : $6^{mm},5$.
— pédoncule : 5^{mm} ; largeur : 4^{mm}.

Distribution. — Océan Indien, sur Nautilus umbilicatus.

8. Pœcilasma amygdalum. C. W. Aurivillius, 1894.

Diagnose. — Capitulum avec sept plaques, les scuta étant divisés ;
segment occluseur large dans sa région
moyenne, rétréci à ses deux extrémités.
Terga deux fois aussi larges que la carène, quadrangulaires, avec l'angle basal
pointu, bien que le bord carénal soit
légèrement voûté vers la partie inférieure.
Apex des terga atteignant le sommet du
capitulum.

Apex de la carène dépassant un peu
l'angle basal des terga ; partie inférieure
dilatée en un petit disque légèrement
concave du côté du pédoncule (fig. 135).

Dent à l'angle umbonal interne des
scuta.

Fig. 135.

Pédoncule presqu'aussi long que le
capitulum, orné d'anneaux parallèles, ornés d'épines chitineuses et
légèrement séparés les uns des autres par des sillons circulaires délimitant des sortes de bourrelets.

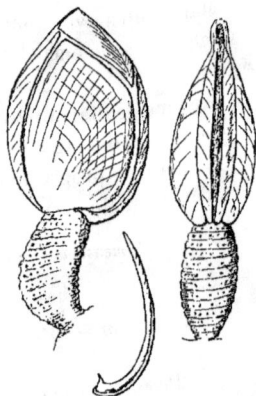

Mandibules avec quatre dents; mâchoires semblables à celles de *P. vagans*. Cirrhes avec des soies seulement au niveau supérieur des sutures. Appendices terminaux atteignant, presque, l'extrémité du segment distal du sixième protopodite, épais et pourvus de soies nombreuses et assez longues.

Dimensions. — Longueur du capitulum : 7^{mm}; largeur : 5^{mm}.
— pédoncule : 8^{mm}; largeur : 2^{mm}.

Distribution. — Mers de Java, sur *Palinurus*.

9. *Pœcilasma fissum*. Darwin, 1851.

Diagnose. — Capitulum avec sept plaques, les scuta étant divisés, et portant une dent umbonale interne. Terga triangulaires, courts, avec l'angle basal arrondi, et environ trois ou quatre fois aussi larges que la carène. Carène avec l'apex dépassant à peine l'angle basal des terga et la partie inférieure dilatée en un disque petit, étroit et enfoncé dans la cuticule.

Pédoncule très étroit, environ moitié aussi long que le capitulum, jaunâtre, nettement annelé, avec des épines chitineuses (fig. 136).

Fig. 136.

Labre avec une rangée de petites dents; mandibules avec quatre dents, la quatrième étant pectinée et placée très près de l'angle inférieur, qui est formé par une dent longue et étroite.

Appendices terminaux presque aussi longs que le protopodite de la sixième paire de cirrhes, à bord libre garni de soies fines.

Dimensions. — Longueur du capitulum : 26^{mm} ; largeur : 20^{mm}.
— pédoncule : 12^{mm}.

Distribution. — Philippines ; île Bohol, sur un crabe épineux de mer profonde.

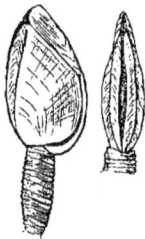

Fig. 137.

10. *Pœcilasma lenticula*. C. W. Aurivillius, 1894.

Diagnose. — Capitulum avec sept plaques, les scuta étant divisés, et ne présentant pas de dent umbonale interne ; bord basal du segment latéral plus court que le bord occluseur. Terga triangulaires, trois fois aussi larges que la carène, le bord occluseur atteignant le sommet du capitulum. Apex de la carène dépassant à peine l'angle basal des terga et la partie inférieure terminée par un petit disque creusé d'une légère cavité du côté pédonculaire (fig. 137).

Pédoncule cylindrique, orné d'anneaux portant des granulations chitineuses, de longueur égale, à peu près, à la moitié de celle du capitulum.

Mandibules les unes avec trois, les autres avec quatre dents. Mâchoires avec une encoche moins profonde que chez *P. vagans*. Appendices terminaux grêles, plus longs que le sixième protopodite, couronnés, à leur extrémité libre, par un faisceau de soies.

Dimensions. — Longueur du capitulum : 4^{mm},5 ; largeur : 3^{mm}.
— pédoncule : 2^{mm},0 ; largeur : 1^{mm}.

Distribution. — Mers de Java, sur *Palinurus*.

11. *Pœcilasma minutum*. A. Gruvel, 1900.

Diagnose. — Capitulum avec sept plaques, les scuta étant divisés ; segment occluseur très saillant en avant, particulièrement au niveau du tiers supérieur.

Carène courte, atteignant juste l'angle basal des terga, uniformément étroite de l'apex à la base, où elle s'élargit un peu ; elle présente une crête dorsale nette, mais arrondie. Terga triangulaires, à apex pointu et saillant, à angle basal mousse. Bord scutal présentant une dent qui vient se placer en face de la ligne de séparation des deux segments des scuta (fig. 138).

Pédoncule à peu près régulièrement cylindrique, égalant à peu près la moitié de la longueur du capitulum. La cuticule, mince, jaune rougeâtre, porte de petites granulations chitineuses plus colorées, disposées en séries circulaires et à peu près parallèles.

Fig. 138.

Dimensions. — Longueur du capitulum : 2^{mm},6 ;
largeur : 1^{mm},5.
— pédoncule : 1^{m},23 ;
largeur : 0^{m},61.

12. *Pœcilasma eburneum*. Hinds, 1844.

Synonymie. — *Trilaspis eburnea*, Hinds, 1844.

Fig. 139.

Diagnose. — Capitulum avec trois plaques seulement, les terga faisant entièrement défaut. Scuta très développés, non divisés, mais présentant une ligne suturale umbo-apicale ; régulièrement ovales et terminés en pointe à l'umbo ; placés presque transversalement sur le pédoncule.

Dents umbonales internes, fortes. Carène convexe intérieurement

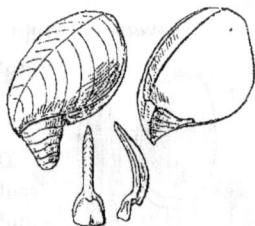

avec, à la base, un disque triangulaire large ; bord dorsal avec une arête très saillante, surtout au voisinage du disque (fig. 139).

Pédoncule étroit, très court.

Mandibules avec l'angle inférieur bifide. Mâchoires avec une forte encoche et deux petites au-dessous. Appendices terminaux environ moitié aussi longs que le segment inférieur du protopodite de la sixième paire de cirrhes.

Distribution. — Nouvelle-Guinée, attaché aux piquants d'un *Echinus.*

Tableau synoptique des espèces du genre POECILASMA, Darwin.

GENRE POECILASMA, DARWIN.

Description	ESPÈCES.
Carène tronquée à la base { Couleur blanche...	P. Kempferi, Darwin.
Couleur orange...	P. Kempferi, var. aurantia, Darwin.
Bord carénal du scutum échancré pour recevoir la partie élargie de la carène...	P. carinatum, Hœk.
Bord carénal simplement arrondi...	P. gracile, Hœk.
Carène très incurvée à la partie inférieure et terminée en disque. Terga très rudimentaires. Scuta sans dents umbonales internes. Pédoncule cylindrique...	P. crassum, Gray.
Carène non incurvée inférieurement, terga petits, pédoncule sub-conique...	P. unguiculus, C. W. Auriv.
Terga tridentés, dent médiane placée entre les deux segments des scuta; pédoncule long...	P. tridens, C. W. Auriv.
Terga triangulaires. Scuta avec une échancrure sur le bord basal. Pédoncule court...	P. vagans, C. W. Auriv.
Pédoncule presque aussi long que le capitulum avec granules assez gros, disposés annulairement et alternant avec des stries...	P. amygdalum, C. W. Auriv.
Pédoncule jaune, à peine moitié aussi long que le capitulum. Fines granulations annulaires...	P. fissum, Darwin.
Pédoncule avec fins granules chitineux en séries annulaires...	P. lenticula, C. W. Auriv.
Sommet des terga en pointe. Segment antérieur des scuta fortement saillant vers sa partie supérieure...	P. minutum, A. Gruvel.
Carène terminée inférieurement en un large disque; fortes dents umbonales internes aux scuta non divisés, mais présentant une simple fissure...	P. eburneum, Hinds.

Terga présents.

Angle inférieur et basal des terga, tronqué.
- Carène très étroite sur toute sa longueur,
- Carène élargie inférieurement.

Angle inférieur des terga, non tronqué.
- Scuta non divisés en deux segments...
- Scuta divisés en deux segments.
  - Terga n'atteignant pas le sommet du capitulum...
  - Terga atteignant le sommet du capitulum.
    - Dents à l'angle inférieur du scutum.
    - Pas de dents à l'angle inférieur du scutum.

Terga absents...

5. Genre *Dichelaspis*, Darwin, 1851.

SYNONYMIE. — *Octolasmis*, J. E. Gray, 1825 ; *Heptalasmis*, Agassiz (Nomenclator Zoologicus); *Trichelaspis*, Th. R. R. Stebbing, 1894.

Diagnose. — Capitulum avec deux à cinq plaques. Scuta le plus souvent divisés, parfois en deux segments, parfois trois. Terga toujours plus ou moins réduits, parfois nuls.

Carène très étroite, terminée, à sa base, soit en forme de disque, soit en forme de fourche; elle peut, parfois, manquer totalement. Le segment latéral des scuta peut être plus ou moins large que le segment occluseur.

Les mandibules portent trois, quatre ou cinq dents; les mâchoires présentent des encoches plus ou moins profondes et, en général, l'angle inférieur n'est pas saillant.

Les protopodites des cirrhes sont tous munis de soies du côté interne, excepté ceux de la première paire, qui sont nus. Appendices terminaux uniarticulés et couverts de soies, soit à leur surface, soit seulement à leur sommet.

Distribution. — Fixés sur les branchies, les pattes-mâchoires ou la surface externe des grands crustacés : Méditerranée, Madère, mer Rouge, Bornéo, mers de Chine, Japon, Océan Indien, etc.

Généralités. — Lorsque Darwin a écrit la monographie de ce genre, toutes les espèces connues portaient cinq plaques, les scuta étant toujours divisés en deux. Depuis cette époque, Aurivillius a décrit des formes se rattachant indubitablement à ce genre et qui tantôt manquent de terga, tantôt de terga et de carène, le nombre des plaques se réduisant alors à deux. Stebbing a même décrit, sous le nom de *Trichelaspis*, une forme dans laquelle les scuta *peuvent* présenter trois branches. Nous avons rattaché cette forme au genre *Dichelaspis* (1).

L'aspect extérieur est, du reste, sujet à de grandes variations, dans la même espèce, par exemple chez *D. Maindroni*, A. Gruvel.

Les appendices terminaux portent, quelquefois, des soies dont la longueur dépasse quatre fois celle de l'appendice lui-même.

Le pénis peut, parfois, présenter des formes curieuses, comme dans *D. lepadiformis*, A. Gruvel, où son extrémité est en forme de crochet pointu ou dans *D. Maindroni*, A. Gruvel, où toute la surface présente des sortes d'épines à sommet retourné vers la base.

Ces animaux, généralement très petits, trois ou quatre millimètres

(1) A. Gruvel. — Revision des Cirrhipèdes du Museum. Pédonculés. (*Nouvelles Archives du Museum*, 4° série, t. IV, 1902, page 296.)

de longueur totale environ, sont, le plus souvent, cachés dans la cavité branchiale des grands crustacés, mais ils peuvent aussi se fixer à l'extérieur (base des antennes, des antennules, etc.), (*D. equina*, Lanch.). Il faut donc dans le premier cas, ouvrir cette cavité pour les apercevoir, ce qui fait que, pendant longtemps, on les a, pour ainsi dire, ignorés.

1. *Dichelaspis Aurivillii*. A. Gruvel, 1900.

Diagnose. — Capitulum très comprimé, avec cinq plaques. Scuta avec le segment latéral de même longueur, mais environ trois fois aussi large que le segment occluseur, et avec le bord carénal fortement encoché. Terga de forme pentagonale irrégulière, dont le côté placé en face du segment occluseur du scutum forme un angle rentrant. Carène terminée inférieurement par un disque triangulaire. Pédoncule en général plus long que le capitulum et formant, antérieurement, avec le bord basal de celui-ci, un angle très aigu (fig. 140).

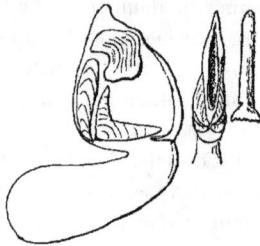

Fig. 140.

Mandibules avec quatre dents, la quatrième étant bipectinée et l'angle inférieur très finement denticulé.

Pénis régulièrement cylindro-conique, à cuticule striée transversalement et terminé par un bouquet de soies. Appendices terminaux couronnés par un bouquet de huit soies, dont deux dépassent quatre fois la longueur de l'appendice lui-même, les autres, plus courtes.

Dimensions. — Longueur du capitulum : 3^{mm} ; largeur : 2^{mm},5.
— pédoncule : 1^{mm},5.

2. *Dichelaspis Warwicki*. J. E. Gray, 1830.

SYNONYMIE. — *Octolasmis Warwickii*, J. E. Gray, 1830.

Diagnose. — Capitulum avec cinq plaques ; scuta avec le segment basal deux fois aussi large que le segment occluseur ; branche antérieure du segment latéral plus longue et plus large que la branche inférieure.

Terga avec la partie inférieure plus large que le segment occluseur des scuta ; bord scutal encoché en face de l'apex du segment occluseur du scutum. Carène étroite, terminée inférieurement par un disque aplati, plutôt large (fig. 141).

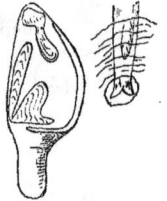

Fig. 141.

Pédoncule étroit, aplati, avec de petites granulations chitineuses. Mandibules généralement avec quatre dents et l'angle inférieur denticulé. Appendices terminaux étroits, environ moitié aussi longs que le protopodite de la sixième paire de cirrhes et portant une touffe de soies au sommet.

Dimensions. -- Longueur du capitulum, environ : 6^{mm}.

Distribution. — Mers de Chine ; Bornéo.

3. *Dichelaspis Hœki*, Stebbing, 1894.

Diagnose. — Capitulum comprimé, avec cinq plaques ; la largeur égalant environ les trois quarts de la hauteur. Plaques opaques se rapprochant fortement en certains points. Cuticule nettement marquée de lignes et de taches blanchâtres. Pédoncule plus court que le capitulum, parfois même, beaucoup.

Scuta avec le segment antérieur long et étroit, à peine courbé ; extrémité supérieure arrondie, très rapprochée de la partie excavée des terga. Segment latéral plus court que le segment occluseur et trois fois aussi large ; bord carénal du segment latéral à peu près droit. Terga presque en forme de trapèze, avec le bord scutal fortement concave dans sa partie supérieure et élargi inférieurement.

Carène étroite, terminée en disque à la base, couvrant plus de la moitié de la hauteur des terga. Mandibules avec cinq dents (fig. 142).

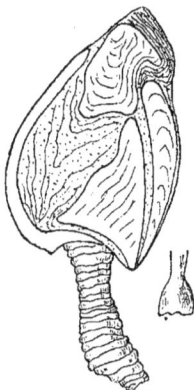

Fig. 142.

Dimensions. -- Longueur du capitulum : 2^{mm},50.
-- pédoncule : 1^{mm},25.

Distribution. — Sur les pattes-mâchoires d'un Palinuride américain.

4. *Dichelaspis antiguæ.* Stebbing, 1894.

Diagnose. — Capitulum avec cinq plaques couvrant la très grande partie de sa surface, assez transparentes, sans taches blanches comme dans *D. Uæki*.

Fig. 143.

Segment occluseur des scuta, à peine plus long que le segment latéral, qui est lui-même trois fois aussi large que le premier ; bord carénal du segment latéral, à peu près droit. Partie inférieure des terga rétrécie

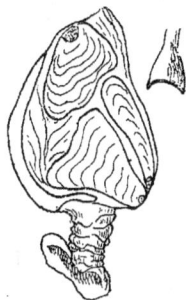

et bord scutal avec deux très légères encoches en face de l'angle supérieur des segments latéral et occluseur des scuta.

Carène terminée en disque à la base. Cirrhes plus allongés et pédoncule plus court que chez *D. Hœki* (fig. 143).

Dimensions. — Longueur du capitulum : environ 2^{mm},50.
—   pédoncule : environ 1^{mm},25.

Distribution. — Sur les pattes-mâchoires d'un Palinuride d'Amérique.

5. *Dichelaspis pellucida.* Darwin, 1851.

Diagnose. — Capitulum avec cinq plaques, n'occupant qu'une très faible partie de sa surface et se rejoignant à peine. Scuta avec le segment latéral plus étroit et environ moitié aussi long que le bord occluseur. Terga en forme de hache avec le bord antérieur lisse et le manche tourné inférieurement vers la carène ; leur longueur totale égale environ les deux tiers de celle du segment occluseur. Carène extrêmement étroite, terminée inférieurement en un disque triangulaire, en partie membraneux, quatre ou cinq fois aussi large que la partie supérieure de la plaque (fig. 144).

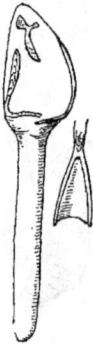

Pédoncule long, étroit et très transparent.

Mandibules avec quatre dents, la quatrième étant très rapprochée de l'angle inférieur. Mâchoires avec une encoche très profonde et large.

Fig. 144.

Appendices terminaux presque moitié aussi longs que le sixième cirrhe tout entier, avec de longues soies à leur extrémité.

Dimensions. — Longueur du capitulum : environ 2^{mm},80.

Distribution. — Océan Indien.

6. *Dichelaspis Grayi.* Darwin, 1851.

Diagnose. — Capitulum avec cinq plaques minces, imparfaitement calcifiées, recouvertes par la cuticule. Scuta avec le segment latéral plus étroit que le segment occluseur et environ moitié aussi long que lui. Terga en forme de hache, avec le bord antérieur denticulé et d'une longueur totale égale, environ, à celle du segment occluseur des scuta.

Carène très étroite sur toute sa longueur, terminée inférieurement en un disque triangulaire, au moins quatre fois aussi large que la partie supérieure de la carène et imparfaitement calcifié dans sa région moyenne.

Pédoncule à cuticule lisse, sans ornements, plutôt long et environ moitié aussi large que le capitulum (fig. 145).

Mandibules avec trois dents très aiguës et une quatrième très petite ; angle inférieur formé par une très petite pointe. Mâchoires avec une large encoche, peu profonde.

Dimensions. — Longueur du capitulum : environ 5ᵐᵐ.

Fig. 145.

Distribution. — Mers tropicales ; Océan Indien ; Océan Pacifique, souvent associé à *Conchoderma Hunteri.*

7. *Dichelaspis lepadiformis.* A. Gruvel, 1900.

Diagnose. — Capitulum avec cinq plaques. Scuta avec le segment latéral beaucoup plus étroit que le segment occluseur et égalant environ les deux tiers de sa longueur ; la partie inférieure du segment occluseur étant reliée par une bande chitineuse au manche des terga. Terga en forme de hache avec un manche très développé, environ deux fois aussi large que le segment antérieur des scuta. Le bord tranchant non denticulé, mais avec un petit lobe arrondi à sa partie supérieure ; manche du tergum à peu près égal, en longueur, au segment occluseur du scutum.

Carène très étroite, mais très longue, terminée en disque triangulaire à la base, limitant exactement la séparation avec le pédoncule (fig. 146).

Pédoncule long, peu transparent, aplati et dépassant en largeur la moitié de celle du capitulum.

Appendices terminaux très longs et grêles, leur extrémité dépassant le milieu du sixième cirrhe. Pénis terminé en pointe fine, recourbé, avec une région moyenne plissée et large et une partie basilaire très rétrécie.

Fig. 146.

Dimensions. — Longueur du capitulum : 5ᵐᵐ ; largeur : 3ᵐᵐ,50.
— pédoncule : 11ᵐᵐ ; largeur : 1ᵐᵐ,75.

Distribution. — Habitat inconnu. Collection du Muséum.

8. *Dichelaspis neptuni.* Macdonald, 1869.

Diagnose. — Capitulum avec cinq plaques n'occupant qu'une très petite partie de la surface qui est ornée, en dehors des plaques, de lignes plus ou moins parallèles, mais distinctes, ainsi que de ponctuations. Segment latéral des scuta fortement redressé vers le centre du capitulum,

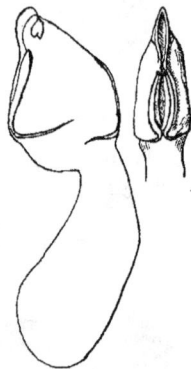

beaucoup moins large et à peine moitié aussi long que le segment occluseur, renflé dans sa partie moyenne. Terga en forme de demi-lune avec la concavité en face du sommet du segment occluseur. Carène ne s'étendant pas, supérieurement, au-dessus de l'angle inféro-carénal des terga et terminée en fourche à sa base (fig. 147).

Pédoncule d'une longueur considérable, cylindrique, transparent et contenant parfois des œufs colorés.

Bord supérieur du labre orné de fins tubercules coniques. Mandibules avec quatre dents, les deux dernières bipectinées et un angle inférieur en forme de dent simple.

Fig. 147.

Rames antérieure et postérieure de la première paire de cirrhes, à peu près égales en longueur et en largeur et extrêmement garnies de poils.

Distribution. — Sur les branchies de *Neptunus pelagicus* : Sidney; Moreton Bay.

9. *Dichelaspis Vaillanti.* A. Gruvel, 1900.

Diagnose. — Capitulum avec cinq plaques, toutes extrêmement réduites ; bord occluseur du capitulum formant, dans sa partie supérieure, un lobe saillant et arrondi, de chaque côté. Scuta avec le segment latéral non calcifié, extrêmement étroit (environ le quart de la largeur du segment occluseur) et d'une longueur égale, environ, aux trois quarts de la même partie et légèrement relevé vers le centre du capitulum; segment occluseur renflé dans toute sa partie supérieure. Terga calcifiés, de forme variable, mais présentant, généralement, deux saillies antérieures. Carène terminée, inférieurement, en fourche à branches non calcifiées et

Fig. 148.

dont les extrémités sont retournées vers le pédoncule. Pédoncule très élargi à sa base et dépassant la longueur du capitulum (fig. 148).

Mâchoires avec une encoche nette. Appendices terminaux ne dépassant pas l'extrémité de l'article basilaire de la rame du sixième cirrhe. Pénis à peu près régulièrement cylindro-conique, couvert de poils fins et courts, avec une touffe au sommet.

Dimensions. — Longueur du capitulum : $2^{mm},50$.
—   pédoncule : $3^{mm},50$.

Distribution. — Sur branchies de *Neptunus pelagicus* : Suez

10. *Dichelaspis sinuata.* C. W. Aurivillius, 1894.

Diagnose. — Capitulum avec cinq plaques. Segment latéral des scuta un peu plus étroit que le segment occluseur, formant avec lui un angle aigu et atteignant environ les trois quarts de sa longueur. Terga ovales, avec une échancrure presque médiane, laissant la branche antérieure de la pièce un peu plus large que sa branche postérieure. Carène atteignant à peine le milieu des terga, la moitié supérieure étant presque parallèle au bord occluseur, la partie inférieure très

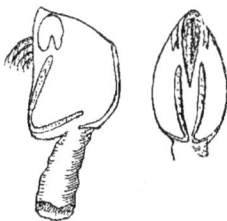

Fig. 149.

arquée et terminée en fourche dont les branches, longues, sont parallèles à la base du capitulum (fig. 149).

Pédoncule étroit, plus court que le capitulum.

Mandibules à cinq dents avec l'angle basal en forme de pointe ; dents accessoires à la base des principales. Mâchoires avec une encoche. Appendices terminaux atteignant l'extrémité distale du sixième protopodite avec, vers le quart postérieur, quelques soies environ deux fois aussi longues que l'appendice lui-même.

Dimensions. — Longueur du capitulum : $2^{mm},30$; largeur : $1^{mm},50$.
—   pédoncule : 2^{mm}.

Distribution. — Mers de Java ; sur les branchies d'un *Palinurus*.

11. *Dichelaspis trigona.* C. W. Aurivillius, 1894.

Diagnose. — Capitulum presque triangulaire, avec cinq plaques. Segment latéral des scuta rapproché du centre et convexe supérieurement, un peu plus étroit et presque aussi long que le segment occluseur avec lequel il forme un angle aigu. Terga presque trapézoïdes, avec une légère encoche sur le bord inférieur délimitant un très petit

Gruvel. — Cirrhipèdes.   9

segment occluseur et un autre, très large, du côté carénal. Sommet de la carène atteignant environ le niveau du tiers supérieur des terga, terminée, à sa base, en fourches dont les branches s'éloignent légèrement du bord inférieur du capitulum (fig. 150).

Pédoncule plus large à sa base qu'à son sommet, égalant à peu près en longueur celle du capitulum.

Mandibules avec cinq dents, toutes simples; dents accessoires chez les jeunes. Mâchoires avec une encoche. Appendices terminaux atteignant le milieu du segment distal du sixième protopodite et portant de longues soies.

Fig. 150.

Dimensions. — Longueur du capitulum : 2^{mm},5 ; largeur : 1^{mm},75.
  —   pédoncule : 2^{mm}.

Distribution. — Mers de Java; sur les branchies d'un *Palinurus*.

12. *Dichelaspis Aymonini*. Lesson, 1874.

Diagnose. — Capitulum comprimé, triangulaire, avec cinq plaques très peu développées, fragiles. Cuticule lisse, résistante et transparente. Scuta avec le segment latéral à peu près aussi large que le segment occluseur, égalant à peu près la moitié de celui-ci en longueur et parallèle au bord basal du capitulum. Terga en forme de triangle allongé, deux ou rarement trois fois aussi large que les segments des scuta, le bord inférieur étant le plus court. Carène très étroite, dont l'apex atteint presque le sommet des terga, terminée inférieurement en une fourche dont les branches, restant éloignées de l'extrémité du segment latéral des scuta, forment un angle presque obtus (fig. 151).

Pédoncule un peu moins large que la moitié du capitulum et plus épais que lui; environ une fois et demi aussi long.

Mandibules avec cinq dents. Mâchoire avec une encoche. Pénis énorme cylindrique et terminé brusquement en une sorte de flagellum.

Fig. 151.

Dimensions. — Longueur totale : 20^{mm} environ.

Distribution. — Mers du Japon.

Observations. — Semble très voisin de *D. Darwini*, Filippi.

13. *Dichelaspis Darwini*. Filippi, 1861.

SYNONYMIE. — *Conchoderma gracile,*. C. Heller, 1866.

Diagnose. — Capitulum triangulaire, avec le bord occluseur presque perpendiculaire au bord basal. Apex du capitulum redressé en arrière et en pointe. Segment latéral des scuta environ moitié aussi large et de longueur presque égale à celle du segment occluseur. Terga bilobés par une très profonde encoche ; le segment antérieur étant plus étroit que le segment carénal. Le sommet de la carène atteint environ le tiers supérieur des terga. Cette pièce est très étroite, fortement arquée dans son tiers inférieur et terminée en une fourche dont les branches, parallèles à la base du capitulum, croisent, en dessous, le segment latéral du scutum d'un tiers environ de leur propre longueur (fig. 152).

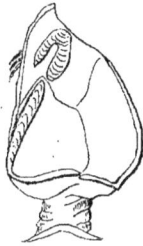

Fig. 152.

Pédoncule extrêmement court, très plissé. Mandibules avec cinq dents.

Dimensions. — Longueur du capitulum : 3ᵐᵐ largeur : 2ᵐ,5.
— pédoncule : 1ᵐᵐ.

Distribution. — Méditerranée ; sur les branchies de *Palinurus vulgaris*.

14. *Dichelaspis Lowei*. Darwin, 1851.

Diagnose. — Capitulum subtriangulaire avec cinq plaques imparfaitement calcifiées et minces. Apex régulièrement arrondi. Segment latéral des scuta environ moitié aussi étroit que le segment occluseur, atteignant environ les trois quarts de sa longueur et parallèle au bord inférieur du capitulum. Terga larges, avec une encoche profonde, en face de l'apex du segment occluseur des scuta et délimitant deux segments, l'un antérieur, l'autre postérieur plus saillant inférieurement et environ quatre fois aussi large que le premier. Carène à peu près de même largeur partout, convexe intérieurement ; apex atteignant le niveau du tiers supérieur des terga ; terminée en fourche à la base, les branches croisant le segment latéral des scuta de la moitié environ de leur propre longueur (fig. 153).

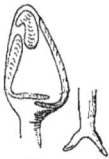

Fig. 153.

Pédoncule plutôt plus long que le capitulum, avec une cuticule mince et sans structure.

Mandibules avec quatre dents, l'angle inférieur étant mousse et large, montrant apparemment un rudiment de cinquième dent. Mâchoires petites avec une légère encoche. Appendices terminaux presque aussi longs que les protopodites de la sixième paire de cirrhes.

Dimensions. — Longueur du capitulum : 5ᵐᵐ.

Distribution. — Madère ; sur des crabes.

15. *Dichelaspis Forresti*. R. R. Stebbing, 1894.

SYNONYMIE. — *Trichelaspis Forresti*, R. R. Stebbing, 1894.

Diagnose. — Capitulum comprimé, triangulaire, avec le bord occlu-

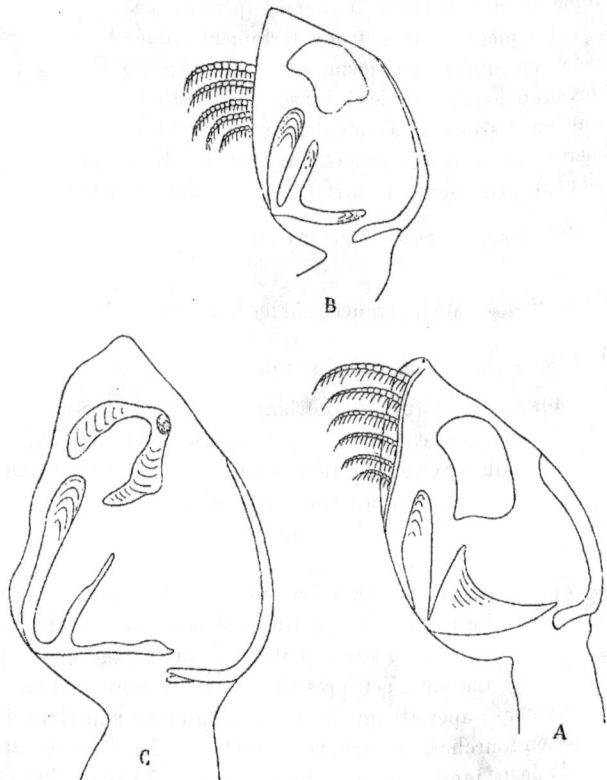

Fig. 154. — *Trichelapsis Forresti*, Stebbing.
A, Forme dichelaspidienne ; B et C, Formes trichelaspidiennes.

scur légèrement crénelé ; cinq plaques minces. Segment latéral des scuta, tantôt simple et large, avec le bord carénal légèrement concave, tantôt rendu bifide par l'accentuation de la concavité ; aussi long que le bord occluseur. Terga ou de forme quadrilatère assez large et légèrement échancrés sur le bord scutal, ou avec une très profonde échancrure et, dans ce cas, bifides. Carène étroite, un peu élargie vers le sommet qui atteint le milieu environ des terga ; terminée, inférieurement, en fourche dont les branches croisent le segment latéral des scuta d'environ le quart de leur propre longueur (fig. 154, A).

Pédoncule cylindrique, un peu plus long que le capitulum.

Mandibules avec cinq dents et l'angle inférieur pectiné. Mâchoires avec une légère encoche. Appendices terminaux grêles, plus courts que le protopodite de la sixième paire de cirrhes. Pénis aussi long que cette paire de cirrhes, formant un crochet brusque près de la base.

Dimensions. — Longueur totale : 6^{mm},25.

Distribution. — Amérique ; sur *Palinurus argus*, Latr.

Observations. — Cette espèce, primitivement désignée par Stebbing sous le nom de *Trichelaspis Forresti*, à cause de la bifidité observée par lui, dans le segment latéral de divers échantillons (fig. 154, B et C), est, en réalité, un véritable *Dichelaspis* car par tous ses caractères le segment latéral peut aussi n'être formé que d'une seule pièce (fig. 154, A).

16. *Dichelaspis equina*. W. F. Lanchester, 1902 (1).

Diagnose. — Capitulum avec cinq plaques ne recouvrant qu'une faible partie de sa surface. Scuta avec le segment occluseur à peu près deux fois aussi long que le bord basal, à apex arrondi ; le segment basal étant au moins deux fois aussi large que l'occluseur vers son milieu ; les bords basal et tergo-latéral quelquefois convexes, le bord occluseur parfois concave. Terga en forme de tête de cheval avec son cou et ses oreilles dressées en avant, segment antérieur étroit et segment carénal allongé, dilaté à sa base. Carène formée de deux pièces : une partie basale courte et une tergale beaucoup plus longue, réunies entre elles par une petite dent médiane avec un point chitineux. La partie basale, enfoncée dans le pédoncule, présente une fourche à

Fig. 155. — *Dichelaspis equina*. C, carène ; T, *a, b, c,* tergum, divers aspects ; S, scutum.

(1) W. F. Lanchester. Crustacea of the « Skeat Expedition ». (*Proceedings zool. Soc.*, London, 1902, vol. II.)

branches courtes ; la partie tergale se dilate à ses deux extrémités (fig. 155).

Pédoncule égal au capitulum ou plus petit.

Mandibules avec cinq dents. Mâchoires avec une profonde encoche.

Appendices terminaux aussi longs que le premier article du proto-podite du sixième cirrhe, avec des soies au sommet. Pénis, un peu plus court que le sixième cirrhe, à annulation très distincte.

Distribution. — Skeat-Expedition : Trengganu ; à la base des antennes, des antennules et des pattes de *Neptunus* (*Amphitrite*) *gladiator*.

Observations. — Cette espèce, sujette à quelques variations de cou-leur et de forme des terga et du segment latéral des scuta, semble très voisine de *D. Warwicki*.

17. *Dichelaspis alata.* C. W. Aurivillius, 1894.

Diagnose. — Capitulum obliquo-ovalaire, avec cinq plaques, cou-vrant une bonne partie de la surface. Segment latéral des scuta avec une encoche sur le bord carénal ; environ trois fois aussi large que le seg-ment occluseur dont il est très rapproché. Terga tridentés, avec la dent médiane entre les deux segment des scuta. Carène régulièrement courbe, le sommet atteignant environ le milieu des terga, et terminée, à sa base, en fourche à branches courtes, entièrement recouvertes par le segment latéral des scuta (fig. 156).

Pédoncule égalant à peu près, en longueur, le capitulum.

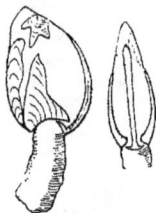

Fig. 156.

Mandibules avec quatre dents et un angle basal avec trois pointes chitineuses.

Appendices terminaux ne dépassant que peu le segment proximal du sixième protopodite, avec, à l'extrémité, un faisceau de soies beaucoup plus longues que les appendices eux-mêmes.

Dimensions. — Longueur du capitulum : 2^{mm},0 ; largeur : 1^{mm},5.
— pédoncule : 1^{mm},5.

Distribution. — Mers de Java, sur les branchies d'un *Palinurus*.

18. *Dichelaspis Maindroni.* A. Gruvel, 1900.

Diagnose. — Capitulum arrondi, globuleux, avec un lobe antéro-supérieur saillant de chaque côté, et trois plaques. Scuta avec le segment latéral, plus large que le segment occluseur et à peu près en forme de triangle rectangle, le bord basal et le bord carénal étant presque à angle droit. Segment occluseur fortement convexe extérieurement. Pas de terga. Carène très recourbée, terminée inférieurement par deux lames courtes, aplaties, formant une sorte de disque où une échancrure antérieure et médiane démontre la présence de deux branches nettes (fig. 157, C).

Pédoncule orné de gros grains chitineux, jaunâtres, plus long que le

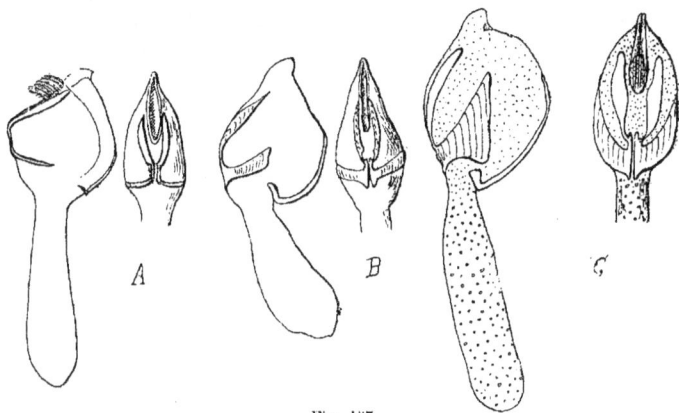

Fig. 157.

capitulum. Mandibules avec quatre dents, la quatrième étant double et l'angle inférieur ou cinquième dent, formé d'une dent centrale et de deux latérales moins saillantes. Appendices terminaux cylindriques avec quelques soies, longues, au sommet; plus longs que le protopodite de la sixième paire de cirrhes. Pénis très gros, à extrémité mousse tournée en arrière, avec la surface garnie d'épines chitineuses triangulaires à pointe tournée vers la base.

Dimensions. — Longueur du capitulum : $2^{mm},75$; largeur : 2^{mm}.

Distribution. — Sumatra, Kurrachee, Mascate, Obok, sur des branchies de *Palinurus*.

Observations. — Cette espèce se présente sous trois formes différentes : A, B et C, cette dernière étant celle où les plaques sont le plus développées. Dans la forme A (fig. 157), le segment latéral des scuta est très étroit, plus que le segment occluseur; dans la forme B, le segment latéral est environ deux fois aussi large que l'occluseur et de forme à peu près rectangulaire, pour arriver enfin à la forme C. Le capitulum devient de plus en plus globuleux. Les caractères de l'animal proprement dit sont identiques dans les trois formes.

19. *Dichelaspis cor.* C. W. Aurivillius, 1894.

Diagnose. — Capitulum ovale avec trois plaques. Pas de lobes saillants à la partie antéro-supérieure du capitulum. Segment latéral des scuta environ trois fois aussi large, mais un peu plus court que le segment occluseur qui est terminé en pointe à sa partie supérieure. Carène atteignant à peu près, par son sommet, le milieu du bord dorsal du capitulum; terminée en fourche à la base. Pas de terga (fig. 158).

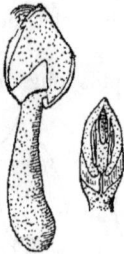

Fig. 158.

Pédoncule généralement deux fois aussi long que le capitulum, avec la cuticule ornée de fines granulations chitineuses.

Mandibules avec quatre dents dont deux au moins avec des denticulations à la base. Mâchoires sans encoche. Appendices terminaux uniarticulés et aussi longs que le sixième protopodite, avec, au sommet, des soies aussi longues que les appendices eux-mêmes.

Dimensions. — Longueur du capitulum : 2^{mm}; largeur : 2^{mm}.
—   pédoncule : 3^{mm}.

Distribution. — Sud de l'Afrique : Port-Natal, sur un Crustacé décapode.

20. *Dichelaspis Coutierei.* A. Gruvel, 1900.

Diagnose. — Capitulum de forme un peu pentagonale, avec trois plaques et, le plus souvent, trois bourrelets chitineux, deux à peu près parallèles au bord dorsal et un troisième unissant les deux premiers en contournant ce bord dorsal, un peu au-dessus de l'apex de la carène. Segment latéral des scuta environ six fois aussi large, mais atteignant seulement les trois quarts de la longueur du segment occluseur; terminé supérieurement en pointe. Terga absents. Carène très étroite, dépassant de peu la longueur de la moitié du bord dorsal du capitulum et terminée à la base en fourche, dont l'extrémité des branches vient se placer au-dessous de l'extrémité libre du segment basal des scuta (fig. 159).

Fig. 159.

Pédoncule d'abord étroit, mais se dilatant fortement à sa base avec la cuticule parsemée de granulations chitineuses jaunâtres.

Mandibules avec cinq dents, les inférieures étant tripectinées. Appendices terminaux plus courts que le protopodite du sixième cirrhe. Pénis court et étroit, avec l'extrémité libre portant une couronne de soies.

Dimensions. — Longueur du capitulum : 2ᵐᵐ,50 ; largeur : 1ᵐᵐ,75.
— pédoncule : 4ᵘᵐ,50.

Distribution. — Djibouti et Pondichéry.

21. *Dichelaspis aperta.* C. W. Aurivillius, 1894.

Diagnose. — Capitulum en demi-cercle, avec trois plaques extrêmement réduites. Segment latéral des scuta moins large, quoique de très peu, et égalant les deux tiers de la longueur du segment occluseur formant entre eux un angle d'au moins 90° et en continuité directe l'un avec l'autre. Orifice du capitulum plus large à sa partie supérieure qu'à sa partie inférieure. Carène plus longue que les scuta, régulièrement courbe et terminée inférieurement en une fourche dont l'extrémité des branches ne vient pas au contact de l'extrémité du segment latéral des scuta. Terga absents (fig. 160).

Pédoncule égalant au moins la longueur du capitulum, souvent double. Mandibules avec cinq dents et un angle basal en forme de pointe plus fine. Mâchoires sans encoche. Appendices terminaux n'atteignant que jusqu'au milieu du segment distal du sixième protopodite, avec des soies terminales plus longues de moitié que les appendices eux-mêmes. Pénis allongé et conique.

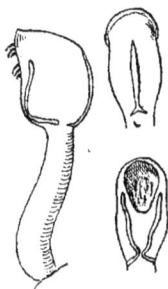

Fig. 160.

Dimensions. — Longueur du capitulum : 2ᵐᵐ,50 ; largeur : 2ᵐᵐ.
— pédoncule : 5ᵐᵐ (souvent).

Distribution. — Mers de Java, sur des branchies de *Palinurus.*

22. *Dichelaspis cuneata.* C. W. Aurivillius, 1894.

Diagnose. — Capitulum en demi-cercle, avec le bord supéro-antérieur assez saillant en avant et trois plaques. Orifice ovalaire plus large à sa partie supérieure. Segment latéral des scuta formé d'une branche latérale et d'une autre égalant environ un tiers de la première et parallèle au bord occluseur ; le segment latéral et le segment occluseur des scuta étant réunis par une simple bande chitineuse très étroite. Carène régulièrement courbe, n'atteignant pas la moitié de la longueur du bord dorsal des scuta, terminée à la base, en fourche, dont l'extrémité libre des branches est séparée de l'extrémité du segment latéral par une distance égale au moins à la moitié de la largeur du pédoncule. Terga absents (fig. 161).

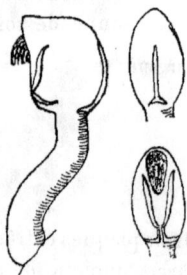

Pédoncule de longueur variable.

Mandibules avec cinq dents, l'angle basal étant en pointe. Mâchoires sans encoche. Appendices terminaux grêles atteignant, environ, la longueur du sixième protopodite et portant, à l'extrémité, des soies quelquefois deux fois aussi longues que l'appendice lui-même.

Fig. 161.

Dimensions. — Longueur du capitulum : 3^{mm} ; largeur : 2^{mm},5.
—   pédoncule : 2^{mm},50.

Distribution. -- Mers de Java, sur les branchies d'un *Palinurus*.

23. *Dichelaspis angulata.* C. W. Aurivillius, 1894.

Diagnose. — Capitulum obliquo-ovalaire, avec trois plaques. Orifice tout à fait antérieur et extrêmement étroit. Pas de segment latéral des scuta ; segment occluseur coudé en angle très obtus. Carène très courte, droite dans ses deux tiers supérieurs, terminée, à la base, en fourche à branches extrêmement courtes. Pas de terga (fig. 162).

Pédoncule atteignant, au maximum, la longueur du capitulum. Mandibules avec trois dents, la deuxième et la troisième portant des denticulations supplémentaires ; angle basal à trois pointes. Mâchoires sans encoche. Appendices terminaux dépassant de peu le segment proximal du sixième protopodite, avec des soies à peu près de la même longueur que les appendices.

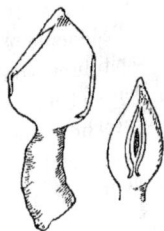

Fig. 162.

Dimensions. — Longueur du capitulum : 2^{mm},5 ; largeur : 2^{mm}.
—   pédoncule : 2^{mm},5.

Distribution. — Mers de Java, sur les branchies d'un *Palinurus*.

24. *Dichelaspis orthogonia.* Darwin, 1851.

Diagnose. — Capitulum triangulaire avec cinq plaques. Scuta avec le segment basal un peu plus étroit et un peu moins long que le segment occluseur, le point de jonction étant calcifié. Terga avec trois dents inférieures, dont l'angle inféro-dorsal. Carène fortement courbée, étroite, avec la partie inférieure dilatée en forme de coupe demi-ovale, placée au-dessous de l'extrémité libre du segment latéral des scuta ; l'apex de la carène atteint environ le tiers supérieur des terga.

Pédoncule probablement court? (fig. 163).

Mandibules avec quatre dents et l'angle infé- rieur en une pointe unique. Mâchoires avec une profonde et large encoche. Appendices terminaux aplatis, petits et étroits, leur longueur atteignant celle de la moitié du pédicelle de la sixième paire de cirrhes, avec quelques longues soies à leur extrémité.

Fig. 163.

Dimensions. — Longueur du capitulum : 5mm.

Distribution. — Habitat inconnu. Associé à *Scalpellum rutilum*, Darwin.

25. *Dichelaspis sessilis.* Hœk, 1883.

Diagnose. — Capitulum comprimé, environ deux fois aussi long que large, avec cinq plaques bien développées, en recouvrant la plus grande partie. Scuta larges, indistinctement di- visés en deux segments, dont le latéral serait beaucoup plus étroit et environ quatre fois plus court que l'occluseur. Terga triangulaires non dentés. Carène large et très courbée, dépassant le niveau du milieu des terga par son sommet et terminée, à sa base, en une coupe cachant une grande partie du pédoncule (fig. 164).

Fig. 164.

Pédoncule extrêmement court et étroit.

Mandibules avec quatre dents et l'angle infé- rieur bifide. Mâchoires avec une encoche. Appendices terminaux minces, étroits, environ moitié aussi longs que le protopodite de la sixième paire de cirrhes. Pénis faiblement couvert de poils.

Dimensions. — Longueur totale : 7mm,5.

Distribution. — Expédition du « Challenger ». Açores, par 1800 mètres environ.

26. *Dichelaspis occlusa.* W. F. Lanchester, 1902.

Diagnose. — Capitulum ovalaire, comprimé latéralement, avec cinq plaques recouvrant une grande partie de sa surface. Segment occluseur des scuta plus long que le segment basal de un sixième de sa

Tableau synoptique des espèces du genre DICHELASPIS, DARWIN.

DARWIN.

Carène terminée en disque à la base. Terga présents.

Segment latéral du scutum beaucoup plus large que le segment antérieur....

  Bord carénal du segment latéral du scutum, échancré.
  - Branche antérieure du segment latéral du scutum plus courte que la branche postérieure............ **D. Aurivillii, A. Gruvel.**
  - Branche antérieure du segment latéral du scutum plus longue et plus large que la branche postérieure.... **D. Warwicki, Gray.**

  Bord carénal du segment latéral à peu près droit.
  - Terga élargis inférieurement................. **D. Hœki, Stebbing.**
  - Terga rétrécis inférieurement.................. **D. antiquæ, Stebbing.**

Segment latéral du scutum moins large que le segment antérieur........

  Pédoncule de longueur normale.
  - Segment antérieur du scutum, égalant à peu près le double de la longueur du tergum............. **D. pellucida, Darwin.**
  - Segment antérieur du scutum à peine plus long que le segment inférieur du tergum.............. **D. Grayi, Darwin.**

  Pédoncule très long.
  - Segment antérieur du scutum plus long et plus étroit que le segment inférieur du tergum............... **D. lepadiformis, A. Gruvel.**

  Segment latéral du scutum moins large que le segment antérieur.

    Plus ou moins relevé vers le centre du capitulum, Terga bilobés.
    - Segment latéral du scutum n'égalant pas la moitié de la longueur du segment antérieur. Cuticule capitulaire orné de lignes parallèles et de ponctuations chitineuses........... **D. neptuni, Macdonald.**
    - Segment latéral du scutum un peu plus court que le segment antérieur et à peine calcifié, ainsi que la carène.............. **D. Vaillanti, A. Gruvel.**
    - Segment latéral du scutum un peu plus court que le segment antérieur. Lobes des terga à peu près égaux. **D. sinuata, C.-W. Auriv.**
    - Segment latéral du scutum à peu près égal au segment antérieur. Lobes des terga très inégaux, le plus étroit est antérieur............. **D. trigona, C.-W. Auriv**

    Parallèle au bord inférieur.
    - Terga triangulaires. Segment latéral presque aussi large que le segment antérieur................ **D. Aymonini, Lesson.**

Espèces.

GENRE DICHELASPIS.

Torga présents.

Carène terminée en fourche à la base.

du capitulum et très rapproché de lui. — Torga bilobés.
- Sommet du capitulum en pointe, capitulum de forme à peu près triangulaire........ *D. Darwini*, Filippi.
- Sommet du capitulum mousse, capitulum de forme à peu près ovalaire........ *D. Lowei*, Darwin.

Segment latéral du scutum, plus large que le segment ant.
- Torga bilobés. Segment latéral du scutum parfois bifide. Mandibules avec cinq dents........ *D. Forresti*, Stebbing.
- Torga en forme de tête de cheval; bord carénal du segment latéral droit. Mandibules avec cinq dents........ *D. equina*, W.-F. Lanchester.
- Torga trilobés. Pointe médiane des torga entre les deux segments des scuta. Mandibules avec quatre dents. Bord carénal du segment latéral du scutum; concave........ *D. alata*, C.-W. Auriv.

Segment latéral du scutum, plus large que le segment antérieur.
- Fourche de la carène à branches courtes, épaisses et très peu divergentes. Segment latéral du scutum très développé et de la forme d'un triangle rectangle. Trois variétés........ *D. Maindroni*, A. Gruvel, var. C.
- Fourche de la carène à branches plus longues, plus minces et plus divergentes. Mandibules avec quatre dents........ *D. cor*, C.-W. Auriv.
- Fourche de la carène à branches très divergentes, dilatées à leur extrémité libre. Mandibules avec cinq dents........ *D. Coutierei*, A. Gruvel.

Segment latéral du scutum, moins large que le segm. ant.
- Les deux segments des scuta ne présentent pas de solution de continuité et forment entre eux un angle obtus........ *D. aperta*, C.-W. Auriv.
- Les deux segments des scuta présentent antérieurement une solution de continuité et forment un angle droit........ *D. cuneata*, C.-W. Auriv.

Pas de segment latéral.
- Segment antérieur du scutum coudé en angle très obtus vers son quart inférieur........ *D. angulata*, C.-W. Auriv.

Pas de torga.

Carène terminée en coupe à la base.
- Scuta formés de deux segments étroits, presque égaux. Torga tridentés........ *D. orthogonia*, Darwin.
- Scuta larges, sans segment latéral distinct. Torga non dentés........ *D. sessilis*, Hœk.
- Scuta avec le segment latéral trois fois aussi large que le segment occluseur. Terga dentés........ *D. occlusa*, W.-F. Lanchester.

Pas de carène.
- Segment latéral des scuta, absent........ *D. bullata*, C.-W. Auriv.

Variétés. — *D. Maindroni*, A. Gruvel, trois variétés, A, B et C (Voy. le texte, à propos de cette espèce, page 134, n° 18).

propre longueur, le basal étant environ deux fois et demi aussi large que l'occluseur, avec un bord tergal plutôt convexe. Terga triangulaire avec une profonde échancrure sur le bord scutal, délimitant un segment occluseur étroit et un très large segment carénal. Carène plutôt fortement courbe dont l'apex s'étend sur les terga d'au moins un tiers de sa propre longueur et terminée à sa base en forme de coupe, enfoncée dans le pédoncule (fig. 165).

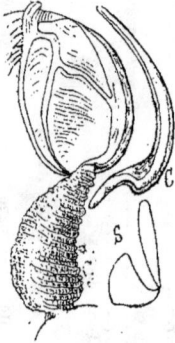

Pédoncule à peu près aussi long que le capitulum, de couleur brunâtre chez les adultes, avec des saillies chitineuses annulaires portant des granulations.

Mandibules avec cinq dents. Mâchoires avec une encoche sur le bord libre.

Fig. 165. — C, carène ; S, scutum.

Appendices terminaux égalant exactement la longueur du protopodite du sixième cirrhe, avec de nombreuses soies terminales, aussi longues que l'article lui-même.

Distribution. — Skeat-Expedition : Kelantan ; Tungganu ; sur les pièces buccales de *Thenus orientalis.*

Observations. — Cette espèce forme le passage entre le genre *Pœcilasma* et le genre *Dichelaspis* par *P. tridens,* C. W. Auriv.

27. *Dichelaspis bullata.* C. W. Aurivillius, 1894.

Diagnose. — Capitulum dilaté latéralement, avec deux plaques seulement ; scuta réduits à leur segment occluseur étroit. Orifice cordiforme dilaté à sa partie inférieure. Pédoncule presque cylindrique, au moins égal, en longueur, au capitulum. Mandibules avec cinq dents, et l'angle inférieur en forme de dent. Mâchoires sans encoche. Appendices terminaux étroits, environ de la longueur du segment proximal du sixième protopodite, l'extrémité portant des soies fines à peu près deux fois aussi longues que l'appendice lui-même (fig. 166).

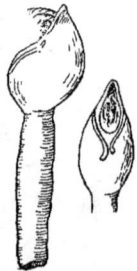

Fig. 166.

Dimensions. — Longueur du capitulum : 3^{mm} ; largeur : 2^{mm},5.
—   pédoncule : 4^{mm} environ.

Distribution. — Mers de Java, sur les branchies d'un *Palinurus.*

6. Genre *Conchoderma*, Olfers, 1814.

SYNONYMIE. — *Lepas*, Linné, 1767 ; *Branta*, Oken, 1815; *Malacotta* et *Senoclita*, Schumacher, 1817; *Otion* et *Cineras*, Leach, 1817; *Gymnolepas*, de Blainville, 1824, et *Pamina*, J. E. Gray, 1825.

Diagnose. — Capitulum présentant de deux à cinq plaques, petites, et n'occupant qu'une très faible partie de la surface. Scuta formés de deux ou trois lobes ou segments avec l'umbo placé vers le milieu du bord occluseur de la plaque. Carène généralement peu courbe réduite parfois à un simple nodule chitineux, parfois absente. Terga triangulaires, en forme de ligne coudée ou de simple nodule, ou encore, absents.

Appendices filamenteux bien développés, au nombre de six ou sept de chaque côté, placés au-dessous de la base de l'articulation de la première paire de cirrhes et sur les pédicelles des quatre ou cinq paires antérieures ; mandibules avec cinq dents légèrement pectinées ; mâchoires scalariformes, pas d'appendices terminaux.

Distribution. — Toutes les mers froides, tempérées ou tropicales, sur les objets flottants, vivants ou inertes, sur les carènes de bateaux, etc.

Généralités. — Le capitulum est, dans ce genre, généralement globuleux, tantôt présentant à sa partie supérieure une sorte de prolongement tubulaire de chaque côté, plus ou moins plissé, désigné sous le nom d'*auricules*, mettant en communication directe la cavité palléale avec l'extérieur. La longueur de ces appendices est variable, tantôt ils sont très courts, tantôt, au contraire, plus longs que le capitulum lui-même, en particulier chez les formes fixées sur les Coronules. Les *scuta* sont, comme les autres plaques, du reste, imparfaitement calcifiés. Leur forme est triangulaire, avec les deux côtés latéraux plus ou moins échancrés. Ces plaques ne font jamais défaut. Les terga se présentent tantôt sous la forme triangulaire, tantôt au contraire sous la forme linéaire ou celle de nodules; enfin, ils peuvent faire complètement défaut. La carène est très peu courbée et de développement variable, réduite parfois à un simple nodule ou totalement absente.

Le pédoncule est cylindrique et de longueur très irrégulière, mais au moins égale à celle du capitulum.

La cuticule qui recouvre le capitulum et le pédoncule est assez épaisse, jaune pâle. La couleur provient du pigment du manteau qui se trouve disposé par taches ou bandes, en général de couleur lie de vin.

Les côtés du corps de l'animal portent des appendices filamenteux au nombre de six ou sept sur chaque côté, parfois très développés.

Les mandibules ont cinq dents équidistantes et sont finement pectinées à leur base et de chaque côté.

Les ovaires sont logés comme d'ordinaire dans le pédoncule, mais, dans certains cas, se développent tellement qu'ils peuvent envahir une partie du manteau. Il en est de même, chose plus curieuse, de l'appareil cémentaire dont la structure sera étudiée dans la partie anatomique.

1. *Conchoderma auritum.* L. 1767.

SYNONYMIE. - - *Lepas aurita*, L.; *Otion Cuvieranus, O. Blainvillianus, O. Bellianus, O. Dumerillianus, O. Rissoanus*, Leach, 1825 ; *Otion depressa* et *O. saccutifera*, Coates, 1829; *O. auritus*, Macgillivray, 1845 ; *Lepas leporina*, Poli, 1795; *Lepas cornuta*, Montagu, 1815; *Conchoderma auritum* et *leporinum*, Olfers, 1814; *Branta aurita*, Oken, 1815 ; *Malacotta bivalvis*, Schumacher, 1817 ; *Gymnolepas Cuvierii*, de Blainville, 1824 ; *Otion coronularium*, divers auteurs.

Diagnose. — Capitulum globuleux avec deux auricules plus ou moins développés. — Scuta bilobés. — Terga rudimentaires, parfois absents ; carène absente ou tout à fait rudimentaire. — Pédoncule long, très distinct du capitulum (fig. 167).

Appendices filamenteux, bien développés, au nombre de sept paires. — Mandibules et mâchoires normales.

Fig. 167.

Dimensions. — Longueur moyenne : 45^{mm} ; largeur du capitulum : 17^{mm},5.

Distribution. — Toutes les mers, très commun. Souvent fixé sur les Coronules.

Observations. — Les formes qui se fixent sur les Coronules atteignent, le plus souvent, des dimensions considérables dépassant souvent 100 millimètres. Certains auteurs ont voulu voir là une espèce différente de *C. auritum.* En réalité, ce sont des individus âgés, très développés et dont les caractères internes de l'animal proprement dit se rapportent à l'espèce de Linné ; il n'y a même pas lieu de créer pour eux une variété.

2. *Conchoderma virgatum.* Spengler, 1790.

SYNONYMIE. — *Lepas virgata*, Spengler, 1790; *L. coriacea*, Poli, 1795; *L. membranacea*, Montagu, 1808; *Conchoderma virgatum*, Olfers, 1814; *Branta virgata*, Oken, 1815 ; *Senoclita fasciata*, Schumacher, 1817 ; *Cineras vittata*, Leach, 1824 ; *C. Cranchii, chelonophilus, Olfersii*, Leach, 1818; *C. megalepis, Montagui, Rissoanus*, Leach, 1825; *C. membranacea*, Macgillivray, 1845 ; *C. bicolor*, Risso, 1826 ; *C. vittatus*, Brown, 1844 ; *Gymnolepas Cranchii*, de Blainville, 1824; *Pamina trilineata*, J. E. Gray, 1825.

Diagnose. — Capitulum allongé et comprimé, sans auricules; à bord supérieur large. — Scuta trilobés ; terga concaves inférieurement avec la partie antérieure légèrement relevée. — Carène légèrement courbe, de longueur variable, avec l'umbo vers son milieu. Pédoncule à peu près cylindrique, s'élargissant graduellement vers le capitulum et très peu vers la base (fig. 168). Six paires d'appendices filamenteux, mais aucun de fixé sur le pédicelle de la seconde paire de cirrhes. Mandibules avec le bord basal de la cinquième dent, orné, de chaque côté, d'épines courtes et fortes ; angle inférieur extrêmement court. Mâchoires avec cinq saillies scalariformes.

Fig. 168.

Dimensions. — Longueur totale moyenne : 45ᵐᵐ environ ; largeur du capitulum : 13ᵐᵐ env.

Distribution. — Toutes les mers ; extrêmement commun sur les carènes de bateaux. Souvent associé à *C. auritum, Lepas anatifera, L. Hilli,* etc.

Variété : *chelonophilus*, Leach, 1818. — Capitulum à bord supérieur en pointe mousse. Terga petits, triangulaires, presque droits, les deux côtés supérieurs formant entre eux un angle de 135° environ ; bord scutal droit. Carène petite ou modérément développée. Scuta avec les angles supérieur et inférieur aigus et le lobe médian large. Plaquesimparfaitement calcifiées. Les autres caractères comme précédemment (fig. 168, A).

3. *Conchoderma Hunteri*. R. Owen, 1830.

Synonymie. — *Cineras Hunteri*, R. Owen, 1830.

Diagnose. — Capitulum à bord supérieur étroit et en pointe mousse, sans auricules. Scuta trilobés avec le lobe latéral aussi étroit que les deux autres et dont le bord antérieur suit exactement le bord occluseur du capitulum. Terga à deux segments formant entre eux un angle d'environ 135°, mais partout de même largeur. Carène fortement courbée et bien développée (fig. 169).

Pédoncule étroit, plus court que le capitulum et s'élargissant graduellement à sa partie supérieure.

Fig. 169.   Les autres caractères comme *C. auritum*.

Dimensions. — Les mêmes à peu près que celles des espèces précédentes.

Distribution. — Océan Indien ou Océan Pacifique, sur les Crustacés.

Observations. — Cette espèce se rapproche beaucoup de *C. virgatum*, variété *chelonophilus*, mais elle s'en distingue surtout par la forme des scuta dont les trois branches sont de même largeur.

Tableau synoptique des espèces du genre CONCHODERMA, Olfers.

GENRE CONCHODERMA	Scuta bilobés..	Auricules à la partie supérieure du capitulum. Appendices filamenteux attachés au pédicelle de la seconde paire de cirrhes........	*C. auritum*, L.
	Scuta trilobés. Pas d'auricules.......	Scuta triangulaires à bords internes peu échancrés.................	*C. virgatum*, Spengler.
		Scuta triangulaires à bords internes profondément échancrés, de façon à délimiter de simples baguettes partant de l'umbo.............	*C. Hunteri*, R. Owen.

Variété : — *C. virgatum*, var. *chelonophilus*, Leach.

γ. FAMILLE DE TÉTRASPIDÉS (*TETRASPIDÆ*).

Genre *Ibla*. Leach, 1825.

SYNONYMIE. — *Anatifa*, Cuvier, 1817 ; *Tetralasmis*, Cuvier, 1830 ; *Clyptra*, Leach, 1817.

Diagnose. — Capitulum avec quatre plaques entièrement chitineuses chez les formes jeunes, mais en partie calcifiées chez les adultes. Pédoncule orné d'épines chitineuses persistantes ou non.

Corps logé, en partie, dans le pédoncule ; mandibules avec trois dents, mâchoires avec deux encoches peu nettes. Appendices terminaux multiarticulés. Hermaphrodites ou à sexes séparés. Mâles nains.

Distribution géographique. — Fixés aux objets littoraux ; le plus souvent dans l'hémisphère austral : Port du Roi Georges, Djibouti, Madagascar, Mascate, etc.

Généralités. — Le genre *Ibla* qui semble, au premier abord, très éloigné du genre *Scalpellum*, s'en rapproche beaucoup par l'ensemble de ses caractères internes et la constitution de son système de reproduction. C'est, en effet, le seul, parmi les *Cirrhipèdes thoraciques*, qui, avec le genre *Scalpellum*, ne soit pas exclusivement hermaphrodite, et présente des mâles nains.

Deux espèces seulement constituent ce genre : *Ibla Cumingi*, Darwin et *I. quadrivalvis*, Cuvier, et toutes deux se ressemblent beaucoup extérieurement.

Le capitulum est réduit à quatre plaques seulement ; deux terga très étroits et allongés et deux scuta, environ moitié plus courts et de forme à peu près triangulaire. En général ces plaques ne conservent pas toute leur longueur, car elles sont, le plus souvent, brisées vers leur extrémité libre. La réduction des plaques tient vraisemblablement, comme nous l'avons déjà expliqué pour le genre *Lithotrya*, à ce que ces animaux vivent souvent enfoncés en partie dans une masse calcaire gênant leur développement latéral. Nous savons bien qu'on en rencontre de fixés librement et non enfoncés dans un support solide, mais cela n'empêche pas que la plus grande partie vivent et surtout vivaient ainsi emprison-nés dans une loge calcaire, d'où réduction de toutes les plaques en général et disparition des moins importantes, c'est-à-dire le rostre, les plaques

Fig. 170.

latérales et la carène. Comme l'abri offert à ces animaux entre les plaques capitulaires atrophiées devenait insuffisant, ils ont dû, tout comme les *Lithotrya*, chercher un refuge dans le capitulum, qu'ils occupent, en effet, en grande partie.

Le pédoncule ne présente pas de véritables écailles, mais de simples épines chitineuses longues et nombreuses, tronquées plus ou moins obliquement, tantôt persistant toute la vie de l'animal, d'autres fois disparaissant en grande partie et laissant à leur place une trace plus claire sur le pédoncule. Ces formes, ainsi dépourvues de soies, avaient été désignées par Leach sous le nom de *Clyptra*. Ce genre ne doit donc pas être maintenu. Nous avons montré ailleurs que les plaques capitu-laires, simplement chitineuses chez les formes jeunes, sont calcifiées en partie chez les adultes.

1. *Ibla Cumingi*. Darwin, 1851.

Diagnose. — Capitulum avec quatre plaques, colorées en bleu le long des bords latéraux et, du côté interne, au sommet des plaques. — Angle basal des terga, vu intérieurement, mousse, avec le bord carénal pas plus saillant que le bord scutal (fig. 170,B). — Épines du pédoncule avec des séries d'anneaux colorés en brun bleuâtre.

Appendices terminaux à peine plus longs que le protopodite de la sixième paire de cirrhes. — Rame antérieure de la première paire de cirrhes plus courte, de deux segments, que la postérieure et plus épaisse.

Sexes séparés. — Grande forme exclusivement femelle (1) et dépourvue, par conséquent, de pénis.

Dimensions. — Longueur totale : 12ᵐᵐ,5 ; largeur : 5ᵐᵐ.

Distribution. — Archipel des Philippines : île de Guirnavas, attachés au pédoncule de *Pollicipes mitella* par groupes de deux ou trois.

2. *Ibla quadrivalvis.* Cuvier.

Sᴠɴᴏɴʏᴍɪᴇ. — *Anatifa quadrivalvis*, Cuvier, 1817 ; *Ibla cuvieriana*, J. E. Gray, 1825 et 1830 ; *Tetralasmis hirsutus*, Cuvier, 1830 ; *Anatifa hirsuta*, Quoy et Gaimard, 1834 ; *Clyptra*, Leach 1817.

Diagnose. — Capitulum avec quatre plaques colorées en jaune ; angle basal des terga, vu intérieurement, mousse, avec le bord carénal plus saillant que le bord scutal (fig. 170, A). — Épines pédonculaires jaunâtres.

Appendices terminaux quatre fois aussi longs que le protopodite de la sixième paire de cirrhes. — Rame antérieure de la première paire de cirrhes plus courte, de six articles, que la postérieure.

Hermaphrodite. — Pénis de la grande forme avec une partie basale fixée et inarticulée, suivie d'une portion mobile, plus longue, formée d'environ vingt articles, tout aussi distincts que ceux des cirrhes, et portant quelques courtes soies autour du bord supérieur.

Dimensions. — Longueur totale : 25ᵐᵐ ; largeur : 10ᵐᵐ.

Distribution. — Sud de l'Australie ; Port du Roi Georges ; Djibouti ; Madagascar.

Observations. — Cette espèce peut, accidentellement, peut-être normalement, laisser tomber ses épines pédonculaires. Il en résulte une forme glabre. Jusqu'à preuve du contraire, nous considérerons le genre *Clyptra* de Leach comme une forme glabre d'*Ibla quadrivalvis* (2), tous les autres caractères de l'animal étant identiques à ceux de cette dernière espèce.

Mâles nains dans les genres *Scalpellum* et *Ibla*.

Généralités. — Les genres *Scalpellum* et *Ibla* sont les seuls, parmi les *Thoraciques*, dont les sexes soient parfois séparés et parmi les Cirrhipèdes, il faut y joindre les *Acrothoraciques*, sauf, peut-être, le genre *Kochlorine* ;

(1) Voir l'*Étude des mâles nains*, p. 148, A. Gruvel. (Exp. du *Travailleur* et du *Talisman*.)
(2) Voir *Revision des Cirrhipèdes du Muséum* : *Nouvelles Archives du Muséum*, p. 261, 1902.

mais ce ne doit pas être là une véritable exception. Tandis que chez les *Acrothoraciques*, la grande forme sur laquelle sont fixés les *mâles nains* est toujours exclusivement femelle, chez les *Scalpellum* et *Ibla*, elle peut être ou hermaphrodite (*Sc. vulgare, Sc. regium*, etc.), ou seulement femelle (*Sc. velutinum*, etc.), mais on ne connaît qu'un seul exemple de *Scalpellum* uniquement hermaphrodite, sans mâles nains, c'est *Sc. balanoïdes*.

La présence de formes exclusivement mâles, chez certains Cirrhipèdes, indique, évidemment, une tendance à une organisation plus élevée et si les *Acrothoraciques* n'étaient pas aussi dégradés par leur habitat dans des loges calcaires, creusées dans les coquilles de mollusques ou l'épaisseur des coraux, il faudrait, à ce point de vue, les placer en tête du groupe, puisque, chez tous les animaux, la séparation des sexes est un signe évident de supériorité.

L'étude de ces petits êtres n'a été faite que par Darwin, en 1851, Hœk en 1883 et nous-même en 1899 et 1902.

C'est en étudiant le genre *Ibla* que Darwin reconnut la valeur morphologique véritable de ces petits êtres pigmées fixés dans l'intérieur du manteau de la femelle ou de l'hermaphrodite, et c'est en les comparant aux mêmes formes trouvées sur les *Scalpellum* qu'il fut amené à généraliser ses conceptions.

Aujourd'hui que nous connaissons mieux la constitution du corps de ces êtres, nous pouvons nous rendre assez nettement compte de leur valeur morphologique.

Les Cirrhipèdes ancestraux étaient tous hermaphrodites et se fécondaient réciproquement, si la distance qui les séparait permettait à leur long pénis de pénétrer dans la cavité palléale de l'animal voisin pour y déposer la matière fécondante ; ou bien ils se fécondaient eux-mêmes toutes les fois que la fécondation réciproque était impossible, ainsi que nous avons pu le constater chez des formes récentes et particulièrement chez *Pollicipes*, qui représente, actuellement, la forme la plus anciennement connue.

C'est pour éviter l'auto-fécondation que les Cirrhipèdes ont dû se grouper de façon à pouvoir se féconder réciproquement avec plus de facilité. Mais, dans certaines conditions, encore un peu obscures, telles que la profondeur, par exemple, il a dû y avoir un ou plusieurs des animaux du groupement, qui, plus forts, ont accaparé à peu près toute la nourriture ; les autres, mal nourris, se sont peu à peu atrophiés, et la plupart, même, ont dû disparaître. Seuls, ceux qui se trouvaient dans le voisinage immédiat des grandeurs formes ont pu recueillir quelques aliments et subsister, mais en réduisant de plus en plus leur taille. Dans ces conditions, l'ovaire, qui, à la maturité des œufs, prend un grand volume, n'a pas pu se développer normalement, il a dû s'atrophier de plus en plus et, finalement, disparaître. C'est ainsi, par exemple, que nous avons retrouvé chez certaine forme de mâles se rapprochant beaucoup de la forme hermaphrodite, *Sc. Peroni*, quelques cellules ovariennes atrophiées, situées dans la partie supérieure du pédoncule, mais sans canal vecteur, et, par conséquent, sans fonctions, tandis que, dans toutes les autres espèces étudiées, l'appareil femelle fait totalement défaut.

Ces êtres, de plus en plus petits, jusqu'à être inférieurs à un millimètre de long, réduits uniquement aux organes générateurs mâles, se sont peu à peu modifiés dans ce sens particulier et nous verrons que ceux d'entre eux qui présentent l'organisation générale la plus élevée comme, par exemple, ceux de *Sc. Peroni, Sc. villosum*, etc., sont précisément ceux chez lesquels l'appareil génital est le moins développé anatomiquement et histologiquement; tandis, au contraire, que des mâles comme ceux de *Sc. gigas*, qui ressemblent à de petites outres, réduites, pour ainsi dire, aux seuls organes mâles, ont vu ceux-ci prendre un développement considérable et se perfectionner beaucoup, histologiquement, de façon à remplir dans les meilleures conditions possibles, les fonctions uniques et importantes qui leur sont dévolues.

C'est ainsi qu'après s'être peu à peu dégradés, ces êtres devenus très petits se sont de plus en plus perfectionnés dans un sens particulier, chez les formes les plus récentes.

Les mâles nains ou complémentaires, comme les appelait Darwin, se trouvent attachés, en nombre variable, sur la grande forme. Généralement, ils sont fixés, de chaque côté de l'ouverture palléale, dans une petite fossette de la chitine qui unit les bords antérieurs du tergum et du scutum *au-dessus* du muscle adducteur. Rarement ils sont en nombre égal de chaque côté, quelquefois même, l'un des deux en est entièrement dépourvu. Les mâles qui occupent cette situation sur la grande forme sont, en général, d'aspect vésiculeux et non pédonculés.

Ceux qui sont pourvus d'un pédoncule, comme *Sc. Peroni, Sc. villosum, Sc. trispinosum, Sc. scorpio*, etc., sont fixés *au-dessous* du muscle adducteur, sur la ligne médiane et ventrale, dans une fossette, qui, parfois, présente deux petits culs-de-sac latéraux. Grâce à l'extension du pédoncule et aussi à celle du pénis qui est, en général, très développé, dans ces formes, il leur est possible de déposer leur sperme dans la cavité palléale de l'animal support.

Enfin, chez *Ibla*, les mâles nains sont fixés à la partie rostrale, mais dans *l'intérieur* même de la cavité palléale. Grâce à leur long pédoncule, ils peuvent rapprocher leur orifice mâle (le pénis est très court ou absent) des orifices femelles et féconder ainsi les œufs.

Les mâles nains peuvent être fixés soit sur des hermaphrodites, comme c'est la règle presque générale, soit sur des formes exclusivement femelles comme *Sc. velutinum*, Hœbe, et *Ibla Cumingi,* Darwin.

Dans ces derniers cas le mâle n'est plus du tout *complémentaire*, il est mâle, tout simplement, et le terme de *complémentaire* devient impropre. Il est donc préférable de lui substituer le nom de *mâle nain* qui, ne présageant rien de la fonction, s'applique dans tous les cas.

La durée de l'existence de ces mâles est, évidemment, bien inférieure à celle de l'hermaphrodite ou femelle, mais, à cause de la rareté des formes séniles que l'on rencontre, cette durée doit, vraisemblablement, dépasser une année et doit aussi être variable suivant les conditions biologiques, plus ou moins favorables, dans lesquelles ils se trouvent placés.

a. Genre *Scalpellum*. — Les formes de mâles nains étant assez variées dans le genre *Scalpellum*, il est bon de les classer. A l'exemple de Hœk, nous les diviserons en trois groupes :

I. Capitulum et pédoncule distincts. Plaques capitulaires bien développées.

II. Capitulum et pédoncule non distincts. Plaques capitulaires rudimentaires, mais présentes.

III. Capitulum et pédoncule indistincts. Plaques capitulaires absentes.

1er *Groupe.* — Les espèces dont les mâles sont placés dans ce groupe, sont celles qui se rapprochent le plus de la forme *Pollicipes*, et qui ont, par conséquent, le facies le plus ancestral. Ce sont, par exemple : *Sc. Peroni* Gray, *Sc. villosum* Leach, *Sc. trispinosum* Hœk, *Sc. rostratum* Darwin, *Sc. scorpio*, Auriv., etc.

Ces mâles sont, généralement, fixés au-dessous du muscle adducteur de la grande forme. Ils présentent des plaques capitulaires nettement caractérisées, qui sont : les terga, les scuta, la carène et le rostre. Leur longueur totale varie de un à deux ou deux millimètres et demi. Leur constitution rappelle de très près celle de l'hermaphrodite avec un pédoncule généralement bien développé et recouvert, ainsi que le capitulum et les plaques, par une cuticule, mince, transparente et garnie de soies nombreuses surtout sur les bords de l'orifice palléal.

Chez *Sc. Peroni*, par exemple, on trouve une bouche formée d'un *labre* avec palpes, une paire de *mandibules* portant trois dents et un angle inférieur à quatre pointes, une paire de *mâchoires* avec une forte encoche sur le bord libre et une *lèvre inférieure* avec des palpes semblables à ceux de la lèvre supérieure (fig. 171, A).

Il existe un *intestin* complet avec œsophage, estomac, rectum et anus, placé à l'endroit ordinaire ; six paires de *cirrhes* très nettement différenciés avec des articles portant un nombre variable, mais toujours très restreint, de soies fortes, en forme de griffes, surtout vers l'extrémité. Ils sont mûs par des muscles striés.

Les *appendices terminaux* sont uniarticulés et terminés par quelques

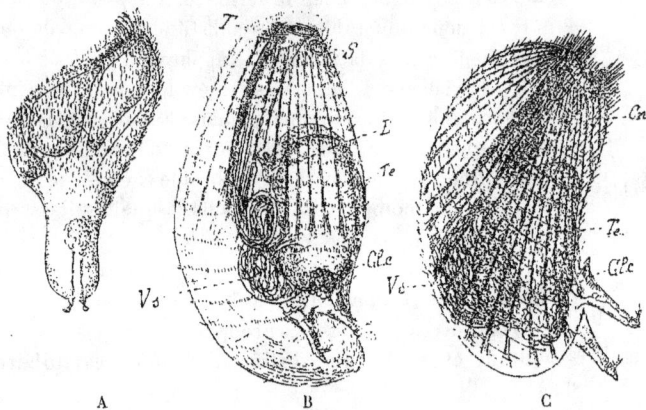

Fig. 171. — A, Mâle nain de *Sc. Peroni* ; — B, Mâle nain de *Sc. gigas* : S, scutum ; *T.* tergum ; *E*, estomac ; *Te*, testicule ; *Gl.c*, glande cémentaire ; *V.s*, vésicule séminale ; — C, Mâle nain de *Sc. velutinum*, mêmes lettres que pour B ; *Cn*, canal pour la sortie des cirrhes.

rares soies à peu près de la même longueur que les appendices eux-mêmes. Le *pénis* n'est pas très long. Les testicules sont formés par deux masses latérales bien développées et de forme irrégulière ; les vésicules séminales sont de simples dilatations du canal déférent, sans faisceaux musculaires au-dessous de la paroi cellulaire.

C'est la seule forme chez laquelle des coupes transversales du pédoncule, faites au-dessus de la glande cémentaire, nous aient révélé la présence de quelques cellules ovariennes atrophiées et sans fonction, signe évident de l'hermaphrodisme de la forme ancestrale.

Le système nerveux est formé par un ganglion dorsal, sus-œsophagien, relié à une masse ventrale allongée, thoraco-abdominale. L'œil est impair et médian avec, peut-être, deux petites cellules rétiniennes.

Enfin deux glandes cémentaires envoient leurs produits à la base des antennes larvaires servant à la fixation du mâle.

Le mâle de *Sc. villosum*, de forme plus ramassée, semble constitué d'une façon identique à celui de *Sc. Peroni*. Il doit en être de même, étant donnée leur forme, de ceux de *Sc. trispinosum* et *Sc. scorpio*, mais leur étude anatomique n'a pas encore été faite.

Quant à celui de *Sc. longirostrum*, son pédoncule est beaucoup plus court, sa forme plus large et plus aplatie. Le tube digestif semble réduit à son œsophage et son estomac en cul-de-sac. Le pénis est court ; l'œil très petit. Ce mâle est fixé au-dessus du muscle adducteur.

C'est une forme qui fait, par sa constitution et son aspect extérieur, e passage entre celles du premier et du deuxième groupe.

2ᵉ Groupe. — Ce second groupe contient un bien plus grand nombre d'espèces que le précédent, aucune ne présentant le facies ancestral que nous avons signalé pour les premières ; ce sont par exemple : *Sc. vulgare*, *Sc. rutilum*, *Sc. ornatum*, *Sc. intermedium*, *Sc. gigas*, *Sc. Hœki*, *Sc. striatum*, *Sc. luteum*, etc. Dans ces formes, on trouve, généralement, quatre plaques rudimentaires (*Sc. Hœki*, *Sc. vulgare*, etc.), représentant les terga et les scuta.

La forme du corps s'est considérablement modifiée. Il a pris l'aspect d'un petit sac plus ou moins allongé et aplati, avec un orifice réduit et placé à l'une des extrémités, entouré de soies de longueur variable qui se poursuivent, plus ou moins développées et régulières, sur toute la surface de l'enveloppe chitineuse du sac. A l'extrémité opposée à l'orifice, ou dans les environs, sont placées les deux fortes antennes de fixation (fig. 171, B).

La cuticule externe est tapissée, intérieurement, par un manteau dont le feuillet pariétal est accolé à cette cuticule, tandis que la lame interne limite une sorte de manchon étroit au fond duquel on aperçoit la partie thoraco-abdominale, conique, portant les cirrhes qui font saillie par l'orifice, en suivant le manchon qui y aboutit. Tout l'espace contenu entre les deux parois du manteau est comblé par les organes internes, réduits à un très court cul-de-sac intestinal sans fonction, deux petits ganglions nerveux, deux énormes testicules s'ouvrant dans une vésicule séminale impaire, très développée, d'où part un canal éjaculateur allant s'ouvrir à l'extrémité postérieure du mamelon thoraco-abdominal et enfin deux glandes cémentaires situées près du point d'insertion des antennes. Tout l'espace laissé libre entre les organes et les parois du du manteau est comblé par un tissu conjonctif irrégulier, dense près des organes, plus lâche dans les intervalles laissés entre eux. Enfin, immédiatement en dedans de l'épithélium palléal externe se trouvent des faisceaux musculaires longitudinaux plus ou moins nombreux et rapprochés qui s'insèrent d'une part autour de l'orifice externe et, de l'autre, plus ou moins bas vers le fond du sac.

En dedans de ceux-ci, on trouve quelques tractus musculaires obliques, presque circulaires, et croisés dans deux sens opposés.

Les cirrhes sont tous plus ou moins atrophiés, et formés d'un article basilaire (protopodite) uniarticulé portant une, deux ou trois soies. Les appendices terminaux sont extrêmement réduits. Enfin, ou trouve sur la face ventrale du thorax, au niveau de la quatrième paire de cirrhes, quatre soies, de chaque côté et à l'intérieur des appendices. Ces soies ne semblent avoir aucune valeur appendiculaire, puisqu'on trouve les six paires de cirrhes atrophiées mais parfaitement représentées.

Une particularité intéressante et qui montre le perfectionnement très net de l'organe qui seul est fonctionnel chez ces animaux, est montré par la constitution de la vésicule séminale. Tandis que, dans les formes plus élevées comme organisation générale (*Sc. Peroni*), la paroi des vésicules séminales est formée simplement par un mince épithélium et non musculeuse, ici, la vésicule unique présente, en dehors de l'épithélium, une série de faisceaux musculaires parallèles, placés à quelque distance les uns des autres et dont les contractions doivent pousser fortement les spermatozoïdes vers l'extérieur, de façon à remplir, d'une manière plus active, les fonctions qui sont dévolues à ces organes importants. C'est une structure qui ressemble à celle que vient d'indiquer Berndt (1) dans le même organe, chez *Alcippe lampas*, Hanckok.

3ᵉ *Groupe*. — Dans le troisième groupe viennent se placer les mâles d'un assez grand nombre d'espèces, parmi lesquelles : *Sc. marginatum*, *Sc. strœmi*, *Sc. compressum*, *Sc. nymphocola*, *Sc. velutinum*, etc.

D'après l'étude que nous avons pu faire de cette dernière espèce, il résulte que ces mâles sont constitués d'une façon à peu près identique à ceux des formes précédentes, comme *Sc. gigas*, par exemple.

Ils sont toujours fixés, comme, du reste, ceux du groupe précédent, au-dessus du muscle adducteur de la grande forme et de chaque côté de la fente palléale (fig. 171, C).

b. Genre *Ibla*. — Les mâles nains des deux espèces qui constituent ce genre sont assez élevés comme organisation générale. Leur taille est d'environ 3ᵐ,5 à 4 millimètres de long sur 1 millimètre de largeur maximum. Comme ils se ressemblent beaucoup dans les deux formes, nous allons décrire rapidement celui que nous avons étudié récem-

(1) W. Berndt. *Zür Biologie und Anatomie von Alcippe lampas* (Zeitsch. für Wissens. Zool., LXXIV, Bd 3 Heft 1903).

ment, c'est celui d'*Ibla quadrivalvis*, Cuvier. On sait que ces mâles sont fixés à l'aide de leurs antennes, à l'intérieur même de la cavité palléale, du côté rostral et un peu au-dessous du muscle adducteur des scuta ; de la sorte, l'extrémité libre du corps qui porte le pénis ou la papille qui le représente, peut facilement atteindre le niveau des orifices femelles de la grande forme et la fécondation s'opérer dans les meilleures conditions possibles.

Il n'y a pas de séparation nette en capitulum et pédoncule. L'animal, dilaté à son extrémité libre qui porte la bouche et les appendices, se rétrécit graduellement jusqu'à l'extrémité opposée du corps où sont placées les deux antennes, au centre d'un disque élargi (fig. 172, A).

La partie la plus dilatée présente, un peu au-dessous de son extrémité, une sorte de duplicature dorsale du manteau, formant comme un capuchon qui s'arrête environ au tiers antérieur du corps et peut, sous l'action d'un muscle occluseur latéral, se relever et venir abriter l'anus, l'orifice génital et les cirrhes.

La partie céphalique n'est reconnaissable qu'à la présence des pièces masticatrices situées sur une petite éminence ventrale de la région terminale du corps. Tout le reste est recouvert par une cuticule mince et transparente sans trace d'annulation ni d'ornements quelconques à sa surface.

Tous les organes sont placés à l'intérieur, séparés les uns des autres et maintenus en leurs places respectives par un tissu conjonctif plus ou moins dense suivant les régions.

La cuticule est tapissée intérieurement par un épithélium à très petites cellules, en dedans duquel on trouve de nombreux faisceaux musculaires longitudinaux et à l'intérieur de ceux-ci, d'autres faisceaux

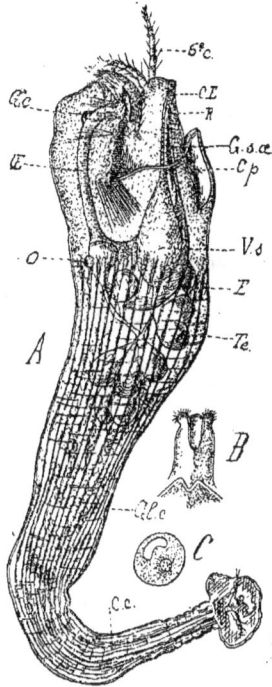

Fig. 172. — A, mâle nain d'*Ibla quadrivalis* : Œ, œsophage ; O, œil ; G.c, ganglion cérébroïde ; G.s.œ, g. sous-œsophagien ; R, rectum ; C.E, canal éjaculateur ; V.s, vésicule séminale ; E, estomac : Te, testicule ; Gl.c, glandes cémentaires ; C.c, canal cémentaire. — B, Vue de la partie supéro-dorsale avec le commencement du capuchon et les appendices terminaux. — C, coupe d'une cellule cémentaire.

circulaires et obliques irrégulièrement distribués et beaucoup moins nombreux et importants.

Grâce à l'ensemble de ce système musculaire, l'animal peut, à sa volonté, effectuer tous les mouvements de rétraction, d'extension et de torsion qui lui sont nécessaires pour l'accomplissement de ses importantes fonctions.

L'appareil *buccal* occupe plus de la moitié de la surface de l'extrémité libre du corps ; il se compose de : un labre, formé d'une partie centrale et deux parties latérales avec des palpes très aplatis, une paire de mandibules avec trois fortes dents et un angle inférieur pectiné, une paire de mâchoires à bord libre fortement denté, sans encoche, et enfin une lèvre inférieure avec les deux palpes labiaux très aplatis. L'*appareil digestif* est complet ; l'estomac, vaste mais sans épithélium différencié, semble sans fonctions ; l'anus est placé à la partie dorsale et médiane de l'extrémité antérieure du corps, en arrière de l'orifice génital.

La partie thoracique, immédiatement en contact avec l'appareil buccal et placée en arrière, porte, au maximum, deux paires de *cirrhes*, plus ou moins atrophiés, parfois l'une des deux manque ; mais ils sont toujours articulés, et portent quelques rares soies sur chaque segment. Il n'y a jamais qu'une seule rame par cirrhe. Les *appendices terminaux* sont plus ou moins développés, parfois nuls ; ce sont, le plus souvent, deux petits mamelons arrondis, couverts de soies et placés à droite et à gauche de l'anus (fig. 172, B).

Le *système nerveux* est formé de deux masses, l'une cérébroïde placée en arrière de l'œsophage, dans la région céphalique (*G.c*) ; l'autre, plus allongée, est située ventralement entre le rectum et le canal déférent (*G.s.œ*).

Il existe un *œil*, impair, ventral et médian, placé sur l'estomac (*O*).

L'appareil mâle, exclusivement développé, est formé par deux groupes de glandes testiculaires, placés l'un à droite et l'autre à gauche du corps. Chacun d'eux donne un canal déférent commun à tous les follicules du même côté, qui se dilate en vésicule séminale à parois musculeuses dont les deux canaux éjaculateurs se réunissent en un seul qui va s'ouvrir au sommet d'une papille dorsale un peu saillante et qui représente le pénis absent.

L'appareil cémentaire, très développé, s'intrique, dans la partie supérieure, avec les lobes testiculaires. Les cellules cémentaires sont constituées comme chez les *Pédonculés*, c'est-à-dire creusées, en général, d'une cavité plus ou moins excentrique qui est l'origine du canal cémentaire primitif (*C*). Tous ces canaux vont se réunir, de chaque côté, dans un canal collecteur commun (*C.c*) qui va s'ouvrir à la base de l'antenne correspondante.

J'ai dit plus haut que tout l'espace laissé libre entre la paroi du corps et les différents organes internes était comblé par du tissu conjonctif.

Il y a, comme on peut le voir par cette rapide esquisse, de nombreux points de ressemblance entre les mâles nains des *Scalpellum* et ceux du genre *Ibla*, mais, par leur organisation générale relativement élevée, ceux appartenant à ce dernier genre se rapprochent plus étroitement des formes ancestrales de *Scalpellum* que nous avons placées dans le premier groupe.

3. FAMILLE DES ANASPIDÉS (*ANASPIDÆ*)

a. Sous-Famille des ALÉPADINÉS (*ALEPADINÆ*)

Genre *Alepas*, Sander Rang, 1829.

Synonymie. — *Anatifa*, Quoy et Gaimard, 1834; *Triton*, Lesson, 1830; *Cineras*, Lesson.

Diagnose. — Capitulum globuleux avec une cuticule généralement épaisse et plus ou moins ornée de stries et de sillons. — Scuta seuls présents, très réduits, cachés sous la cuticule et non calcifiés; souvent même absents.

Pédoncule le plus généralement court et étroit, mais parfois très long et aussi large que le capitulum (*A. indica*, A. Gruv.).

Mandibules avec deux ou trois dents généralement pectinées à leur base, avec un angle inférieur fortement denticulé. — Mâchoires avec une encoche large et l'angle inférieur saillant; la partie qui est au-dessous de l'encoche étant droite ou irrégulière. — Appendices filamenteux, seulement au nombre de deux, placés à la base de la première paire de cirrhes. — Appendices terminaux longs, grêles, multiarticulés, portant, à leur extrémité, une touffe de soies plus ou moins longues, avec d'autres, plus courtes, sur les articles.

Distribution. — Mers chaudes ou tempérées; fixés sur des objets divers, vivants ou inertes.

Généralités. — C'est le premier genre dans lequel on peut ne plus trouver trace de plaques, et encore, quand elles existent (*scuta*), sont-elles toujours très atrophiées, simplement chitineuses et complètement cachées sous la cuticule où il est parfois difficile de les découvrir.

On ne peut donc guère se baser pour la distinction des espèces sur la constitution des plaques, mais seulement savoir si elles sont présentes ou absentes.

Un caractère assez curieux, consiste dans l'atrophie plus ou moins grande des rames internes des cinquième et sixième paires de cirrhes, chez certaines espèces. Les rames atrophiées peuvent être égales ou inégales, ce qui constitue un nouveau caractère que nous avons pu utiliser pour la classification. Cette atrophie est, peut-être, en relation avec la reproduction de l'animal, ces rames étant situées à côté de la base du pénis.

1. *Alepas minuta.* Philippi, 1836.

Diagnose. — Capitulum globuleux, avec l'orifice très court à lèvres frangées. — Scuta chitineux et cachés sous la cuticule; difficilement visibles, placées très près l'une de l'autre, à côté et au-dessous de l'orifice.

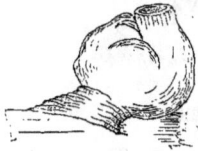

Pédoncule très plissé, presque moitié aussi large que le capitulum et plus court que lui (fig. 173).

Fig. 173.

Mandibules avec trois dents et l'angle inférieur terminé en pointe aiguë. — Mâchoires avec une large encoche au-dessous des trois dents supérieures. — Rames internes des cinquième et sixième paires de cirrhes, normales. — Appendices terminaux formés de sept articles et dépassant, en longueur, les protopodites de la sixième paire de cirrhes.

Dimensions. — Longueur totale : 6ᵐᵐ environ.

Distribution. — Méditerranée ; cap Bojador (Expédition du « Talisman ») par 250 à 355 mètres de fond, sur radioles de *Cidaris* et piquants d'autres espèces d'oursins.

2. *Alepas parasita.* Sander Rang, 1829.

Synonymie. — *Anatifa univalvis*, Quoy et Gaimard, 1827 ; *A. parasita*, Quoy et Gaimard, 1834 ; *Triton fasciculatus*, Lesson, 1830.

Diagnose. — Capitulum avec deux scuta chitineux, à orifice non proéminent, mais nettement tubulaire. — Pédoncule étroit et court. — Corps tout entier très transparent, de couleur jaune-citron clair. Appendices terminaux, longs et multiarticulés.

Dimensions. — Longueur totale : 50ᵐᵐ environ.

Distribution. — Méditerranée et Océan Atlantique, sur les Méduses.

3. *Alepas quadrata*. C. W. Aurivillius, 1894.

Diagnose. — Capitulum à peu près quadrilatère, avec les angles antéro-inférieur et postéro-supérieur, arrondis. — Orifice saillant, égalant environ les deux cinquièmes de la longueur du capitulum et nettement tubulaire. — Scuta chitineux, presque triangulaires, très rapprochés de l'orifice. — Bord carénal étroit, un peu en forme de crête (fig. 174).

Pédoncule épais, court et strié transversalement. — Mandibules avec trois dents et l'angle basal en pointe, formant une quatrième dent. — Mâchoires présentant une encoche profonde et arrondie. — Première paire de cirrhes aussi éloignée de la deuxième, que celle-ci de la sixième. — Rames internes de la cinquième et de la sixième paire de

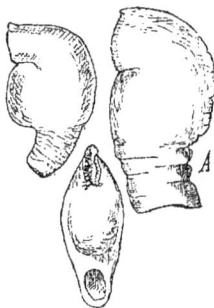

Fig. 174. — A, Forme jeune.

cirrhes atrophiées et inégales (13 articles pour la cinquième, 11 pour la sixième contre 20 à la rame externe).

Appendices terminaux très grêles, avec des articles variant de cinq à onze segments parfois symétriques; neuf, en moyenne.

Pénis, gros, à peu près cylindrique sur toute sa longueur et se rétrécissant brusquement à l'extrémité, pour se terminer en pointe fine. — Annulation très nette sur toute la partie cylindrique et, sur le milieu de chaque anneau, une série circulaire de crochets chitineux à pointe tournée en bas, mélangés à des poils longs et flexibles.

Dimensions. — Longueur du capitulum : 4ᵐᵐ ; largeur : 3ᵐᵐ,75.
— pédoncule : 2ᵐᵐ,50.

Distribution. — Basse Californie sur *Lepas Hilli*, var. *californiensis* A. Gruv. et mers de Java sur *Palinurus*.

4. *Alepas pedunculata*. Hœk, 1883.

Diagnose. — Capitulum globuleux, sans scuta, avec un orifice petit, légèrement saillant, tubulaire et frangé; bord carénal lisse. Pédoncule étroit, cylindrique, un peu renflé vers le capitulum qu'il égale presque en longueur (fig. 175).

Mandibules avec trois dents, la troisième avec un bord denticulé, et l'angle basal en forme de dent à bord inférieur également denticulé. Mâchoires non scalariformes et sans encoche. Première paire de cirrhes rapprochée de la seconde. Rames internes des cinquième et sixième paires, normales.

Appendices terminaux très longs et grêles, formés de dix articles, avec un long segment basilaire. Pénis, distinctement annelé, court, très épais, avec de nombreux poils, grêles et isolés et une touffe plus forte à l'extrémité.

Fig. 175.

Dimensions. — Longueur totale : 13^{mm},5 ; largeur du capitulum : 5^{mm}.

Distribution. — Expédition du « Challenger » : Nouvelle-Galles du Sud, par 750 mètres de fond.

5. *Alepas tubulosa?* Quoy et Gaimard, 1834.

Diagnose. — Capitulum avec un orifice court, étroit, tubulaire, et protubérant; pas de scuta. Bord carénal du capitulum, lisse, sans crête dorsale.

Animal inconnu.

Distribution. — Nouvelle-Zélande ; baie de Tolaga, sur *Palinurus*.

6. *Alepas japonica*. C. W. Aurivillius, 1894.

Diagnose. — Capitulum globuleux, presque en forme de demi-sphère, rugueux

Fig. 176.

transversalement, sans scuta. Orifice court, non tubulaire, mais faisant une légère saillie en avant du bord antérieur du capitulum et à lèvres frangées. Bord carénal avec trois ou quatre crêtes gibbeuses et médianes (fig. 176).

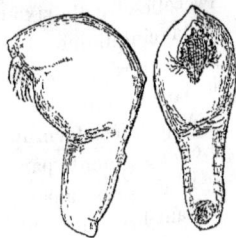

Pédoncule presque cylindrique, solide, rugueux, égalant environ les deux tiers de la longueur du capitulum.

Mandibules à quatre dents, avec l'angle basal en forme de dent ou arrondi. Mâchoires avec une encoche profonde au-dessous des trois fortes dents supérieures. Première paire de cirrhes très éloignée de la deuxième. Rames internes des cinquième et sixième paires, atrophiées et égales (16 articles contre 50 à 52 à la rame externe). Appendices terminaux avec neuf articles, longs et grêles.

Dimensions. — Longueur du capitulum : 18^{mm} : largeur : 14^{mm}.
— pédoncule : 12^{mm}.

Distribution. — Mers du Japon, par 80 mètres de fond.

7. *Alepas Belli*. A. Gruvel, 1901.

Diagnose. — Capitulum à peu près triangulaire, avec le bord antérieur presque droit. Pas de crête dorsale véritable, mais une légère saillie sur toute la longueur du bord carénal. Orifice allongé vertica-lement, rétréci à sa partie supérieure, élargi et arrondi à sa partie inférieure, bordé par un bourrelet chitineux en ar-rière duquel on trouve de nombreux plis. Un sillon assez profond délimite une surface dorsale allongée, absolument lisse, le reste de la cuticule étant plus ou moins plissé. Pas de scuta (fig. 177).

Pédoncule cylindrique, un peu plus long que le capitulum.

Fig. 177.

Mandibules avec trois dents pectinées sur leur côté inférieur avec un angle basal fortement hérissé de pointes chiti-neuses. Mâchoires avec une forte encoche au-dessous de la première dent supérieure.

Rames internes des cinquième et sixième paires de cirrhes, atrophiées et égales (27 articles contre environ 70 à la rame externe). Appendices terminaux longs et grêles, surtout vers le sommet, avec 15 articles. Pénis cylindro-conique, long, avec quelques soies éparses.

Dimensions. — Longueur du capitulum : 25^{mm} ; largeur : 16^{mm}.
— pédoncule : 32^{mm}.

Distribution. — Côtes de Cuba. Collection du British Museum.

8. *Alepas cornuta*. Darwin, 1851.

Diagnose. — Capitulum globuleux, légèrement aplati, lisse et translucide, avec l'orifice tubulaire légèrement saillant et à lèvres frangées. Bord carénal avec trois crêtes saillantes dont une à la base, une autre vers le milieu et une troisième au-dessus de l'orifice. Pas de scuta (fig. 178).

Fig. 178.

Pédoncule court, plus étroit que le capitulum et fortement plissé. Mandibules avec deux ou trois dents ; angle inférieur étroit et pectiné. Mâchoires avec une large encoche au-dessous de la troisième dent supé-rieure.

Rames internes des cinquième et sixième paires de cirrhes, atrophiées et inégales (13 articles pour la cinquième, 11 pour la sixième contre, environ, 63 articles à la rame externe). Appendices terminaux longs et grêles avec 8 articles.

Dimensions. — Longueur totale : 12^{mm},5 ; largeur du capitulum : 7^{mm},50.

Distribution. — Saint-Vincent ; Amérique ; fixé sur des Antipathes.

9. *Alepas indica*. A. Gruvel, 1901.

Diagnose. — Corps entier de l'animal, paraissant être tout d'une venue, sans séparation nette entre le capitulum et le pédoncule. Capitulum très comprimé, avec le bord antérieur droit et le bord dorsal régulièrement courbe, portant, sur toute sa longueur, une crête transparente, mince et d'environ un millimètre de hauteur. Orifice externe en forme de triangle curviligne convexe, non tubulaire, bordé de lèvres très nettement frangées. Cuticule mince, transparente et ornée de plissements très fins. Pas de scuta (fig. 179).

Pédoncule presque aussi large que le capitulum et environ trois fois et demi aussi long.

Mandibules avec trois dents et l'angle inférieur en forme de dent ; ornements assez larges et

Fig. 179.

pectinés sur les parties latérales. Mâchoires avec une encoche large et peu profonde. Rames internes des cinquième et sixième paires de cirrhes atrophiées et inégales (25 articles pour la cinquième, 27 pour la sixième). Appendices terminaux formés de douze articles, les quatre derniers seuls portant des soies nettes. Pénis long et cylindrique, assez peu nettement annelé.

Dimensions. — Longueur du capitulum : 21^{mm} ; largeur : 18^{mm},0.
— pédoncule : 70^{mm} ; largeur : 13^{mm},5.

Distribution. — Singapoure (Inde Anglaise). Collection du British Museum.

10. *Alepas microstoma*. A. Gruvel, 1901.

Diagnose. — Capitulum globuleux, avec le bord antérieur saillant et arrondi au-dessous de l'orifice externe, qui est étroit, cordiforme, avec une gouttière dorsale. Une légère crête, surtout développée vers la partie inférieure, court tout le long du bord dorsal. Toute la surface striée de sillons profonds, nombreux et irréguliers, excepté une région dorsale, courbe, limitée par un sillon net. Pas de scuta. Pédoncule à peu près régulièrement cylindrique, seulement un peu plus long que le capitulum (fig. 180).

Mandibules et mâchoires comme chez *A. Belli.* Rames internes des cinquième et sixième paires de cirrhes atrophiées et inégales (29 articles pour la cinquième et 26 pour la sixième paire). Appendices terminaux avec 15 articles dont le distal, court, porte un bouquet de soies. Pénis court, trapu, conique, terminé en pointe mousse, avec quelques rares poils à sa surface.

Fig. 180.

Dimensions. — Longueur du capitulum : 23ᵐᵐ ; largeur : 17ᵐᵐ.
— pédoncule : 24ᵐᵐ.

Distribution. — Madère. Collection du British Museum.

11. *Alepas Lankesteri.* A. Gruvel, 1901.

Diagnose. — Capitulum comprimé, avec une cuticule épaisse et transparente. Orifice légèrement tubulaire et peu saillant, à lèvres frangées. Pas de crête sur le bord carénal, mais une légère saillie s'étendant sur toute sa longueur. Cuticule générale avec de nombreux plis irréguliers (fig. 181).

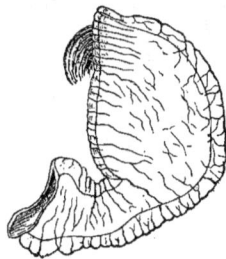

Pédoncule plus court que le capitulum, rétréci en son milieu et élargi à ses deux extrémités.

Fig. 181.

Mandibules avec trois dents et l'angle inférieur aussi en forme de dent. Mâchoires avec une encoche profonde, immédiatement au-dessous des fortes dents supérieures, et un bord libre à peu près régulièrement arrondi. Rames internes des cinquième et sixième paires de cirrhes, atrophiées et inégales (19 articles pour la cinquième, 16 pour la sixième paire). Appendices terminaux longs et grêles, avec 10 articles. Pénis à peu près régulièrement cylindro-conique.

Dimensions. — Longueur du capitulum : 20ᵐᵐ ; largeur : 18ᵐᵐ,5.

Distribution. — West Indies : Mona Channel, par environ 1 500 mètres de fond.

Tableau synoptique des espèces du genre ALEPAS, Sander Rang.

				ESPÈCES.
GENRE ALEPAS, SANDER RANG.	*Scuta* présents mais recouverts par la cuticule.	Rames internes des 5e et 6e paires de cirrhes *normales*.	Orifice très court à lèvres frangées. Très petite espèce, presque toujours fixée sur des radioles de *Cidaris*.	A. *minuta*, Philippi.
			Orifice non proéminent, mais nettement tubulaire. Parasite sur les Méduses.	A. *parasita?* Sander Rang.
		Rames internes des 5e et 6e paires de cirrhes *atrophiées et inégales*.	Forme carrée, orifice nettement tubulaire.	A. *quadrata*, C. W. Aurivillius.
	Pas de *scuta*.	Rames internes des 5e et 6e paires *normales*.	Orifice petit, tubulaire, légèrement proéminent. Pas de crête dorsale, pédoncule assez long.	A. *pedunculata*, Hœk.
			Orifice tubuleux, proéminent et étroit.	A. *tubulosa*, Quoy et Gaimard.
		Rames des 5e et 6e paires atrophiées et *égales*.	Orifice légèrement proéminent: trois ou quatre crêtes médianes et dorsales peu développées.	A. *japonica*, C. W. Aurivillius.
			Orifice largement ouvert; pas de crête médiane, mais le bord dorsal légèrement saillant dans toute sa longueur.	A. *Belli*, A. Gruvel.
		Rames des 5e et 6e paires atrophiées et *inégales*.	Orifice légèrement saillant; trois crêtes dorsales assez développées, dont une au-dessus de l'orifice. Cuticule non transparente.	A. *cornuta*, Darwin.
			Orifice non saillant, allongé et non tubulaire; une crête assez développée sur toute la partie dorsale. Cuticule transparente.	A. *indica*, A. Gruvel.
			Orifice étroit, cordiforme; une légère crête générale dorsale, particulièrement développée à la partie inférieure. Cuticule non transparente.	A. *microstoma*, A. Gruvel.
			Orifice légèrement tubulaire et saillant; une très légère crête dorsale générale; cuticule extrêmement transparente.	A. *Lankesteri*, A. Gruvel.

b. Sous-Famille des ANÉLASMINÉS (*ANELASMINÆ*).

1. Genre *Chœtolepas*, Studer, 1882.

Diagnose. — Animal à manteau mou, allongé, ovale, sans pédoncule vrai et entouré d'une cuticule chitineuse mince et sans plaques. Le tiers inférieur est garni de rangées de soies chitineuses, courtes, dirigées vers l'ouverture du capitulum qui est large.
Six paires de cirrhes dont la première est très petite et simple. La lèvre supérieure porte trois lobes. Le corps présente des segments très distincts les uns des autres. Les deux premiers segments thoraciques sont soudés avec la tête. Le pénis est court, formé seulement de deux articles.

Dans l'ovaire, les œufs, au moment de leur maturité, sont relativement dévelop-

Fig. 182.

pés; ils parviennent ensuite dans la cavité du manteau et y subissent les premiers stades de développement. On a même trouvé, dans cette cavité, des larves au stade cypris.

Distribution. — Voyage de la « Gazelle », sur des Sertulaires.

Observations. — Le genre *Chœtolepas* n'est encore représenté que par une seule espèce : *Ch. segmentata*, Studer, qui présente les caractères énoncés ci-dessus pour le genre-lui-même (fig. 182).

2. Genre *Gymnolepas*, C. W. Aurivillius, 1894.

Diagnose. — Capitulum sans plaques; orifice arrondi, cirrhes courts, égaux, pourvus de soies, les rames dépassant de peu la longueur de leur protopodite. Pas d'appendices filamenteux. Appendices terminaux uniarticulés.

Mandibules avec cinq dents et un angle inférieur en forme de dent. Mâchoires à bord libre droit ou faiblement ondulé, avec quatre groupes d'épines. Palpes de la lèvre inférieure en forme de croissant.

Distribution. — Pélagiques : parasites sur les Méduses.

Généralités. — La biologie spéciale de ce genre, le rapproche du précédent par l'atrophie considérable des cirrhes. Le manteau est très transparent, comme, en général, celui des formes pélagiques, et laisse apercevoir l'animal qui est à l'intérieur.

Le genre *Gymnolepas* diffère du genre *Anelasma* en ce que, dans ce dernier, les cirrhes sont entièrement dépourvus de soies et ne présentent pas trace d'articulation, tandis que les unes et les autres existent chez *Gymnolepas*. Dans ce dernier genre, les appendices filamenteux manquent, mais les appendices terminaux existent. Il diffère du genre *Alepas*, par l'absence d'appendices filamenteux, la réduction à un segment des appendices terminaux, la forme et la constitution des pièces buccales et, enfin, l'atrophie des cirrhes.

Il n'est représenté que par une espèce unique.

Gymnolepas pellucida. C. W. Aurivillius, 1894.

Diagnose. — Capitulum en forme de vésicule transparente. Ouverture du manteau, large, non saillante. Appendices terminaux atteignant jusqu'au niveau de la suture moyenne du sixième protopodite.

Fig. 183.

Pédoncule deux fois aussi long que le capitulum, transparent et plus épais en arrière. Après séjour dans l'alcool, la cuticule est, dans son ensemble, transparente comme du verre (fig. 183).

Mandibules étroites avec cinq dents et l'angle inférieur en forme de dent ; dent supérieure deux fois aussi éloignée de la deuxième que celle-ci de la troisième et faces latérales garnies de poils courts. Mâchoires avec le bord masticateur étroit, portant quatre groupes d'aiguillons presque de même longueur.

Cirrhes augmentant légèrement de longueur vers l'arrière, courts, épais et presque droits ; protopodite environ moitié aussi long que les rames de la première paire qui présentent six ou sept segments, les autres rames avec sept, chacun d'eux portant, tout autour de son extrémité supérieure, des poils raides, en général plus longs que le segment lui-même.

Appendices terminaux uniarticulés, en forme de cône obtus, avec quelques poils courts vers la pointe et la partie externe. Pénis à quatre ou cinq segments avec poils raides et dispersés sur chacun d'eux, surtout le dernier ; sa longueur égale les deux tiers de celle de la sixième paire de cirrhes.

Dimensions. — Longueur totale :   18^{mm}.
         —   du capitulum :   8^{mm}.

Distribution. — Atlantique : à la face inférieure de l'ombrelle d'une Méduse.

Observations. — La constitution de cette espèce semble merveilleusement adaptée à son habitat, au-dessous de l'ombrelle de la Méduse.

La ténuité de son enveloppe ne résisterait pas à la vie pélagique des *Lepas*, par exemple. Enfin, grâce aux mouvements propres de son hôte, l'animal est abondamment fourni de nourriture, les cirrhes devenus inutiles, se sont atrophiés.

3. Genre *Anelasma*, Darwin, 1851.

Synonymie. — *Alepas*, Loven, 1844.

Diagnose. —Capitulum absolument nu, sans plaque. Orifice large, s'étendant de la partie supérieure jusqu'au niveau du pédoncule. Pédoncule strié, large, sub-globuleux.

Cirrhes atrophiés, sans soies ; palpes des lèvres, rudimentaires ; mandibules peu développées, avec plusieurs petites dents placées irrégulièrement ; mâchoires faibles, avec des soies très rudimentaires, irrégulièrement dispersées. Pas d'appendices terminaux.

Distribution. — Mers du Nord, fixé sur des Squales.

Généralités. — Cette forme, extrêmement curieuse, avait été rencontrée par Loven, enfoncée, en partie, dans la peau d'un Squale et caractérisée par lui comme un *Alepas* ; Darwin, à cause de l'atrophie considérable des cirrhes et des pièces buccales et aussi de la très large ouverture du manteau, a cru devoir, avec raison, du reste, retirer cette forme du genre *Alepas* et en faire un genre spécial sous le nom de *Anelasma*. La seule espèce actuellement connue est :

Anelasma squalicola. Darwin, 1851.

Synonymie. — *Alepas squalicola*, Loven, 1844.

Diagnose. — Capitulum ovale, très aplati, sans plaque. Membrane capitulaire extrêmement flexible ; manteau coloré en brun pourpre ; orifice très allongé, allant de la partie supérieure jusqu'à la base du capitulum (fig. 184).

Pédoncule environ moitié aussi long que le capitulum, mais de dimension variable ; il est un peu plus étroit et incolore, étant complètement enfoncé dans la peau de l'hôte.

Bouche prosciforme. Mandibules très petites avec deux dents plus fortes et une série de petites à côté des premières et formant l'angle inférieur. Mâchoires plus petites encore, à bord libre arrondi et portant de petites épines courtes irrégulièrement placées.

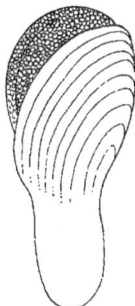

Fig. 184.

Six paires de cirrhes, de constitution très rudimentaire quoique assez développés en longueur ; colorés, comme le reste du corps, en tons pourpres ; entièrement dépourvus de soie, mais tous biramés sans articulation distincte. Les muscles des cirrhes, comme ceux du muscle adducteur des valves, sont *lisses* (fig. 185).

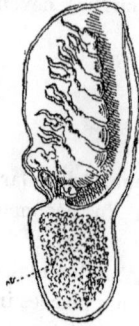

Pénis épais, court, à peine deux fois aussi long que la sixième paire de cirrhes, étroit à la base, annelé, sans soies à sa surface.

Dimensions. — Longueur totale :   32^{mm},5.
Diamètre du pédoncule : 10^{mm}.

Distribution. — Mers du Nord ; parasite sur *Squalus maximus* et *S. spinax*.

Fig. 185. — *ov*, ovaire.

Observations. — D'après Steenstrup, ces animaux seraient toujours fixés, par deux, sur les squales. Si le fait est général, il serait intéressant d'étudier ces animaux comparativement au point de vue du développement de l'appareil génital. Bien que ces formes soient hermaphrodites, il se pourrait que les organes de l'un des sexes soient plus développés dans l'un que dans l'autre des deux animaux voisins, le phénomène inverse se manifestant pour le sexe opposé, et il y aurait là une sorte de passage entre la forme hermaphrodite typique et la forme à mâles nains comme chez *Ibla* et *Scalpellum*, et nous retrouverions ainsi dans une espèce actuelle, une forme nous rappelant un stade ancestral de l'évolution sexuelle.

Ces êtres ont le pédoncule complètement enfoncé dans la peau du squale, mais, probablement, non comprimé dans cette cavité, au fond de laquelle il est maintenu par des prolongements de sa paroi sous forme de racines très ramifiées.

Ce genre est, évidemment, très voisin du genre *Alepas*.

CHAPITRE IV

II. — OPERCULÉS (*Operculata*)

Nous avons donné (1) la définition des Cirrhipèdes *Operculés* et nous avons vu qu'ils se divisent nettement en deux tribus : les *Asymétriques* (*Asymetrica*) et les *Symétriques* (*Symetrica*).

1. — TRIBU DES ASYMÉTRIQUES (*Asymetrica*).

Les Asymétriques sont des Cirrhipèdes Operculés, avec les scuta et es terga mobiles d'un côté seulement, variable du reste, les autres étant fixes et soudés avec le rostre et la carène, de façon à constituer la muraille, en totalité.

Cette tribu est formée par un genre unique : *Verruca*, formant la famille des *Verrucidés* (*Verrucidæ*).

FAMILLE DES VERRUCIDÉS (*VERRUCIDÆ*).

Genre *Verruca*, Schumacher, 1817.

Synonymie. — *Clysia*, Leach, 1817; *Clitia*, G. B. Sowerby ; *Creusia*, Lamarck, 1818; *Ochthosia*, Ranzani, 1820; *Lepas* et *Balanus*, de divers auteurs.

Diagnose. — La diagnose du genre est la même que celles de la famille et de la tribu.

Distribution. — Toutes les mers froides, tempérées ou tropicales ; fixés sur des objets vivants ou inertes ; radioles d'Oursins, tiges de Gorgones, coquilles de Mollusques, rochers, etc., à des profondeurs variables ; jamais littorales.

Généralités. — Le genre *Verruca* diffère considérablement de tous les autres Cirrhipèdes par l'asymétrie très nette de la muraille de l'adulte. Mais cette asymétrie n'est pas primitive, elle n'est acquise que secondairement.

Si l'on étudie, en effet, le développement post-larvaire d'une espèce,

(1) Page 7.

comme nous avons pu le faire pour *V. striata*, A. Gruv., par exemple,
on voit que, au moment où la larve cypris perd son enveloppe chitineuse, toutes les pièces sont symétriques ; deux impaires : le rostre et
la carène, et quatre paires, deux à deux : les scuta et les terga. Ces dernières sont, toutes, également mobiles, deux à deux. Par conséquent, la

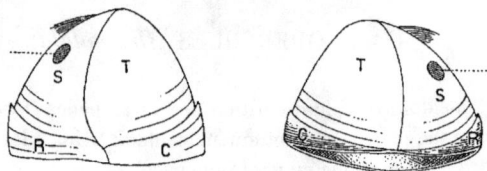

Fig. 186. — *a, Verruca striata*, A. Gruv., très jeune, mais chez laquelle les côtés latéraux du
rostre et de la carène sont déjà asymétriques. — S, *scutum* ; T, *tergum* : R, rostre ; C,
carène ; *i.m.ad*, impression du muscle adducteur. (Les pièces operculaires sont encore
parfaitement symétriques et les deux volets mobiles.) — *b*, la même vue du côté qui sera
fixe plus tard.

forme primitive est parfaitement symétrique. Mais, l'un des côtés,
variable du reste, se développe beaucoup plus que l'autre (fig. 186). Les
bords libres de la carène et du rostre qui étaient d'abord en contact,
s'éloignent peu à peu du côté atrophié. Il en résulte que les terga et
scuta, du même côté, viennent peu à peu combler le vide ainsi formé, se
soudent aux deux autres pièces et aussi entre eux par leurs bords en contact, et, dès ce moment, la muraille est constituée par la carène et le rostre
qui forment tout un côté ainsi que l'avant et l'arrière de la muraille,
l'autre côté étant constitué par le tergum et le scutum devenus fixes.

Il reste encore un tergum et un scutum, articulés entre eux et
formant un véritable opercule ou volet mobile.

Suivant que la différence de développement entre le côté mobile et
le côté fixe est plus ou moins grande, le volet peut être, soit à peu près
dans un plan perpendiculaire à la base, comme à l'origine de l'animal,
soit, au contraire, dans un plan à peu près parallèle à cette même base,
d'où la possibilité de former dans ce genre, au point de vue systématique,
deux grandes divisions.

Les *Verrucidés* diffèrent donc, par la constitution de leur test, aussi
bien des Pédonculés que des Operculés symétriques. Par les caractères
tirés de l'animal proprement dit, cette famille se rapproche à la fois
des deux groupes précédents, mais, par l'absence de branchies dans la
cavité palléale et aussi par le grand développement des appendices
terminaux, les Verrucidés se rapprochent davantage des Lepadidæ que

des Balanidæ. L'absence de pédoncule, la striation constante des fibrilles primitives du muscle adducteur, d'autre part, semblent renverser les rapports.

En réalité, les *Verrucidés* constituent un type tout à fait à part, ne dérivant ni des Pédonculés, ni, encore moins, des Balanidés, mais intermédiaire entre les deux et détaché de très bonne heure de la souche primitive.

En ce qui concerne la désignation des différentes parties des pièces qui constituent la muraille, c'est-à-dire la carène, le rostre, le tergum et le scutum fixes et les pièces operculaires mobiles (tergum et scutum), nous prions le lecteur de bien vouloir se reporter au chapitre qui traite de cette question pour les Operculés symétriques.

Nous dirons seulement qu'on désigne sous le nom d'*arêtes articulaires* et de *sillons articulaires* les plis calcaires, les uns en relief, les autres en creux, formés par la carène et le rostre, du côté de l'opercule mobile et qu'on trouve aussi sur les pièces operculaires. Toujours, l'arête d'un côté pénètre, par sa base, dans la partie inférieure, encochée, du sillon correspondant, ce qui donne à l'ensemble des pièces une cohésion beaucoup plus parfaite.

Généralement, il existe sur le tergum et le scutum mobiles, une arête qui unit l'apex de la plaque à l'angle basal, c'est *l'arête médiane*

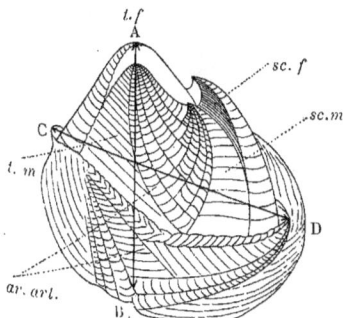

Fig. 187. — *Verruca imbricata*, A. Gruvel. — *t.f, tergum fixe*; *sc.f, scutum fixe*; *sc.m, scutum mobile*; *t.m, tergum mobile*; *ar.art, arêtes articulaires*. — AB, hauteur, distance de l'apex du *tergum* fixe à la base (vu par transparence); CD, distance de l'apex de la carène à celui du rostre.

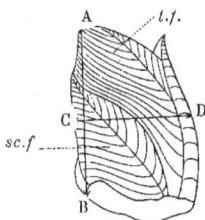

Fig. 188. — *Verruca erecta*, A. Gruvel, vue du côté de l'opercule fixe. — AB, hauteur; CD, largeur.

ou *axiale*. Les autres arêtes sont comptées : première, seconde, troisième, etc., en partant de celle qui est la plus rapprochée du bord supérieur et en allant vers l'arête axiale de la pièce.

Le scutum et le tergum fixes, outre les stries d'accroissement, portent aussi, quelquefois, des crêtes plus ou moins saillantes ; on les désigne sous le nom de *côtes longitudinales*.

Du côté interne du scutum mobile, on ne trouve qu'une très légère dépression pour l'insertion du muscle adducteur.

Les *dimensions* sont prises par nous de la façon suivante : pour la largeur, de l'apex du rostre à celui de la carène, dans les formes déprimées (fig. 187), ou bien, une ligne allant du bord antérieur au bord postérieur, en passant par le muscle adducteur, dans les formes droites. Pour la hauteur : de l'apex du tergum fixe à la base (fig. 188).

1. *Verruca erecta*. A. Gruvel, 1900.

Diagnose. — Plan scuto-tergal mobile à peu près perpendiculaire à la base, qui est de forme ovale et à contour irrégulier. Scutum mobile

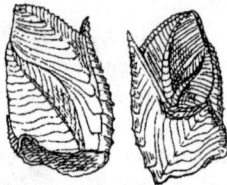
Fig. 189.

très étroit, avec deux arêtes articulaires dont la supérieure très peu large et peu saillante, l'inférieure plus large et très nette, longeant toutes deux le bord tergal. Apex pointu, non saillant. Tergum avec une arête articulaire saillante, (arête axiale). Carène très élevée à apex pointu et saillant. Rostre quadrangulaire à apex pointu, très peu saillant et atteignant, à peine, le niveau du milieu de la hauteur de la carène. Stries d'accroissement fortement marquées. Pas de côtes longitudinales (fig. 189).

> *Dimensions*. — 1° De l'apex du rostre à celui de la carène (1) : 2^{mm},5.
> 2° De l'apex du tergum fixe à la base : 4^{mm}.

Distribution. — Expédition du « Talisman » : Açores, par 3175 mètres.

Observations. — Cette espèce se rapproche de *V. obliqua* Hœk, et de *V. longicarinata*, A. Gruv.

2. *Verruca longicarinata*. A. Gruvel, 1900.

Diagnose. — Plan scuto-tergal mobile à peu près perpendiculaire à la base. Test de couleur blanc rosé, à surface lisse. Scutum mobile avec deux arêtes articulaires, saillantes, contiguës et longeant le bord ter-

(1) Nous remplacerons, pour les autres espèces, ces longues phrases par les abréviations suivantes :
> 1° A. R. à A. C.
> 2° A. T. à B.

gal; apex très pointu mais non saillant. Tergum mobile de forme à peu près losangique avec la côte axiale et une arête moins saillante et longeant le bord tergal. Carène à apex très aigu et fortement saillant en arrière. Rostre pointu mais à peine proéminent. Apex de la carène à un niveau un peu supérieur à celui du rostre. Du côté mobile, limite entre la carène et le rostre très peu distincte, avec des stries d'accroissement, mais pas de côtes longitudinales (fig. 190).

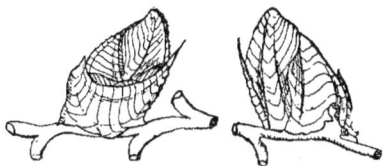

Fig. 190.

Dimensions. — A. R. à A. C. : ..... 2ᵐᵐ,5.
A. T. à B.   : ..... 3ᵐᵐ.

Distribution. — Expédition du « Talisman » : Mer des Sargasses. Sur Bryozoaires, par 3 432 mètres.

Observations. — Espèce très voisine de *V. obliqua* Hœk, mais tergum mobile plus élancé ; bord rostral du scutum presque droit. Pas de côtes longitudinales à la carène ni au rostre.

3. *Verruca obliqua*. Hœk, 1883.

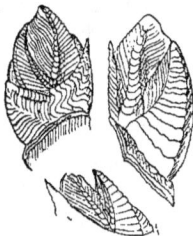

Fig. 191.

Diagnose. — Plan scuto-tergal mobile à peu près perpendiculaire à la base. Test blanc ; surface avec des stries d'accroissement peu saillantes, placé obliquement à la surface de l'objet sur lequel il repose. Scutum triangulaire, étroit, avec une arête articulaire limitant le bord tergal. Apex du tergum très mousse, la pièce étant quadrangulaire. Rostre quadrangulaire, relativement grand, légèrement convexe, avec l'apex plus ou moins saillant. Carène avec l'apex pointu saillant et à un niveau beaucoup plus élevé que celui du rostre. Bord carénal du rostre avec une simple dent articulaire (fig. 191).

Distribution. — Expédition du « Challenger » : Atlantique nord, par 2 782 mètres.

Observations. — Par son aspect général, cette espèce ressemble à *V. nitida*, H, mais elle en diffère nettement par le nombre des arêtes articulaires du tergum et du scutum mobiles.

4. *Verruca incerta.* Hœk, 1883.

Diagnose. — Test de couleur rosée? Surface avec des stries d'accroissement saillantes mais peu nombreuses sur le rostre et la carène. Plan scuto-tergal à peu près perpendiculaire à la base. Base étroite à bords repliés pour contourner le support. Scutum mobile relativement petit; arête articulaire rostrale non visible, l'arête tergale étant bien développée et longeant le bord tergal. Apex du scutum en pointe mousse. Tergum mobile presque rhomboïdal, avec l'apex mousse; les arêtes supérieure et axiale, seulement, nettes. Apex de la carène légèrement saillant en dehors et mousse (fig. 192).

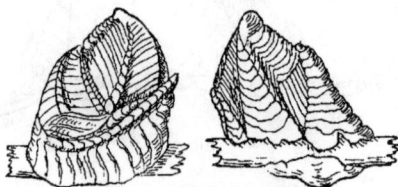

Fig. 192.

Distribution. — Expédition du « Challenger » : Atlantique sud, sur une radiole d'échinide du genre *Salenia*, par 2 600 mètres de fond.

5. *Verruca cornuta.* C. W. Aurivillius, 1898.

Diagnose. — Test non déprimé. Scutum mobile avec trois arêtes longitudinales, parmi lesquelles les externes sont moins marquées (comme dans *V. nexa* Darw., trois côtes du scutum mobile sont présentes). Tergum mobile, oblique, quadrangulaire, à trois côtes, séparées entre elles par deux incisures marginales; l'arête moyenne étant un peu plus longue que l'arête supérieure. Scutum mobile à *deux* côtes articulaires dont la supérieure est, environ, de moitié plus longue que l'inférieure. Scutum et tergum fixes formant entre eux, au-dessous du bord articulaire, une ligne presque droite, avec quatre ou cinq côtes serrées, rayonnant de chaque apex. Tergum fixe retourné en arrière et plus élevé que le scutum. Carène dépassant en hauteur les autres plaques. Rostre avec l'apex saillant.

Dimensions. — Maxima du test : 3^{mm},5.
Hauteur :   3^{mm}.

Distribution. — Expédition de la « Princesse Alice » : Açores, par 454 à 793 mètres de fond.

6. *Verruca quadrangularis.* Hœk, 1883.

Diagnose. — Test d'un blanc sale; surface lisse avec des stries d'accroissement peu saillantes. Parois presque parallèles entre elles et perpendiculaires à la base qui est allongée, ovale. Scutum mobile, relativement large, avec l'arête articulaire externe impossible à distinguer, tandis que l'interne est très saillante et séparée du bord tergal par un espace étroit. Tergum

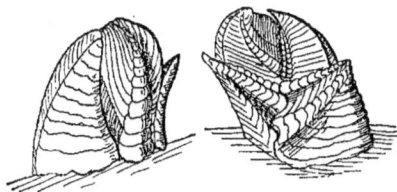

Fig. 193.

mobile presque régulièrement rhomboïdal, avec l'apex mousse et recourbé en avant. Apex de la carène franchement saillant, tandis que celui du rostre de forme quadrangulaire, n'est que très peu ou pas saillant. Rostre et carène articulés ensemble par deux dents sur chacune des plaques (fig. 193).

Distribution. — Expédition du « Challenger » : 35° 39′ lat. S. et 50° 47′ long. O., par 3460 mètres.

Observations. — Cette espèce est assez voisine de *V. gibbosa*, H. Le labre a les dents plus nombreuses et très distinctes, les palpes sont plus grêles. Les mandibules ont trois dents, la troisième présentant des denticulations sur le bord supérieur; l'angle inférieur est très denticulé. Les dents de l'angle inférieur ne sont pas aussi régulières que dans *V. gibbosa* et leur nombre est plus petit. Les mâchoires n'ont pas l'encoche aussi large que dans *V. gibbosa* et les épines qu'elles portent sont plus fortes.

Les appendices terminaux sont plus grêles, avec huit articles.

7. *Verruca sculpta.* C. W. Aurivillius, 1898.

Diagnose. — Test non déprimé. Scutum mobile orné d'une côte longitudinale près du bord tergal. Apex de la carène non saillant en forme de pointe (jusqu'ici = *V. incerta* Hœk), mais, tergum inégalement triangulaire avec trois côtes dont la supérieure et la médiane, égales entre elles, sont plus courtes que l'inférieure. Scutum mobile avec deux côtes articulaires dont la supérieure, très délicate, est presque invisible et moitié plus courte que l'inférieure.

Scutum et tergum fixes, au-dessous des bords articulaires, formant entre eux une ligne presque droite (ou légèrement courbe); ornés de cinq à six côtes rayonnant de l'apex. Tergum fixe pas plus élevé que le scutum. Carène dépassant un peu les autres pièces. Plaques du test moins distinctement striées longitudinalement. Toutes les plaques marquées de stries d'accroissement distinctes et assez serrées.

Dimensions. — Maxima de la base du test : $10^{mm},0$.
Hauteur   —   : $7^{mm},5$.

Distribution. — Expédition de la « Princesse Alice » : Acores, par 454 mètres.

8. *Verruca crenata.* C. W. Aurivillius, 1898.

Diagnose. — Test non déprimé. Scutum mobile, orné d'une seule côte longitudinale, près du bord tergal. Apex de la carène non saillant en forme de pointe (jusqu'ici $= V.$ *incerta* Hœk), mais : tergum inégalement quadrangulaire, orné de trois côtes, dont deux sont doubles. Scutum mobile orné de deux côtes articulaires très fines (sans compter la côte longitudinale). Scutum et tergum fixes, au-dessous des bords articulaires, formant entre eux un angle obtus avec trois côtes légèrement incurvées, rayonnant de l'apex. Tergum immobile plus élevé que le scutum. Carène dépassant en hauteur les autres plaques. Toutes les plaques ornées de stries d'accroissement très serrées.

Dimensions. — Maxima du test : $2^{mm},0$.
Hauteur : $2^{mm},5$.

9. *Verruca æqualis.* C. W. Aurivillius, 1898.

Diagnose. — Test non déprimé. Scutum mobile orné d'une côte longitudinale très rapprochée du bord tergal. Apex de la carène non saillant (jusqu'ici $= V.$ *incerta* Hœk), mais : tergum mobile presque losangique, avec trois côtes articulaires, dont la moyenne a une longueur presque égale à la supérieure. Scutum mobile avec seulement deux côtes articulaires. Scutum et tergum fixes, formant entre eux, au-dessous des bords articulaires, un angle obtus ; ornés d'une côte unique, plus éloignée du bord dans le scutum que dans le tergum ; tergum pas plus élevé que le scutum. Rostre égalant presque la carène en hauteur. Toutes les plaques ornées de stries d'accroissement larges et nettes, mais pas de côtes longitudinales.

Dimensions. — Maxima du test : $5^{mm},5$.
Hauteur : $3^{mm},5$.

Distribution. — Expédition de la « Princesse Alice » : Açores, par 1 000 à 1 400 mètres de fond.

10. *Verruca inermis.* C. W. Aurivillius, 1898.

Diagnose. — Test non déprimé. Scutum mobile orné d'une côte longitudinale très rapprochée du bord tergal. Apex de la carène non saillant en pointe (jusqu'ici = *V. incerta*, Hœk), mais : tergum mobile inégalement losangique, avec trois côtes, dont la moyenne, courte, se termine en un sillon. Scutum mobile avec deux côtes articulaires (la côte longitudinale excepté) très fines, à peine visibles. Scutum et tergum fixes, formant entre eux, au-dessous des bords articulaires, un angle extrêmement obtus avec deux côtes, ou plutôt deux sillons, extrêmement légers, rapprochés l'un de l'autre, mais divergeant fortement des bords articulaires et limitant avec eux un large espace triangulaire. Tergum immobile pas plus élevé que le scutum. Carène dépassant, en hauteur, les autres pièces. Toutes les pièces ornées de stries d'accroissement larges et distinctes, sans côtes longitudinales.

Dimensions. — Maxima du test : 6^{mm}.
Hauteur (de la carène) : 4^{mm}.

Distribution. — Expédition de la « Princesse Alice » : Açores, par 1022 mètres.

11. *Verruca nitida.* Hœk, 1883.

Diagnose. — Test blanc et très comprimé; surface lisse avec des stries d'accroissement peu proéminentes. Parois presque perpendiculaires à la base qui est étroite. Scutum mobile relativement large, avec un apex nu, en pointe aiguë. Côte articulaire supérieure courte et

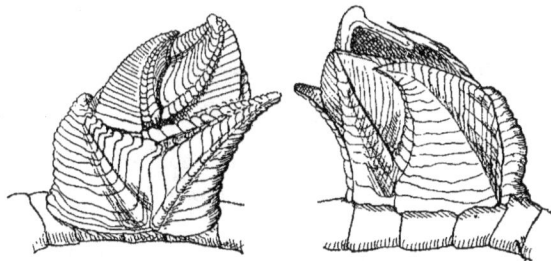

Vue du côté mobile.   Fig. 194.   Vue du côté fixe.

étroite, les deux inférieures (dont l'axiale) très nettes et contiguës, à bord supérieur arrondi. Espace entre la côte articulaire supérieure et le bord tergal, très étroit. Tergum mobile avec l'apex légèrement recourbé en avant et mousse; deux arêtes articulaires. Apex de la carène très saillant en arrière. Carène articulée avec le rostre par une seule dent large qui forme la partie la plus inférieure de la pièce. Scutum fixe divisé en deux parties triangulaires, formant entre elles un angle aigu (fig. 194).

Dimensions. — Maxima du test : 5^{mm},5.

Distribution. — Expédition du « Challenger » : 4°33′ lat. N. et 127°6′ long. E., fixé sur des tentacules de *Pentacrinus*, par 915 mètres.

12. *Verruca gibbosa.* Hœk, 1883.

Diagnose. — Test blanc ; surface lisse avec des stries d'accroisse ment très saillantes et des sillons entre les arêtes articulaires. Parois presque perpendiculaires à la base qui est assez large et à peu près triangulaire. Scutum mobile plutôt large ; arête articulaire supérieure assez longue et nette ; les deux arêtes inférieures (dont l'arête axiale) nettes et contiguës, à bord supérieur aplati. Arête articulaire supérieure séparée du bord tergal par un espace assez large. Apex du scutum mobile pointu, non saillant. Apex du tergum mobile presque pointu. Apex

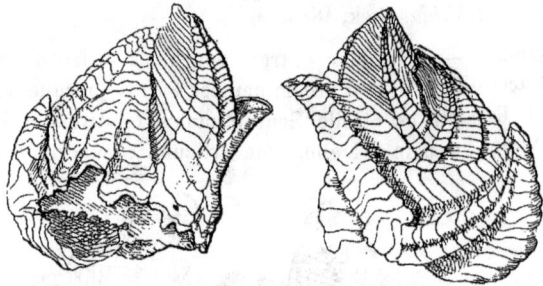

Fig. 195.

de la carène et du rostre recourbés tous deux en arrière et saillants. Rostre et scutum fixes, volumineux. Rostre et carène articulés par trois dents (fig. 195).

Dimensions. — A. R. à A. C. = 9^{mm}.
A. T. à B.   = 8^{mm}.

Distribution. — Expédition du « Challenger » : 48°37′ lat. S. et 55°17′ long. O., par 1895 mètres.

Observations. — Labre avec le bord libre portant une série de très nombreuses et petites dents. Mandibules avec trois dents et l'angle inférieur denticulé. Mâchoires avec une forte encoche portant quelques épines peu fortes. Appendices terminaux longs et grêles avec onze segments. Pénis long et légèrement renflé à son extrémité.

13. *Verruca sulcata*. Hœk, 1883.

Diagnose. — Test d'un blanc sale, aplati, spécialement du côté du scutum et du tergum fixes. Surface avec des stries d'accroissement saillantes ; arêtes articulaires du scutum et du tergum saillantes, comme aussi celles de la carène et du rostre. Parois perpendiculaires à la surface de la base. Scutum mobile plutôt large, avec l'apex pointu et nettement saillant ; arête articulaire supérieure difficilement visible ; la moyenne pénètre par une dent aiguë entre les deux arêtes correspondantes du tergum ; troisième arête articulaire saillante. Tergum mobile quadrangulaire avec trois arêtes articulaires. Rostre légèrement convexe, à quatre dents qui alternent avec les trois dents de la carène et qui unissent les deux pièces (fig. 196).

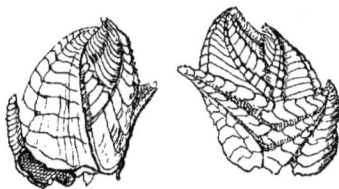

Fig. 196.

Dimensions. — A. R. à A. C. $= 5^{mm},0$.
A. T. à B. $= 5^{mm},5$.

Distribution. — Expédition du « Challenger » : 29°55′ lat. S. et 178°14′ long. O., par 950 mètres ; 29°45′ lat. S. et 178°11′ long. O., par 1165 mètres.

14. *Verruca nexa*. Darwin, 1853.

Diagnose. — Test rougeâtre, non déprimé, parois à peu près perpendiculaires à la base. Scutum mobile avec deux côtes longitudinales fortement saillantes, en outre des trois côtes articulaires et en avant d'elles. Scutum fixe plus large que la carène, sans aucune dépression pour l'adducteur (fig. 197).

Dimensions. — Diamètre $= 5^{mm}$.

Distribution. — Amérique ; fixé sur les Gorgones.
Observations. — Les umbo des pièces sont remarquablement sail-

lants et aigus. Quoique les parois soient presque lisses, on y voit de très proéminentes côtes arrondies par lesquelles les pièces de la

Fig. 197.

muraille et les pièces operculaires sont articulées ensemble, de sorte que le test tout entier a une apparence fortement sillonnée. Le scutum fixe ne présente pas, du côté interne, une grande dépression pour l'adducteur, mais une simple fossette avec son bord inférieur arrondi.

Labre avec une rangée de petites dents sur le bord libre ; mandibules avec deux ou trois dents vraies et un angle inférieur pectiné.

15. *Verruca radiata*. A. Gruvel, 1900.

Diagnose. — Test blanc. Plan scuto-tergal à peu près perpendiculaire à la base qui est assez régulièrement circulaire. Scutum mobile avec quatre côtes articulaires très étroites, surtout la première et la seconde qui sont également les plus courtes et se voient assez difficilement ; stries d'accroissement très nettement marquées, ne vont pas jusqu'à l'apex qui est en pointe mousse et à peine saillant au-dessus du bord supérieur du tergum. Tergum mobile avec

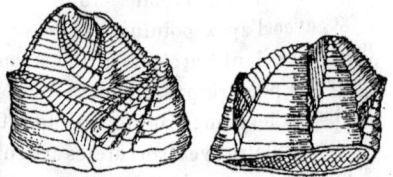

Fig. 198.

quatre côtes articulaires, saillantes et bien développées, la troisième étant la plus étroite et leur longueur diminuant régulièrement de la base au sommet. Apex de la carène et celui du rostre, mousses, recourbés en dehors et légèrement saillants ; chaque pièce avec des stries d'accroissement larges et distinctes et quatre dents articulaires. Apex du scutum et du tergum fixes en pointe mousse ; des stries d'accroissement mais pas de côtes longitudinales (fig. 198).

Dimensions. — A. R. à A. C. = 3^{mm},00.
A. T. à B.   = 2^{mm},25.

Distribution. — Expédition du « Talisman »: Canaries, sur *Dallina septigera*, par 912 mètres.

16. *Verruca costata*. C. W. Aurivillius, 1898.

Diagnose. — Test non déprimé. Scutum mobile orné d'une seule côte longitudinale près du bord tergal. Apex de la carène non saillant en pointe (jusqu'ici = *V. incerta*, H.), mais : tergum mobile presque losangique avec cinq côtes articulaires dont la seconde (la plus rapprochée de la supérieure) est la plus petite. Scutum mobile avec quatre côtes (ou crêtes) articulaires dont une un peu plus large que les autres. Scutum et tergum fixes formant entre eux, au-dessous des bords articulaires, un angle obtus, et ornés chacun de deux côtes; tergum plus haut que le scutum. Carène plus élevée que les autres pièces. Toutes les pièces ornées de stries d'accroissement larges et distinctes; partie du test ornée de côtes longitudinales plus ou moins distinctes.

Dimensions. — Maxima du test : 5mm,0.
Hauteur :   3mm,5.

Distribution. — Expédition du « Challenger »: au large de Brest, par 748 à 1262 mètres, et Açores, sur *Fusus bocagei* Fisch. et *Turbo peloritanus*, Caubr., par 800 à 1200 mètres.

17. *Verruca recta.* C. W. Aurivillius, 1898.

Diagnose. — Test assez déprimé; scutum mobile orné, du côté interne, par l'impression du muscle adducteur; crête articulaire inférieure (de Darwin) plus large que la supérieure (jusqu'ici = *V. lævigata*, Sow.), mais : arête supérieure du scutum à peine visible. Arête articulaire supérieure du tergum mobile, à apex arrondi; crête médiane, un tout petit peu plus courte que les autres, non visible du côté interne; l'inférieure non étendue. Bord articulaire de l'opercule (ceux du scutum et du tergum mobiles) tout à fait droit. Surface du test ornée seulement de lignes d'accroissement, pas de côtes longitudinales.

Dimensions. — Maxima du test : 8mm.
Hauteur :   3mm.

Distribution. — Expédition de la « Princesse Alice » : Açores, par 800 à 1400 mètres.

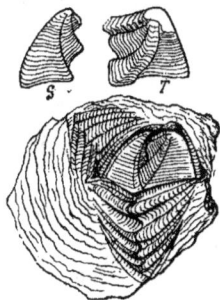

Fig. 199.

18. *Verruca lævigata.* G. B. Sowerby?

Diagnose. — Test d'un blanc sale, lisse; plan scuto-tergal à peu près parallèle à la base qui est arrondie; scutum mobile avec l'arête articulaire moyenne (inférieure de Darwin), plus large et environ deux fois aussi long que l'arête supérieure. Tergum mobile plus large que haut avec l'arête articulaire supérieure faisant une saillie en pointe du côté scutal (fig. 199).

Distribution. — Terre de Feu, Patagonie, Chili, Pérou, fixé sur les coquilles et souvent des Balanes (*B. lævis*, *B. psittacus*), se rencontre à de faibles profondeurs (150 mètres).

Observations. — Cette espèce a été souvent confondue avec *V. strömia* O. Müller, dont elle se distingue par son test toujours lisse, les arêtes articulaires du tergum et du scutum mobiles plus saillantes et enfin par son arête articulaire moyenne plus large que la supérieure.

19. *Verruca Spengleri.* Darwin, 1853.

Diagnose — Test déprimé. Scutum mobile avec, du côté interne, une crête aiguë, droite et médiane pour l'adducteur ; scutum fixe pas plus large que le tergum fixe (fig. 200).

> *Dimensions.* — Un peu plus faibles peut-être que celles de *V. strömia.*

Distribution. — Madère, fixé sur des coquilles.

Observations. — Les parois ne présentent pas de sillons longitudinaux comme chez *V. strömia*. Le scutum fixe est égal au tergum fixe ou même plus petit. Les stries d'accroissement sont plutôt plus sail-

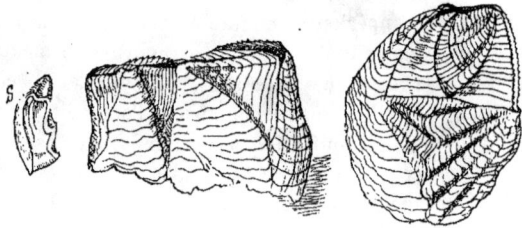

Fig. 200.　　　　　　　　　Fig. 201.

lantes que dans *V. strömia*. Dans le scutum mobile, l'arête articulaire moyenne n'est jamais aussi large que dans *V. lævigata*, elle est située plus dans le milieu du bord tergal ; enfin, sur le côté interne (et c'est là un caractère très différentiel) du scutum mobile, une arête aiguë, droite et médiane pour le muscle adducteur.

20. *Verruca linearis.* A. Gruvel, 1900.

Diagnose. — Plan scuto-tergal presque parallèle à la base. Scutum mobile orné de trois côtes articulaires dont la supérieure à peine distincte ; apex non saillant, pointu. Tergum mobile avec trois côtes articulaires, l'inférieure étant la plus étroite et la plus saillante ; apex mousse. Carène et rostre à apex non saillant avec des stries d'accroissement et deux ou trois côtes longitudinales peu développées, formant les dents articulaires. Bords articulaires supérieurs de la carène et du rostre, du côté mobile, droits, légèrement convexes supérieurement (fig. 201).

Dimensions. — A. R. à A. C. = 6mm,5.
A. T. à B. = 5mm,5.

Distribution. — Expédition du « Talisman » : Açores, par 960 à 998 mètres. Expédition du « Travailleur », localité inconnue.

Observations. — Cette espèce se rapproche de V. recta, Auriv., mais s'en distingue par la présence de côtes longitudinales et de dents articulaires à la carène et au rostre ; le bord articulaire du volet mobile, légèrement convexe supérieurement, etc.

21. Verruca striata. A. Gruvel, 1900.

Diagnose. — Test déprimé, plan de l'opercule à peu près parallèle à celui de la base. Scutum mobile avec trois côtes articulaires à peu près égales, l'inférieure étant la plus saillante et formant une véritable côte aplatie et non une simple arête ; apex non saillant, atteignant à peu près le niveau de celui du tergum. Tergum mobile avec trois côtes articulaires, l'inférieure (axiale) étant la plus saillante. Stries d'accroissement très en relief, en petit nombre et assez espacées les unes des autres. Apex de la carène et du rostre, en pointe mousse, peu saillants. Carène et rostre avec un petit nombre de stries d'accroissement et de côtes longitudinales, formant deux ou trois dents articulaires (fig. 202).

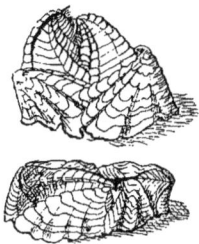

Fig. 202.

Dimensions. — A. R. à A. C. = 4mm.
A. T. à B. = 2mm.

Distribution. — Expédition du « Talisman » : Iles du cap Vert, sur Dorocidaris papillata, par 598 à 633 mètres

Observations. — Le bord libre du labre porte quelques dents courtes, mousses. Mandibules avec trois dents et l'angle inférieur formé par sept ou huit denticulations dont deux plus longues que les autres. Mâchoires avec une profonde encoche, avec quelques soies courtes et raides.

Appendices terminaux avec neuf articles. Pénis très développé sans annulation distincte.

Espèce voisine de V. trisulcata, A. Gruv.

22. *Verruca trisulcata*. A. Gruvel, 1900.

Diagnose. — Test déprimé. Plan de l'opercule mobile à peu près parallèle à celui de la base. Scutum mobile avec trois côtes articulaires, l'inférieure formant simplement une arête aiguë, assez fortement saillante ; apex pointu, recourbé en arrière et légèrement saillant. Tergum mobile quadrangulaire avec trois côtes articulaires, la moyenne étant la plus large et l'axiale la plus saillante ; apex arrondi, dépassant, de très peu, le niveau de celui du scutum. Carène à apex arrondi, légèrement

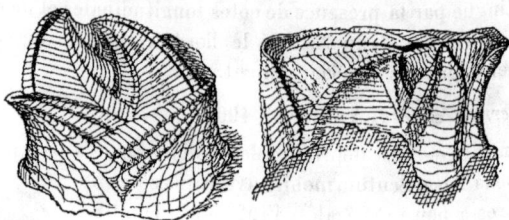

Vue du côté mobile.   Fig. 203.   Vue du côté fixe.

saillant. Rostre à apex mousse, non saillant. Carène et rostre ornés de stries d'accroissement et de côtes longitudinales formant, de chaque côté, trois dents articulaires. Les stries d'accroissement sont, d'une façon générale, nombreuses et serrées (fig. 203).

Dimensions. — A. R. à A. C. = $6^{mm},5$.
A. T. à B.   = $4^{mm},5$.

Distribution. — Expédition du « Talisman » : Açores, par 960 à 998 mètres de fond.

23. *Verruca magna*. A. Gruvel, 1900.

Diagnose. — Test déprimé. Plan du volet mobile à peu près parallèle à celui de la base. Scutum mobile avec, très probablement (le bord supérieur ayant été brisé), trois côtes articulaires dont l'inférieure est formée par une simple arête, la supérieure devant être très réduite ; apex non saillant et à un niveau inférieur à celui des terga et aussi du scutum fixe. Tergum mobile avec trois côtes articulaires, l'inférieure étant presque deux fois aussi longue que la moyenne, elle-même plus courte que la supérieure. Stries d'accroissement nombreuses et très marquées. Apex de la carène et du rostre en pointe mousse, très légèrement saillants en dehors. Carène et rostre avec des stries d'accroissement nombreuses, peu saillantes et des côtes longitudinales, alterna-

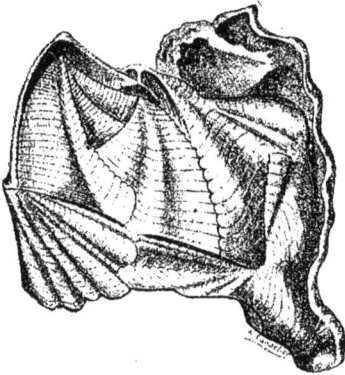

Fig. 204.
Vue du côté mobile.

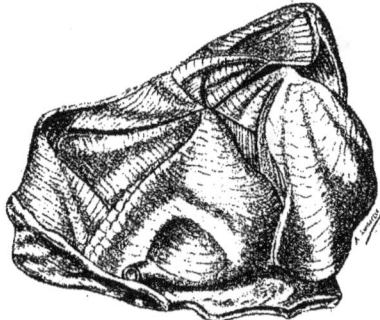

Fig. 205.
Vue du côté fixe.

tivement larges et étroites, formant, environ, six dents articulaires de chaque côté.

Dimensions. — A. R. à A. C. = 11^{mm},5
A. T. à B.   = 8^{mm}.

24. *Verruca strömia*. O. Müller, 1776.

Synonymie. — *Lepas strömia*, O. Müller, 1776 ; *Lepas striata*, Pennant, 1777 ; *Die Warsenformige meereichel*, Spengler, 1780 ; *Lepas verruca*, Spengler, 1790 ; *Balanus verruca*, Bruguière, 1789 ; *B. intertextus*, Pulteney, 1799 ; *Lepas striatus*, Montagu, 1803 ; *Verruca Strömii*, Schumacher, 1817 ; *Creusia strömia* et *verruca*, Lamarck, 1818 ; *Ochthosia strömia*, Ranzani, 1820 ; *Clisia striata*, Leach, 1824 ; *Clitia verruca*, G. B. Sowerby ; *Verruca Stromii*, J. E. Gray, 1825.

Diagnose. — Test d'un blanc sale ; plan de l'opercule mobile à peu près parallèle à celui de la base qui est à peu près régulièrement arrondie. Scutum mobile avec l'arête articulaire moyenne pas moitié aussi large, mais plus longue que la côte articulaire supérieure. Test avec des côtes longitudinales assez nombreuses, quelquefois même très nombreuses (fig. 206).

Fig. 206.

Dimensions. — A. R. à A. C. =
A. T. à B.

Distribution. — Côtes de France et d'Angleterre ; Méditerranée ; mer Rouge, fixé sur les coquilles et les coralliaires.

Observations. — Cette espèce est une des plus répandues sur les côtes de la Manche et de l'Océan, et bien souvent elle a été confondue avec

Tableau synoptique des espèces du genre VERRUCA, Schumacher.

			Descriptions	Espèces.
	Tergum mobile avec *une* arête articulaire.		Apex de la carène saillant. Test avec seulement des stries d'accroissement saillantes, pas de côtes longitudinales......	V. erecta, A. Gruvel.
Scutum mobile avec *deux* arêtes articulaires.	Tergum mobile avec *deux* arêtes articulaires.	Apex de la carène, très saillant.	Test avec seulement des stries d'accroissement, pas de côtes longitudinales......	V. longicarinata, A. Gruvel.
		Apex de la carène mousse.	Test avec deux ou trois côtes longitudinales, nettement marquées......	V. obliqua, Hœk.
			Pas de côtes longitudinales, mais seulement un bourrelet au bord supérieur articulaire du test......	V. incerta, Hœk.
	Tergum fixe à apex tourné en arrière.		Scutum et tergum fixes avec, chacun, 4 ou 5 côtes longitudinales partant de l'apex......	V. cornuta, C. W. Auriv.
	Tergum mobile avec *deux* arêtes articulaires.	Carène et rostre ornés de côtes longitudinales.	Tergum et scutum fixes, sans côtes longitudinales......	V. quadrangularis, Hœk.
			Tergum et scutum fixes, avec 5 ou 6 côtes longitudinales. Tergum fixe pas plus haut que le scutum......	V. sculpta, C. W. Auriv.
	Tergum mobile avec *trois* arêtes articulaires.	Carène et rostre sans côtes longitudinales. Tergum fixe à apex tourné en avant.	Tergum et scutum fixes avec 3 ou 4 côtes longitudinales. Tergum fixe plus élevé que le scutum......	V. crenata, C. W. Auriv.
			Tergum et scutum fixes avec chacun une côte longitudinale. Rostre presque aussi élevé que la carène......	V. æqualis, C. W. Auriv.
			Tergum et scutum fixes avec deux sillons longitudinaux très fins. Rostre beaucoup plus court que la carène......	V. inermis, C. W. Auriv.
Scutum mobile avec *trois* arêtes articulaires.	Tergum mobile avec *deux* arêtes articulaires.		Arête supérieure du scutum mobile très étroite et très rapprochée du bord tergal. Rostre et carène articulés par une seule dent......	V. nitida, Hœk.
	Tergum mobile avec *trois* arêtes articulaires.		Apex du scutum mobile appliqué contre le tergum, non saillant. Rostre et carène articulés avec trois dents......	V. gibbosa, Hœk.
			Apex du scutum mobile éloigné du tergum et saillant en dehors. Rostre avec quatre et carène avec trois dents articulaires......	V. sulcata, Hœk.
			Côtes articulaires des scutum et tergum mobiles, arrondies. Rostre et carène avec six ou sept dents articulaires......	V. nexa, Darwin.

VERRUCA. — Plan scuto-tergal mobile, perpendiculaire à la base ou à peu près.

Genre

Plan scuto-tergal mobile, parallèle à la base ou à peu près.

Scutum mobile avec quatre arêtes articulaires.

- Tergum avec quatre arêtes articulaires. Scutum et tergum fixes sans côtes longitudinales. ..... *V. radiata*, A. Gruvel.
- Carène ne dépassant pas les autres pièces. ..... *V. costata*, C. W. Auriv.
- Tergum avec cinq arêtes articulaires. Scutum et tergum fixes avec chacun deux côtes longitudinales. Carène dépassant les autres pièces. .....

Scutum et tergum mobiles avec chacun trois côtes articulaires.

Carène et rostre sans côtes longitudinales, seulement des stries d'accroissement.

- Bord articulaire supérieur (du côté mobile) de la carène et du rostre, en ligne droite. Arête articulaire moyenne du scutum mobile, plus courte que les autres.
  - Arête moyenne du scutum mobile plus large que la supérieure. Du côté interne de cette pièce, légère dépression pour le muscle adducteur. ..... *V. recta*, C. W. Auriv.
  - Arête moyenne du scutum mobile égale environ la supérieure ou à peine plus large. Arête pour l'adducteur du scutum mobile, droite, saillante et médiane. ..... *V. lævigata*, G. B. Sowerby.
- Bord supérieur de la carène et du rostre formant un angle obtus.
  - Bord supérieur articulaire de la carène et du rostre (côté mobile) en ligne droite. Arête articulaire supérieure du scutum mobile, peu distincte. ..... *V. Spengleri*, Darwin.

Carène et rostre avec des côtes longitudinales, plus ou moins nombreuses et apparentes.

- Côtes longitudinales de la carène et du rostre peu nombreuses (3 environ).
  - Bord supérieur articulaire de la carène et du rostre, formant un angle obtus.
    - Bord supérieur articulaire de la carène et du rostre (côté mobile) en ligne droite. ..... *V. linearis*, A. Gruvel.
    - Stries d'accroissement des pièces operculaires mobiles, peu nombreuses et largement espacées les unes des autres. ..... *V. striata*, A. Gruvel.
    - Stries d'accroissement des pièces operculaires mobiles, nombreuses et serrées. ..... *V. trisulcata*, A. Gruvel.
- Côtes longitudinales de la carène et du rostre, nombreuses (6 à 10 environ).
  - Arête articulaire moyenne du scutum mobile égalant, en largeur, la moitié environ de l'arête supérieure, mais plus longue. ..... *I. magna*, A. Gruvel.
  - Bord supérieur articulaire de la carène et du rostre, formant un angle obtus. ..... *I. strœmia*, O. Müller.

Scutum et tergum mobiles avec chacun cinq arêtes.

Bord supérieur des scutum et tergum mobiles n'atteignant pas le bord supérieur des scutum et tergum fixes. Test avec des côtes longitudinales saillantes. ..... *V. imbricata*, A. Gruvel.

d'autres. La coquille est blanche ou d'un brun jaunâtre, couverte de côtes longitudinales. Le scutum mobile présente une côte articulaire moyenne très étroite, quoique variable en largeur. Sur le côté interne, on trouve une légère dépression pour le muscle adducteur.

25. *V. imbricata.* A. Gruvel, 1900.

Diagnose. — Test blanc ; opercule mobile à peu près parallèle au plan basal. Scutum mobile avec cinq côtes articulaires dont la supérieure et l'inférieure sont les plus étroites, mais toutes, saillantes. Apex terminé en pointe, très peu ou point saillant. Tergum mobile, à

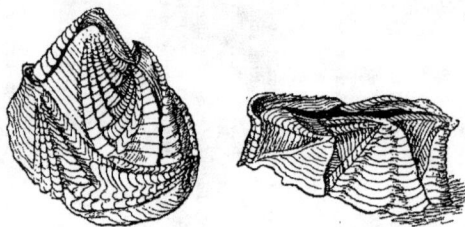

Vue du côté mobile.   Fig. 207.   Vue du côté fixe.

peu près losangique, avec cinq côtes articulaires saillantes, apex mousse, stries d'accroissement très marquées et semblant imbriquées. Apex de la carène et du rostre arrondis, à peine saillants. Ces pièces portent des stries d'accroissement et des côtes longitudinales formant trois ou quatre dents articulaires. Bords supérieurs du tergum et du scutum fixes faisant une saillie considérable au-dessus du bord libre du tergum et du scutum mobiles. (Fig. 207.)

Dimensions. — A. C. à A. R. $= 6^{mm}$.
A. T. à B. $= 3^{mm}$.

Distribution. — Expédition du « Travailleur » : 36°36′ lat. N. et 9°46′ long. O.

Observations. — Cette espèce ressemble à *V. striata,* mais en diffère par le nombre des arêtes articulaires.

CHAPITRE V

2. TRIBU DES SYMÉTRIQUES (*SYMETRICA*).

Les Symétriques sont, comme leur nom l'indique, des Cirrhipèdes operculés dont les terga et les scuta, articulés ou non, sont tous mobiles des deux côtés, de la même manière, et de plus, parfaitement symétriques, ainsi que le reste de l'organisme de l'animal, par rapport à un plan antéro-postérieur passant par le milieu du rostre et celui de la carène.

a. *Constitution générale du test.* — Le test des Operculés symétriques (*Balanidæ* de Darwin) se compose, d'une façon générale, de trois parties : la muraille, la base et l'appareil operculaire, formé normalement par quatre pièces, deux *terga* et deux *scuta* (fig. 208).

b. *Muraille.* — La muraille est toujours de constitution calcaire ; elle est d'épaisseur variable suivant que, dans sa formation, le manteau seul ou le manteau et des parties annexes sont intéressés (1).

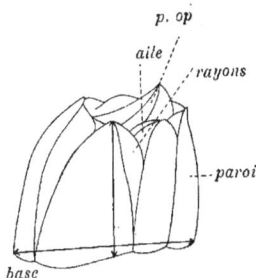

Fig. 208. — *Balanus* vu de profil, montrant l'ensemble des parties avec les noms des pièces. — *p, op*, pièces operculaires.

Elle est toujours formée par un nombre de *pièces* variable (nombre sur lequel est basée la division en familles), mais ne dépassant jamais huit sauf dans le genre *Catophragmus* dont le test présente une constitution toute spéciale.

Chaque *pièce* comprend une partie centrale calcifiée, généralement assez épaisse, c'est la *paroi*, et des expansions latérales également calcifiées au nombre de deux ou une seule, quelquefois nulles (*B. Dybowskii*, A. Gruv.), par exemple.

Ces expansions sont destinées à unir entre elles, par des moyens que nous étudierons plus tard, les différentes pièces de la muraille. Par

(1) Voy. pour les détails de structure : Partie anatomique.

conséquent, l'une d'elles recouvre l'autre. La partie recouverte prend le nom d'*aile*, celle qui est recouvrante, c'est-à-dire externe par rapport à la première, s'appelle *rayon*. Les pièces latérales portent, en général, un rayon d'un côté et une aile de l'autre. Mais, pour les pièces antérieures

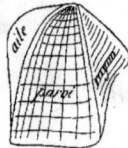

A

Fig. 209. — A, une des pièces de la muraille d'une Balane, avec la partie centrale ou *paroi*, le *rayon* d'un côté et l'*aile* de l'autre.

(*rostre*) et postérieure (*carène*), ces expansions sont toujours identiques de chaque côté. Ce sont des *ailes* pour la carène et tantôt des *ailes*, tantôt des *rayons* pour le rostre, d'où la possibilité d'établir une nouvelle division en sous-familles (fig. 209).

Quand le nombre des pièces est de huit, on les dénomme de la façon suivante : la pièce médiane et postérieure : *carène*, puis viennent latéralement : une *caréno-latérale*, une *latérale*, une *rostro-latérale* et enfin le *rostre* médian et ventral (genre *Octomeris*). Par soudure des pièces les unes avec les autres, on obtient d'abord *six* pièces (genre *Balanus* ou genre *Chthamalus*), puis *quatre* (genre *Tetraclita* ou genre *Chamæsipho*) et enfin une *seule* (genre *Pyrgoma*) (fig. 210 et 211).

c. *Base.* — La base est, comme son nom l'indique, la partie inférieure du test, celle qui sert à l'animal à se fixer plus ou moins énergiquement sur son support. C'est, en général, une lame plate qui unit tous les

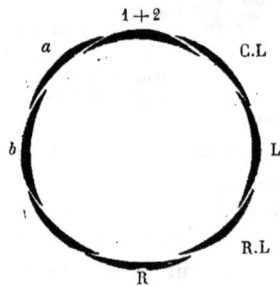

Fig. 210. — Type idéal, obtenu par la soudure des deux pièces symétriques carénales et rostrales de *Loricula* en une seule.

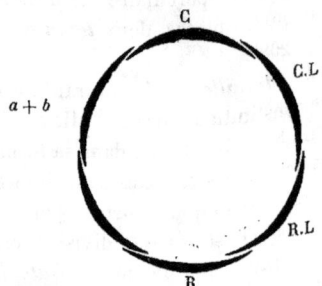

Fig. 211. — Diagramme du genre *Balanus*, dérivant du précédent par soudure des pièces latérales avec les caréno-latérales.

points de la partie inférieure de la muraille et dont le contour est, par conséquent, le même que celui de cette dernière. Le plus souvent la base est calcifiée et, parfois même, d'une certaine épaisseur, d'autres fois, au contraire, extrêmement mince. Enfin, dans quelques groupes, elle est entièrement membraneuse et souvent, dans ce cas, difficile à soler.

Qu'elle soit calcaire ou membraneuse, plate ou en forme de coupe, elle n'est jamais absente et renferme toujours des glandes spéciales (*glandes cémentaires*) et de fins canaux, les uns concentriques, les autres radiaires, destinés à conduire le cément sur toutes les parties de la surface à la fois, de façon à obtenir le maximum d'énergie dans la fixation. Elle porte aussi toujours, vers le centre, les deux antennes larvaires qui ont été les premiers organes de fixation.

d. *Appareil operculaire.* — La muraille étant, en général, de forme tronconique, présente une partie inférieure large qui est fermée par la *base* dont nous venons de parler et une partie supérieure plus étroite. Cette dernière est, elle aussi, fermée, normalement, par quatre pièces calcaires mobiles et symétriques, deux *terga* du côté dorsal et deux *scuta*, du côté ventral.

Dans la plupart des genres, l'orifice du test est complètement rempli par ces quatre pièces qui s'articulent avec la partie interne de la muraille ou *gaine* par une simple cuticule chitineuse doublée, intérieurement, par le manteau (*Balanus, Chthamalus*, etc.).

Dans d'autres, cependant (*Coronula, Cryptolepas*, etc.), les pièces operculaires se réduisent considérablement en dimensions et ne ferment plus qu'une très petite partie de l'orifice. Le reste de la surface est clos par une membrane chitineuse épaisse, qui enchâsse les pièces operculaires et constitue, physiologiquement, l'opercule de

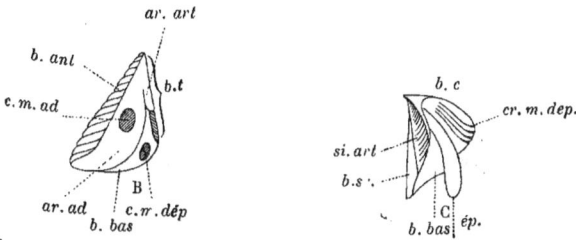

Fig. 212. — B, *scutum* de *Balanus* (vue intérieure). — *b. ant*, bord antérieur ou occluseur; *b. t*, bord tergal; *b. bas*, bord basal; *c. m. ad*, cavité pour le muscle adducteur; *c. m. dép*, cavité pour le muscle dépresseur; *ar. ad*, arête de l'adducteur; *ar. art*, arête articulaire; C, *tergum* du même (vue intérieure). — *b. sc*, bord scutal; *b. bas*, bord basal; *b. c*, bord carénal; *cr. m. dép*, crêtes pour le muscle dépresseur; *si. art*, sillon articulaire; *ép*, éperon.

l'animal, c'est-à-dire l'appareil qui sert à l'isoler, à sa volonté, du monde extérieur.

Dans ce cas, la partie calcaire est réduite à une simple lame, plus ou moins aplatie et épaisse, ou même à un simple nodule calcaire de forme mal définie. Mais, quand les pièces operculaires sont bien déve-

loppées comme dans le genre *Balanus*, par exemple, elles présentent
un certain nombre de parties bien déterminées, constamment utilisées
dans la classification. Il est donc de toute utilité de les connaître.

Les figures ci-contre indiqueront mieux qu'une longue description
les détails qu'il est nécessaire de retenir (fig. 212).

e. *Morphologie des pièces du test.* — Maintenant que nous connaissons
la constitution du test des Operculés, il nous reste à montrer comment
il dérive de l'appareil tégumentaire des Pédonculés ancestraux.

Il n'est d'abord pas douteux que les Operculés proviennent directement des Pédonculés qui ont apparu les premiers, de beaucoup,
dans les époques géologiques.

J. Gray, Darwin, etc. admettent que la muraille des Operculés est le
résultat de la soudure des plaques situées à la base du capitulum des
Pédonculés, c'est-à-dire que les écailles pédonculaires n'entreraient
pour rien dans leur constitution. Les pièces operculaires corres-
pondraient aux *terga* et *scuta* des Pédonculés, ce qui est logique.

Il est impossible d'admettre la disparition brusque du pédoncule et
de son revêtement, si l'on admet les théories que nous avons émises
au sujet des genres *Turrilepas* et *Loricula*. Il est bien plus admissible
de supposer que toutes les parties de l'appareil tégumentaire des Pédonculés doivent se retrouver, avec de profondes modifications, sans
doute, mais au complet cependant, dans celui des Operculés.

Tout d'abord, la base, très étroite chez les formes ancestrales, s'est
peu à peu développée pour assurer à l'animal une fixation de plus en
plus énergique. Déjà plus large dans le genre *Pollicipes*, elle s'agrandit
davantage encore dans le genre *Chthamalus*, l'un des Operculés les plus
anciennement connus; mais jusqu'ici elle est entièrement membraneuse et sécrétée par le manteau. Nous avons vu que, toujours, elle
porte, vers son centre, les antennes larvaires.

On peut objecter que, si la base des Operculés correspondait uniquement à celle des Operculés, les glandes cémentaires qui servent à
sécréter le ciment de fixation de l'animal, auraient dû rester, chez ces
derniers, au-dessus de la base et non pas venir se placer dans son
épaisseur. Mais, si les glandes cémentaires avaient conservé chez les
Operculés, la situation qu'elles occupent chez les Pédonculés dont la
base est relativement étroite, la base, fort large, des premiers ne
recevant le ciment que sur une faible partie de sa surface, n'aurait
été que très faiblement fixée sur son support. Si les glandes cémentaires
sont venues se placer dans l'épaisseur même de la base, membraneuse
ou calcaire, et distribuent les terminaisons de leurs canaux sur toute sa

surface, c'est pour que le cément répandu sur toute cette partie, assure une fixation plus énergique, et que, en un mot, ces glandes puissent remplir, dans les meilleures conditions possibles, les fonctions qui leur sont dévolues. Du reste, nous avons montré, tout récemment, que, au moment de la transformation de la larve cypris en adulte, chez les Balanes, on trouve les glandes cémentaires, sous la forme de simples cellules arrondies, à gros noyaux, entièrement localisées vers la base et dans le manteau même de l'animal; ce n'est qu'un peu plus tard et par les progrès de la calcification qu'il se développe, dans la base et avec des caractères spéciaux, les formations particulières dont nous parlerons plus loin (1).

Si l'on supposait, avec Darwin, que c'est le pédoncule tout entier qui a formé la base des Operculés, il faudrait aussi admettre que l'ovaire, placé, chez les premiers, dans le pédoncule, aurait dû venir se loger dans l'épaisseur de la base. Mais, ici, nous avons affaire à une glande de volume essentiellement variable, parfois très grand, et qui ne saurait, par conséquent, être enfermée dans une enveloppe rigide pour remplir son rôle physiologique.

Nous admettrons donc que la base des Operculés dérive simplement de celle des Pédonculés. La formation des glandes cémentaires définitives, dans le premier de ces groupes, vient encore appuyer cette hypothèse.

En ce qui concerne la muraille, si nous admettons la soudure, par séries longitudinales, de toutes les plaques qui forment le test de *Loricula* par exemple, excepté les quatre supérieures qui sont le plus développées et qui formeront l'appareil operculaire, nous obtenons une forme portant, de chaque côté, trois pièces latérales bien développées et deux, plus étroites, du côté carénal et du côté rostral.

Les deux petites pièces, carénales et rostrales, peuvent se souder à leur tour en une seule, ce qui réduit à huit leur nombre et, par soudures successives, nous obtenons les formes à six, à quatre et à une seule pièce.

Or, le même type *Loricula* peut nous donner les deux chefs de file de deux séries parallèles, le genre *Chthamalus* et le genre *Balanus*, suivant que nous considérons la pièce latérale comme recouvrante ou comme recouverte. Dans le premier cas nous obtenons le genre *Chthamalus*, dans le second le genre *Balanus*, qui convergent tous deux vers le genre *Pyrgoma*, formé d'une pièce unique (fig. 213).

Quant aux *pièces operculaires*, elles dérivent nettement des quatre

(1) Voy. Partie anatomique. Glandes cémentaires.

GRUVEL. — Cirrhipèdes. **13**

pièces supérieures, les plus développées, du genre *Loricula*. Si elles
s'étaient soudées avec les autres plaques, elles n'auraient pu que pro-
téger d'une façon peu efficace l'animal placé à l'intérieur, tandis que,

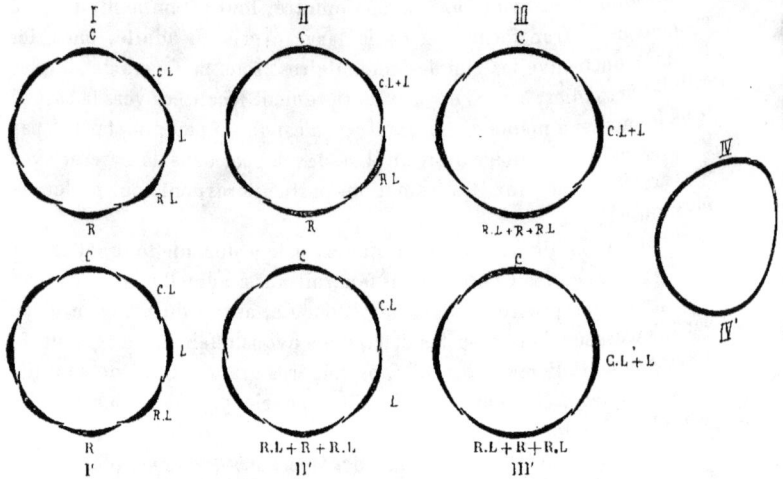

Fig. 213. — Diagrammes montrant comment, en partant du même type *Loricula*, on peut
constituer deux séries linéaires correspondant à des formes différentes, actuellement
vivantes. — I, *Loricula*; I', *Loricula*; II, *Balanus*; II', *Chthamalus*; III, *Elminius*;
III', *Chamæsipho*; IV, *Pyrgoma*.

au contraire, en conservant leur mobilité originelle, elles peuvent, à la
volonté de l'animal, soit se rapprocher pour l'enfermer complètement
dans sa loge, soit s'entr'ouvrir pour laisser saillir ses cirrhes à l'extérieur, cela grâce à un muscle très développé qui sert à fixer le corps
de l'animal dans l'intérieur de son tégument et à rapprocher, par sa
contraction, les valves operculaires, c'est le *muscle adducteur des scuta*.

f. Nous voyons donc que les Cirrhipèdes Operculés ont d'abord présenté dix pièces calcaires à la muraille, puis huit, six, quatre et enfin
une seule. Quand la muraille n'est plus formée chez l'adulte que d'une
seule pièce, on retrouve toujours, chez les formes très jeunes, les quatre
plaques primitives. Nous nous sommes basé sur ces raisons phylogé-
niques pour diviser la tribu des **Symétriques** en trois familles seulement (les DÉCAMÉRIDÉS n'étant plus actuellement représentés) : les
OCTOMÉRIDÉS, les HEXAMÉRIDÉS et les TÉTRAMÉRIDÉS.

g. En ce qui concerne la constitution de l'animal proprement dit,
nous n'avons rien à ajouter à ce que nous avons dit à propos des
Pédonculés. Signalons simplement : la présence de deux replis latéraux

du manteau plus ou moins compliqués, qui constituent les branchies et qui manquent chez les Lépadides, ainsi que l'absence, presque constante, des appendices terminaux qui, normaux chez les Pédonculés et les Verrucidés, ne se rencontrent plus ici que dans les seuls genres *Catophragmus* et *Pachylasma*, le premier constituant, comme nous allons le voir, une forme de passage entre les Pédonculés et les Operculés.

h. Nous indiquerons autant qu'il sera possible, pour chaque espèce, les dimensions prises sur les plus grands échantillons. Ce sont : le diamètre transversal de la base et la hauteur, c'est-à-dire la distance verticale comprise entre le sommet de l'une des pièces latérales et la base.

α. FAMILLE DES OCTOMÉRIDÉS (*OCTOMERIDÆ*).

1. Genre *Catophragmus*. G. B. Sowerby.

Diagnose. — Muraille formée de huit pièces principales, avec plusieurs rangées extérieures de pièces de plus en plus réduites. Base membraneuse ou calcaire.

Distribution. — Nouvelle-Galles du Sud, Swan River, Australie, Amérique, fixé sur les rochers et les coquilles.

Observations. — Le genre *Catophragmus* représente une forme de passage entre les Pédonculés et les Operculés. Il est formé par la réunion de toutes les formations cuticulaires des Pédonculés qui se sont accolées mais sans se souder étroitement, puisqu'elles restent toujours séparées par un repli palléal. Très nombreuses et petites vers la périphérie, leur nombre diminue de plus en plus en se rapprochant du centre et les huit pièces les plus internes forme-

Fig. 214. — Diagramme du genre *Catophragmus*.

raient, à elles seules, une muraille semblable à celle du genre *Octomeris* (fig. 214). La base est membraneuse ou calcaire.

Il y a seulement deux espèces connues.

1. *Catophragmus polymerus*. Darwin, 1853.

Diagnose. — Caractères du genre. — Base membraneuse. — Pas d'appendices terminaux (fig. 215).

Distribution. — Table-Bay; Swan River? Fixé sur les rochers littoraux et les coquilles.

Observations. — Muraille presque circulaire, point ou légèrement déprimée, de couleur grise. La base est membraneuse et mince,
fortement attachée au support.

Mandibules avec trois larges dents simples,
dont la dernière montre une tendance à devenir pectinée. Mâchoires avec une encoche normale et une autre très légère au-dessous. Pas
d'appendices terminaux. Branchies à surface
non plissée.

2. *Catophragmus imbricatus*. G. B. Sowerby,
1818.

Fig. 215.

Diagnose. — Caractères du genre. — Base calcaire. — Appendices
terminaux présents.

Distribution. — Amérique, Antigua, fixé sur *Tetraclita porosa*.

Observations. — C'est là une espèce très peu connue. Le test est
semblable à celui de l'espèce précédente, mais avec un plus petit
nombre de rangées de pièces.

Les pièces buccales sont à peu près identiques.

Un point intéressant, c'est que cette espèce est la seule parmi les
Operculés symétriques, avec les deux du genre *Pachylasma*, qui présentent des appendices terminaux; ils sont petits et atteignent seulement la longueur du protopodite de la sixième paire de cirrhes.

Les branchies sont très petites et localisées du côté carénal du sac.

Tableau synoptique des espèces du genre CATOPHRAGMUS, Sowerby.

GENRE CATOPHRAGMUS.	Base membraneuse. Pas d'appendices terminaux....................	*C. polymerus*, Darwin.
	Base calcaire. Appendices terminaux présents......................	*C. imbricatus*, Sowerby.

2. Genre *Octomeris*. G. B. Sowerby, 1825.

Diagnose. — Muraille formée par huit pièces; rayons à bords
denticulés. — Base membraneuse.

Distribution. — Cap de Bonne-Espérance, Algoa-Baie; archipel des
Philippines.

Généralités. — Ce genre est composé seulement de deux espèces qui sont, en apparence seulement, extrêmement dissemblables ; l'une est massive, à parois épaisses, de grande taille, l'autre à parois minces, très aplatie et reste d'assez petite taille ; mais, toutes deux ont huit pièces à la muraille, les pièces caréno-latérales étant plus étroites que les pièces latérales.

Les rayons sont étroits, et peuvent porter des dents qui s'engrènent entre elles sur les côtés.

1. *Octomeris angulosa.* G. B. Sowerby, 1825.

SYNONYMIE. — *O. augubra*, Chenu ; *O. Stutchburii*, J. E. Gray, 1825.

Diagnose. — Muraille épaisse, massive, fortement rugueuse et blanche ; ailes épaisses avec leurs bords de suture denticulés (fig. 216).

Distribution. — Cap de Bonne-Espérance : Algoa-Bay, mêlé à *Balanus capensis*, sur les rochers littoraux.

Observations. — La muraille est de forme conique, avec un large orifice qui la rend presque cylindrique. Dans beaucoup de cas, elle est encroûtée d'algues calcaires qui masquent, presque complètement,

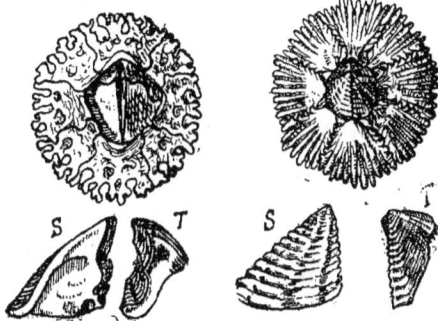

Fig. 216.　　　Fig. 217.

les pièces. La surface interne est extrêmement lisse. Les *scuta* et les *terga* sont très épais.

Mandibules avec quatre dents dont l'inférieure est, latéralement, double ; l'angle inférieur est pectiné. Mâchoires avec une encoche sur le bord libre, mais souvent dissemblables d'un côté à l'autre. Pénis extrêmement réduit.

2. *Octomeris brunnea.* Darwin, 1853.

Diagnose. — Test jaune brun, très déprimé, mince, avec des sillons longitudinaux nombreux et étroits (fig. 217).

Distribution. — Archipel des Philippines.

Observations. — La muraille est extrêmement déprimée, à contour arrondi et ornements toujours bien visibles, ainsi que les rayons qui sont très nettement dentés; les denticulations s'intriquent et sont, généralement, dissemblables. Les pièces se désarticulent avec la plus grande facilité et se brisent aussi, très facilement, à cause de leur peu d'épaisseur.

Les *scuta* et les *terga* sont minces, avec des stries d'accroissement peu nombreuses mais saillantes.

Mandibules avec trois dents et l'angle inférieur pectiné. Mâchoires avec deux encoches. Portion basale du pénis développée.

Tableau synoptique des espèces du genre OCTOMERIS, G. B. Sowerby.

GENRE OCTOMERIS.

Parois de la muraille fortement, mais irrégulièrement découpées. Orifice large. Test épais................. *O. angulosa*, G. B. Sowerby.

Parois de la muraille plissées longitudinalement et régulièrement. Pièces réunies par de nombreuses articulations. Orifice assez étroit. Test très mince..................... *O. brunnea*, Darwin.

3. Genre *Pachylasma*. Darwin, 1853.

SYNONYMIE. — *Chthamalus*, Philippi, 1836.

Diagnose. — Muraille élevée, de forme conique, formée de huit pièces chez les jeunes, six chez les adultes et quelquefois même seulement quatre par union des pièces latérales. Base calcaire.

Distribution. — Mers profondes; Méditerranée, Nouvelle-Galles du Sud.

Généralités. — Ce genre ressemble beaucoup, comme aspect général, au genre *Balanus* et aussi au genre *Elminius*, quand il n'y a que quatre pièces à la muraille. Par la constitution de cette muraille, il fait le passage entre les genres *Octomeris*, *Balanus* et *Elminius*, mais par l'absence de pores dans la paroi et même de sillons longitudinaux internes, il se rapproche des Chthamalinés. Enfin, par la présence d'appendices terminaux et d'une base calcaire, il se rapproche considérablement du genre *Catophragmus*.

Deux espèces seulement sont connues.

1. *Pachylasma giganteum*. Philippi, 1836.

SYNONYMIE. — *Chthamalus giganteus*, Philippi, 1836.

Diagnose. — Muraille conique, élevée, avec des ailes bien développées, des rayons très étroits ou nuls. — Pièces caréno-laté-

rales et latérales présentant des ailes semblables. — Couleur d'un
blanc sale. — Base calcaire,
solide et irrégulière (fig. 218).

Distribution. — Méditerranée, Sicile, en mer profonde,
fixé sur des Millepores.

Observations. — Dans les
échantillons bien développés,
les pièces caréno-latérales sont
à peu près aussi développées
que les latérales, un peu plus
étroites chez les jeunes.

Labre saillant, sans encoche
centrale. — Mandibules avec

Fig. 218.   Fig. 219.

trois larges dents simples et l'angle inférieur, tout entier, fortement
pectiné. — Appendices terminaux multiarticulés ; chaque segment avec
deux petites touffes de soies sur chaque côté de son bord supérieur. —
Pénis court, couvert de poils, finement annelé. — Branchies peu plissées.

2. *Pachylasma aurantiacum*. Darwin, 1853.

Diagnose. — Muraille conique, élevée, semblant, vue extérieurement, formée de quatre pièces seulement, les pièces caréno-latérales
et latérales étant simplement séparées par une légère fissure (fig. 219).

Distribution. — Nouvelle-Galles du Sud, en mer profonde.

Observations. — La muraille est colorée en jaune orangé, conique,
élevée, lisse, avec son orifice profondément denté. — Le rostre, large et
plat, montre, du côté interne, la trace de soudure de trois pièces (comme
dans l'espèce précédente): le rostre primitif et les deux pièces rostro-
latérales. Les rayons ne sont pas développés, mais les ailes sont larges.

Les appendices terminaux sont très petits, à segments non distincts
et avec un très petit nombre de soies.

Tableau synoptique des espèces du genre PACHYLASMA, Darwin.

| GENRE PACHYLASMA. | Pièces caréno-latérales et latérales, séparées extérieurement par des ailes bien développées............ | *P. giganteum*, Philippi. |
| | Pièces caréno-latérales et latérales, séparées extérieurement par une simple fissure peu nette.......... | *P. aurantiacum*, Darwin. |

β. FAMILLE DES HEXAMÉRIDÉS (*HEXAMERIDÆ*)

a. Sous-Famille des CHTHAMALINÉS (*CHTHAMALINÆ*)

1. Genre *Chthamalus*. Ranzani, 1820.

Synonymie. — *Euraphia*, Conrad, 1834; *Lepas*, *Balanus* (divers auteurs).

Diagnose. — Caractères de la famille et de la sous-famille, c'est-à-dire : Muraille formée de six pièces ; rostre avec des ailes et pas de rayons.

Base membraneuse, mais ayant parfois une apparence calcaire due à ce que les parois sont infléchies vers le centre de la base.

Distribution. — Toutes les mers ; fixés sur les rochers littoraux et les coquilles, parfois sur des corps flottants.

Généralités. — Ce genre ressemble beaucoup au genre *Balanus* par son aspect extérieur et a été longtemps et souvent confondu avec lui par de nombreux auteurs. Les caractères du rostre permettent cependant de les différencier facilement. La muraille est généralement déprimée quand les animaux sont isolés les uns des autres, mais lorsque, comme cela se voit très fréquemment, ils se trouvent réunis en grand nombre, leur croissance se trouvant gênée dans le sens latéral, se fait presque exclusivement en hauteur et la forme devient, alors, à peu près cylindrique.

L'orifice du test est généralement plus large vers la carène que vers le rostre, ce qui est le contraire dans le genre *Balanus*. Dans certaines espèces (*C. fissus*), il est étroit et allongé.

Les pièces operculaires sont, le plus souvent, fortement corrodées.

Les dimensions des espèces appartenant à ce genre sont généralement faibles.

Quand les rayons sont développés, ils sont toujours très étroits, avec leurs bords, ou bien tout à fait lisses, ou finement denticulés ou même très fortement denticulés, les dents s'intriquant alors les unes dans les autres, de façon à compléter la soudure des pièces. Les ailes ont, généralement, leur bord finement denté.

La première et la seconde paire de cirrhes sont toujours très courtes comparées aux quatre autres.

Le corps proprement dit ne présente aucun caractère particulier.

Les branchies peuvent être avortées, réduites, normalement

développées, ou même très développées et, dans ce cas, fortement plissées, comme chez *C. dentatus* par exemple.

1. *Chthamalus stellatus*. Ranzani, 1820.

SYNONYMIE. — *Lepas stellata*, Poli, 1795; *L. depressa*, var. (id.); *Chthamalus glaber* (var.) Ranzani; *Lepas punctatus*, Montagu, 1803.

Diagnose. — Coquille blanche ou grise, généralement très corrodée et piquetée; rayons très étroits (quand ils existent), avec leurs bords de suture très finement denticulés; crêtes pour le muscle dépresseur des terga dépassant à peine le bord basal.

Variété (a) communis. — Coquille conique, déprimée; partie supé-

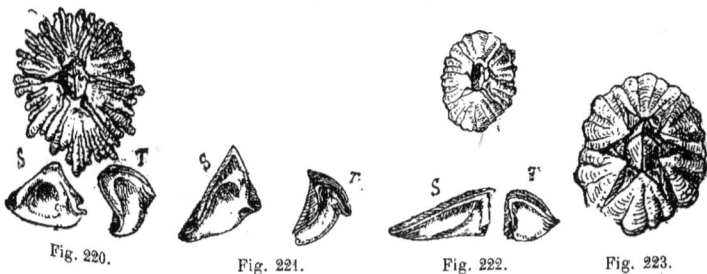

Fig. 220.   Fig. 221.   Fig. 222.   Fig. 223.

rieure corrodée; parois plissées, sutures assez peu nettes ou oblitérées; rayons non développés; orifice large et ovale (fig. 220).

Variété (b) communis. — Coquille conique, plissée, quelquefois couverte par une membrane; rayons présents, mais étroits; orifice denté, sub-hexagonal.

Variété fistulosus. — Coquille allongée, sub-cylindrique; sutures oblitérées; surface très corrodée, orifice presque circulaire.

Variété fragilis. — Coquille conique, lisse, mince: pièces facilement séparables et de couleur claire; rayons présents, étroits; orifice large, denté, sub-hexagonal.

Variété depressus. — Coquille très déprimée; surface très corrodée, lisse; ailes largement développées, marquées par des lignes de croissance; pas de rayons; paroi souvent supportée par des colonnes sur le côté inférieur; orifice sub-hexagonal.

Distribution. — Une des espèces les plus communes: Côtes françaises de la Manche, de l'Atlantique et de la Méditerranée; côtes sud de l'Angleterre; Islande, Méditerranée, Madère, île du Cap Vert, États-Unis, Brésil, mer Rouge, archipel des Philippines, côtes de Chine, golfe de Gorée, Patagonie, Californie, etc., sur les rochers littoraux.

Observations. — Cette espèce est souvent associée à *Balanus balanoïdes.* La coquille est généralement d'un blanc sale, grise ou brune; mais quelquefois cependant, elle est d'un blanc presque pur. — Les rayons sont toujours très étroits quand ils sont développés; désarticulés et vus à la loupe, ils présentent de fines denticulations articulaires.

Les scuta varient considérablement dans ce groupe, mais ils présentent toujours une profonde dépression pour le muscle adducteur. L'éperon des terga est très faiblement saillant et arrondi à son extrémité inférieure.

Les branchies sont à peine plissées, étroites et allongées.

Le bord libre du labre est muni de soies, très rarement de dents. Les mandibules ont quatre dents avec l'angle inférieur pectiné. Les mâchoires présentent une encoche avec quelques fines soies et des épines robustes au-dessus.

2. *Chthamalus cirratus.* Darwin, 1853.

Diagnose. — Coquille blanche ou grise. — Partie interne de l'orifice (gaine) et pièces operculaires, recouvertes par une membrane frangée; terga avec l'angle basi-carénal saillant inférieurement et pointu (fig. 221).

Distribution. — Pérou, Chili, archipel des Chonos, etc., fixé sur les rochers littoraux et souvent mêlé à *C. scabrosus.*

Observations. — La coquille, d'un blanc sale ou grise, est parfois teintée d'un pourpre léger à l'intérieur. — Sa forme est tantôt conique, tantôt très déprimée, quelquefois cylindrique; son orifice plutôt large. — Quand les rayons sont développés, ils sont étroits; les sutures sont souvent oblitérées.

Les scuta sont plutôt étroits, la hauteur égalant environ les trois quarts de la base; le sillon articulaire est large; la cavité pour le muscle dépresseur présente quelques petites crêtes. L'angle basi-carénal des terga est pointu et saillant, à cause d'une profonde échancrure du bord basal au niveau des crêtes pour le muscle dépresseur. Les dents inférieures des mandibules sont doubles.

3. *Chthamalus fissus.* Darwin, 1853.

Diagnose. — Coquille brunâtre, plissée; orifice au moins deux fois aussi long que large; terga triangulaires, équilatéraux, sans trace d'éperon, avec le bord basal et le bord carénal convexes (fig. 222).

Distribution. — Californie, fixé sur *Lottia grandis*; Pérou?

Observations. — Coquille globulo-conique, généralement allongée dans le sens caréno-rostral, avec la muraille très plissée. — Sutures distinctes chez les jeunes, mais oblitérées le plus souvent chez les adultes. Rayons très étroits ou absents. Orifice ovale, environ deux fois aussi long que large et plus étroit du côté rostral. Scuta avec le bord basal égalant environ deux fois la hauteur ; crête pour l'adducteur, saillante. Bord libre du labre, denté.

4. *Chthamalus antennatus*. Darwin, 1853.

Diagnose. — Coquille de couleur chair pâle et sale, conique, généralement lisse ; sutures toujours distinctes. — Rayons, quand ils existent, étroits, avec leurs bords suturaux tout à fait lisses (fig. 223).

Distribution. — Nouvelle-Galles du Sud ; Terre de Van Diémen ; Chili, sur les rochers littoraux et les coquilles.

Observations. — La coquille est lisse et très plissée ; elle devient très rarement cylindrique, l'orifice est sub-hexagonal ; les rayons sont étroits, mais, généralement, un peu plus larges que chez *C. stellatus*. Les parois sont plutôt épaisses, avec leur surface interne lisse. Les pièces operculaires sont très semblables à celles de *C. stellatus*. Les branchies sont à peine plissées. Le bord libre du labre porte des soies ; les mandibules portent trois ou quatre dents apparemment simples avec la portion inférieure grossièrement pectinée, courte. Les mâchoires sont profondément encochées.

5. *Chthamalus Challengeri*. Hœk, 1883.

Diagnose. — Coquille blanche, mince, fragile ; surface lisse, irrégu-

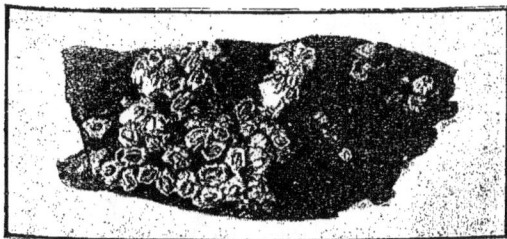

Fig. 224.

lièrement et légèrement plissée ; sutures entre les pièces, distinctes. Terga avec le bord carénal saillant et convexe ; allongés dans la direction de l'éperon. — Crête articulaire des scuta fortement saillante et à angle inférieur arrondi (fig. 224).

Distribution. — Océan Pacifique (expédition du « Challenger »), par 5°54′ lat. N. et 147°2′ long. O. (mers du Japon), sur un bois flottant.

Généralités. — Certains échantillons ont une forme déprimée, d'autres une forme conique. La coquille est très blanche et très fragile, l'orifice large et un peu allongé, au centre duquel les pièces operculaires font une forte saillie externe. Les pièces de la muraille sont légèrement plissées dans leur partie inférieure. Les rayons sont très étroits, toujours visibles et leurs bords suturaux non denticulés.

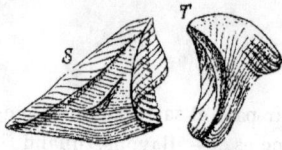

Fig. 225.

Les terga (T) sont triangulaires et allongés du côté de l'angle basi-scutal. L'éperon est arrondi, non saillant. Les crêtes pour le muscle dépresseur ne font pas saillie au-dessous du bord basal. Les scuta (S) sont triangulaires, mais le bord tergal est environ un tiers plus court que le bord basal. La crête articulaire est très mince et fortement saillante en arrière : la dépression pour le muscle adducteur peu profonde (fig. 225).

Bord libre du labre, sans soies, mais avec quelques petites dents. Mandibules avec quatre dents, la dernière étant double et l'angle inférieur pectiné.

Mâchoires avec une encoche assez profonde.

6. *Chthamalus dentatus.* Krauss, 1848.

Diagnose.—Coquille d'un blanc sale ou brunâtre, conique, faiblement déprimée. — Sutures formées par des dents enchevêtrées très nettes; terga avec un bord carénal très convexe et très saillant (fig. 226).

Distribution. — Afrique du Sud : Port Natal, cap de Bonne-Espérance; ouest de l'Afrique : Loanda, Côte-d'Or, fixé sur les rochers littoraux ou les objets flottants.

Observations. — La coquille est généralement peu déprimée ; tantôt très peu, tantôt, au contraire, extrêmement plissée; l'orifice est plutôt plus petit et les rayons plus larges que dans les espèces précédentes.

Les dentelures articulaires sont nettement visibles sans désarticuler les pièces. Les parois sont plutôt minces, avec la surface interne généralement lisse.

Les scuta ont l'arête articulaire très saillante et la dépression pour le muscle adducteur très profonde ; les terga ont l'arête articulaire très saillante et le bord carénal fortement convexe et saillant (fig. 226, T) ; l'éperon est à peine développé.

Le bord supérieur du labre est denté. Les branchies sont formées par un repli double de chaque côté, un seul étant développé chez les jeunes.

7. *Chthamalus Hembelli.* Conrad, 1834.

Diagnose. — Coquille d'un pourpre rougeâtre terne ; sutures, quand elles ne sont pas oblitérées, formées par des dents entrelacées : base présentant parfois une

Fig. 226.

Fig. 227.

apparence calcaire, due à l'inflexion des parois vers le centre de la base ; scuta avec deux ou trois sillons longitudinaux vers le milieu de la plaque (fig. 227).

Distribution. — Californie, près de San Diego.

Généralités. — La coquille est déprimée, étalée, modérément lisse, de couleur pourpre, rougeâtre sale, plus ou moins foncé. Les rayons ne sont pas très étroits, avec leur sommet arrondi et très oblique ; leurs bords sont dentés et leur surface sillonnée en face de chaque échancrure. Les parois sont épaisses ; leur surface interne est rugueuse et inégale vers la base, avec des saillies bifurquées. L'orifice est large et rhomboïdal. Dans les jeunes, les parois montrent déjà une tendance à se replier vers la base et cette inflexion s'accuse de plus en plus, les bords viennent au contact vers la partie centrale de la base et lui donnent ainsi une fausse apparence calcaire ; en réalité, ce sont les parois calcaires qui sont venues doubler la base membraneuse.

Les scuta (S) présentent deux ou trois sillons longitudinaux externes, vers le milieu de la plaque ; le bord basal est plutôt court, à peu près de même dimension que le bord tergal. Les terga (T) présentent un éperon non saillant, mais large avec des crêtes pour l'adducteur très développées et proéminentes au-dessous du bord basal.

8. *Chthamalus scabrosus.* Darwin, 1853.

Diagnose. — Coquille, quand elle est bien conservée, d'un brun

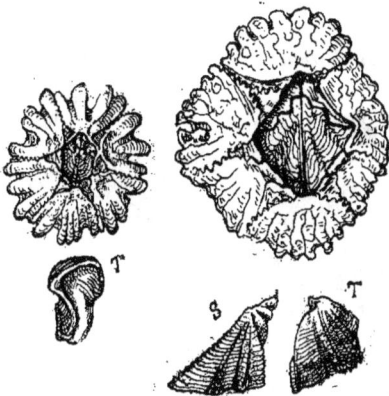

pourpre sombre. — Sutures formées par des dents étroites, nombreuses, obliques, intriquées, quoique rarement bien développées, terga avec une dépression profonde et étroite pour le muscle dépresseur, située à l'angle caréno-basal (fig. 228).

Distribution. — Amérique du Sud, Chili, Pérou, Patagonie; îles Falkland. Espèce très commune sur les rochers littoraux et les coquilles, souvent associé à *Bal. flosculus*, *Chthamalus cirratus*, etc.

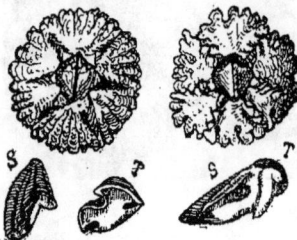

Observations. — Quand ces animaux ne sont pas tassés, la coquille est déprimée; dans le cas contraire, elle est cylindrique. Sa couleur varie du brun pourpre sombre au gris sale, si elle est fortement corrodée.

Fig. 228.   Fig. 229.

Les parois sont marquées de plis longitudinaux et de stries d'accroissement nettes. L'orifice est rhomboïdal, presque triangulaire, avec sa plus grande largeur du côté carénal. Quand les rayons sont bien développés, ce qui n'est pas souvent le cas, ils sont étroits. Les sutures sont formées par des dents obliques de haut en bas par rapport au bord libre de la paroi.

Les scuta (S) ont l'arête articulaire très saillante et placée au milieu du bord tergal. Les terga (T), très étroits, sont remarquables par le fait que les crêtes habituelles du muscle dépresseur se sont soudées en une sorte de pointe saillante, à peu près parallèle au bord basal et au-dessous de laquelle se trouve une cavité étroite et allongée; de plus, à l'angle basi-scutal existe une petite dépression, dans laquelle s'insère la moitié environ du muscle dépresseur latéral des scuta.

Le bord libre du labre ne porte pas de dents, mais seulement des soies; les mandibules ont quatre ou cinq dents, les inférieures étant doubles; les mâchoires ont un bord libre sinueux. Pas de branchies, mais, à leur place, deux petites saillies couvertes de soies.

9. *Chthamalus intertextus*. Darwin, 1853.

Diagnose. — Coquille, quand elle est bien conservée, d'un violet pourpre; sutures, quand elles ne sont pas oblitérées, formées par des dents larges, peu nombreuses, obliques et intriquées; base membraneuse, mais présentant parfois une partie d'apparence calcifiée, formée par le bord inférieur des parois infléchies vers le centre. — Scutum et tergum du même côté, complètement calcifiés ensemble (fig. 229).

Distribution. — Archipel des Philippines.

Observations. — La coquille est déprimée, d'une belle couleur pourpre, plus sensible à l'intérieur, à cause de la corrosion externe. Les parois sont lisses ou légèrement plissées. Généralement, les sutures sont oblitérées, mais, quand elles sont apparentes, elles sont formées par de petites lames arrondies, assez larges, peu nombreuses et intriquées assez obliquement. Dans quelques échantillons, la partie inférieure de la muraille s'infléchit vers le centre de la base et forme ainsi une bordure lisse et calcaire, autour de la membrane basale.

Les scuta et les terga sont soudés de chaque côté (S,T); parfois, on peut apercevoir une légère trace de soudure externe.

Le labre est fortement denté; les mandibules ont seulement trois dents, avec l'angle inférieur faiblement pectiné.

Tableau synoptique des espèces du genre CHTHAMALUS, Ranzani.

GENRE CHTHAMALUS.

- **Terga et scuta articulés entre eux, non soudés.**
  - Sutures des parois droites sans plissements.
    - Bords suturaux des rayons crénelés.
      - Orifice de la coquille non allongé. Terga non équilatéraux.
        - Membrane recouvrant les pièces operculaires, non frangée.... *C. stellatus*, Ranzani.
        - Membrane recouvrant les pièces operculaires, frangée...... *C. cirratus*, Darwin.
      - Orifice de la coquille allongé dans le sens antéro-postérieur. Terga en forme de triangle équilatéral.
        - Orifice deux fois aussi long que large; test plissé, à grosses côtes .... *C. fissus*, Darwin.
    - Bords suturaux des rayons non crénelés.
      - Arête articulaire du scutum, peu saillante; orifice peu large.. *C. antennatus*, Darw.
      - Arête articulaire du scutum, très saillante; orifice large...... *C. Challengeri*, Hœk.
  - Sutures des parois formant des plis intriqués les uns dans les autres.
    - Terga sans cavité profonde pour le muscle dépresseur.
      - Scuta sans sillons longitudinaux externes........ *C. dentatus*, Krauss.
      - Scuta avec deux ou trois sillons longitudinaux externes, vers le milieu de la plaque...... *C. Hembelli*, Conrad.
    - Terga avec une cavité profonde et étroite pour le muscle dépresseur......... *C. scabrosus*, Darw.
- **Terga et scuta soudés.**
  - Sutures des parois de la muraille formant des plis intriqués les uns dans les autres........ *C. intertextus*, Darw.

b. Sous-Famille des BALANINÉS (*BALANINÆ*)

1. Genre *Balanus*, Da Costa, 1778.

Synonymie. — *Conopea*, Say, 1822; *Messula*, Leach, 1825; *Chirona*, J. E. Gray, 1835.

Diagnose. — Base calcaire ou membraneuse. — Muraille formée de six pièces. — Plaques operculaires sub-triangulaires.

Distribution. — Dans toutes les mers, fixés soit sur les rochers littoraux, les coquilles, etc., soit à des profondeurs plus ou moins considérables.

Généralités. — Le genre *Balanus* est répandu dans le monde entier, aussi bien dans les mers froides que dans les mers tempérées ou tropicales. Le nombre des espèces et des variétés est, par conséquent, très considérable et il a fallu, pour s'y reconnaître, créer des sections dans ce genre.

Le test est généralement conique, plus ou moins déprimé; la coloration varie du blanc au brun violet. La surface de la muraille est ou bien lisse, ou, le plus souvent, ornée de sillons longitudinaux et de côtes. L'orifice, très variable de forme, est, tantôt denté, tantôt non, triangulaire, pentagonal, ou hexagonal ou ovale. Les rayons sont généralement plus lisses que la muraille, plus ou moins développés, quelquefois nuls. Les pièces caréno-latérales sont, normalement, plus étroites que les pièces latérales. La dimension du test varie de quelques millimètres à huit ou dix centimètres de hauteur.

Les scuta sont triangulaires avec des stries d'accroissement quelquefois croisées par des stries longitudinales. Ils présentent toujours, du côté interne, une impression du muscle adducteur, une petite excavation pour le dépresseur latéral et aussi une petite cavité pour le dépresseur rostral.

Les terga sont, également, triangulaires avec, dans quelques cas, le côté carénal courbé en angle plus ou moins obtus. L'apex est, le plus souvent, de forme triangulaire, mais, parfois, il s'allonge en une véritable pointe habituellement colorée en pourpre. L'éperon est rarement placé au milieu du bord basal.

Dans la plupart des espèces, le muscle dépresseur est attaché, à l'angle caréno-basal, sur des crêtes plus ou moins développées.

La base est, le plus souvent, calcaire; membraneuse, cependant, dans quelques espèces; généralement aplatie, elle prend la forme d'une coupe

Gruvel. — Cirrhipèdes.   **14** ou d'une carène dans les formes fixées sur les Gorgones ou autres coralliaires.

Le labre présente toujours une encoche médiane avec, le plus souvent, de chaque côté, trois dents, rarement six (*B. balanoïdes*) ou une série (*B. eburneus*). Les mandibules ont, normalement, cinq dents dont les deux dernières sont rudimentaires, parfois confondues avec l'angle basal denticulé. Les mâchoires ont le bord libre tantôt droit, tantôt avec une encoche médiane, plus ou moins profonde.

Les cirrhes de la première paire ont les rames inégales. Les autres sont de plus en plus longs, ornés de longues soies antérieures, à la base desquelles se trouvent des épines plus courtes et quelquefois, dans les espèces fixées sur les Gorgones, par exemple, des crochets qui semblent destinés à arracher les productions du support qui pourraient venir fermer l'orifice (*B. armatus*, F. Müller). C'est quelque chose d'analogue à ce que nous verrons chez certaines espèces d'*Acasta*.

Le pénis est long et plus ou moins couvert de poils. Dans beaucoup d'espèces il présente, à sa base et dorsalement, une sorte d'éperon.

Toutes les espèces présentent une large branchie plus ou moins plissée.

Le genre *Balanus* se subdivise en huit sections :

1° *Section A*. — Parois, base et rayons percés de pores. Base calcaire à peu près régulièrement circulaire.

2° *Section B*. — Parois et base, quelquefois percées de pores, quelquefois non. Rayons jamais percés de pores. — Base calcaire en forme de carène de bateau, allongée suivant l'axe rostro-carénal. Fixés sur les Gorgones et sur les Madrépores.

3° *Section C*. — Parois et base percées de pores. — Rayons non percés de pores. — Base calcaire à peu près régulièrement circulaire.

4° *Section D*. — Parois percées de pores. — Base calcaire et rayons non percés de pores.

5° *Section E*. — Parois percées de pores ou non. — Base membraneuse.

6° *Section F*. — Parois et rayons non percés de pores. — Base calcaire, quelquefois percée de pores, quelquefois non, excessivement mince et difficile à distinguer.

7° *Section G*. — Parois non percées de pores. — Pas de rayons. Base membraneuse.

8° *Section H*. — Parois et base percées de pores. — Pas de rayons. — Base calcaire.

Nous avons cherché à établir pour ces différentes sections un tableau dichotomique qui permettra, nous l'espérons, étant donné un échantillon, de se rendre compte assez rapidement de la section à laquelle il appartient.

Tableau des diverses sections du genre **BALANUS**.

						SECTIONS.
GENRE BALANUS.	Base calcaire.	Rayons poreux.	Base poreuse			A
		Rayons non poreux.	Base très allongée dans le sens rostro-carénal.			B
			Base à peu près régulièrement circulaire.	Parois poreuses.	Base poreuse	C
					Base non poreuse.	D
				Parois non poreuses		F
		Pas de rayons. Parois et base poreuses				H
	Base membraneuse.	Rayons présents				E
		Pas de rayons				G

Section A.

1. *Balanus tintinnabulum*. L. 1767.

SYNONYMIE. — *Lepas tintinnabulum*, L. 1767; id. Ellis, 1758; id. Chemnitz, 1785; *Balanus tulipa*, Bruguière, 1789; id. G. B. Sowerby, 1818; *Lepas crispata*, Schröter; *L. spinosa*, Gmelin; *L. tintinnabulum*, *L. spinosa*, *L. crispata* et *L. porcata*, W. Wood, 1815; *Bal. d'Orbignii*, Chenu; *Bal. crassus*, Sowerby, 1818.

Diagnose. — Test variant, pour la couleur, du rose au pourpre noirâtre, souvent érodé et orné de côtes longitudinales; orifice généralement continu, quelquefois denté. — Scuta avec l'arête articulaire large et réfléchie. Terga avec le bord basal, formant, généralement, une ligne droite, en arrière de l'éperon.

Variétés.

1. Var. *communis*. — Test de forme conique ou tubulo-conique, lisse ou à côtes longitudinales peu accentuées; couleur variant du rose pourpre au pourpre sombre, orifice de la coquille en forme de triangle curviligne (fig. 230 A et 231).

2. Var. *vesiculosus*. — Surface externe des scuta garnie de petites cavités carrées disposées en deux séries ou davantage, s'irradiant de l'apex de la plaque vers son bord basal.

3. Var. *validus*. — Test globulo-convexe, à côtes grossières et flexueuses, lisse ou rugueux; couleur chocolat clair ou rose; coquille extrêmement forte; orifice presque circulaire (fig. 230, B).

4. Var. *zebra*. — Test conique avec une belle couleur chocolat pourpre et des côtes d'un blanc de neige; gaine, couleur de châtaigne et brillante; sommet des ailes, oblique; orifice presque circulaire (fig. 230, C).

5. Var. *crispatus* (Schröter). — Test bleuâtre ou pourpre rosé avec

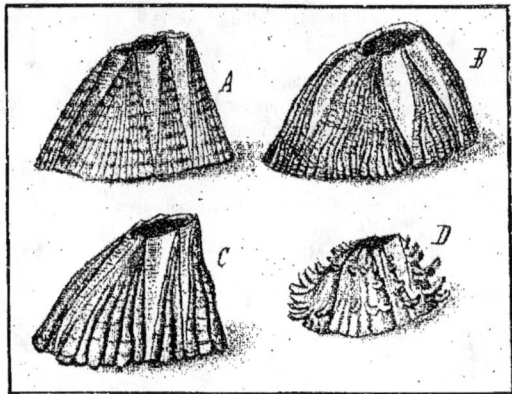

Fig. 230.

des saillies irrégulières raboteuses ou des pointes courtes, aiguës, en forme d'aiguilles; scuta avec leur surface externe unie ou avec des lignes radiaires formées de pointes ressemblant à des crochets.

6. Var. *spinosus* (Gmelin). — Test globulo-conique ou cylindrique, plutôt mince, avec des pointes longues, recourbées en l'air, presque cylindriques, très pointues; coquille très pâle. Fixé à d'autres individus ou sur *Lepas anatifera* (fig. 230, D).

7. Var. *coccopoma*. — Test globulo-conique; orifice petit, arrondi; parois généralement lisses, épaisses, de couleur rose vif; quelquefois à côtes longitudinales très faibles avec des nuances variées de rose; rayons de couleur pourpre; scuta quelquefois comme dans la variété *communis*, quelquefois avec l'angle basi-tergal très tronqué, l'arête pour l'adducteur saillante, la cavité pour le muscle dépresseur profonde et l'arête articulaire large et en forme de crochet; terga, parfois comme dans la variété *communis*, quelquefois avec un éperon plus large, placé plus près de l'angle basi-scutal.

8. Var. *concinnus*. — Test globulo-conique ; parois délicatement ornées de côtes, d'un pourpre terne, taché de blanc ; scuta avec une arête pour l'adducteur en forme de lame et une cavité bordée par une lame pour le muscle dépresseur rostral ; terga comme dans la variété *communis*.

9. Var. *intermedius*. — Rayons avec leurs sommets légèrement obliques ; parois d'un pourpre bleuâtre pâle avec des lignes longitudinales étroites d'un pourpre bleuâtre sombre ; gaine ainsi que la surface interne du rostre et des pièces latérales de teinte beaucoup plus sombre que la surface

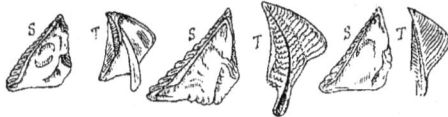

Fig. 231.   Fig. 232.   Fig. 233.

interne de la carène et des pièces caréno-latérales : scuta et terga comme dans la variété *communis*.

10. Var. *occator*. — Rayons avec leurs sommets légèrement obliques ; parois lisses, à côtes ou avec des épines, d'un pourpre bleuâtre très pâle, et des lignes étroites, longitudinales, plus sombres ; gaine ainsi que la surface interne du rostre et des pièces latérales d'un bleu sale, tandis que les parties correspondantes de la carène et des pièces caréno-latérales sont blanches ; scuta avec des pointes petites, aiguës, en forme de crochet, disposées en lignes droites, radiaires ; terga avec l'éperon placé à sa propre largeur ou moins, de l'angle basi-scutal.

11. Var. *d'Orbignii* (Chenu). — Rayons avec leurs sommets obliques et l'orifice de la coquille plutôt profondément denté ; coquille conique ou tubulo-conique, lisse ou rugueuse ; couleur lilas pourpre douteux avec les sommets des parois et une bande le long d'un côté des rayons, tout à fait blanche ; gaine plutôt plus sombre à la partie rostrale qu'à la partie carénale ; scuta comme dans la variété *communis* ; terga comme dans la variété *occator*.

Distribution. — Toutes les mers tempérées ou tropicales, sur des coquilles et les rochers littoraux.

Observations. — Ainsi qu'on l'a vu par les nombreuses variétés décrites, la forme du test est extrêmement variable dans cette espèce, ainsi que sa coloration.

Le labre porte quatre ou six dents ; les mandibules ont cinq dents, avec l'angle inférieur portant plus ou moins d'épines ; les mâchoires présentent une encoche petite ou nulle. La première paire de cirrhes porte, en général, dix-neuf segments dans sa rame la plus longue, seize dans la plus courte. Sur le thorax, de chaque côté et à la base de la troisième paire de cirrhes, se trouve une membrane saillante aplatie ornée de soies.

2. *Balanus ajax*. Darwin, 1853.

Diagnose. — Test globulo-conique, le plus souvent allongé dans le sens caréno-rostral ; de couleur rose pâle, lisse, extrêmement massif ; pores pariétaux circulaires et très petits près du bord basal. — Scuta avec l'arête articulaire large et réfléchie (fig. 232).

Distribution. — Archipel des Philippines, fixé sur *Millepora complanata*.

Observations. — Cette espèce semble très rapprochée de *B. tintinnabulum* ainsi que de *B. stultus* et par elle de *B. calceolus* qui vit fixé sur les Gorgones et qui présente aussi un allongement antéro-postérieur de la base. Mais, le test est extrêmement massif et l'orifice petit. Enfin, les terga présentent des denticulations externes analogues à celles que l'on observe sur les scuta, mais seulement dans leur moitié scutale.

3. *Balanus decorus*. Darwin, 1853.

Diagnose. — Parois rose pâle avec les rayons plus sombres. Scuta avec une petite arête articulaire. Terga avec le sillon longitudinal très peu profond et ouvert ; bord basal venant se confondre, insensiblement et en arc de cercle, avec les deux côtés de l'éperon. Base en forme de coupe (fig. 233).

Dimensions. — Diamètre moyen de base : 25^{mm}.

Distribution. — Nouvelle-Zélande, sur les coquilles.

Observations. — La coquille est conique ou tubulaire avec un large orifice rhomboïdal. Les parois sont extrêmement lisses, de peu d'épaisseur, avec de petits tubes présentant des septa transversaux dans leur extrémité supérieure. Base mince, plate ou, le plus souvent, en forme de coupe. Le test, dans son ensemble, est allongé dans le sens antéropostérieur.

4. *Balanus Campbelli*. Filhol, 1885.

Diagnose. — Je ne saurais mieux faire que de reproduire intégralement ici, la description, fort incomplète, du reste, donnée par Filhol :

« Coquille conique ; surface externe présentant, dans toute son étendue, des plis nombreux et serrés. Certains de ces plis, de distance en distance, s'accusent sous forme de crêtes et divisent ainsi en bandes longitudinales les fines plicatures. Le scutum vu par sa face externe présente des plis saillants, concentriques. Sur tous les échantillons réunis ces plis manquaient ou étaient complètement effacés dans la moitié supérieure du scutum ; ils ne sont pas coupés comme sur *B. porcatus* par de fines stries prenant leur origine au sommet du scutum ; intérieurement, la crête articulaire est modérément saillante, tandis que la crête de l'adducteur est épaisse, détachée, et qu'elle limite une fosse large et remarquablement profonde, disposition que l'on n'observe pas sur *B. vestitus, amphitrite, porcatus.* Sur *B. decorus* la fosse est profonde, mais elle est loin d'être aussi

 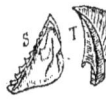 

Fig. 234. Fig. 235. Fig. 236.

excavée que sur l'espèce de Campbell. D'autre part, le bord inférieur du scutum a une forme différente ; il est droit ou même légèrement concave dans la première espèce, tandis qu'il est convexe dans la seconde. Le tergum a son sommet très aigu et recourbé ; il est couvert de lignes saillantes et concentriques. La forme de la portion antérieure de son bord inférieur le rapproche de *B. decorus,* mais, la portion postérieure du même bord a une forme et une direction différentes. Ces mêmes parties sont également dissemblables chez *B. porcatus, vestitus* et *amphitrite* (fig. 234). »

Distribution. — Abondants sur les rochers de Campbell, autour de la baie de la Persévérance.

Observations. — L'examen des pièces operculaires nous a conduit à penser que cette espèce pourrait se rapprocher de *B. decorus* dont elle semble être distincte. L'examen seul de la muraille et de la base permettrait d'être fixé, d'une façon certaine, sur ce point.

5. *Balanus vinaceus.* Darwin, 1853.

Diagnose. — Test brun-pourpre sombre ; lames internes des parois cannelées. Scuta finement striés longitudinalement. Terga avec le sillon longitudinal peu profond et ouvert ; bord basal, venant, sur les deux côtés, se confondre en arc de cercle avec l'éperon dont la largeur égale environ le quart de celle de la pièce (fig. 235).

Dimensions. — Diamètre de base : 20^{mm}.

Distribution. — Côtes ouest de l'Amérique du Sud.

Observations. — Le test est conique avec un large orifice rhomboïdal ; la gaine presque incolore ; les parois lisses, légèrement irrégulières et très finement striées longitudinalement. La surface interne des scuta est remarquablement plate et lisse. Il n'y a pas de crête pour le muscle dépresseur et il existe une dépression ovale, extrêmement faible, pour le muscle adducteur. Le sillon longitudinal des terga est très faible et le fond est faiblement strié longitudinalement ; il présente, sur le bord scutal, une légère trace d'arête comme dans *B. decorus.*

Les parois sont très faibles et fragiles. Sur une section transversale de la paroi, on trouve sur le côté interne des tubes pariétaux des séries d'alvéoles formés par les dissépiments qui se sont réunis entre eux.

6. *Balanus tulipiformis.* Ellis, 1758.

Synonymie. — *Bal. tulipiformis ex corallio rubro,* Ellis, 1758 ; *Lepas tulipa,* Poli, 1791 ; *Bal. tintinnabulum* (var.), Chenu.

Diagnose. — Test de couleur rose sombre, quelquefois mêlé de pourpre ; orifice denté. Scuta très lisses extérieurement, couverts par la cuticule. Terga avec des crêtes distinctes pour le muscle dépresseur ; sillon longitudinal profond avec les bords incurvés l'un vers l'autre (fig. 236).

Dimensions. — Diamètre de base : 18^{mm}.

Distribution. — Sicile, Malaga, Madère (associé à *B. perforatus*) ; fixé sur des Millepores, des huîtres ou autres coquilles. Suivant Poli, habiterait les mers profondes, mais se rencontre sur des tests de *Lepas analifera* qui sont pélagiques.

Observations. — La coquille est tubulo-conique ou conique ; l'orifice large, denté, presque pentagonal. Surface modérément lisse, nue. Couleur rosée avec une légère teinte pourpre.

Les scuta sont très lisses, avec des stries d'accroissement très peu saillantes et quelquefois des traces à peine indiquées de stries longitudinales. L'arête articulaire est plutôt saillante. Le bord basal de terga en arrière de l'éperon est légèrement concave ; les crêtes pour le muscle dépresseur bien développées.

Le labre porte des dents ou très petites ou absentes ; les mandibules montrent quatre ou cinq dents rudimentaires ; les mâchoires, une petite encoche sous les deux dents supérieures ; près de l'angle inférieur, deux épines l'une au-dessous de l'autre, sont plus longues, même, que les deux supérieures.

Cette espèce se rapproche beaucoup des trois dernières variétés de *Bal. tintinnabulum*, mais les scuta, lisses, avec leur cuticule persistante, leur arête articulaire petite et non réfléchie et les crêtes des terga pour le muscle dépresseur, sont des caractères distinctifs suffisamment nets.

7. *Balanus psittacus*. Molina, 1788.

SYNONYMIE. — *Lepas psittacus*, Molina, 1788; *Bal. picos*, Lesson, 1829; *Bal. tintinnabulum* (var. c.), Ranzani, 1820; *Bal. cylindraceus*, Lamarck, 1818; *Bal. psittacus*, King et Broderip, 1832.

Diagnose. — Coquille rose pâle sale; orifice hexagonal. Scuta avec l'arête articulaire très petite, confluente avec l'arête de l'adducteur très saillante et formant avec elle une cavité tubulaire qui s'étend jusqu'à l'apex de la plaque. Terga avec l'apex prolongé en forme de pointe de couleur pourpre; éperon placé à une distance inférieure à sa propre largeur de l'angle basi-scutal (fig. 237).

Dimensions. — Hauteur : 150ᵐᵐ; diamètre de base : 62ᵐᵐ,5.

Distribution. — Pérou, Chili, Patagonie.

Observations. — Cette espèce est celle qui, avec *B. nigrescens*, renferme les plus grands échantillons de Balanides. Le test est cylindro-conique, souvent presque cylindrique. Quand il est intact, la surface est lisse, mais cela est rare, surtout chez les grands échantillons, et alors cette surface présente des arêtes saillantes. L'orifice est peu denté et assez régulièrement hexagonal. La base est rarement plate, mais, le plus souvent étroite. Il se forme alors une paroi spéciale que nous avons désignée sous le nom de pseudo-muraille et qui est, parfois, très allongée. Les terga présentent, sur le prolongement de l'éperon, un bec pointu à peu près arrondi, d'une longueur égale au tiers ou au quart de la longueur totale de la plaque et coloré en pourpre; le sillon longitudinal est profond, mais les bords, rabattus l'un vers l'autre, le cachent. Le bord basal ne présente pas même une trace de crêtes pour le muscle dépresseur. Entre la crête articulaire et le bord carénal se trouve une légère arête qui n'atteint pas tout à fait le bord basal (fig. 239).

Le labre ne porte que de très petites dents ou même pas du tout; les mandibules ont trois dents bien développées; les mâchoires présentent une petite encoche.

8. *Balanus capensis*. Ellis, 1758.

Diagnose. — Test nuancé, avec, souvent, des côtes longitudinales d'un rose vif. Scuta semblables à ceux de *B. psittacus*. Terga terminés

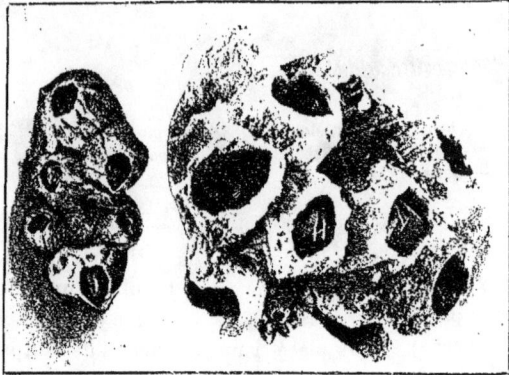

Fig. 238.   Fig. 237.

aussi en pointe, mais de couleur blanche. Éperon placé à sa propre largeur, de l'angle basi-scutal (fig. 238 et fig. 240).

Dimensions. — Diamètre de base : de 37 à 50^{mm}.

Distribution. — Cap de Bonne-Espérance, sur des troncs de laminaires et autres objets flottants; rarement sur des coquilles.

Observations. — Cette espèce rappelle beaucoup *B. psittacus*; on pourrait dire que c'est la forme sud-africaine de cette espèce américaine. Les échantillons ne deviennent jamais aussi grands et l'orifice est

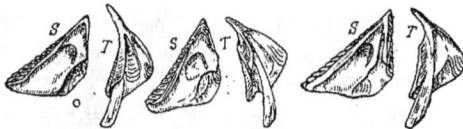

Fig. 239.   Fig. 240.   Fig. 241.

plus étroit. Dans quelques échantillons, la base est en forme de coupe, mais c'est qu'elle épouse alors la forme de son support.

9. *Balanus nigrescens*. Lamarck, 1818.

SYNONYMIE. — *Bal. gigas*, Ranzani, 1810; id. de Blainville.

Diagnose. — Test cendré, teinté de bleu pâle, ou sombre, ou entièrement blanc. Scuta avec l'arête articulaire terminée inférieurement en une pointe libre et aiguë ; arête de l'adducteur, saillante. Terga avec l'apex terminé en pointe arrondie (fig. 241 et 242).

Dimensions. — Diamètre de base : 51^{mm} ; hauteur : 58^{mm},5.

Distribution. — Sud et ouest de l'Australie, fixé sur des pierres et des Patelles ; Nouvelle-Hollande ; Nouvelle-Galles du Sud ; Côte-d'Ivoire.

Observations. — Sauf la couleur, cette espèce ressemble beaucoup, extérieurement, à *Bal. psittacus*, mais l'orifice est plutôt plus petit et les rayons plus étroits. La partie interne des scuta présente une arête articulaire un peu saillante et non réfléchie avec sa partie inférieure terminée

Fig. 242.

en pointe aiguë ; l'arête de l'adducteur est modérément pointue. Les deux crêtes forment une cavité profonde et large pour le muscle dépresseur, mais cette cavité n'est pas tubulaire comme pour les deux espèces précédentes et ne s'étend pas jusqu'au sommet de la pièce.

Le labre est sans dents ; les mandibules portent cinq dents aiguës, les mâchoires, un bord libre droit.

Tableau synoptique des espèces du genre BALANUS, L. (Section A).

Section A.

Apex des terga aigu, mais non en forme de pointe.

Scuta à stries d'accroissement très nettement saillantes, sur la face externe......

Bord basal des terga, en arrière de l'éperon, à peu près en ligne droite...

- Terga avec de simples stries d'accroissement; pas de denticulations saillantes; muraille à peu près régulièrement circulaire; orifice plutôt assez large............ — **B. tintinnabulum, L.**
- Terga avec des denticulations saillantes sur la moitié scutale, muraille très épaisse, un peu allongée dans le sens antéro-postérieur; orifice étroit. Fixé sur les millepores. — **B. ajax, Darwin.**

Bord basal des terga, en arrière de l'éperon, concave inférieurement et venant se confondre, en arc de cercle, avec le bord postérieur de l'éperon..

Éperon placé à la moitié de sa propre largeur de l'angle basi-scutal.

- Test rose pâle; bord basal des scuta légèrement concave.... — **B. decorus, Darwin.**
- Test blanchâtre; bord basal des scuta convexe... — **B. Campbelli, Fithol.**

Test rouge brun sombre. éperon placé à une fois et demie sa propre largeur de l'angle basi-scutal ..... — **B. vinaceus, Darwin.**

Scuta lisses; stries d'accroissement à peine accusées..

- Test rose sale, orifice denté; terga avec le sillon longitudinal profond; éperon placé à une distance égale à sa propre largeur de l'angle basi-scutal.. — **B. tulipiformis, Ellis.**
- Test rose pâle, orifice hexagonal non denté. Éperon placé à une distance de l'angle basi-scutal inférieure à sa propre largeur; bec des terga pourpre.... — **B. psittacus, Molina.**

Apex des terga allongé en forme de pointe.

Crête de l'adducteur des scuta, formant avec la crête articulaire une cavité tubulaire allant jusqu'au sommet de la pièce......

- Test plutôt rose vif. Éperon des terga placé à une distance de l'angle basi-scutal au moins égale à sa propre largeur; bec des terga blanc. — **B. crenatus, Ellis.**

Crête de l'adducteur des scuta, ne rejoignant pas la crête articulaire et formant avec elle un simple sillon......

- Test généralement de couleur violacée sombre. Terga étroits, allongés. Éperon placé à une distance de l'angle basi-scutal inférieure à sa propre largeur...... — **B. nigrescens, Lamarck.**

ESPÈCES.

Section B.

10. *Balanus stultus.* — Darwin, 1853.

Diagnose. — Parois et base poreuses ; test blanc ou faiblement teinté de pourpre. Scuta avec le bord basal saillant dans le milieu. Terga avec le sillon longitudinal fermé dans la partie supérieure, largement ouvert à la base. Éperon situé à une distance de l'angle basi-scutal à peu près égale à sa

Fig. 243.   Fig. 244.

propre largeur qui est égale, environ, au quart de la largeur totale de la pièce (fig. 243).

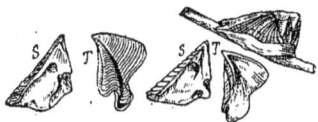

Dimensions. — Diamètre antéro-postérieur : 37^{mm}.
— transversal : 28^{mm}.

Distribution. — Singapoure ; Amérique ; fixé sur les Millepores.

Observations. — Le test conique, parfois globuleux, est extrêmement lisse ; l'orifice plutôt petit, ovale, non denté ; les rayons modérément larges avec leurs sommets parallèles à la base. La base est concave, quelquefois très profonde, d'autres fois plate. Le labre porte six petites dents ; les mandibules ont la troisième dent mousse, la quatrième petite, la cinquième confluente avec l'angle basal ; les mâchoires avec le bord libre, droit.

11. *Balanus calceolus.* Ellis, 1758.

SYNONYMIE. — *Bal. calceolus Keratophyto involutus ?* Ellis, 1758 ; — *Lepas calceolus ?* Pallas, 1766 ; *Conopea ovata ?* J. E. Gray, 1825.

Diagnose. — Parois et base poreuses. Scuta avec la cavité pour le muscle dépresseur latéral petite et profonde. Éperon des terga situé à peu près à une distance égale au tiers de sa propre largeur qui atteint presque la moitié de la largeur totale de la pièce (fig. 244).

Dimensions. — Diamètre antéro-postérieur : 17^{mm},5.
— transversal : 6^{mm},5.

Distribution. — Environs de Madras ; côtes ouest de l'Afrique ; Méditerranée ; fixé sur des Gorgones.

Observations. — La surface du test, d'un rouge pourpre sale ou pourpre obscur avec de légères côtes longitudinales, est lisse ou avec de petites pointes saillantes; l'orifice est plutôt petit et en forme de cœur. La coquille est très forte. La base présente, sur toute sa longueur, un sillon dû à la fixation du test sur la tige de la Gorgone.

12. *Balanus galeatus*. L. 1771? (Darwin, 1853).

SYNONYMIE. — *Lepas galeata*, L. 1771; *Conopea elongata*, Say, 1822.

Diagnose. — Parois non poreuses; base poreuse. Terga avec un apex carré qui repose entièrement sur le large apex des scuta. La largeur de l'éperon, placé très près de l'angle basi-scutal, égale environ le tiers de la largeur totale de la pièce (fig. 245).

Dimensions. — Diamètre antéro-post. : 18^{mm}.
— transversal : 7^{mm}.

Distribution. — Amérique du Sud : Caroline, Floride; Amérique centrale; fixé sur les Gorgones.

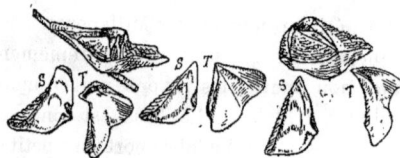

Observation. — Le labre porte deux dents de chaque côté de l'échancrure centrale; les mandibules ont cinq dents dont les inférieures très petites; les mâchoires portent une trace d'encoche.

Fig. 245.   Fig. 246.   Fig. 247.

13. *Balanus cymbiformis*. Darwin, 1853.

Diagnose. — Parois et base non poreuses. Scuta et terga avec de très petites arêtes articulaires. Terga larges, presque équilatéraux (fig. 246).

Dimensions. — Diamètre antéro-post. : 10^{mm}.

Distribution. — Près de Madras; fixé sur les Gorgones.
Observations. — Test de couleur rouge pourpre ou faiblement teinté de pourpre, les rayons étant plus pâles que les parois.

14. *Balanus navicula*. Darwin, 1853.

Diagnose. — Parois et base non poreuses; pièces caréno-latérales très étroites avec, presque, la même largeur du sommet à la base. Rayons avec leurs bords suturaux lisses. Scuta striés longitudinalement sur la face externe (fig. 247).

Dimensions. — Diamètre antéro-post. : 10^{mm}.

Distribution. — Près de Madras ; fixé sur les Gorgones.

Observations. — Cette espèce se rapproche beaucoup du genre *Acasta* par son test fragile, ses parois et sa base non poreuses, les pièces canéro-latérales très étroites, etc. Les terga sont plutôt étroits avec l'éperon large et assez saillant.

Tableau synoptique des espèces du genre BALANUS, L.
(Section B).

ESPÈCES.

Bord basal des scuta, fortement saillant au milieu. Largeur de l'éperon, égale environ le quart de celle des terga............... *B. stultus*, Darwin.

Parois Poreuses.

Bord basal des scuta à peine saillant en son milieu. Largeur de l'éperon égale presque la moitié des terga. *B. calceolus*, Ellis.

Base poreuse.

Parois non poreuses. Bord carénal des terga en angle droit................ *B. galeatus* L.? Darwin.

Parois et base non poreuses.

Bords scutal et carénal des terga, droits; terga très larges, éperon très large, à peine saillant.................... *B. cymbiformis*, Darwin.

Bord scutal des terga, concave, bord carénal régulièrement convexe ; terga assez étroits avec l'éperon large et saillant........................... *B. navicula*, Darwin.

Section B.

Section C.

C'est cette section qui contient le plus grand nombre d'espèces dont plusieurs, extrêmement communes, présentent de nombreuses variétés.

15. *Balanus trigonus*, Darwin, 1853. — Parois à côtes longitudinales saillantes de couleur rouge pourpre ; orifice large, non denté, triangulaire (la base étant rostrale). Scuta épais avec de une à six séries longitudinales de petites cavités. Terga sans sillon longitudinal, éperon tronqué, au moins de la largeur du tiers de la plaque tout entière (fig. 248 et 249).

Dimensions. — Diamètre de base : 15^{mm}.

Distribution. — Java, Pérou, Colombie (ouest), Californie, Mascate, Loango, sur coquilles, radioles de *Cidaris*, etc.

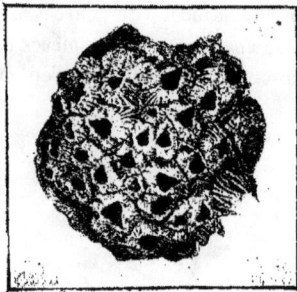

Fig. 248.

Observations. — Grâce à son orifice triangulaire presque équilatéral, son test coloré en rose pourpre avec des côtes simples ou ramifiées généralement blanches, cette espèce est assez facile à distinguer des autres.

Les scuta présentent extérieurement cinq ou six petites fossettes profondes et presque circulaires s'étendant dans la moitié inférieure de la plaque.

Les terga sont lisses extérieurement avec une trace à peine visible de sillon longitudinal; l'éperon, large, varie de la moitié au tiers de la largeur de la plaque.

Le labre présente trois dents rapprochées, de chaque côté de l'encoche centrale; les mandibules ont quatre dents, dont la quatrième est petite et la cinquième ou absente ou impossible à distinguer à l'angle basal.

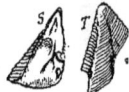

Fig. 249.

16. *Balanus armatus.* Fr. Müller, 1867.

Diagnose. — Test le plus souvent de couleur pâle avec des stries brun pourpre, plus ou moins foncées. Parois généralement lisses ou, rarement, avec des côtes longitudinales peu marquées. Orifice rappelant celui de *B. trigonus*, mais toujours denté. Base toujours fortement creuse. Rostre nu, peu recourbé vers l'intérieur au niveau de l'orifice. Scuta très étroits avec le bord occluseur presque deux fois aussi long que le bord basal; stries très saillantes extérieurement avec de 1 à 6 séries longitudinales de fossettes, en général très profondes et, souvent, assez larges. Terga comme *B. trigonus* (fig. 250).

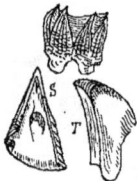

Fig. 250.

Dimensions. — Longueur moyenne de la base : 8^{mm},3 ; largeur : 6^{mm},9. Hauteur du rostre : 7^{mm},7 ; hauteur de la carène : 8^{mm},5.

Distribution. — Atlantique, presque exclusivement dans les éponges qui ont envahi la Balane, fixée elle-même sur une coquille.

Observations. — Labre avec trois dents de chaque côté de l'encoche, mandibules avec quatre dents bien marquées, la cinquième manque parfois tout à fait, mais, en général, forme un petit tubercule au-dessus de l'angle inférieur. Mâchoires avec une encoche très petite ou nulle. Pénis avec un très long éperon à la base. Les troisième et cinquième paires de cirrhes présentent, sur la partie antérieure et saillante des articles, une armature de crochets servant à arracher constamment les bords de l'éponge qui, en s'accroissant, finirait par fermer l'orifice, comme chez les *Acasta.*

Cette espèce est très voisine de *B. trigonus,* mais le test est lisse, en forme de cône pointu, l'orifice pentagonal et toujours distinctement denté; les scuta sont plus étroits, enfin les armatures des troisième et cinquième paires de cirrhes n'existent pas chez *B. trigonus.*

Var. : *B. armatus* × *B. improvisus.* Fr. Müller. C'est là une simple variété de *B. armatus.*

17. *Balanus spongicola.* Brown, 1837.

Diagnose. — Parois généralement lisses, avec quelquefois de simples plissements longitudinaux; de couleur rosée; orifice denté. Scuta striés longitudinale- ment. Terga avec l'apex pointu et sail- lant, sans sillon longitudinal. Éperon tron-

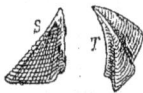 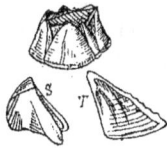 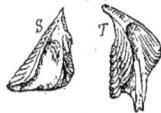

Fig. 251.　　　　Fig. 252.　　　　Fig. 253.

qué, peu saillant, dont la largeur égale environ le tiers de la largeur totale de la plaque (fig. 251).

Var. *a* — avec les parois présentant de légers plissements longi- tudinaux.

Dimensions. — Diamètre de base : 15ᵐᵐ.

Distribution. — Côtes sud de l'Angleterre, souvent enfermé dans des éponges, fixé aussi aux coquilles et aux rochers, en mer profonde; Médi- terranée; Madère, avec *B. tulipiformis*; cap de Bonne-Espérance, avec *B. capensis*; souvent enfermé dans des éponges avec *Acasta spongites.*

Observations. — Le test est tubulo-conique avec l'orifice fortement denté, de couleur rose douteux ou pourpre, ou couleur chair sombre. La surface est lisse, avec, quand elle est bien conservée, des séries transversales de petites épines. Dans quelques variétés, les parois sont plus ou moins plissées. Les scuta présentent de fines stries longitudinales, avec des stries d'accroissement. L'éperon des terga égale environ un tiers de la largeur de la plaque. Dans les spécimens enfermés dans les éponges, la base est concave, tandis que chez les *Acasta* elle est convexe. La bouche comme chez *B. trigonus*.

18. *Balanus socialis*. Hœk, 1883.

Diagnose. — Test non recouvert par une membrane distincte ; orifice relativement large et non profondément denté ; rayons extrêmement étroits. Terga avec le bord basal très long, beaucoup plus que le bord scutal ; éperon large, égalant environ le quart de la largeur totale de la plaque (fig. 252).

Distribution. — Expéd. du « Challenger » : Mer d'Arafura (9°59' lat. S. et 139°42' long. E.) par une profondeur de 55 mètres.

Observations. — Les pièces operculaires, quand elles sont fermées, sont à peu près parallèles à la base. La surface des parois est lisse, sans stries d'accroissement bien distinctes ; leur surface interne est très fortement cannelée dans la partie inférieure. Les rayons sont très étroits, à sommets obliques et arrondis. La base est très mince et fragile. La longueur du bord basal des terga dépasse celle du bord scutal et les deux segments, en avant et en arrière de l'éperon, sont sur une même ligne droite ; l'éperon est large, court et terminé en pointe arrondie. Le labre a trois dents bien développées et en pointe aiguë, de chaque côté de l'encoche ; les mandibules ont cinq dents mousses et les mâchoires sont sans encoche.

Cette espèce ressemble beaucoup à *B. glandula*, Darw. (section D.)

19. *Balanus nubilus*. Darwin, 1853.

Diagnose. — Test blanc, rugueux ; base, en partie imparfaitement poreuse. Scuta avec l'arête articulaire petite, l'arête de l'adducteur saillante et une profonde cavité pour le muscle dépresseur latéral ; terga avec une tache pourpre du côté interne ; apex saillant, en pointe, de couleur pourpre (fig. 253).

Dimensions. — Diamètre de base : 50mm ; hauteur : 32mm.

Distribution. — Californie, associé à *B. glandula* et fixé sur des morceaux de bois.

Observations. — Cette espèce ressemble, comme aspect extérieur, à *B. porcatus* ou *B. cariosus*. — Le test conique, rugueux, quelquefois avec des côtes longitudinales aiguës, présente un orifice étroit, ovale, et denté. Les terga ont l'apex en forme de bec triangulaire, d'un pourpre douteux ; le sillon longitudinal n'existe pas. La base est aplatie et plutôt mince.

20. *Balanus violaceus.* A. Gruvel, 1903.

Diagnose. — Parois et base poreuses. Rayons bien développés, non percés de pores. Test de couleur générale violacée, avec des côtes

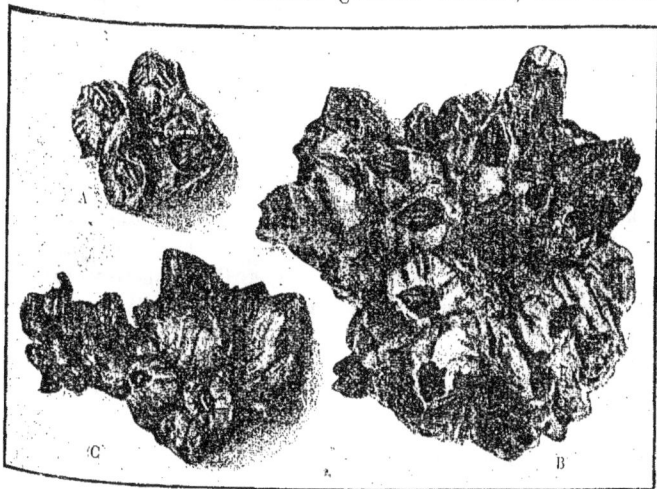

Fig. 254.

A, Balanus violaceus. — B, Balanus lævis. — C, Balanus perforatus.

longitudinales étroites et nombreuses, de couleur gris violet clair. Base entièrement poreuse. Scuta avec la crête articulaire très saillante, la crête de l'adducteur faiblement développée et située un peu plus près du bord rostral que du bord tergal ; cavité pour le muscle adducteur profonde ; cavité pour le muscle dépresseur latéral également profonde. Terga avec l'arête et le sillon articulaires très nettement marqués ; éperon saillant, à extrémité inférieure arrondie et placé à une distance de l'angle basi-scutal un peu inférieure à sa propre largeur ; crêtes pour le muscle dépresseur très nettes et saillantes ; pas de sillon longitudinal externe, mais, au contraire, une côte longitudinale ; apex légèrement proéminent, terminé en pointe mousse (fig. 254, A et 255).

Dimensions. — Diamètre de la base : 16^{mm}.
Hauteur verticale :   11^{mm}.

Distribution. — Habitat inconnu. Collection du British Museum.

Observations. — Le test est conique avec la base à peu près régulièrement circulaire ; les rayons bien développés et leur bord supérieur oblique.

Les sommets des pièces operculaires sont légèrement écartés l'un de l'autre en dehors du plan médian, surtout ceux des terga. Ces pièces sont lisses extérieurement, avec des stries d'accroissement faiblement marquées.

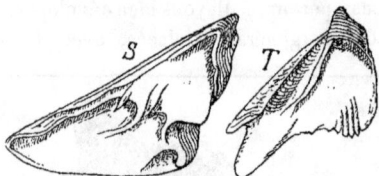

Fig. 255.

Le labre porte, de chaque côté de l'encoche médiane, non pas des dents, mais de simples soies. Les mandibules ont quatre dents, la quatrième étant très petite et l'angle basal tronqué ; les mâchoires présentent une légère encoche. Le pénis est extrêmement long. Cette espèce se rapproche de *B. nubilus* par ses terga, mais s'en distingue nettement par son aspect extérieur.

21. *Balanus lævis.* Bruguière, 1789.

Synonymie. — *Balanus discors*, Ranzani, 1820 ; *B. coquimbensis*, G. B. Sowerby, 1846.

Diagnose. — Test nu ou recouvert par une membrane brune, blanche, pourpre pâle ou jaunâtre ; orifice petit, triangulaire ; rayons très étroits. Scuta avec un ou deux sillons longitudinaux profonds.

Var. *nitidus.* — Test non recouvert par une membrane, blanc, jaunâtre ou pourpre pâle ; orifice seulement légèrement denté ; scuta généralement avec deux sillons longitudinaux (fig. 254, B et 256).

Var. *coquimbensis.* — Test allongé, base en forme de coupe profonde en partie remplie par des couches calcaires minces et irrégulières.

Dimensions. — Diamètre de base : 18mm.

Distribution. — Détroit de Magellan, sur des coquilles ; formant des masses compactes et arrondies, souvent associé à *Verruca lævigata.* Chili et Pérou (var. *nitidus*) souvent associé à *Bal. psittacus.* Californie, Terre de Feu, Patagonie.

Observations. — Le test est conique, quelquefois légèrement globuleux, lisse sans plis, ou nu ou recouvert d'une membrane jaunâtre.

Rayons très étroits souvent non développés, les sutures formant alors une simple fissure.

Les scuta sont plus ou moins larges avec un ou deux sillons longitudinaux profonds (fig. 256, S).

L'arête articulaire n'est pas saillante, mais se termine, inférieurement, en une pointe longue et aiguë, le plus souvent cassée en désarticulant la plaque. Les terga présentent un sillon longitudinal avec les bords quelquefois repliés l'un vers l'autre. Le bord basal, en arrière de l'éperon est, généralement, droit, rarement un peu excavé ; les crêtes pour le muscle dépresseur sont bien développées.

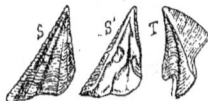

Fig. 256.

La base est tantôt plate, tantôt profonde, avec des couches calcaires superposées.

Le labre ou bien est dépourvu de dents ou en présente seulement deux ou trois très petites. Les mandibules ont la troisième dent plus épaisse et plus large que les deux supérieures. Les mâchoires ont ou bien le bord libre presque droit ou l'angle inférieur saillant obliquement.

22. *Balanus pœcilus*. Darwin, 1853.

Diagnose. — Test d'un rouge douteux, tacheté de blanc. Scuta sans arête pour l'adducteur, terga avec l'éperon coupé carrément, atteignant environ le tiers de la largeur totale de la pièce (fig. 257).

Dimensions. — Diamètre de base : 12ᵐᵐ.

Distribution. — Côtes ouest de l'Amérique du Sud.

Observations. — Le test de cette espèce est fragile, tubulo-conique ; l'orifice large.

Les scuta sont lisses, extérieurement, avec l'arête articulaire modérément développée, sans trace de crête pour l'adducteur, mais avec une cavité distincte pour le muscle dépresseur latéral (S). Terga avec le sillon longitudinal large et peu profond ; l'éperon est court, avec le bord inférieur parallèle au bord basal des terga (T).

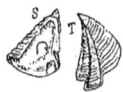

Fig. 257.

Le labre porte trois dents extraordinairement larges sur chaque côté de l'encoche médiane et les mandibules quatre dents bien développées, la cinquième étant confluente avec l'angle inférieur.

23. *Balanus perforatus*. Bruguière, 1789.

SYNONYMIE. — *Lepas angusta*, Gmelin, 1789 ; *Lepas ore angustiore*, Chemnitz ; *Balanus cornubiensis*, Ellis, 1758 ; *Lepas balanus et fistulosus*, 1795 ; *Bal. communis*, Pulteney, 1799 ; id., Montagu, 1803 ; *Lepas angustata*, Wood, 1815 ; *Bal. Cranchii*, Leach, 1824 ; id., Brown, 1827.

Diagnose. — Test pourpre pâle ou blanc ou couleur de frêne, sale ; lisse quand il est intact ou avec de fins sillons longitudinaux, s'il est corrodé ; gaine pourpre ; orifice généralement petit ; rayons étroits ou absents. Scuta avec, intérieurement, une faible arête, courte, située au-dessous mais très rapprochée de l'arête pour l'adducteur. Terga avec l'apex quelquefois saillant en forme de pointe.

1. Var. *angustus*, Gmelin. — Test pourpre pâle douteux ou blanc ; orifice petit, rayons très étroits avec leurs sommets obliques (fig. 254, C et 258).

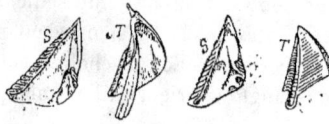

2. Var. *Cranchii*, Leach. — Test corrodé avec de fines arêtes longitudinales résultant de l'érosion des tubes pariétaux ; de couleur frêne sombre, sale, avec une teinte de pourpre ; rayons non développés ou très étroits avec leurs sommets obliques ; orifice très petit.

Fig. 258.   Fig. 259.

3. Var. *fistulosus*, Poli. — Test cylindrique, blanc ou pourpre douteux ; orifice le plus souvent petit ; base en forme de coupe profonde.

4. Var. *mirabilis*. — Test d'un pourpre brillant ; rayons blancs, très larges avec leurs sommets parallèles à la base ; orifice non denté, large.

Dimensions. — Diamètre moyen de la base : 25ᵐᵐ.

Distribution. — Côtes de la Manche et de l'Océan ; Méditerranée ; côtes ouest de l'Afrique : Loanda, sur les rochers littoraux, très rarement sur les corps flottants.

Observations. — C'est là une des espèces les plus communes sur notre littoral français, tantôt isolée, tantôt rassemblée par milliers sur les rochers.

La coquille est conique avec l'orifice petit (environ un tiers du diamètre de la base). Le plus souvent les rayons sont représentés par une simple fissure. Le test est fréquemment corrodé et laisse voir, dans ce cas, la matière contenue dans les tubes pariétaux.

Les scuta présentent une arête articulaire modérément développée ; l'arête pour l'adducteur très saillante, court, du sommet de la plaque à sa base, en longeant l'arête articulaire. Elle délimite une cavité profonde, dans laquelle se trouve une faible arête courte et aiguë, rapprochée de l'arête de l'adducteur, parallèle à elle et qui ne se rencontre que dans un très petit nombre d'autres espèces, *B. nubilus* et *B. cariosus*. Les terga ont l'apex en forme de bec triangulaire, avec le sillon longitudinal profond, à bords souvent repliés et en contact.

L'éperon est modérément long, étroit et à une distance du bord scutal un peu inférieure ou égale à deux fois sa propre largeur.

Si les individus sont isolés, la base est aplatie ; s'ils sont agglomérés en grand nombre, elle devient profonde.

Le labre ne présente pas de dents, seulement des poils. Les mandibules ont la quatrième dent petite et la cinquième confluente avec l'angle inférieur. Les mâchoires sont plutôt larges avec une légère encoche au-dessous des deux épines supérieures.

24. *Balanus improvisus.* Darwin, 1853.

Diagnose. — Test blanc ; rayons étroits avec leur bord supérieur lisse, légèrement voûté, très oblique. Terga avec un sillon longitudinal. Éperon avec la partie inférieure arrondie (fig. 259 et 260).

Var. assimilis. — Avec des lignes longitudinales d'un blanc hyalin sur les parois.

Dimensions. — Diamètre moyen de la base : 12^{mm}.

Distribution. — Côtes de la Manche ; côtes françaises de l'Océan ; États-Unis, Rio de la Plata, Patagonie, Colombie, fixé sur les bois flottants, les coquilles, les carènes de bateaux ; du niveau de la basse mer à 35 ou 40 mètres de fond.

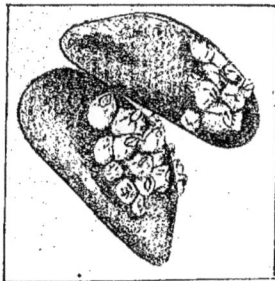

Fig. 260.

Observations. — Test conique, très lisse, jamais plissé longitudinalement, blanc, avec l'extrémité supérieure des parois, mince et d'un blanc jaunâtre. Les rayons sont étroits avec les sommets très obliques, arrondis et lisses.

Scuta avec l'arête articulaire saillante, mais peu réfléchie ; arête de l'adducteur droite et saillante (fig. 259, S). Terga avec le sillon longitudinal modérément profond ; l'éperon court, étroit, est placé à une distance de l'angle basi-scutal inférieure à sa propre largeur. Les crêtes pour le muscle dépresseur sont extrêmement saillantes (T).

Le labre présente, généralement, de chaque côté de l'encoche centrale, deux dents fortes et de neuf à onze dents plus petites, décroissant régulièrement de taille. Les mandibules ont les deux dents inférieures réduites à de simples saillies.

Cette espèce est voisine de *Bal. crenatus*, avec laquelle on la rencontre souvent.

25. *Balanus concavus*. Brown, 1831.

Synonymie. — *Bal. cylindraceus* (var. c.), Lamarck, 1818 ; *Lepas tintinnabulum*, Brocchi, 1814.

Diagnose. — Test avec des bandes longitudinales blanches et roses, ou pourpre douteux ; quelquefois entièrement blanc. Scuta finement striés longitudinalement ; arête pour l'adducteur très ou modérément saillante (fig. 261).

Dimensions. — Diamètre de base, maximum : 37^{mm}.

Distribution. — Panama, Pérou, Californie ; archipel des Philippines ; Australie.

Observations. — Le test est conique, parfois fortement ; lisse, rarement rugueux ; l'orifice plutôt petit. La surface extérieure des scuta présente des stries d'accroissement saillantes, qui, par leur entrecroisement avec des stries longitudinales, forment des denticulations ; l'arête articulaire est plutôt petite et modérément réfléchie Les terga ont l'apex un peu en forme de bec ; l'éperon présente un sillon longitudinal profond dont les bords se rapprochent souvent jusqu'à se toucher, sa largeur est environ le quart de celle de la plaque ; il est parfois très long par rapport à la dimension du tergum. La base est mince et poreuse.

Fig. 261.

Le labre porte six dents ; les mandibules ont la quatrième et la cinquième dent petites, les mâchoires le bord droit ou la partie inférieure légèrement saillante.

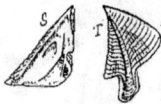

26. *Balanus amphitrite*. Darwin, 1853.

Synonymie. — *Lepas radiata et L. minor*, Wood, 1815 ; *Lepas balanoïdes*, Poli, 1795 ; *Bal. balanoïdes*, Risso, 1826.

Diagnose. — Test avec des bandes longitudinales pourpres ou roses, parfois confluentes ; quelquefois entièrement blanc ; scuta avec une arête pour l'adducteur large et saillante.

1. Var. *communis*, Darw. — Test presque blanc avec des raies longitudinales de couleur violet pâle ou sombre; cuticule rarement persistante, ou mince ou épaisse. Rayons blancs ou parsemés de taches acajou, rougeâtres, avec leurs sommets soit obliques, parfois fortement, soit presque parallèles à la base. Pointe basale de l'éperon des terga ou carrée ou en pointe mousse (fig. 262, A).

Distribution. — Méditerranée, Amérique, Afrique du Sud; archipel des Phillipines, Nouvelle-Galles du Sud.

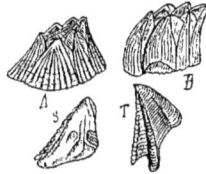

Fig. 262.

2. Var. *venustus*, Darw. — Test blanc ou rose pâle avec des raies longitudinales étroites d'un rouge brillant ou larges et alors d'un pourpre rosé; orifice ou très denté ou à peu près pas. Tergum avec la moitié carénale du bord basal quelquefois fortement échancrée.

Distribution. — Ouest et sud de l'Afrique; Ceylan.

3. Var. *pallidus*, Darw. — Test blanc avec ou sans cuticule jaunâtre persistante, quelquefois avec les bords des pièces teintés de pourpre; rayons modérément obliques; terga généralement étroits avec l'éperon aigu et le bord basal très échancré sur son côté carénal.

Distribution. — Ouest de l'Afrique, Madagascar, mer Rouge.

4. Var. *niveus*, Darw. — Test blanc avec des lignes longitudinales, hyalines; cuticule non persistante (fig. 262, B).

Distribution. — Amérique, Floride, sud de l'Afrique.

5. Var. *modestus*, Darw. — Partie supérieure du test, blanche; partie inférieure d'un gris bleuté uniforme, pièces operculaires comme dans la var. *communis*.

Distribution. — Habitat inconnu.

6. Var. Stutsburi, Darw. — Test blanc avec ou sans bandes pourpre-rosé qui sont souvent confluentes, donnant à la partie inférieure une teinte pourpre uniforme; cuticule persistante; rayons très étroits; terga étroits avec l'éperon aigu variant en forme et en position; bord carénal quelquefois fortement saillant; bord basal, en arrière de l'éperon, souvent, quoique pas toujours, très échancré.

Distribution. — Ouest de l'Afrique.

7. Var. *obscurus*, Darw. — Test avec des bandes étroites, serrées, souvent presque confluentes, de couleur ardoisée, ou brun pourpre pâle ou ardoisée sombre.

Distribution. — Amérique, Australie.

8. Var. *variegatus*, Darw. — Test avec des bandes étroites, rappro-

chées, brunes ou ponctuées de blanc, transversalement; conique, à parois très minces; scuta avec l'arête pour l'adducteur petite.

Distribution. — Nouvelle-Zélande.

9. Var. *cirratus*, Darw. — Test avec des bandes brun-pourpre très pâles, faibles, plus ou moins droites, tachetées transversalement de blanc; parois minces; scuta avec les stries d'accroissement en chapelet; base, dans les échantillons agglomérés, en forme de coupe irrégulière; mâchoires avec l'angle basal extrêmement saillant.

Distribution. — Embouchure de l'Indus; Australie; archipel des Philippines.

Dimensions. — Diamètre moyen de la base : 13 à 18^{mm}.

Observations. — Cette espèce est extrêmement commune et distribuée dans toutes les mers. La forme du test peut être conique ou fortement déprimée; l'orifice plutôt étroit, rhomboïdal, ou en forme de triangle curviligne. La couleur est très variable.

Le labre porte de quatre à huit petites dents, généralement six; les mandibules ont trois dents fortes et deux, inférieures, petites ou en simples saillies; le bord libre des mâchoires est droit.

27. *Balanus eburneus*. Aug. Gould, 1841.

Diagnose. Test d'un blanc jaunâtre; scuta striés longitudinalement; terga avec l'éperon tronqué, le bord basal généralement très échancré et le bord carénal saillant dans sa partie supérieure (fig. 263).

Dimensions. — Diamètre moyen de base : 25^{mm}.

Distribution. — Amérique : États-Unis, Honduras, Vénézuéla, la Trinité, la Jamaïque; sur les coquilles ou les objets flottants.

Observations. — Le test est légèrement conique, presque tubulaire; blanc avec la surface très lisse, couverte par une mince cuticule jaunâtre, mais avec les rayons nus; l'orifice est large, allant de la forme rhomboïdale à la forme hexagonale; modérément denté.

Les scuta sont nettement striés longitudinalement, l'arête articulaire saillante, peu ou point réfléchie. Le bord basal des terga, en arrière de l'éperon,

Fig. 263.

est très fortement échancré, rarement peu. Il n'y a pas de sillon longitudinal à proprement parler, mais le bord scutal tout entier faisant saillie au-dessus de la surface générale de la plaque, donne cependant l'aspect d'un sillon longitudinal, en arrière de lui. Le bord carénal présente, dans sa partie supérieure, une sorte de gibbosité, située dans le plan même de la plaque dont elle est séparée par une arête très légère et étroite. L'éperon mesure à peu près le quart de la largeur du tergum, avec son bord inférieur comme coupé carrément.

Le labre présente de petites denticulations allant en décroissant de taille, de chaque côté de l'échancrure centrale. Les mandibules ont la troisième dent épaisse et mousse et les quatrième et cinquième en forme de bouton; le bord inférieur des mâchoires est fortement saillant en avant et porte deux longues épines isolées.

Tableau synoptique des espèces du genre BALANUS, L. (Section C).

Section C.

Terga sans sillon longitudinal.

Largeur de l'éperon égale au moins au tiers de celle du tergum.

- Test à côtes longitudinales saillantes. Orifice triangulaire, non denté. Fossettes en séries parallèles sur la moitié inférieure et externe des scuta...... — **B. trigonus, Darwin.**
- Fossettes en séries parallèles sur la partie externe des scuta ; orifice pentagonal et denté...... — **B. armatus, Fr. Müller.**
- Pas de fossettes sur la partie externe des scuta, mais de simples stries longitudinales et transversales...... — **B. spongicola, Brown.**

Largeur de l'éperon égale au plus au quart de celle du tergum.

- Terga très larges avec le bord basal plus long que le bord scutal...... — **B. socialis, Hœk.**
- Bord basal plus court que le bord scutal...
  - Crête articulaire des scuta très petite, base imparfaitement poreuse, test très rugueux...... — **B. nubilus, Darwin.**
  - Crête articulaire des scuta très saillante, base parfaitement poreuse, test lisse et denté...... — **B. violaceus, A. Gruvel.**

Terga avec un sillon longitudinal.

Scuta avec un ou deux sillons longitudinaux, profonds...... — **B. lævis, Bruguière.**

Scuta sans sillons longitudinaux.

Largeur de l'éperon égale au plus un cinquième de celle des terga.

- Éperon court, tronqué carrément à son extrémité inférieure, atteignant à peu près le tiers de la largeur totale des terga...... — **B. pœcilus, Darwin.**
- Éperon long, n'atteignant pas le tiers de la largeur totale des terga.

Bord basal des terga, non échancré en arrière de l'éperon.

- Labre sans dent, simples poils sur le bord libre. Test coloré...... — **B. perforatus, Bruguière.**
- Labre avec deux grandes dents et neuf ou onze petites, de chaque côté de l'encoche centrale, test blanc...... — **B. improvisus, Darwin.**

Bord basal des terga, nettement échancré en arrière de l'éperon.

- Largeur de l'éperon égale environ le quart de celle des terga, sillon longitudinal très profond. Labre avec six dents. Stries longitudinales sur les scuta...... — **B. concavus, Brown.**
- Bord carénal des terga régulièrement arrondi; échancrure du bord basal des terga, en arrière de l'éperon, parfois très profonde. Labre avec, en général, six petites dents...... — **B. amphitrite, Darwin.**
- Bord carénal des terga formant une forte gibbosité dans sa moitié supérieure. Scuta striés longitudinalement...... — **B. eburneus, A. Gould.**

ESPÈCES.

Section D.

La section D ne renferme, actuellement, que cinq espèces :

28. *Balanus porcatus.* Da Costa, 1778.

Synonymie. — *Lepas balanus*, L. 1767 ; id., Born, 1780 ; id., Chemnitz, 1785 ; *Bal. arctica patelliformis*, Ellis, 1758 ; *Bal. sulcatus*, Bruguière, 1789 ; *Lepas costata* et *L. balanus*, Donovan, 1804 ; *Lepas scotica*, W. Wood, 1815 ; *Bal. angulosus*, Lamarck, 1818 ; *Bal. tessclatus*, Sowerby, 1818 ; *Bal. scoticus*, Brown, 1827 ; *Bal. geniculatus*, Conrad, 1830 ; id., Aug. Gould, 1841.

Diagnose. — Tout blanc ou gris jaunâtre, généralement avec des côtes longitudinales aiguës ; rayons avec leurs sommets presque parallèles à la base ; scuta striés longitudinalement ; terga avec l'apex en forme de bec pointu et pourpre (fig. 264).

Var. *a.* — Parois sans côtes longitudinales.

Dimensions. — Diamètre maximum de base : 33^{mm},5, environ.

Distribution. — Côte sud de l'Angleterre ; Irlande, Écosse, îles Shetland, Cattégat, Islande, Patrix-fjord, détroit de Davis, baie de Lancaster, Massachusets, États-Unis, Chine, fixé sur les rochers, coquilles, crustacés, etc., en mer profonde.

Observations. — Cette espèce, très commune dans les mers froides arctiques, possède un test conique, blanc, parfois gris jaunâtre ; chaque pièce présente de deux à quatre côtes droites, fortes, saillantes et aiguës, quelquefois irrégulières, très rarement (var. *a*) absentes. Les rayons sont lisses et de largeur considérable avec leurs sommets presque parallèles à la base ou légèrement obliques. Les scuta présentent à leur surface externe des séries de denticulations produites

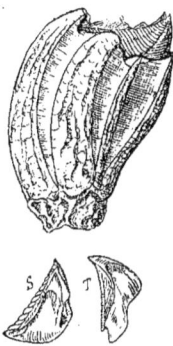

Fig. 264.

par les stries d'accroissement coupées par les côtes longitudinales. L'arête articulaire est extrêmement peu saillante ; l'arête de l'adducteur, limite, au-dessous de l'arête articulaire, une profonde cavité allongée, pour le muscle dépresseur latéral. Les parois ont des tubes larges à section carrée, avec des septa longitudinaux et finement denticulés à leur base. La base est mince et transparente chez les individus fixés isolément.

Le labre a six dents, les mandibules ont les quatrième et cinquième dents rudimentaires ; les mâchoires présentent une encoche sous la paire supérieure d'épines.

29. *Balanus patellaris.* Spengler 1780.

Diagnose. — Test déprimé, brun, avec, généralement, des raies longitudinales d'un violet sombre. Rayons (dans les échantillons bien développés) avec leurs sommets arrondis et leur surface avec de fines stries parallèles à la base. Base parfois percée de pores imparfaits. Scuta avec une arête pour l'adducteur (fig. 265).

Dimensions. — Diamètre de base : 22mm.

Distribution. — Bengale, archipel des Philippines, côtes de Malabar et de Coromandel, sur des coquilles ou des morceaux de bois.

Observations. — Cette espèce est des plus faciles à reconnaître, à cause de son test déprimé, mince, à contour irrégulier, avec l'orifice allongé rhomboïdal et peu ou pas denté. Les rayons sont plutôt étroits, avec leur sommet oblique ; les parois présentent de larges plis longitudinaux et peu nombreux.

Les scuta portent une arête articulaire saillante et réfléchie et une arête pour l'adducteur petite ; la surface extérieure est lisse. L'éperon des terga est arrondi et placé à une distance de l'angle basi-scutal, égale à sa propre largeur.

La base est mince, avec, parfois, des pores de très petit diamètre vers la périphérie.

Fig. 265.

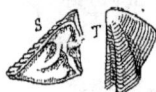

Fig. 266.

30. *Balanus glandula.* Darwin, 1853.

Diagnose. — Test blanc ; parois avec la partie interne présentant généralement des côtes longitudinales saillantes, et aussi avec des pores imparfaits et petits, quelquefois absents ; rayons étroits, avec leurs sommets arrondis. Scuta avec une arête pour l'adducteur ; terga avec l'éperon tronqué et plus ou moins arrondi (fig. 266).

Dimensions. — Diamètre de base : 12mm,5.

Distribution. — Californie, sur des coquilles ou des morceaux de bois, souvent associé à *Bal. nubilus*, sud de l'Océan Pacifique, parfois fixé sur *Pollicipes polymerus*.

Observations. — Le test, fortement conique, ou cylindrique et allongé, d'un blanc sale, à parois rugueuses, présente des plis longitudinaux. Les rayons sont étroits, avec leurs sommets très obliques et arrondis ; l'orifice est denté. Les scuta ont l'arête articulaire très saillante et une petite arête pour l'adducteur, au-dessus de laquelle se trouve une dépression, comme pour l'insertion d'un muscle. Les terga n'ont pas de sillon longitudinal ; l'éperon est tronqué et à angles arrondis ; les crêtes pour le muscle dépresseur bien développées.

La base est mince avec de légers sillons s'irradiant du centre à la périphérie.

Le labre présente quatre dents de chaque côté de l'encoche centrale ; les mandibules ont la quatrième et la cinquième dent en forme de simples pointes ; les mâchoires sont petites, avec une encoche au-dessous des deux longues épines supérieures.

31. *Balanus rostratus.* Hœk, 1883.

Diagnose. — Test blanc, lisse, non recouvert par une membrane. Pièces caréno-latérales très étroites ; rayons étroits avec leurs sommets obliques et arrondis. Scuta striés longitudinalement ; terga avec un éperon large et mousse (fig. 267).

Dimensions. — Diamètre de base : 7ᵐᵐ ; hauteur : 9ᵐᵐ.

Distribution. — Expéd. du « Challenger » : Kobe, Japon, avec *Bal. trigonus* et *Bal. amaryllis*, par 13 à 90 mètres de fond.

Observations. — Cette espèce est très caractérisée par son test lisse, son orifice étroit, le grand développement de son rostre et l'étroitesse de ses pièces caréno-latérales. Elle ressemble à *Bal. lævis*, var. *nitidus*, mais sans les sillons longitudinaux aux scuta. Ces pièces sont nettement striées longitudinalement, avec une arête articulaire plutôt longue, mais pas très saillante et une arête pour l'adducteur distinctement visible.

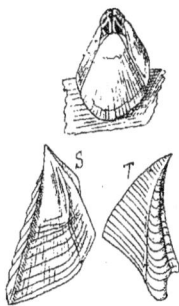

Fig. 267.

Les terga n'ont pas de sillon longitudinal, leur apex est un peu en forme de bec et l'éperon large et mousse, placé à une distance de l'angle basi-scutal, inférieure à sa propre largeur. Les crêtes pour le muscle dépresseur sont difficilement visibles.

Le labre présente trois ou quatre dents, extrêmement petites, sur chaque côté de l'encoche centrale. Les mandibules ont cinq dents, courtes et mousses.

Les mâchoires ont le bord droit avec une très petite encoche arrondie.

32. *Balanus crenatus*. — Bruguière, 1789.

Synonymie. — *Lepas foliacea*, var. *n*, Spengler, 1790; *L. borealis*, Donovan, 1802; *Bal. rugosus*, Pulteney, 1795; id., Montagu, 1803; id., Gould, 1841; *Bal. glacialis*, J. E. Gray, 1819; *Bal. elongatus, clavatus*, etc., de divers auteurs.

Diagnose. — Test blanc ; rayons avec leurs sommets obliques, rugueux et droits. Scuta sans arête pour l'adducteur ; terga avec l'éperon arrondi placé à une distance de l'angle basi-scutal plutôt inférieure à sa propre largeur (fig. 268, A et B).

Dimensions. — Diamètre moyen de base : 18^{mm}.

Distribution. — Cette espèce est très commune et se rencontre dans

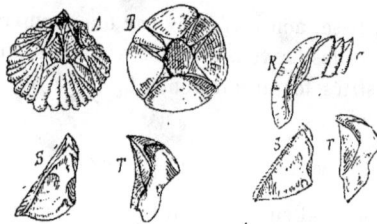

Fig. 268.					Fig. 269.

toutes les mers tempérées ou froides, fixée soit sur des coquilles ou des crustacés de mer profonde, soit sur des coques de bateaux : Angleterre, Norvège, régions arctiques, détroit de Behring, la Rochelle, Méditerranée, cap de Bonne-Espérance, Pérou, île King.

Observations. — Elle a souvent été confondue avec *Bal. balanoides*, souvent pris, lui-même, pour *Chthamalus stellatus*.

Le test est blanc, avec généralement un épiderme persistant de teinte sale, jaunâtre ou brunâtre ; il est, le plus souvent, conique avec les parois rugueuses et irrégulièrement plissées longitudinalement ; mais quelquefois, le test est déprimé et extrêmement lisse, d'autres fois, cylindrique et très rugueux et, dans ce cas, l'orifice est profondément denté. Les rayons sont étroits et denticulés, parfois même tellement étroits qu'ils forment une simple ligne de suture.

Les scuta ont l'arête articulaire fortement saillante et quelquefois réfléchie. Il n'y a pas d'arête pour l'adducteur, mais une dépression très distincte pour le muscle dépresseur. Les terga sont plutôt petits, avec l'éperon court, sans sillon longitudinal ; les crêtes pour le muscle dépresseur sont bien développées.

Le labre présente six dents ; les mandibules ont la quatrième dent petite ou rudimentaire et la cinquième généralement confluente avec l'angle inférieur. Les mâchoires ont normalement une petite encoche. Le pénis présente un éperon basal et dorsal, court et aigu.

Tableau synoptique des espèces du genre BALANUS, L.
(Section D).

			Espèces.
Rayons larges.	Parois avec une seule rangée de tubes à section carrée. Apex des terga, pourpre et éperon très rapproché de l'angle basiscutal..............................		B. porcatus, Da Costa.
Scuta avec une arête pour l'adducteur.	Test non déprimé	Test très déprimé. Stries du test parallèles à la base ; orifice rhomboïdal............	B. patellaris, Spengler.
		Test rugueux à côtes longitudinales saillantes ; parois avec des pores très petits, imparfaits, quelquefois absents....	B. glandula, Darwin.
		Test lisse ; pièces caréno-latérales très étroites ; rostre large ; stries longitudinales très marquées	B. rostratus, Hœk.
Scuta sans arête pour l'adducteur.	Rayons plutôt étroits, parfois presque nuls, à bords supérieurs obliques ; test blanc..		B. crenatus, Bruguière.

(Section D. ... Rayons étroits.)

33. Balanus balanoides. Linné, 1746.

Synonymie. — *Lepas balanoïdes*, L, 1746 ; id., O. Fabricius, 1780 ; id., Montagu, 1803 ; *Balanus vulgaris?* Da Costa, 1778 ; *Bal. ovularis et elongatus*, Aug. Gould, 1841 ; *Bal. cylindraceus, elevatus, elongatus, fistulosus et punctatus*, de divers auteurs.

Diagnose. — Parois ou solides plus ou moins érodées, ou rarement formées par une seule rangée de pores. Terga avec l'éperon en pointe mousse ou aiguë. Rostre de hauteur égale à celle de la carène (fig. 270, A).

Var. *a*. — Parois percées d'une seule rangée de tubes; éperon du tergum terminé en pointe aiguë; segments des cirrhes postérieurs portant de huit à dix paires d'épines.

Dimensions. — Forme allongée : 25 à 30^{mm} de haut et 10^{mm} de diamètre de base. Forme déprimée : 8 à 10^{mm} de haut et 17 à 20^{mm} de diamètre de base.

Distribution. — Côtes de France, de Grande-Bretagne, d'Irlande; Islande, nord de l'Europe et de l'Amérique, Nouvelle-Écosse, Labrador, Anticosti, Scarboco. Extrêmement commun sur les rochers, les coquilles et les bois au niveau de la mer.

Observations. — Cette espèce, une des plus répandues sur nos côtes, est souvent confondue avec *Chthamalus stellatus* et *Bal. crenatus*. Très facile à distinguer de la première forme par la présence de rayons au rostre, elle l'est beaucoup moins de la seconde avec laquelle elle présente, du reste, de nombreux points de ressemblance.

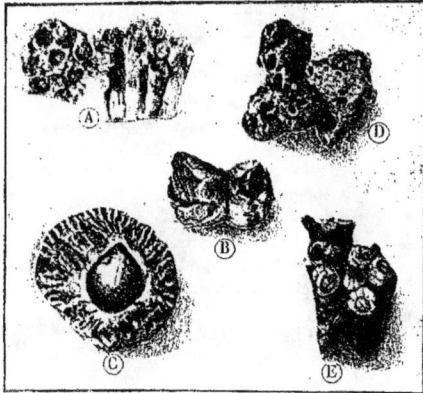

Fig. 270.

A, Bal. balanoïdes. — B, Bal. hirsutus. — C, Bal. cariosus. — D, Bal. flosculus. — E, Bal. Dybowskii.

D'une façon générale le test, d'un blanc sale, parfois ponctué de brun pâle, est plissé longitudinalement, mais d'une façon très irrégulière ; souvent corrodé. Chez les jeunes, le test est blanc et tout à fait lisse. Si les individus sont séparés les uns des autres, le test a une forme assez déprimée ; si, au contraire, ils sont réunis en grand nombre, le test devient cylindrique, parfois très allongé (Var. : *elongatus*, Gould). L'orifice est généralement assez large, surtout dans les formes cylindriques où il est, de plus, très denté.

Les rayons sont toujours étroits, parfois presque nuls; leurs sommets sont lisses et arrondis.

Les pièces operculaires ressemblent à celles de *Bal. crenatus*. Les scuta sont plus épais, avec les pointes moins réfléchies ; l'arête articulaire est moins saillante et il n'y a pas d'arête distincte pour l'adducteur. Les terga sont plus étroits avec une arête articulaire plus saillante. Les parois sont ou solides ou, plus souvent, percées de petits tubes arrondis ou de section carrée.

Le labre présente, de chaque côté de l'encoche, des dents en nombre variable, de deux à six, parfois irrégulièrement d'un côté à l'autre. Les mandibules ont les quatrième et cinquième dents petites ou tout à fait rudimentaires.

Les mâchoires montrent à peine une trace d'encoche sur le bord libre.

Le pénis ne porte pas, comme dans *B. crenatus*, une pointe basale dorsale.

Les branchies sont très peu plissées.

34. *Balanus cariosus*. Pallas, 1788.

Diagnose. — Parois épaisses, formées par plusieurs rangées de pores de diamètres inégaux. Terga étroits, avec l'apex en forme de bec et l'éperon généralement terminé en pointe aiguë. Rostre à peu près de même hauteur que la carène (fig. 270, C et 271).

Dimensions. — Diamètre moyen de base : 27 à 30^mm.

Distribution. — Rivages de l'Amérique du Nord, Géorgie ; détroit de Behring ; Cochinchine ; fixés sur les coquilles.

Observations. — Le test, d'un blanc sale, est fortement conique, avec un orifice ovale plutôt petit ; il peut être aussi presque cylindrique, l'orifice est alors large, rhomboïdal et peu denté. La surface est rugueuse et, le plus souvent, couverte de plis nombreux, étroits et fortement saillants. Les rayons sont généralement très étroits. Les pièces operculaires sont unies à la gaine par une membrane particulièrement forte. La surface externe des scuta est faiblement striée longitudinalement, l'arête articulaire modérément saillante et la crête pour l'adducteur, aiguë et saillante, devient confluente avec la crête articulaire. Les terga

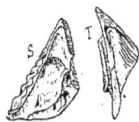

Fig. 271.

sont remarquablement étroits et ont l'apex en forme de bec triangulaire ; l'éperon est long, très étroit et pointu ; les crêtes pour le muscle dépresseur sont aiguës et très saillantes.

Les parois sont très épaisses, fortes et présentent plusieurs rangées très irrégulièrement disposées, de tubes arrondis ou carrés de section, généralement courts et présentant, de distance en distance, des septa transversaux.

Les rayons sont, le plus souvent, très étroits ; dans de rares échantillons, assez larges.

Le labre porte seulement quatre très petites dents ; les mandibules ont quatre dents, dont la troisième est plus large que la première, la quatrième est petite. Les mâchoires ont leurs deux dents supérieures placées sur une légère saillie, avec, au-dessous, une petite encoche peu profonde.

35. *Balanus declivis*. Darwin, 1853.

Diagnose. — Parois solides, non poreuses ; rostre presque deux fois aussi long que la carène ou que les pièces caréno-latérales, d'où résulte une obliquité marquée de la base. Terga avec l'éperon tronqué, dont la largeur égale la moitié de celle de la pièce tout entière (fig. 269, p. 240).

Dimensions. — Diamètre moyen de base : 6 à 7^{mm}.

Distribution. — Jamaïque, enfoncé dans les éponges.

Observations. — Cette espèce est remarquable par son habitat dans les éponges comme *B. armatus*, Müller et comme les *Acasta*, mais elle présente une base membraneuse, ce qui la distingue nettement de ce dernier genre. Le fait que le rostre est environ deux fois aussi long que la carène n'est pas un simple accident, mais cette particularité s'observe chez tous les individus.

Le test est blanc, mince, fragile et lisse, mais couvert, sur une grande partie de sa surface, par une membrane qui s'étend sur la gaine et les pièces operculaires et y prend une teinte brillante ; ces parties sont garnies de soies. Les parois ne sont pas poreuses ; les rayons sont étroits avec leurs sommets obliques. Les scuta sont très faiblement striés longitudinalement ; l'arête articulaire est assez bien développée, mais la crête pour l'adducteur à peine visible. L'éperon des terga est placé près de l'angle basi-scutal, et atteint à peu près la moitié de la largeur de la plaque ; l'arête articulaire est assez bien développée, mais les crêtes pour le muscle dépresseur difficilement visibles.

Tableau synoptique des espèces du genre BALANUS, L.
(SECTION E).

Rostre de même longueur que la carène.	Parois non poreuses ou avec une seule rangée de tubes.........	B. balanoides, L.
	Parois avec plusieurs rangées de tubes......................	B. cariosus, Pallas.
Rostre de longueur à peu près double de celle de la carène.	Parois non poreuses............	B. declivis, Darwin.

Section G.

Cette section contient dix espèces et un assez grand nombre de variétés parmi lesquelles beaucoup sont communément répandues dans toutes les mers.

36. *Balanus hameri.* — Ascanius, 1767.

SYNONYMIE. — *Lepas hameri*, Arcanius, 1767; *Lepas tulipa*, O. F. Müller, 1776; *L. tulipa alba*, Chemnitz; *L. foliacea*, Spengler, 1790; *Bal. candibus*, 1827; *Bal. tulipa*, Lyell, 1835.

Diagnose. — Test blanc; rayons avec leurs sommets obliques, lisses et arqués; bords suturaux lisses; base solide, non poreuse. Scuta faiblement striés longitudinalement; terga avec l'éperon étroit et plutôt long (fig. 272).

Dimensions. — Diamètre moyen de base : 30ᵐᵐ ; hauteur : 20ᵐᵐ.

Distribution. — Côtes d'Angleterre, Islande, Écosse, îles de Man et Anglesey, Finmark; États-Unis, îles Feroé. Généralement en mer profonde, pas très commun.

Observations. — Le test est tubulo-conique, très lisse, blanc, généralement plus ou moins couvert par une membrane mince, jaunâtre; l'orifice est large, subtriangulaire; rayons modérément larges, avec leurs sommets plus ou moins obliques, légèrement arrondis et larges, de sorte que l'on a pu, assez justement, comparer cette espèce à une fleur, demi-épanouie, de tulipe blanche.

Fig. 272.

Les scuta sont faiblement striés longitudinalement : l'arête articulaire est courte, modérément saillante; l'arête de l'adducteur confluente dans la partie supérieure avec l'arête articulaire,

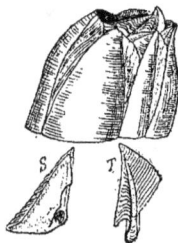

courant droit en bas et formant une cavité plutôt large pour le muscle dépresseur latéral.

Les terga sont aussi faiblement striés longitudinalement, avec un sillon longitudinal très net dont les bords peuvent se rejoindre, dans les échantillons âgés; l'éperon est plutôt long et étroit, situé à environ sa propre largeur de l'angle basi-scutal.

Le labre présente de très petites dents disséminées le long de son bord libre. Les mandibules ont les dents aiguës, la quatrième et la cinquième petites mais bien développées; les mâchoires ont une profonde encoche au-dessous des deux grandes épines supérieures. Cette espèce, ne peut être confondue qu'avec *B. eburneus* par ses caractères extérieurs, avec aucune autre, une fois dissociée.

37. *Balanus imperator*. Darwin, 1853.

Diagnose. — Test coloré intérieurement de pourpre impérial; parois épaisses, avec leur bord basal et interne rugueux et orné de pointes et d'arêtes; rayons étroits; base très mince, solide, non poreuse. Scuta avec des crêtes pour les muscles dépresseurs rostraux et latéraux. Terga avec l'éperon plutôt long, arrondi à son extrémité inférieure (fig. 273, S et T).

Dimensions. — Diamètre moyen de base : 12 à 15ᵐᵐ.

Distribution. — Nouvelle-Galles du Sud, Sydney, Port Stephens, Moreton-Baie, fixé sur les rochers au niveau des basses mers.

Observations. — Le test, conique, coloré de pourpre violet dit pourpre impérial, est épais et très fort, avec des sillons longitudinaux plus ou moins accentués; les rayons sont étroits et blancs ainsi que la base qui est mince. Les scuta ont l'apex en forme de bec, quelquefois réfléchi; l'arête articulaire est très épaisse, peu saillante, l'arête pour l'adducteur peu nette. Les terga ont l'apex quelquefois en forme de bec, mais mousse; le sillon longitudinal est large et peu profond; l'éperon assez peu large, avec son extrémité inférieure arrondie; les crêtes pour le muscle dépresseur sont bien développées.

Fig. 273 et 274.

Le labre est garni de soies avec, apparemment, quelques petites dents; les mandibules ont les quatrième et cinquième dents petites et rudimentaires; les mâchoires sont plutôt larges avec une encoche étroite et profonde.

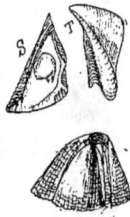

38. *Balanus tenuis*. Hœk, 1883.

Diagnose. — Test d'un blanc de neige, lustré ; orifice profondément denté. Rayons étroits avec leurs sommets très obliques et légèrement concaves ; base solide. Scuta striés longitudinalement ; terga avec un éperon assez court quoique bien saillant et d'une largeur moyenne (fig. 275).

Dimensions. — Diamètre maximum de base : 7mm,5 ; hauteur : 5mm.

Distribution. — Expédition du « Challenger » : 12°43′ lat. N. à 122°10′ long. E. par une profondeur d'environ 180 à 200 mètres.

Observations. — Cette espèce se rapproche de *Bal. amaryllis* (var. *b*). Le test lisse et brillant présente un orifice pentagonal. La surface interne des parois est très fortement cannelée. La base est très mince et présente aussi des côtes rayonnantes, mais solides.

Les scuta sont nettement striés longitudinalement. L'arête articulaire est plutôt saillante. L'arête pour l'adducteur légèrement développée.

Fig. 275.

Les terga ne présentent ni stries longitudinales ni sillon longitudi-nal. L'éperon dépasse le bord basal d'une longueur égale à la distance qui le sépare de l'angle basi-scutal.

Le labre porte trois dents distinctes sur chaque côté de l'encoche. Les mandibules ont cinq dents dont deux petites. Les mâchoires ont le bord libre tout à fait droit. Pas de pointe dorsale à la base du pénis.

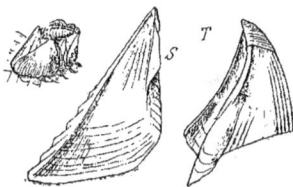

39. *Balanus allium*. Darwin, 1853.

Diagnose. — Test à peine teinté de pourpre ; rayons larges, à bords supérieurs non obliques ; base non poreuse. Scuta avec les stries d'accroissement denticulées ; terga avec l'éperon extrêmement court non saillant, tronqué, moitié aussi large que la plaque tout entière (fig. 276).

Dimensions. — Diamètre maximum : 9mm.

Distribution. — Raine's Islet, Barrier Reef, Australie, sur des *Porites*.

Observations. — Le test est conique, lisse, avec, quelquefois, la partie inférieure étroitement sillonnée de lignes longitudinales, d'une teinte pourpre pâle, fleur de pêcher. Les rayons sont larges et blancs ; l'orifice non denté. Les pièces caréno-latérales sont très étroites (environ un huitième de la largeur des pièces latérales). La base est concave,

particiellement enfoncée dans le coralliaire. L'arête articulaire des
scuta est très saillante, la crête pour l'adducteur ou
absente ou indistincte et parallèle à l'arête articulaire. Les terga ont l'apex quelquefois en forme de
bec et de teinte pourpre, l'éperon est très court et
placé tout près de l'angle basi-scutal ; il est moitié
aussi large que la pièce et carré à sa partie inférieure ; les crêtes pour le muscle dépresseur sont
très faibles. La base est en forme de coupe ou de
saucière. Le labre a six dents ; les mandibules cinq,
dont les trois supérieures sont étroites, aiguës et extraordinairement
saillantes ; les mâchoires sans encoche.

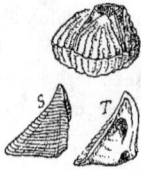

Fig. 276.

40. *Balanus quadrivittatus*. Darwin, 1853.

Diagnose. — Test fortement conique, avec quatre bandes longitudinales, grises, disposées en sorte de croix ; rayons avec leurs
sommets obliques ; base mince, solide. Scuta avec les stries d'accroissement lisses : pas de cavité distincte pour le muscle dépresseur latéral ;
terga sans sillon longitudinal, avec un éperon très court à peine saillant
(fig. 274, p. 246).

Dimensions. — Diamètre maxima : 8^{mm}.

Distribution. — Archipel Indien, fixé sur des coraux, associé à *Pyrgoma
grande* et *Creusia spinulosa* Archipel des Philippines, sur *Tetraclita*.

Observations. — Le test est lisse ou légèrement plissé, blanc avec
quatre bandes longitudinales d'un gris brun, particulièrement sur le
rostre, la carène et les pièces caréno-latérales ; les pièces caréno-latérales
sont très étroites et presque blanches ; l'orifice est petit, rhomboïdal,
légèrement denté.

Les scuta ressemblent à ceux de *Bal. cepa* (voir plus loin n° 44), mais
les stries d'accroissement ne sont pas denticulées et il y a seulement
une très petite cavité pour le muscle dépresseur latéral ; les terga sont
peut-être plus larges.

41. *Balanus vestitus*. Darwin, 1853.

Diagnose. — Test d'un pourpre rose ou blanc, recouvert par une
membrane rouge orangé. Rayons représentés par de simples fissures ;
base non poreuse. Scuta avec une arête pour l'adducteur aiguë et courbe,
et des crêtes pour le muscle dépresseur latéral ; terga avec l'éperon

court, tronqué, dont la largeur égale environ un tiers de celle de la plaque.

Dimensions. — Diamètre maximum de base : 17^{mm}.

Distribution. — Nouvelle-Zélande ; Nouvelle-Galles du Sud, fixé sur des coquilles.

Observations. — Le test est conique, parfois très fortement, à parois lisses, ou légèrement ou fortement cannelées longitudinalement, de couleur fleur de pêcher ou blanc. Les scuta ont les stries d'accroissement très rapprochées, l'arête articulaire très peu développée et l'arête de l'adducteur, fortement saillante, est incurvée vers l'angle rostral. Les terga ont l'apex pointu ou en forme de bec pourpre. Il

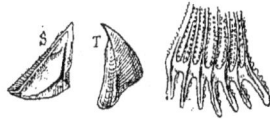

Fig. 277. Fig. 278.

existe une légère dépression arrondie représentant le sillon longitudinal. L'éperon égale largement un tiers de la largeur de la plaque ; il est très court et tronqué ; les crêtes pour le muscle dépresseur sont assez bien développées.

Le labre, quelquefois sans dents, en présente, d'autres fois, quatre petites ; les mandibules ont quatre dents dont la troisième est mousse et plutôt large ; les mâchoires présentent, au-dessous de la paire supérieure de dents, une *simple* rangée d'épines plus courtes. A la base du pénis se trouve une saillie triangulaire, petite et à bord tranchant.

42. *Balanus terebratus.* Darwin, 1853.

Diagnose. — Test blanc, à côtes longitudinales fortes, avec, sur le bord inférieur, de longues pointes saillantes ; base concave, non percée de pores, mais à côtes externes fortes, en lignes radiaires à partir du centre, les espaces situés entre ces côtes étant occupés par de petites perforations arrondies, souvent disposées sur deux rangées (fig. 278).

Distribution. — Habitat inconnu ; fixé sur un coralliaire.

Observations. — Le test est blanc, déprimé, conique, parfois allongé dans le sens caréno-rostral ; l'orifice est plutôt petit, pentagonal et denté. Les parois, plutôt minces, présentent des côtes extrêmement saillantes, à bord libre irrégulier, avec, à leur base, de longues pointes. Les rayons sont étroits avec leurs sommets non lisses ; les caréno-latérales sont plutôt étroites. La base est légèrement convexe ou en forme de saucière portant à sa périphérie des pointes correspondant à celles de la paroi. Entre les côtes radiaires de cette base on trouve des perforations ;

généralement sur deux rangées, comme celles que l'on rencontre chez *Acasta spongites*, par exemple. Cette espèce constitue une forme de passage avec le genre *Acasta* par *Bal. allium* et *Bal. navicula*.

43. *Balanus amaryllis*. Darwin, 1853.

Diagnose. — Test rayé ou tacheté de pourpre rosé, ou tout à fait blanc ; rayons étroits avec leurs sommets lisses, obliques ou voûtés : base poreuse, scuta nettement striés longitudinalement ; terga avec l'éperon étroit et saillant ; sillon longitudinal profond (fig. 279).

Var. *a* (*roseus*). — Test brillant et rosé, sans bandes longitudinales bien distinctes (côtes nord-est de l'Australie).

Var. *b* (*niveus*). — Test blanc de neige, lustré ; orifice profondément denté.

Dimensions. — Diamètre moyen de base : 25ᵐᵐ.

Distribution. — Embouchure de l'Indus, archipel Indien, Japon, archipel des Philippines ; Moreton-Baie et côtes nord-est de l'Australie, île Oummak. Souvent fixé sur les carènes de bateaux, associé à *B. tintinnabulum* et *B. amphitrite*, quelquefois attaché sur les Gorgonides avec *B. calceolus*.

Observations. — Le test est conique, avec un orifice sub-rhomboïdal modérément large, très peu ou, au contraire, fortement denté ; à surface

 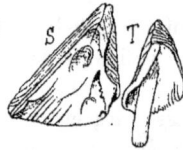

très lisse. Les scuta sont nettement striés longitudinalement ; ces stries, croisant les lignes d'accroissement, déterminent la formation de granulations carrées ; l'arête articulaire est courte, remarquablement peu saillante et non réfléchie ; l'arête pour l'adducteur est mousse, peu saillante et, quelquefois, confluente avec l'arête articulaire. Les terga présentent

Fig. 279.   Fig. 280.

des traces de stries longitudinales ; le sillon longitudinal est profond, avec les bords rapprochés, parfois, jusqu'à se toucher ; l'éperon est long et étroit, avec la pointe mousse, placé à une distance de l'angle basi-scutal plutôt supérieure à sa propre largeur ; les crêtes pour le muscle dépresseur sont faiblement développées.

Le labre porte ou six petites dents ou pas une ; les mandibules ont la troisième dent un peu plus large que la première ; la quatrième et la cinquième, distinctes, mais petites ; les mâchoires présentent l'angle inférieur saillant et carré, portant deux épines, l'une derrière l'autre, aussi longues que celles de la paire supérieure. Le pénis est orné d'une pointe dorsale à sa base. Cette espèce se rapproche de *B. hameri*, plus que de toute autre.

43 *bis.*— *Bal. amaryllis*, sub. sp. *dissimilis*, W. F. Lanchester 1902 ([1]).

Cette sous-espèce est représentée par deux formes distinctes (fig. 280).

Var. I : l'arête articulaire du scutum est saillante, avec une très légère tendance à se réfléchir sur le bord tergal (surtout dans les grands échantillons) ; crête pour l'adducteur saillante. Pour le tergum, les crêtes du dépresseur sont bien développées ; éperon distant de l'angle basi-scutal, seulement de la moitié de sa propre largeur.

Var. II (*clarovittata*) : mêmes caractères que la précédente, mais avec des lignes hyalines, longitudinales, étroitement serrées.

Distribution. — Kota Bharu, Kelantan.

44 *Balanus cepa*. Darwin, 1853.

Diagnose. — Test pourpre rougeâtre sale, fortement conique ; rayons étroits ; base peu nettement poreuse ; scuta avec les stries d'accroissement denticulées ; terga avec l'éperon tronqué, aussi large que la moité de la plaque et dépassant le bord basal d'une longueur égale au maximum à la moitié de sa propre largeur ; pas de sillon longitudinal (fig. 281).

Dimensions. — Diamètre maximum de base : 7^mm.

Distribution. — Japon. Fixé sur des *Isis* ou des coquilles d'huîtres.

Observations. — Le test, très conique, porte des côtes longitudinales fortes et mousses, et présente encore, parfois, des traces d'une cuticule jaunâtre. Les rayons sont étroits ; l'orifice petit, ovale. Les pièces caréno-latérales sont très étroites. Les scuta sont légèrement striés

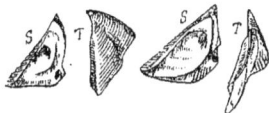

Fig. 281.   Fig. 282.

longitudinalement ; l'angle basi-scutal est plus arrondi que dans *B. allium*, l'arête articulaire moins saillante. Les terga sont plus larges que dans cette dernière espèce, le bord scutal droit, l'éperon aussi plus large et considérablement plus long.

[1] Proceedings of the Zool. Society, London, vol. II, 1902 (Crustacea of the Skeat-expedition).

45. *Balanus œneas.* W.F. Lanchester, 1902 ([1]).

Diagnose. — Test blanc, lisse, pas très élevé, avec des sillons longitudinaux internes ; orifice denté, mais non profondément, large et rhomboïdal. Rayons réduits et très étroits. Base poreuse, parois solides. Scuta avec les stries d'accroissement éloignées, non saillantes ; arête articulaire saillante. Terga larges, sans bec ; éperon court, d'une largeur égale à un quart de celle du bord basal entier, placé à une distance de l'angle basiscutal égale, environ, aux deux tiers de sa propre largeur ; apex arrondi (fig. 283).

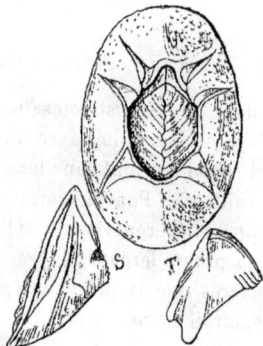

Labre avec deux dents sur chaque côté de l'encoche centrale ; mandibules avec quatre fortes dents dont la première est plus aiguë et plus éloignée des autres, que celles-ci ne le sont entre elles ; il y a trois petites dents, dont deux placées respectivement à la base des troisième et quatrième dents principales, tandis que la troisième est près de l'angle inférieur ; mâchoires avec un bord droit et sept dents dont les deux supérieures et les deux inférieures sont un peu plus longues que les autres.

Distribution. — Habitat inconnu.

Fig. 283.

46. *Balanus flosculus.* Darwin, 1853.

Diagnose. — Test pourpre ou d'un blanc-gris sale, avec le bord basal interne des parois rugueux et portant des pointes et des arêtes irrégulières ; rayons étroits ou absents. Base excessivement mince, en apparence, absente. Scuta avec des crêtes pour le muscle dépresseur ; terga très étroits avec l'éperon long et pointu et un sillon longitudinal net.

Var. *sordidus.* — Test globulo-conique, blanc sale, avec des plis ou des arêtes, longitudinaux, nombreux, aigus et étroits (fig. 270, D, p. 242 et fig. 282).

Dimensions. — Diamètre maximum de base : 15ᵐᵐ.

Distribution. —Pérou et Chili, fixé sur *Concholepas peruviana* ou sur *B. psittacus* souvent associé à *B. scabrosus.* La var. *sordidus* se rencontre

([1]) Loc. cit.; p. 251.

jusqu'à la Terre de Feu, fixée sur les rochers littoraux, les coquilles, les bois flottants et également associée à *B. scabrosus*.

Observations. — Le test peut se présenter sous la forme très déprimée ou globulo-conique ou, rarement, cylindrique. Les parois, dans la forme normale, présentent des côtes longitudinales plutôt larges, lisses et irrégulières, tandis que dans la var. *sordidus* elles sont nombreuses, tranchantes et plus saillantes. L'orifice est petit, ovale, non denté. Les scuta varient beaucoup en largeur, l'arête articulaire est proéminente, l'arête pour l'adducteur saillante et très courbe ; il y a des crêtes nettes pour les muscles dépresseurs latéraux.

Les terga sont extraordinairement étroits et allongés avec le bec triangulaire, de couleur pourpre. L'éperon est long, étroit, en pointe mousse à sa partie inférieure ; le sillon longitudinal va jusqu'en bas, le bord scutal est presque droit et parallèle à l'éperon ; l'arête articulaire est saillante.

La base est excessivement mince, transparente, calcaire et peut être retrouvée sur le support.

Le labre a une encoche médiane large, avec quelques dents ; les mandibules ont trois dents et quelques tubercules inférieurs ; les mâchoires portent une encoche sur leur bord libre.

Le var. *sordidus* est commune dans le détroit de Magellan et au cap Horn et ne diffère guère de l'espèce que par ses caractères extérieurs.

Tableau synoptique des espèces du genre BALANUS, L. (Section F).

Section F.

					ESPÈCES.
Base non poreuse.	Éperon des terga saillant.		Parois très lisses; rayons bien développés; sillon longitudinal des terga, net et profond. Test blanc....		B. hameri, Ascanius.
			Parois avec des côtes plus ou moins accentuées; rayons étroits ou presque nuls; sillon longitudinal des terga, large et peu profond. Test violet-pourpre....		B. imperator, Darwin.
			Muraille lisse, et brillante. Orifice fortement denté et large; rayons étroits avec leurs sommets très obliques. Scuta striés longitudinalement. Pas de sillon longitudinal aux terga. Test d'un blanc de neige....		B. tenuis, Flœk.
	Éperon des terga non saillant.	Rayons présents.	Base solide, en forme de coupe; rayons larges, à bords supérieurs non obliques; éperon large. Pièces caréno-latérales, extrêmement étroites....		B. altium, Darwin.
			Base plate et mince; rayons étroits à bords supérieurs obliques. Test blanc avec quatre lignes longitudinales grisâtres. Stries d'accroissement des scuta non denticulés....		B. quadrivittatus, Darwin.
		Pas de rayons.	Base plate, solide, rayons représentés par de simples fissures; éperon des terga tronqué à sa base, et dont la largeur égale environ le tiers de celle de la pièce....		B. vestitus, Darwin.
	Terga inconnus.		Parois avec des arêtes longitudinales extrêmement saillantes; rayons obliques; base concave avec des lignes radiaires externes nettes, entre lesquelles se trouvent de très petites ouvertures souvent sur deux rangs....		B. terebratus, Darwin.
			Rayons étroits, à bords supérieurs obliques; sillon longitudinal des terga, profond; éperon long et étroit....		B. amaryllis, Darwin.
Base poreuse.			Rayons étroits, pas de sillon longitudinal aux terga; éperon court, d'une largeur égale environ à la moitié de celle de la pièce. Pièces caréno-latérales très étroites....		B. cepa, Darwin.
			Rayons bien développés; éperon court d'une largeur égale au quart de celle de la pièce; pièces caréno-latérales normalement développées....		B. œneas, W. F. Lanchester.
Base calcaire extrêmement mince.			Orifice très étroit, ovale, non denté; rayons étroits ou nuls; terga très étroits à sillon longitudinal net; éperon étroit et très saillant....		B. flosculus, Darwin.

Section G.

La section G, créée par Hœk, ne contient que deux espèces très voisines.

47. *Balanus corolliformis.* Hœk, 1883.

Diagnose. — Base membraneuse; rayons absents; parois non percées de pores; terga avec une arête articulaire très large; membrane recouvrant les stries d'accroissement portant des épines distinctes. Bords carénal et basal du tergum, presque de même longueur (fig. 284)

Dimensions maxima. — Diamètre de base : 16ᵐᵐ; hauteur : 45ᵐᵐ.

Distribution. — Expédition du « Challenger » : 52°4′ lat. S. et 71°22′, long. E., par une profondeur de 280 mètres.

Observations. — L'aspect de cette espèce ressemble à une fleur épanouie, l'orifice supérieur étant beaucoup plus large que la base, ce qui est dû à l'écartement des parois. La couleur est d'un blanc sale, avec des stries d'accroissement plus jaunes et couvertes de poils chitineux courts.

L'aspect des scuta est très particulier : les stries d'accroissement sont très larges et distinctes dans la moitié supérieure de la plaque, très étroites et à peine développées, au contraire, dans la moitié inférieure; l'arête articulaire est bien développée. L'apex des terga est pointu; leur bord scutal est long, droit et seulement un peu plus court que le bord basal également presque droit; l'éperon n'est pas très distinct et touche presque à l'angle basi-scutal. L'arête articulaire, très fortement développée, s'étend presque jusqu'au milieu du bord scutal et le déborde considérablement du côté antérieur de la pièce. Les crêtes pour le muscle dépresseur ne sont pas très saillantes.

Le bord libre du labre ne porte pas de dents, mais des soies extrêmement petites; *il ne présente pas trace d'encoche centrale*, ce qui est une exception remarquable dans le genre *Balanus*; les mandibules ont quatre dents et l'angle inférieur est formé par trois petites dents dont la première est bordée, latéralement, par quelques légères denticulations; les mâchoires portent une petite encoche carrée.

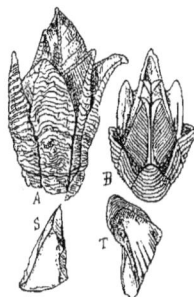

Fig. 284 — A, vue de profil; B, vue par la partie supérieure.

Le pénis est long et peu distinctement poilu ; il se rétrécit régulièrement, dans sa moitié terminale et se termine en pointe mousse.

48. *Balanus hirsutus*. Hœk, 1883.

Diagnose. — Base membraneuse ; rayons absents ; parois non percées de pores ; arête articulaire des terga large, mais ne s'étendant pas
aussi bas que dans *B. corolliformis*. Bord carénal des terga beaucoup plus
court que le bord basal. Membrane recouvrant les stries d'accroissement
avec des épines distinctes (fig. 285).

Dimensions moyennes. — Diamètre de base : 12^{mm} ; hauteur : 12^{mm},5.

Distribution. — Expédition du « Challenger » : 59° 40' lat. N. et 7°21'
long. O., par 950 mètres environ.

Observations. — Quoique cette espèce se rapproche beaucoup de la

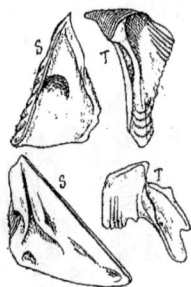

précédente, Hœk la considère comme distincte.
Bien que l'orifice soit, aussi, fortement denté,
la forme du test est beaucoup plus régulière et
l'orifice supérieur est plus étroit que la base, ce
qui donne à l'ensemble l'aspect d'une tente assez
régulière. Le tergum est très allongé, de l'apex à
l'extrémité de l'éperon, d'où il résulte que le
bord basal est beaucoup plus long que le bord
carénal ; l'arête articulaire ne s'étend que jusqu'au tiers supérieur du bord scutal, mais elle
est saillante et les crêtes pour le muscle dépresseur
sont plus distinctes.

Fig. 285 et 286.

Les pièces buccales ressemblent à celles de *B. corolliformis*, mais le
labre est beaucoup plus court, les mandibules ont la quatrième dent
très petite et qui forme une partie de l'apophyse scalariforme de
l'angle inférieur.

Tableau synoptique des espèces du genre **BALANUS**, L. (Section G).

<table>
<tr><td rowspan="2">SECTION G.</td><td>Orifice du test plus large que la base. Bord basal des terga concave et beaucoup plus long que le bord carénal ; éperon des terga saillant.........................</td><td>*B. corolliformis*, Hœk.</td></tr>
<tr><td>Orifice du test plus étroit que la base. Bord basal des terga droit et à peu près égal au bord carénal. Éperon des terga à peine saillant.........................</td><td>*B. hirsutus*, Hœk.</td></tr>
</table>

Section H.

Cette section a dû être créée pour une seule espèce de Balane qui n'entre, par l'ensemble de ses caractères, dans aucune des autres, c'est *B. Dybowskii*, rapportée du Congo par M. Dybowski, en 1895. Cette espèce est fixée sur une coquille de gastéropode dont nous n'avons eu entre les mains que des fragments, mais qui ressemble à un *Cerithium*.

49. *Balanus Dybowskii*. A. Gruvel, 1903.

Diagnose. — Parois et base poreuses. Pas de rayons. Test d'une couleur blanc jaunâtre sale, absolument lisse, avec sa partie supérieure fortement corrodée. Base mince avec des canaux radiaires allant du centre à la périphérie et bien développés. Scuta avec la crête articulaire saillante et dépassant le bord tergal. Crête de l'adducteur également saillante et située à peu près suivant la ligne qui unirait l'apex au milieu du bord basal. Cavités pour le muscle adducteur et le muscle dépresseur latéral peu profondes. Surface externe à peu près lisse, avec des stries d'accroissement finement marquées dans la moitié inférieure ; la moitié supérieure étant fortement corrodée. Terga de forme irrégulière, avec la partie supérieure très corrodée. Sillon longitudinal large et peu profond, s'élargissant vers la base de l'éperon qui est fortement saillant, arrondi à son extrémité libre et situé à une distance de l'angle basi-scutal inférieure à sa propre largeur. Bord basal, en arrière de l'éperon, venant se confondre insensiblement avec le bord postérieur de celui-ci et portant, dans sa partie moyenne, échancrée, une dent saillante et, en arrière d'elle, une série de denticulations se continuant, du côté interne, avec les crêtes saillantes pour le muscle dépresseur. Du côté interne, sillon et arête articulaire faiblement développés. Bord dorsal des terga courbé presque en angle droit vers son milieu, formant ainsi un bord carénal et un bord supérieur à peu près égaux (fig. 270, E, p. 242, et fig. 286, p. 256).

Dimensions. — Diamètre de base : 6ᵐᵐ.
Hauteur verticale : 4ᵐᵐ.

Habitat. — Congo (collection du Muséum).

Observations. — Le test est régulièrement cylindro-conique, presque cylindrique, le diamètre supérieur étant presque égal au diamètre de base. Les parois sont peu épaisses et percées de pores à section carrée.

Le labre présente trois dents d'un côté, deux de l'autre (peut-être accidentellement); les mandibules ont quatre dents chitineuses et l'angle basal porte d'abord une dent supérieure moins saillante et au-dessous une partie tronquée et pectinée; les mâchoires ont le bord libre droit, sans encoche. Le pénis est très long, annelé, avec quelques poils disséminés à sa surface et une légère couronne au sommet.

2. Genre Acasta. Leach, 1817.

Diagnose. — Muraille formée de six pièces plutôt minces; parois et base non poreuses; base calcaire, le plus généralement en forme de coupe plus ou moins profonde. Fixé dans les Éponges ou sur les Gorgonides.

Distribution. — Toutes les mers tempérées ou tropicales, enfoncé dans les Éponges ou sur les Gorgonides.

Généralités. — Darwin avait fait de ce groupe, un sous-genre seulement, à cause de la ressemblance qui existe entre certaines formes de *Balanus*, fixées sur des Gorgones et certaines espèces d'*Acasta*. De plus, il est assez difficile de distinguer nettement ces deux genres par les caractères de l'animal proprement dit.

La forme générale du test est, le plus souvent, globuleuse, avec l'orifice externe généralement rétréci par l'incurvation des parois. La surface extérieure est, ou lisse ou parsemée de petits nodules ou de pointes calcaires. Les rayons sont d'une largeur moyenne et leurs sommets généralement plus ou moins obliques. Les pièces caréno-latérales sont quelquefois rudimentaires et n'atteignent pas le niveau de la base (*A. sporillus*). Leur taille, le plus souvent de deux à trois millimètres de diamètre, peut devenir plus considérable dans certaines espèces (*A. glans, A. undulata*).

Les pièces operculaires remplissent complètement l'orifice et ne diffèrent pas sensiblement de celles du genre *Balanus*.

La base a, le plus souvent, la forme d'une coupe à fond plus ou moins arrondi, très rarement plat (*A. cyathus*). On trouve, dans certaines espèces, du côté interne de la base, des dents, en forme de boutons, qui correspondent aux points de suture des différentes pièces de la muraille et qui, par leurs accroissements successifs, finissent par former autant d'arêtes internes allant jusqu'au fond de la base.

Chez certaines espèces, par exemple : *A. spongites, A. glans*, etc., la base est parsemée de nombreuses petites perforations plus ou moins régulières et qui ne sont fermées que par la membrane externe. On trouve aussi à la base de la muraille, dans quelques espèces, des orifices toujours assez petits, généralement allongés, et qui séparent les pièces les unes des autres, sur un très court espace, il est vrai.

Le labre présente une profonde encoche médiane avec, de chaque côté, des dents très petites ou, le plus souvent, nulles. Les mandibules ont cinq dents, mais la cinquième est quelquefois confondue avec l'angle inférieur. Les mâchoires ne portent pas d'encoche, mais présentent, vers la partie inférieure, une ou deux épines presque aussi fortes que celles de la partie supérieure.

En ce qui concerne les cirrhes, la quatrième paire, au lieu d'être, comme dans les autres genres, semblable aux cinquième et sixième paires, porte, sur sa rame antérieure, des épines plus groupées avec des petites soies et celles des touffes dorsales, un peu plus longues que dans la sixième paire ; enfin, entre les paires d'aiguillons, on trouve quelques denticulations, très courtes, épaisses, raides et pointues vers le sommet. Dans certains échantillons, mais non dans tous, de *A. sulcata*, la partie antérieure des segments inférieurs de la rame antérieure porte des formations en forme de crochets chitineux.

Ces formations particulières que nous avons déjà rencontrées dans certaines espèces de *Balanus* (*B. armatus*, p. ex.), fixées dans les éponges ou sur des Gorgonides, sont destinées, très probablement, à dilacérer constamment les parties vivantes du support, qui, sans cela, envahirait l'orifice externe et provoquerait la mort de l'animal.

Les branchies sont peu développées. Le pénis est parfois remarquablement long et présente dans certains cas (*A. spongites*) une sorte d'éperon dorsal à sa base, comme chez les Balanes.

1. *Acasta cyathus*. Darwin, 1853.

Diagnose. — Test de couleur claire ou rose chair. Parois des pièces caréno-latérales égalant environ le quart de la largeur de celle des pièces latérales. Rayons plus larges que les parois. Base presque plate, petite. Terga avec l'éperon tronqué, moitié aussi large que la plaque (fig. 287).

Distribution. — Madère ; Nouvelle-Galles du Sud ; Amérique.

Fig. 287.

Observations. — L'un des caractères les plus remarquables de cette espèce est de présenter une base très plate, et plutôt petite au lieu d'être en forme de coupe comme les autres. Les rayons sont plus larges que les parois et l'orifice plutôt large ; ces deux derniers caractères ont déjà été rencontrés chez *A. striata*. L'éperon des terga est plus que moitié aussi large que la plaque et il est placé tout à fait près de l'angle basi-scutal. Cette espèce se rapproche davantage de *A. sulcata* que d'*A. spongites*.

2. *Acasta scuticosta*. Weltner, 1887.

Diagnose. — Pièces caréno-latérales égalant en largeur un peu plus du tiers de celle des pièces latérales. Surface interne lisse, avec

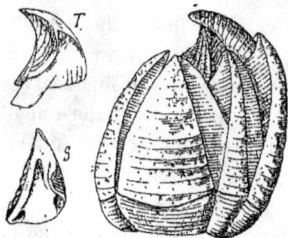

Fig. 288.

des stries distinctement parallèles à la base et les bords latéraux présentant douze replis saillants à l'intérieur.

Scuta avec des sillons longitudinaux formant des côtes saillantes traversées par des stries d'accroissement nettes. Arête articulaire fortement saillante, nettement tronquée à son extrémité inférieure. Terga avec l'éperon tronqué, arrondi du côté carénal et égalant au moins le tiers de la largeur de la pièce. Base en forme de cuvette avec, presque toujours, le fond plat. Le bord aplati laisse facilement voir six angles, d'où partent six petites fourches qui se dirigent vers la base. Rayons plus étroits que les pièces latérales (fig. 288).

Distribution. — Vit dans *Tethya lyncurium*, Johnst.

3. *Acasta sporillus*. Darwin, 1853.

Diagnose. — Test de couleur brun pourpre avec les parois internes fortement cannelées et réticulées ; pièces caréno-latérales

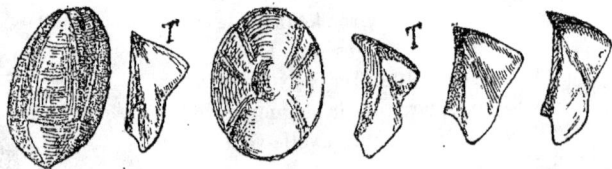

Fig. 289.   Fig. 290.   Fig. 291.

extrêmement étroites, ne s'étendant pas jusqu'à la base (fig. 289).

Distribution. — Iles Soulou ; archipel Indien.

Observation. — Le test est très allongé, de couleur brun pourpre et l'orifice externe extrêmement étroit ; les rayons sont étroits et blancs.

Le caractère le plus saillant consiste dans l'atrophie considérable des pièces caréno-latérales, extrêmement étroites et terminées, inférieurement, par une partie pointue qui ne vient pas au contact de la base. La base est peu profonde, comparée à la hauteur des parois. Les scuta sont étroits, sans stries longitudinales, avec une légère trace d'arête articulaire, qui, dans les autres espèces est, toujours, plus ou moins développée. Les parois sont très fortement cannelées à l'intérieur et ces cannelures sont unies entre elles par des crêtes transversales qui donnent à l'ensemble un aspect réticulé. Le bord de la base présente des denticulations, qui s'engrènent avec des denticulations semblables formées par les parties inférieures des cannelures des parois.

4. *Acasta glans.* Lamarck, 1818.

Diagnose. — Test de couleur jaune pâle sale ; pièces de la muraille tout à fait lisses intérieurement, avec les bords latéraux saillants du côté interne.

Base avec le bord libre rarement denticulé, mais orné de six dents saillantes, du côté interne. Scuta fortement striés longitudinalement (fig. 290).

Var. a. — Avec le bord libre de la base finement denticulé.

Distribution. — Nouvelle-Galles du Sud ; sud de l'Australie.

Observations. — Cette espèce est extrêmement commune sur les côtes sud de l'Australie, elle se rapproche assez de *A. lævigata.* La surface externe est généralement ornée de petites pointes calcaires. Les pièces caréno-latérales égalent environ un quart de la largeur des pièces latérales. Les scuta sont fortement striés longitudinalement ; l'arête articulaire très faiblement développée. L'éperon des terga atteint la moitié de la largeur de la plaque ; il est tronqué ; la crête articulaire et les crêtes pour le muscle dépresseur sont très peu développées.

Aux points d'union des pièces de la muraille avec la base et à la partie intérieure de celle-ci se trouvent six arêtes calcaires en forme de dents simples ou bifurquées.

Le bord libre est rarement denticulé.

5. *Acasta lævigata*, J. E. Gray, 1825.

Diagnose. — Test de couleur blanc ou rouge ou encore brun pâle. Parois tout à fait lisses, avec les bords latéraux saillants intérieurement ; base avec le bord libre fortement denticulé et orné de six dents en relief à l'intérieur ; scuta faiblement striés longitudinalement ou lisses (fig. 291).

Var. *a*. — Épiderme de couleur brun orangé.

Distribution. — Mer Rouge ; archipel des Philippines.

Observations. — Cette espèce est, comme nous venons de le voir, très voisine de *A. glans*. Mais elle en diffère nettement par une taille toujours plus petite, le bord libre de la base toujours nettement denticulé, les scuta moins nettement striés, enfin l'éperon des terga moins large et d'une forme plus arrondie (ce dernier caractère n'étant net que chez les adultes).

6. *Acasta fenestrata*. Darwin, 1853.

Diagnose. — Test rougeâtre avec six larges fentes entre les pièces de la muraille et à leur base. Pièces caréno-latérales moitié aussi larges que les pièces latérales. Face interne des parois et bord libre de la base, lisses ; terga avec l'arête articulaire courte et saillante ; éperon pointu et large (fig. 296, p. 264).

Distribution. — Archipel des Philippines.

Observations. — Le test est plutôt allongé et tubulaire, avec de très petites pointes sur sa surface externe. La profondeur de la base égale à peu près la hauteur de la muraille. La base est de forme conique, terminée inférieurement en pointe mousse. Les parois des pièces carénolatérales sont environ moitié aussi larges que celles des pièces latérales. Il existe à la base des pièces et entre elles, de larges fenêtres fermées par une cuticule mince. Les scuta présentent à peine une trace de stries longitudinales ; l'arête articulaire est épaisse et plutôt saillante. Les terga ont un éperon pointu et plutôt long, distinctement séparé de l'angle basi-scutal ; l'arête articulaire est saillante et courte.

7. *Acasta purpurata*. Darwin, 1853.

Diagnose. — Test de couleur rouge bleuâtre douteux, avec six petites fenêtres entre les pièces de la muraille et à leur base ; tergum avec l'arête articulaire très courte et saillante ; éperon très large et arrondi (fig. 292).

Distribution. — Mers des Indes, Sumatra, archipel des Philippines. Fixé sur des Isis.

Observations. — Cette espèce est nettement distincte de toutes les autres par son aspect général, bien qu'elle se rapproche de *A. fenestrata* par la présence des orifices à la base des parois. Le test est sub-globuleux, légèrement comprimé sur les côtés, avec un orifice plutôt étroit. Il est lisse ou avec quelques petites pointes et les parties supérieures sont

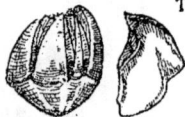

Fig. 292.

souvent blanches. La largeur des parois des pièces caréno-latérales n'atteint guère que le sixième de celle des pièces latérales; les ouvertures de la base sont de grandeur variable suivant les échantillons. La base est plutôt peu profonde. Les scuta ne sont pas striés longitudinalement; l'arête articulaire est courte et saillante. Les terga sont larges, l'arête articulaire très courte et saillante, l'éperon très large, arrondi, peu saillant.

8. *Acasta spongites*. Poli, 1795.

Synonymie. — *Lepas spongites*, Poli, 1795; *Balanus spongiosus*, Montagu, 1808; *B. spongites*, de Blainville; *Lepas spongiosa*, Woods; *Acasta Montagui*, Leach, 1818; et J. E. Gray, 1825; *Acasta spongites*, Philippi, 1844.

Diagnose. — Pièces caréno-latérales égalant en largeur environ un sixième de celle des pièces latérales; surface interne des parois présentant, généralement, des côtes peu accentuées; scutum avec l'arête articulaire coupée brusquement à sa partie inférieure; tergum avec l'éperon tronqué et arrondi et égalant, environ, un tiers de la largeur de la plaque (fig. 293).

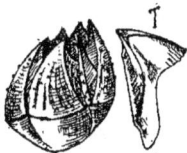

Fig. 293.

Distribution. — Côtes françaises de la Manche et de l'Océan, Méditerranée, mer Rouge, golfe Persique, cap de Bonne-Espérance.

Observations. — Cette espèce se rapproche beaucoup du genre *Balanus* par *B. spongicola* qui vit également dans les éponges.

L'orifice du test est ici plutôt large et fortement denté, la base en forme de coupe. Il n'y a pas d'orifices à la base de la muraille. La surface externe présente ordinairement quelques pointes calcaires courtes; la couleur est d'un blanc jaunâtre.

Les scuta sont striés longitudinalement de lignes serrées; pas trace de crête pour l'adducteur. Les terga sont petits avec l'éperon tronqué et arrondi, plus spécialement du côté carénal, et d'une largeur égalant au moins le tiers de celle de la plaque; l'arête articulaire et les crêtes pour le muscle dépresseur sont faiblement marquées.

9. *Acasta sulcata*, Lamarck, 1818.

Diagnose. — Pièces caréno-latérales atteignant environ un sixième de la largeur des pièces latérales; surface interne des parois présentant généralement des côtes prononcées; base avec le bord fortement découpé; orifice du test plutôt petit; terga avec l'éperon généralement tronqué et presque moitié aussi large que la plaque.

Var. *a.* — Avec les parois présentant des côtes externes (fig. 294).

Var. *b.* — Avec de petits orifices allongés, entre les parois et à leur base.

Distribution. — Sidney, Port Fairy, Moreton-Bay, Nouvelle-Galles du Sud, sud et ouest de l'Australie.

Observations. — Cette espèce se rapproche beaucoup de *A. spongites*,

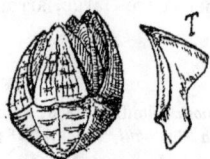

Fig. 294.

mais l'orifice du test semble toujours être plus petit, les parois internes sont, en général, à côtes beaucoup plus saillantes et les bords de la base plus nettement découpés ; l'arête articulaire du scutum n'est pas aussi saillante, ni aussi brusquement tronquée à sa partie inférieure ; l'éperon du tergum est, généralement, plus large et plus carré ; les segments des cirrhes postérieurs ont seulement trois paires de soies véritables, et enfin, on rencontre, accidentellement, des crochets chitineux à la rame antérieure de la quatrième paire de cirrhes.

10. *Acasta striata.* A. Gruvel, 1901.

Diagnose. — Test de couleur blanche ; orifice plutôt large. Pas de dents internes sur le bord libre de la base. Surface externe du test avec

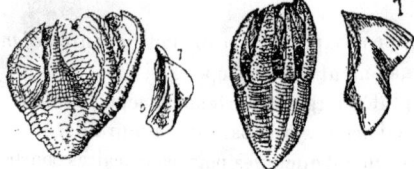

Fig. 295.

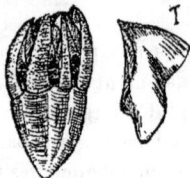

Fig. 296.

des stries longitudinales, et surtout des stries d'accroissement très marquées. Pièces caréno-latérales ayant environ le quart de la largeur des pièces latérales. Rayons du rostre et des pièces latérales plus larges que les pièces elles-mêmes.

Base en forme de coupe, peu profonde, avec des sillons longitudinaux et des stries d'accroissement très nettes. Carène très saillante en arrière (fig. 295).

Distribution. — Expédition du « Travailleur ». Dragage n° 54 (20 août 1882) par 400 mètres de fond (32°40′ lat. N. et 18°54′ long. O.).

Observations. — Il ne restait de l'animal étudié que le tergum droit avec un éperon peu saillant à peu près aussi large que la moitié de la pièce.

Le test se rapproche assez de celui de *A. spongites* et *A. sulcata*, mais s'en distingue par la largeur beaucoup plus considérable des rayons du rostre et des pièces latérales, relativement à celle des parois.

Tableau synoptique des espèces du genre ACASTA, Leach.

Genre ACASTA.

Partie inférieure de la base aplatie.

- Base aplatie sur toute sa surface. Éperon du tergum au moins égal en largeur à la moitié de celle de la pièce............ *A. cyathus*, Darwin.
- Moitié inférieure de la base, seulement, aplatie. Éperon du tergum égal, en largeur, au tiers de celle de la pièce............ *A. scuticosta*, Wellner.

Base en forme de coupe, non aplatie.

- Pièces caréno-latérales n'atteignant pas la base. Muraille très allongée.............. *A. sporillus*, Darwin.
- Pièces caréno-latérales atteignant la base.
  - Dents internes à la partie supérieure de la base.
    - Scutum fortement strié longitudinalement; tergum allongé et étroit............ *A. glans*, Lamarck.
    - Scutum très légèrement strié ou lisse; tergum large...... *A. lævigata*, J. E. Gray.
  - Pas de dents internes à la partie supérieure de la base.
    - Orifices larges entre les pièces de la muraille et à leur base. — Éperon du tergum saillant.
      - Base en forme de coupe très allongée; éperon du tergum très saillant, dont la largeur n'atteint pas la moitié de celle de la pièce...... *A. fenestrata*, Darwin.
      - Base en forme de coupe, courte; éperon du tergum très peu saillant et dont la largeur égale les deux tiers de celle de la pièce...... *A. purpurata*, Darwin.
    - Orifices entre les pièces ou très petits, ou, le plus souvent, absents. — Éperon du tergum non saillant.
      - Partie interne des pièces du test légèrement cannelées. Largeur de l'éperon du tergum égale le tiers de celle de la pièce........ *A. spongites*, Poli.
      - Partie interne des pièces du test fortement cannelées. Largeur de l'éperon du tergum égale la moitié de celle de la pièce........ *A. sulcata*, Lamarck.
      - Parois externes de la muraille fortement striées. Rayons du rostre et des pièces latérales très développés........ *A. striata*, Gruvel.

Espèces.

3. Genre *Chelonobia*. Leach, 1817.

Synonymie. — *Coronula*, Lamarck, 1818; Ranzani, 1820, et de Blainville; *Astrolepas*, J. E. Gray, 1825.

Diagnose. — Muraille formée de six pièces extrêmement épaisses, le rostre étant constitué par la soudure de trois pièces primitives; base membraneuse; scuta étroits, peu développés, unis aux terga également atrophiés par une bande chitineuse.

Distribution. — Mers chaudes et tropicales; sur les Cétacés, Tortues, Crustacés et Mollusques.

Généralités. — Ce genre a été confondu par plusieurs auteurs avec le genre *Coronula*. Il en diffère, cependant, par la grande épaisseur de sa muraille dont la paroi interne est unie à la paroi externe par un très grand nombre de septa, plus ou moins parallèles et assez régulièrement disposés. Le test, dans son ensemble, est, généralement, déprimé et presque circulaire. Les rayons sont le plus souvent peu développés, quelquefois absents. Ils présentent chez *C. testudinaria* des dents suturales très nettes.

Le rostre montre, très distinctement, du côté interne, chez *C. caretta* par exemple, les deux fissures séparant les trois pièces primitives du rostre.

Les quatre pièces operculaires existent toujours, mais atrophiées et ne remplissent pas l'orifice de la coquille. Elles sont réunies entre elles et à la partie interne de la muraille (gaine) par une membrane chitineuse, doublée intérieurement par le manteau et qui sert à compléter l'opercule. Les scuta sont allongés, avec une très profonde dépression pour le muscle adducteur. Il n'y a ni dépression ni crêtes pour les autres muscles. Le bord tergal présente un sillon et une arête articulaire qui porte, elle-même, une crête saillante et aplatie. Les terga ne montrent pas de crêtes pour le muscle dépresseur. Il existe, seulement, une arête articulaire contre laquelle vient buter la dent articulaire chitineuse du scutum correspondant.

Le labre n'est pas du tout saillant et son bord supérieur présente une encoche de chaque côté de laquelle se trouve une rangée de dents. Les mandibules ont cinq dents, toutes, excepté la première, étant doubles latéralement. Les mâchoires ne portent pas d'encoche.

Les quatre dernières paires de cirrhes sont remarquables par leur longueur et le nombre considérable de leurs très courts articles.

Les branchies sont largement développées et consistent en un simple repli du manteau, extrêmement plissé transversalement.

Les ovaires remplissent tout l'espace laissé libre entre les septa de la muraille.

Généralement, ces animaux sont fixés à la surface du corps de leur hôte, mais *C. caretta*, par exemple, pénètre quelquefois à une certaine profondeur dans l'épaisseur de la carapace des tortues. Darwin pense que cet enfoncement est dû à l'entaillement de la carapace de la tortue par le bord aigu de la base, au fur et à mesure de son accroissement. N'y aurait-il pas là une action chimique analogue à celle dont nous parlerons à propos du genre *Tubicinella*?

1. *Chelonobia testudinaria*. Ellis, 1758.

Synonymie. — *Verruca testudinaria*, Ellis, 1758; *Lepas testudinaria*, L. 1767, et Poli, 1795; *Balanus polythalamius*, Bock, 1778; *Coronula testudinaria*, Ranzani, 1820, et de Blainville, 1824; *Chelonobia Savignii*, Leach, 1824, et *Astrolepas rotundarius*, J. E. Gray, 1825.

Diagnose. — Coquille conique, déprimée, massive; rayons plutôt étroits, aplatis, avec des encoches sur chaque côté (fig. 297, A).

Distribution. — Fixé sur les tortues de la Méditerranée; Afrique équatoriale; Australie; océan Pacifique; mer des Antilles, etc.

Observations. — Cette espèce peut atteindre trois à quatre centimètres environ de diamètre. Elle est forte, globulo-conique, à surface lisse, généralement bien conservée et de couleur blanche. L'orifice externe dépasse, peut-être, un peu en longueur le tiers du diamètre de la base. Les rayons, plutôt étroits, sont très aplatis et les sutures présentent des encoches et des dents en face les unes des autres, très rarement elles sont lisses. Les autres caractères comme ceux du genre.

2. *Chelonobia manati*. A. Gruvel, 1903.

Diagnose. — Test de forme conique, peu déprimé. Orifice assez large. Pièces de la muraille épaisses, lisses extérieurement, mais présentant des côtes longitudinales saillantes, se divisant, vers leur base, en plusieurs autres côtes plus petites; rayons bien développés; sutures non dentées. Rostre environ deux fois aussi large que la carène. Base membraneuse (fig. 297, B).

Distribution. — Fixés en grand nombre sur la peau d'un *Manatus senegalensis* (côtes du Congo). Collection du Muséum.

Observations. — C'est la première espèce de *Chelonobia* qui soit signalée comme fixée sur un cétacé. Elle atteint une assez belle taille (deux centimètres et demi de diamètre de base). Sa muraille diffère de celle de toutes les autres espèces par les côtes saillantes qui sont à sa surface lisse et qui, vers leur moitié inférieure, se divisent en plusieurs branches plus petites. Le bord inférieur de la base est extrêmement

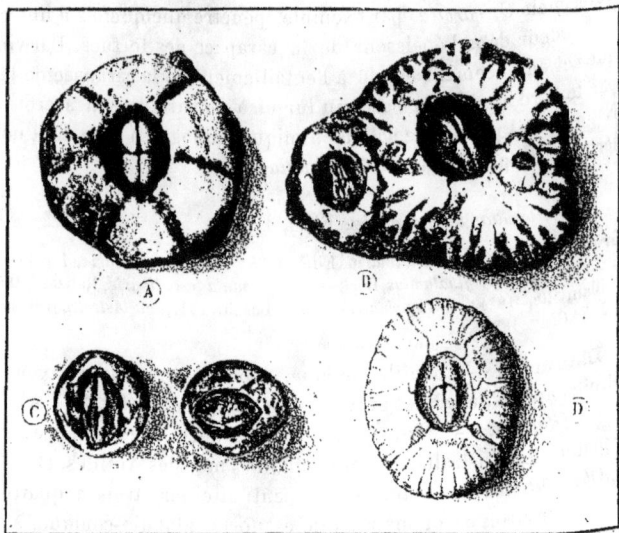

Fig. 297.

A, Ch. testudinaria. — B, Ch. manati. — C, Ch patula. — D, Ch. caretta.

découpé et irrégulier. Les septa sont assez séparés les uns des autres et inégalement disposés. Chez les formes jeunes, la muraille est lisse, sans côtes longitudinales et ressemble assez à celle de *Chelonobia patula*. Les côtes longitudinales débordent beaucoup, vers la base, le niveau des cloisons des pièces ; les unes sont tout à fait externes, tandis que d'autres, peu nombreuses, sont internes et forment des sortes de crampons qui servent à fixer très énergiquement l'animal sur son hôte. Ces caractères ainsi que le nombre assez restreint des septa de la muraille permettent de rapprocher cette forme du genre *Platylepas*.

3. *Chelonobia patula*. Ranzani, 1820.

Synonymie. — *Coronula patula*, Ranzani, 1820 ; *Astrolepas lævis*, J. E. Gray, 1825 ; *Verruca cancri americani*, Ellis, 1758.

Diagnose. — Coquille conique presque cylindrique, très lisse et brillante ; orifice large, dépassant généralement la moitié de la longueur du diamètre de la base ; rayons larges, lisses et légèrement aplatis (fig. 297, C).

Distribution.—Méditerranée; ouest de l'Afrique : Sénégal; Charlestown, Jamaïque, Honduras, Brésil, Australie; îles Océaniennes, fixés sur de grands crustacés de mers profondes.

Observations. — Le test est blanc, très lisse, à parois très redressées, presque verticales. Le bord basal presque régulièrement circulaire; l'orifice est ovale, large. Les plus grands échantillons ne dépassent guère un millimètre et demi de diamètre de base.

Les parois de la muraille sont assez minces et les septa étroits et sinueux. La base, mince, épouse la forme de son support, qui peut être aussi bien la carapace que les pattes ou même les pédoncules oculaires du crabe.

Les mandibules ont, ordinairement, cinq dents étroites, quelquefois quatre seulement, avec l'angle inférieur tronqué.

4. *Chelonobia caretta*. Spengler, 1790.

SYNONYMIE. — *Lepas caretta*, Spengler, 1790; *Balanus chelytrypetes*, Hinks; *Coronula sulcata*, Chenu.

Diagnose. — Coquille globulo-conique, extrêmement massive et lourde; partie supérieure corrodée; sillons longitudinaux peu profonds avec des plis peu accentués dans la plus grande partie de la hauteur à partir de la base; rayons nuls ou extrêmement peu développés. Pas de cavités entre les septa internes de la muraille qui sont comblés par de la substance calcaire (fig. 297, D).

Distribution. — Fixé sur des carapaces de tortues de la côte occidentale d'Afrique; Australie, etc., assez commun.

Observations. — Le poids seul de la coquille, extrêmement massive, suffirait à faire reconnaître cette espèce; sa forme est plutôt conique, rarement déprimée et son bord supérieur est toujours très corrodé. Les rayons sont généralement nuls. Généralement aussi, les pièces de la muraille ne sont pas disposées symétriquement et cela, sans raison apparente. Les plus grands échantillons ont environ cinq centimètres de plus grand diamètre.

Les septa ne vont pas tous de la partie interne à la partie externe de la muraille, beaucoup n'atteignent pas cette dernière et cela très irrégulièrement. Les sutures sont toujours lisses, sans trace d'encoches, comme il en existe chez *Ch. testudinaria*.

Tableau synoptique des espèces du genre CHELONOBIA, Leach.

			ESPÈCES.
	Encoches plus ou moins profondes sur les rayons et les ailes. Muraille lisse et finement striée........................		Ch. testudinaria, L.
Rayons bien développés.	Pas d'encoches sur les rayons ni sur les ailes.	Muraille ornée de côtes longitudinales saillantes, plus ou moins divisées à leur base. Orifice moyennement large.............	Ch. manati, A. Gruvel.
		Muraille très lisse, sans côtes longitudinales ; orifice large...................	Ch. patula, Ranzani.
Rayons très étroits ou nuls. .	Muraille massive, très lourde, avec des sillons étroits plus ou moins accentués, surtout vers la base.................		Ch. caretta, Spengler.

(GENRE CHELONOBIA.)

c. SOUS-FAMILLE DES CORONULINÉS (*CORONULINÆ*).

1. Genre *Coronula*. Lamarck, 1802.

SYNONYMIE. — *Diadema*, Schumacher, 1817; *Cetopirus*, Ranzani, 1820; *Polylepas*, J. E. Gray, 1825.

Diagnose. — Muraille avec six pièces de dimensions égales ; parois minces avec des plis profonds, limitant de vastes cavités, de sections triangulaires ou carrées, seulement ouvertes à la partie inférieure (quand le test n'est pas corrodé à sa partie supérieure). Pièces operculaires beaucoup plus petites que l'orifice externe qui se trouve fermé par une membrane chitineuse épaisse.

Distribution. — Toutes les mers. Fixé sur les Cétacés.

Généralités. — Ce genre est étroitement uni aux deux précédents. Il est formé seulement par trois espèces vivantes, ayant entre elles une grande ressemblance. Le test est parfaitement symétrique avec les six pièces qui le composent, semblables. Tantôt il est déprimé, tantôt au contraire élevé (*C. diadema*) en forme de couronne. Les parois présentent des côtes longitudinales aplaties ou arrondies, avec des stries transversales, d'accroissement, plus ou moins marquées. On peut considérer la paroi comme étant formée, extérieurement, par une lame mince et intérieurement par une autre lame plus épaisse (la gaine), reliées l'une à l'autre par des cloisons qui leur sont perpendiculaires et délimitent des cavités, les unes triangulaires, en six groupes, remplies par l'épiderme même de la baleine qui les supporte, et les autres plus ou moins carrées, également au nombre de six, contenant les prolongements des ovaires. La gaine se rapproche plus ou moins de la lame externe. Les rayons sont larges et leurs sommets parallèles à la base. L'orifice externe est toujours petit par rapport à la largeur totale de la muraille à sa base. Il est cependant loin d'être rempli par les pièces operculaires qui sont très réduites et reliées à la gaine par une épaisse cuticule chitineuse qui ferme l'orifice du test, ne laissant, entre les pièces, qu'une fente antéro-postérieure par où passent les cirrhes. Les terga, quand ils existent (*C. balænaris*), sont très petits. Ils sont tout à fait avortés ou réduits à un simple nodule calcaire chez *C. diadema*. Les scuta sont triangulaires, allongés et arqués.

Le labre porte une encoche médiane ; les mandibules ont quatre ou cinq dents qui présentent seulement des traces de bifidité vers la pointe ; entre la seconde et la troisième et celle-ci et la quatrième se trouve une petite dent intermédiaire.

Les branchies sont extraordinairement développées, recouvrant environ les quatre cinquièmes de la surface interne du manteau. Chacune est formée de deux replis à peu près égaux, présentant, eux-mêmes, de nombreux plissements transversaux. A part ce groupe, on ne trouve les branchies formées par deux replis que chez *Chthamalus dentatus*.

La base est toujours membraneuse.

La fixation de ces êtres sur la peau des Cétacés est extrêmement énergique, grâce à la prolifération des cellules épidermiques de leur peau dans les canaux de la paroi, cellules qui suivent l'accroissement du test de la coronule et se trouvent peu à peu fortement comprimées dans ces canaux. (Voy. partie anatomique : Formations cuticulaires, Operculés).

1. *Coronula balænaris*. Gmelin, 1789.

Synonymie. — *Lepas balænaris*, Gosselin, 1789 ; id., Chemnitz, 1785 ; *Bal. balænaris*, Bruguière, 1779 ; *Coronula balænaris*, Lamarck, 1802 ; id., Chenu ; id., de Blainville, 1824.

Diagnose.—Test très déprimé avec des côtes longitudinales aplaties, à bords non denticulés. Orifice hexagonal arrondi : rayons très épais, égalant presque l'épaisseur du test. Quatre pièces operculaires (fig. 298, A).

Dimensions. — Diamètre moyen de base : 50^{mm}.

Distribution. — Mers du Sud. Fixé sur les baleines.

Observations. — Le test est généralement très déprimé, bien que quel-

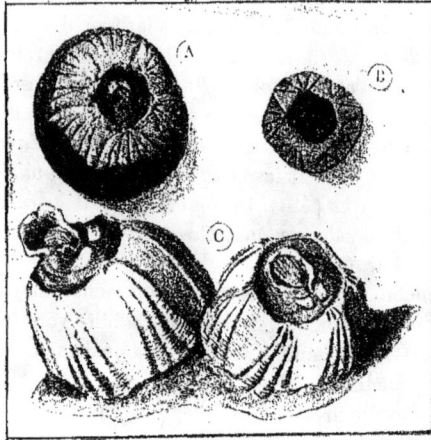

Fig. 298.

A,C. balœnaris. — B,C. reginœ. — C,C. diadema.

quefois, dans les grands échantillons, il puisse acquérir un assez grand degré de convexité. Les rayons sont modérément larges. La surface est fine-ment striée longitudina-lement et présente des granulations sur les stries d'accroissement surtout à la partie inférieure. L'ori-fice est petit comparé à la dimension totale du test. Les scuta sont allongés et courbes, les terga, petits, sont légèrement séparés des scuta et placés vers le milieu de l'ouverture du sac, de chaque côté. Le bord libre du labre est garni de très fines épines et de quelques petites dents ; les mandibules ont quatre dents avec l'angle inférieur fortement arrondi et épineux ; la seconde et la troisième dents sont bifides et une petite dent intermédiaire se trouve entre la seconde et la troisième et la troisième et la quatrième.

2. *Coronula reginæ.* Darwin, 1853.

Diagnose.— Test globulo-conique ou déprimé avec des côtes longitu-dinales très aplaties, ayant leurs bords denticulés et leur surface striée et granuleuse ; orifice hexagonal ; rayons minces, n'excédant pas un cin-quième de l'épaisseur de la pièce, mais larges ; terga absents (fig. 298, B).

Dimensions. — Diamètre moyen de base : 25^{mm} ; hauteur : 6^{mm}.

Distribution. — Océan Pacifique. Fixé sur les baleines.

Observations. — Cette espèce se rapproche beaucoup plus de *C. diadema* que de *C. balænaris*. Le test est conique, à bords droits, généralement moins déprimé que celui de *C. balænaris*, mais beaucoup plus que celui de *C. diadema*.

Le test est lisse, mais présente, même au sommet, une apparence unie, bien différente de celle des autres espèces.

Les pièces operculaires sont réduites aux scuta seuls, impossibles à distinguer de ceux de *C. diadema*. Le labre présente une rangée de petites dents recourbées intérieurement. Les mandibules ont cinq dents.

3. *Coronula diadema*. Linné.

Synonymie. — *Lepas diadema*, L. 1767; id., Chemnitz; *Balanus diadema*, Bruguière, 1789; *Coronula diadema*, de Blainville, 1824; id., Leach, 1824; id., Chenu; id., Burmeister, 1834.

Diagnose. — Test en forme de couronne, avec des côtes longitudinales convexes, ayant leurs bords denticulés; orifice hexagonal; rayons modérément épais, très larges; terga rudimentaires ou absents. (Fig. 298, C.)

Dimensions. — Diamètre moyen de base : 50ᵐᵐ; hauteur : 40ᵐᵐ.

Distribution. — Mers arctiques; fixé sur les baleines.

Observations. — Le nom de *diadema* vient de la forme en couronne, du test, mais cette couronne tend à devenir cylindrique; les rayons sont extrêmement développés; l'orifice est large et nettement hexagonal. Les parois sont formées de côtes longitudinales arrondies et ornées de stries granuleuses très délicates et parallèles à la base, avec de fines stries longitudinales. Les scuta sont très rapprochés et placés à l'angle rostral de l'orifice, ils sont arrondis et sub-triangulaires. Les terga sont presque toujours absents, mais, parfois, représentés par de simples petits nodules calcaires. L'angle inférieur des mandibules est étroit et arrondi.

Remarque. — Il arrive souvent que l'on n'a pour représenter ces trois espèces que des échantillons secs. Le procédé suivant, un peu extra-scientifique, il est vrai, permet, cependant, de les différencier avec assez de facilité.

On place l'animal bien horizontalement sur sa base et on regarde l'orifice suivant une perpendiculaire à ce plan, passant, à peu près, par l'axe, en se plaçant à une trentaine de centimètres au-dessus. Si, dans cette position, on n'aperçoit pas, par l'orifice supérieur, les bords *internes* et *inférieurs* de la muraille, on a affaire à *C. balænaris*. Dans le cas contraire cela peut être *C. diadema*, ou *C. reginæ*. Si les côtes *externes*

Gauvel. — Cirrhipèdes. 18

des parois sont convexes *transversalement*, c'est *C. diadema*; si elles sont très aplaties, c'est *C. reginæ*.

Tableau synoptique des espèces du genre CORONULA, Lamarck.

GENRE CORONULA.	Côtes longitudinales de parois aplaties.	Scuta et terga présents. Rayons très épais; parois légèrement striées ou lisses...................... *C. balænaris*, Gmelin.
		Scuta seuls présents. Rayons minces; parois nettement striées ou granuleuses...................... *C. reginæ*, Darwin.
	Côtes longitudinales des parois, convexes transversalement et fortement striées longitudinalement........ *C. diadema*, Linné.	

2. Genre *Cryptolepas*. Dall, 1872.

Diagnose. — Test presque cylindrique. Parois épaisses portant, extérieurement, de nombreuses lames calcaires radiaires et fortement saillantes et distinctes, entre lesquelles passe l'épiderme de l'hôte. Orifice très large, ovale. Scuta seuls bien développés; terga rudimentaires ou nuls. Base membraneuse.

Dimensions. — Diamètre moyen : $35^{mm} \times 32^{mm}$; hauteur : 11^{mm}.

Distribution. — Iles Sandwich. Enfoncés en assez grand nombre dans la peau de *Rachianectes glaucus*, Cope.

Généralités. — Comme les Coronules, les *Cryptolepas* sont fixés en assez grand nombre sur la peau de leur hôte, mais ils sont enfoncés dans l'épiderme à la façon des Tubicinelles. Il n'y a pas de canaux dans la paroi de la muraille, comme chez les Coronules, mais de simples sillons longitudinaux, profonds, limités par des lames calcaires, saillantes et radiaires, de la paroi. L'épiderme de l'hôte se trouve fortement comprimé dans ces sortes de rigoles périphériques et s'accroît en même temps que le test de l'animal, de sorte que celui-ci ne fait jamais qu'une très légère saillie au-dessus. (Fig. 299.)

La longueur de ces lames radiaires, en dehors de la paroi, est de 5 millimètres à peu près et leur épaisseur d'environ un millimètre. Elles sont séparées l'une de l'autre par un espace libre (sillons périphériques) d'une largeur à peu près égale. Une seule espèce est encore connue : *Cryptolepas rachianectis*, Dall, 1872, présentant, par conséquent, les caractères du genre. (Fig. 299.)

Les scuta ont la forme d'un cylindre allongé, oblique, formé de disques superposés, mais avec les deux plans de bases parallèles; les terga ont la même structure, mais en beaucoup plus petit. Ils peuvent, parfois, manquer.

Le bord libre du labre porte une série de nodules chitineux. Les mandibules ont quatre fortes dents, dont les bords supérieurs des troisième et quatrième présentent deux denticulations peu accusées; l'angle inférieur est formé de nombreux piquants courts et robustes; les mâchoires présentent deux encoches peu accentuées. Le pénis est extrêmement développé en longueur et en diamètre.

3. Genre *Platylepas*. J. E. Gray, 1825.

Synonymie. — *Coronula*, de Blainville, 1824; *Columellina*, Bivona, 1832.

Diagnose. — Muraille formée de six pièces, chacune étant bilobée grâce à une cloison médiane qui est formée par une duplicature

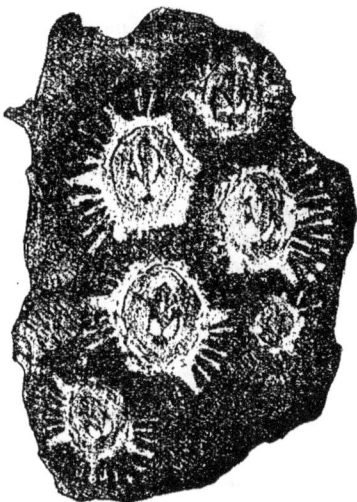

Fig. 299.

interne de la paroi externe, convexe et qui fait saillie à l'intérieur du test. Base membraneuse.

Distribution. — Dans toutes les mers tempérées et tropicales. Fixé sur le tégument des Tortues, Requins, Manatus, etc.

Généralités. — Ce genre n'est représenté que par trois espèces; il a été confondu par la plupart des auteurs avec le genre *Coronula*. Le caractère le plus remarquable est la présence du pli médian plus ou moins large de la paroi externe qui divise chaque pièce de la muraille en deux parties et se prolonge du sommet à la base de la paroi. L'orifice est ovale et ne porte que les six pointes supérieures des cloisons médianes. Le rostre est plus large que la carène et les pièces latérales seulement un peu plus larges que les caréno-latérales. Les rayons sont étroits, mais de largeur variable.

Le test est tantôt déprimé, tantôt, au contraire, fortement conique.

La cuticule est, généralement, persistante, dans la partie inférieure du test, tout au moins.

Les parois sont tantôt pleines (*P. decorata*), tantôt, au contraire, percées de petits pores comme chez les Coronules.

La base est membraneuse et plus ou moins convexe.

Les quatre pièces operculaires sont allongées et étroites, elles se touchent l'une l'autre, sans être véritablement articulées ensemble. La membrane qui les recouvre porte quelques très petites épines.

Le labre présente des dents de chaque côté de l'encoche centrale. Les mandibules portent entre la seconde et la troisième et la quatrième dents vraies, de petites dents intermédiaires. Ces dents sont doubles latéralement. Les branchies consistent, de chaque côté, en un double repli du manteau, beaucoup moins plissé que chez les Coronules. Ce genre se rapproche beaucoup du genre *Coronula* et, par *Chelonobia manati* A. Gruvel, du genre *Chelonobia*.

1. *Platylepas bissexlobata*, de Blainville, 1824.

SYNONYMIE. — *Coronula bissexlobata*, de Blainville, 1824; *Platylepas pulchra*, J. E. Gray, 1825; *Columellina bissexlobata*, Bivona, 1832, et *Coronula californiensis*, Chenu.

Diagnose. — Test avec des stries d'accroissement transversales, distinctes ; parois percées de pores ; gaine descendant à peine jusqu'au milieu de la paroi. (Fig. 300.)

Dimensions. — Diamètre maxima de base : 18^{mm}.

Distribution. — Méditerranée, sur les Tortues ; Gambie, Honduras, sur des Manatus ; Moreton-Baie (sud de l'Australie), sur un Dugong ; Californie.

Observations. — Le test est généralement déprimé, ovale ou circulaire ; quelquefois conique. L'orifice est ovale, généralement peu large. La surface externe est marquée par des lignes d'accroissement serrées ; parfois on aperçoit des stries longitudinales.

2. *Platylepas decorata*. Darwin, 1853.

Diagnose. — Test avec des stries longitudinales, ornées, dans la partie inférieure, de petites granulations ; parois non poreuses ; membrane basale présentant une convexité à peu près égale à celle de la surface du test, ce qui donne à l'ensemble un peu l'aspect d'une lentille biconvexe. (Fig. 301.)

Dimensions. — Diamètre moyen de base : 7ᵐᵐ.

Distribution. — Océan Pacifique; archipel des Galapagos ; île de Lord-Hood.

Observations. — Le test est ovale avec un orifice large; les parois sont épaisses et de moindre hauteur, du sommet à la base, que dans l'espèce précédente. La surface externe est marquée par de fines arêtes longitudinales qui, examinées attentivement, se montrent doubles et présentent, à la base, de fines granulations de chaque côté. Les parois ne sont pas percées de pores. La gaine présente une grande épaisseur et descend au-dessous du milieu des parois.

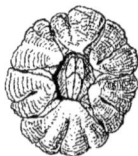
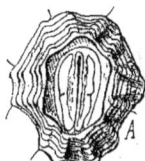

Fig. 300.

3. *Platylepas ophiophilus*, W. F. Lanchester, 1902.

Diagnose. — Test déprimé, orifice large et ovoïde. Parois probablement aporeuses, marquées extérieurement par des sillons

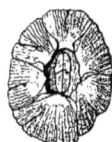

Fig. 301.　　　　Fig. 301 *bis*.

A, vue par l'orifice supérieur; B, vue par la base.

longitudinaux qui sont coupés par des stries transversales, au moins dans la moitié supérieure, donnant l'apparence d'un chapelet. Moins saillants dans la moitié inférieure, mais plus pointus. Les sillons médians du rostre et de la carène sont un peu plus courts que ceux des compartiments latéraux. Intérieurement, les sillons longitudinaux sont visibles dans la moitié inférieure du compartiment, mais dans la moitié supérieure, le test est considérablement épaissi. Base modérément convexe. Scuta avec l'angle rostral plus étroit que le tergal ; arrondi, avec le bord extérieur légèrement concave et l'angle rostral non incurvé. Terga avec le bord externe fortement convexe vers l'extrémité carénale, cette extrémité étant tronquée et courbée intérieurement, de telle façon que les bords sont presque parallèles. Extrémité scutale un peu plus large que la carénale (fig. 301 *bis*).

La bouche ne présente pas de différence avec celle décrite à la diagnose du genre. Rames de la première paire de cirrhes très peu inégales, l'interne dépassant l'externe du dernier article seulement. Pénis, dans un cas, deux fois aussi long que le corps entier, de l'extrémité antérieure du prosoma à l'origine du pénis ; sommet tronqué, mousse ; quelques poils disséminés et une couronne de soies courtes au sommet.

Distribution. — Enfoncé peu profondément dans la peau des squales (*Enhydris curtus*). Skeat-Expédition.

Tableau synoptique des espèces du genre PLATYLEPAS, J. E. Gray.

GENRE PLATYLEPAS.	Parois percées de pores. Test orné de stries d'accroissement transversales, très nettes..		*P. bissexlobata*, de Blainville.
	Parois non percées de pores.	Test sans stries d'accroissement transversales, mais avec de fines stries longitudinales....................	*P. decorata*, Darwin.
		Test avec des stries transversales, coupées par des sillons et des côtes longitudinaux..	*P. ophiophilus*, W. F. Lanchester.

4. Genre *Tubicinella*. Lamarck, 1802.

SYNONYMIE. — *Coronula*, de Blainville, 1824.

Diagnose. —Muraille formée de six pièces, de dimensions identiques. Test à peu près cylindrique, un peu plus large au sommet qu'à la base, entouré par plusieurs côtes circulaires, arrondies, interrompues seulement au niveau des sutures.

Distribution. — Habitat difficile à indiquer, puisqu'il est fixé sur les baleines ; sud de l'océan Pacifique ; Nouvelle-Galles du Sud ; cap de Bonne-Espérance, etc.

Généralités. — Ce genre, représenté actuellement par une seule espèce vivante, est un des mieux caractérisés par son test presque absolument cylindrique dont la hauteur égale deux ou trois fois la largeur moyenne ; les parois, au lieu de présenter des côtes longitudinales, montrent, au contraire des sortes de bourrelets annulaires, parallèles et à bords arrondis. Les pièces operculaires, quoique présentes toutes les quatre et assez bien développées, ne remplissent pas tout à fait l'orifice du test.

Tubicinella trachealis. Shaw, 1806.

SYNONYMIE. — *Lepas trachealis*, Shaw, 1806 ; *L. trachæformis*, Wood, 1815 ; *Tubicinella trachealis*, J. E. Gray, 1825 ; *T. major* et *minus*, Lamarck, 1802 ; *T. balænorum*, Lamarck, 1818 ; id., Chenu ; id. Sowerby ; *T. Lamarckii*, Leach, 1824 ; *Coronula tubicinella*, de Blainville, 1824.

Diagnose. — La diagnose est celle du genre (fig. 302).

Dimensions. — Diamètre moyen de base : 18ᵐᵐ; hauteur moyenne, 30ᵐᵐ.

Observations. — La surface du test est finement striée longitudinalement. Les six pièces de la muraille sont à peu près semblables de taille comme de forme; les rayons sont étroits, beaucoup plus larges chez les jeunes échantillons que chez les individus âgés. Les quatre pièces operculaires sont aussi à peu près semblables et font une légère saillie au-dessus du bord libre de la muraille. Elles sont unies entre elles et à la gaine par une membrane très épaisse et fortement plissée. La base est membraneuse et assez compliquée.

Les deux branchies sont énormément développées et couvrent, ensemble, environ les deux tiers de la surface du sac; elles sont très plissées.

Le labre ne présente que des poils, pas de dents; les mandibules ont quatre dents, plutôt étroites, qui (excepté la première) ont une pointe double; entre la seconde et la troisième et entre celle-ci et la quatrième se trouve une petite dent intermédiaire unique; l'angle inférieur est irrégulièrement pectiné; les mâchoires présentent une légère encoche au-dessous des deux grandes épines supérieures et une seconde près de l'angle inférieur.

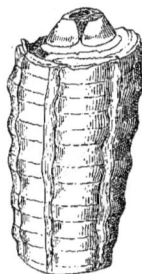

Fig. 302.

Sans parler ici du mode d'accroissement du test, disons que, d'après Marloth, les Tubicinelles sécréteraient un ferment peptonisant qui, se diffusant à travers la base membraneuse, transformerait en peptones les matières albuminoïdes de la peau de la baleine et permettraient ainsi à l'animal de s'enfoncer toujours plus avant dans cette peau, en la digérant au fur et à mesure.

5. Genre *Stephanolepas*. P. Fischer, 1886.

Diagnose. — Muraille formée de six pièces de mêmes dimensions. Test mince, subsphérique, blanchâtre; base étroite, circulaire, avec six encoches peu profondes; orifice supérieur large; parois externes ornées de cinq ou six anneaux transversaux, saillants surtout aux extrémités. Pièces operculaires bien développées, minces, à peu près semblables.

Une seule espèce : *Stephanolepas muricata*. P. Fischer, 1886 (fig. 303).

Dimensions. — Diamètre de l'orifice : $4^{mm},5 \times 3^{mm},5$; diamètre de base : $1^{mm},5 \times 1^{mm}$. Hauteur : $7^{mm},5$.

Distribution. — Cochinchine : Poulo-Condor ; enfoncé dans les téguments de *Chelonia imbricata*, L.

Observations. — Par l'élévation des pièces de la muraille et par les pièces operculaires non articulées entre elles, ce genre se rapproche beaucoup du précédent. Ces animaux sont, comme les Tubicinelles, enfoncés dans les téguments de leur hôte et leur présence n'est révélée à l'extérieur que par une légère boursouflure. L'orifice de la base est beaucoup plus étroit que l'orifice externe et quelqu'un de non prévenu pourrait prendre les deux orifices l'un pour l'autre. La base est membraneuse et l'on est en droit de se demander si l'enfoncement de ces animaux dans les téguments des Tortues ne se ferait pas d'une façon identique au procédé décrit par Marloth pour les Tubicinelles. — Les pièces operculaires remplissent presque entièrement l'orifice externe dans le sens de la longueur, mais non dans celui de la largeur. Les quatre pièces sont à peu près semblables, les terga étant cependant un peu plus élevés et un peu moins larges que les scuta ; les premiers empiètent très légèrement sur le bord tergal des seconds. Ces pièces ne présentent ni saillies ni cavités d'aucune sorte.

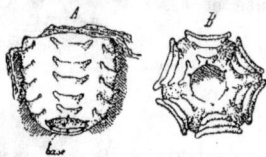

Fig. 303. — A, vue de profil ; B, vue par la base.

Le rostre et la carène ont leurs parois à peu près de même largeur, les rayons du premier étant aussi larges que les ailes de la seconde, et aussi larges que la paroi elle-même.

d. SOUS-FAMILLE DES XÉNOBALANINÉS (*XENOBALANINÆ*).

Genre *Xenobalanus*. Steenstrup, 1851.

SYNONYMIE. — *Siphonicella*, Darwin, 1852.

Diagnose. — Test très rudimentaire, en forme d'étoile, formé de six pièces à parois fortement concaves du côté externe, avec un long corps en forme de pédoncule, s'élevant du milieu ; pas de plaques operculaires (fig. 304 et 305).

Dimensio s. — Hauteur maxima de l'animal entier : 50^{mm}.

Distribution. — Océan Atlantique nord : fixé sur les marsouins.

Généralités. — Ce genre est certainement l'un des plus curieux parmi les Cirrhipèdes. Au premier abord, on le prendrait pour un Pédonculé absolument net, voisin des Conchodermes, par exemple; mais si l'on regarde attentivement à la base, on trouve, enfoncé dans la peau même de l'hôte, un tout petit test, formé de six pièces avec imbrication correspondant à celle que l'on connaît dans presque toute la famille des HEXAMÉRIDÉS, sauf chez les Chthamalinés (fig. 304). Chacune de ces pièces au lieu d'être convexe extérieurement, comme c'est le cas normal, présente, au contraire, une forte concavité centrale. Dans la cavité palléale du corps on trouve une paire de branchies doubles, ce qui est encore un caractère des OPERCULÉS SYMÉTRIQUES.

Fig. 304. — *Xenobalanus* (diagramme).

Le genre *Xenobalanus* pourrait être considéré comme un *Tubicinella*, dans lequel les pièces operculaires auraient disparu et dont la muraille se serait extrêmement atrophiée en incurvant ses pièces dans leur partie centrale.

Une seule espèce est actuellement connue :

Xenobalanus globicipitis. Steenstrup, 1851.

Diagnose. — Caractères du genre (fig. 305).

Observations. — Le corps de cette espèce est allongé, comme celui d'un Pédonculé et devient de plus en plus large de la base vers le sommet où se constitue comme une sorte de pseudo-capitulum, avec un repli du tégument en forme de capuchon, et, à la partie antéro-supérieure, deux espèces de petites cornes qui rappellent, quoiqu'en plus petit, les auricules de *Conchoderma aurita*, mais elles ne sont pas perforées. Le corps est parfois blanc jaunâtre, avec souvent des bandes longitudinales violacées plus ou moins étendues comme on les rencontre chez certains Conchodermes.

Fig. 305. — B, muraille; P, pénis.

La base est membraneuse et contient l'appareil cémentaire très réduit. Il existe un muscle adducteur bien développé, analogue à celui que l'on rencontre chez les PÉDONCULÉS *anaspidés*. Ce muscle à fibres *lisses* permet à l'animal de fermer au moins la partie inférieure de l'orifice de son pseudo-capitulum. La cavité palléale s'étend jusqu'à la partie inférieure, au milieu du test lui-même; vers la région moyenne et sur les parties latérales du pseudo-capitulum s'attachent, du côté intérieur, les branchies, bien développées; elles sont formées, chacune, de deux replis dont l'interne est beaucoup plus petit que l'externe.

. Le labre est extraordinairement saillant; il présente une légère encoche centrale avec, de chaque côté, des soies, mais pas de dents. Les mandibules ont cinq dents, la cinquième étant très petite et de forme irrégulière ; l'angle inférieur est large et pectiné. On ne trouve pas de dent intermédiaire entre les seconde, troisième et quatrième dents, comme chez les Coronulinés. Les mâchoires présentent une trace d'encoche, au-dessous des grandes épines supérieures.

Les cirrhes sont courts, surtout dans les trois parois antérieures.

Le pénis est court et épais. Il est couvert de très petites touffes de soies et ne présente pas d'éperon dorsal à sa base.

γ. FAMILLE DES *TÉTRAMÉRIDES* (*TETRAMERIDÆ*).

a. Sous-Famille des CHAMOESIPHONÉS (*CHAMŒSIPHONÆ*).

Genre *Chamœsipho*. Darwin, 1853.

Synonymie. — *Lepas*, Spengler, 1790.

Diagnose. — Muraille formée de quatre pièces, avec les sutures souvent très oblitérées; parois non percées de pores ; base membraneuse.

Distribution. — Australie ; Nouvelle Zélande, sur *Elminius plicatus*; mers de Chine, sur *Pollicipes mitella* ; Nouvelle-Galles du Sud.

Généralités. — Le genre *Chamœsipho* est formé seulement par deux espèces, qui ne présentent, chacune, que quatre pièces à la muraille, pièces tendant même à devenir confluentes. Il fait le passage, par ses affinités avec le genre *Chthamalus*, aux HÉXAMÉRIDÉS.

1. *Chamœsipho columna*, Spengler, 1790.

Synonymie. — *Lepas columna*, Spengler, 1790.

Diagnose. — Sutures des pièces de la muraille, généralement oblitérées, à la fois extérieurement et intérieurement (excepté chez les formes jeunes) ; terga avec de petites cavités pour l'insertion du muscle dépresseur (fig. 306).

Dimensions. — Diamètre de base : 7^{mm},5 ; hauteur : 5^{mm}.

Distribution.— Nouvelle-Galles du Sud ; Tasmanie ; Nouvelle-Zélande ; extrêmement commun. Fixé sur les rochers littoraux, les coquilles ;

souvent associé à *Elminius plicatus* et *modestus* ainsi qu'à *Chthamalus antennatus*.

Observations. — Quand les quatre sutures sont conservées, les quatre pièces apparaissent de mêmes dimensions; l'orifice est toujours largement ovale, le côté carénal étant le plus large. La partie supérieure de la coquille est parfois fortement conique, avec la partie inférieure étalée et plissée profondément. La couleur du test est d'un vert sombre avec la partie supérieure risâtre. Les scuta et les terga

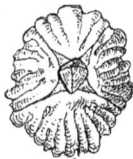 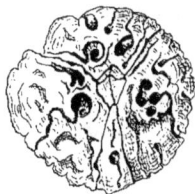

Fig. 306.   Fig. 307.

sont profondément intriqués par des articulations sinueuses. Les scuta ont un sillon articulaire large et une arête articulaire très saillante. Les terga sont très étroits, avec la surface inférieure cannelée; le muscle dépresseur est inséré sur quatre ou cinq petites fossettes.

Le labre porte des soies sur le bord libre; les mandibules ont quatre, quelquefois cinq dents, avec l'angle inférieur pectiné; les mâchoires portent une encoche. Les branchies sont rudimentaires et formées par un seul repli.

2. *Chamœsipho scutelliformis.* Darwin, 1853.

Diagnose. — Rostre très étroit, allongé, triangulaire. Pièces latérales et carène présentant : les premières, chacune une cavité tubuliforme, la seconde, deux cavités semblables à peu près symétriques, qui traversent le test et forment, à sa partie inférieure, comme autant de colonnettes (fig. 307).

Dimensions. — Diamètre maximum de base : 4^{mm}.

Distribution. — Mers de Chine. Fixé sur *Pollicipes mitella*.

Observations. — Le test de cette curieuse petite espèce est très déprimé, à bord inférieur sinueux; la surface, légèrement irrégulière, est marquée par de fines stries d'accroissement et recouverte par une membrane brunâtre. Le rostre est triangulaire, très étroit, et son sommet vient, presque en pointe, au contact de l'orifice. Celui-ci est large et de forme hexagonale avec deux petits côtés, antérieur et postérieur. Ce qui caractérise nettement cette espèce est la présence, sur les pièces latérales et la carène, de sortes d'invaginations tubuliformes de la surface externe qui s'enfoncent dans l'intérieur et forment des sortes de colonnettes cylindriques. On trouve, à côté de ces cavités tubuliformes, d'autres petites dépressions, de situation irrégulière et qui ne traversent pas la paroi. Chez *Chthamalus stellatus* et *C. scabrosus* on rencontre déjà un commencement de semblables formations.

Les scuta sont fortement aigus et convexes; l'arête articulaire est très saillante et il existe une forte arête pour l'adducteur. Les terga ont un éperon court, plutôt large et arrondi, placé vers le milieu de la plaque.

Le bord libre du labre porte des soies; les mandibules ont quatre ou cinq dents, avec l'angle inférieur pectiné; les mâchoires présentent une encoche.

Les branchies ne semblent pas exister.

Tableau synoptique des espèces du genre CHAMŒSIPHO, Darwin.

GENRE
CHAMŒSIPHO.

Rostre large. Pas d'orifices tubuliformes sur les pièces de la muraille........ *C. columna,* Spengler.

Rostre très étroit. Deux orifices tubuliformes sur la carène et un sur chaque pièce latérale.................... *C. scutelliformis,* Darwin.

b. SOUS-FAMILLE DES TÉTRACLITINÉS (*TETRACLITINÆ*).

SYNONYMIE. — *Conia,* Leach; *Asemus,* Ranzani; *Polytrema,* de Ferussac; *Lepas,* Gmelin; *Balanus,* Bruguière, 1789; id., Lamarck, 1818.

1. Genre *Tetraclita.* Schumacher, 1817.

Diagnose. — Muraille formée de quatre pièces, quelquefois soudées ensemble extérieurement. Parois percées de pores, généralement disposés en plusieurs rangées concentriques. Base aplatie, irrégulière, calcaire ou membraneuse.

Distribution. — Toutes les mers chaudes ou tropicales, sur les rochers littoraux et les coquilles.

Généralités. — Le test est conique, plus ou moins déprimé, très rarement cylindrique. L'orifice, normalement étroit, arrondi ou à peu près hexagonal ou ovale, est très rarement denté. La couleur varie du rose sale au vert sombre, quelquefois gris ou fleur de pêcher. La surface est quelquefois lisse, mais, le plus souvent, avec des côtes longitudinales ou des sortes d'écailles imbriquées. Les rayons peuvent être bien développés (*T. radiata, T. costata,* etc.) ou entièrement absents comme dans la plupart des spécimens de *T. porosa* et de *T. serrata.*

La forme des pièces operculaires est très variable et ressemble assez à celle présentée par les espèces du genre *Balanus.*

Les parois sont généralement très épaisses et présentent un grand nombre de tubes disposés sur plusieurs rangées jusqu'à quatorze ou quinze, de section angulaire, quelquefois allongés suivant les rayons du test. Chez les très jeunes échantillons, il n'y a qu'une seule rangée de tubes, qui reste unique seulement chez *T. rosea*. La surface interne est généralement lisse, mais présente des côtes longitudinales chez *T. radiata* comme dans la plupart des espèces du genre *Balanus*.

La base consiste en une surface calcaire, plate, parfois irrégulière et translucide, et qui, vers les bords, est quelquefois membraneuse.

Cette base peut être, aussi, entièrement membraneuse.

Les branchies sont, généralement, bien développées, avec un large feuillet plissé et un second, plus petit, à sa base et intérieurement.

Il existe dans ce genre des variations extrêmes de forme, même pour chaque espèce en particulier, moins cependant que dans le genre *Balanus* avec lequel il a des affinités manifestes.

1. *Tetraclita purpurascens*. Wood, 1815.

SYNONYMIE. — *Lepas purpurascens*, Wood, 1815; *Bal. plicatus*, Lamarck, 1818; *B. plicatus et puncturatus*, Chenu; *Conia depressa*, J. E. Gray, 1843.

Diagnose. — Test déprimé, d'un pourpre pâle ou d'un blanc sale, avec la surface ou présentant des côtes longitudinales ou bien corrodée ou encore granuleuse; parfois rayons et même sutures absents; parfois aussi rayons bien développés et larges, avec leurs sommets parallèles à la base; base membraneuse; scuta allongés transversalement; terga petits, avec l'éperon extrêmement court et arrondi (fig. 308, A et 309).

Dimensions. — Diamètre maxima de base : 25 ^{mm}; hauteur : 8 ^{mm}.

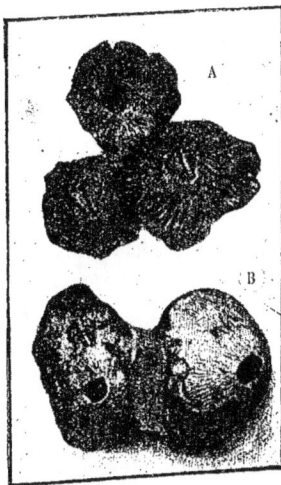

Fig. 308. — A, T. purpurascens. B, T. porosa.

Distribution. — Sydney, Nouvelle-Galles du Sud, île de Sir Hardy, Baie du roi Georges; ouest de l'Australie; Terre de Van Diemen; Nouvelle-Zélande; îles du Salut; Madagascar; Chine.

Observations. — Le test est généralement très déprimé et se présente sous deux formes d'aspect très différent. Ou bien la surface est garnie de granulations plus ou moins régulièrement arrondies et, dans ce cas, les rayons sont nuls et les sutures elles-mêmes absentes, ou bien les parois présentent des côtes longitudinales nombreuses et étroites et les rayons sont bien développés, larges même. L'orifice est généralement rhomboïdal (fig. 308, A).

Les scuta sont allongés transversalement de telle façon que le bord basal est presque deux fois aussi long que le bord tergal; l'arête articulaire est peu saillante et le sillon articulaire large mais peu profond.

Fig. 309.

La surface des terga ne dépasse pas la moitié de celle des scuta; l'éperon est extrêmement court, large, placé très près de l'angle basi-scutal; l'arête articulaire est à peine développée; les crêtes pour le muscle dépresseur sont aiguës et saillantes (fig. 309).

La base est entièrement membraneuse, ce qui distingue cette espèce de toutes celles du même genre.

Le labre porte une profonde encoche et manque de dents. Les mandibules ont les quatre dents rudimentaires.

2. *Tetraclita rosea*. Krauss, 1848.

SYNONYMIE. — *Conia rosea*, Krauss, 1848; *Bal. Cumingii*, Chenu.

Diagnose. — Test d'un blanc sale, teinté de rose; parois percées d'une seule rangée de tubes larges : rayons généralement étroits; terga avec l'éperon plutôt court et large (fig. 310).

Dimensions. — Diamètre maximum de base : 27mm.

Distribution. — Nouvelle-Galles du Sud; Moreton-Baie; Port Jackson; Table-Baie; Algoa-Baie. Fixé sur les rochers littoraux et les coquilles, souvent associé à *T. purpurascens*, *Chthamalus antennatus* et *Catophragmus polymerus*.

Observations. — Le test est fortement conique, souvent même convexe; de couleur blanc sale ou brunâtre, faiblement teinté de rose. La partie supérieure est souvent très corrodée et montre alors les tubes pariétaux, larges et carrés, mis à nu; il est seulement bien conservé chez quelques formes jeunes. En général, les rayons sont dé-

Fig. 310.

veloppés mais étroits, parfois d'une largeur appréciable. Les scuta sont épais, parfois même très épais; l'arête articulaire est peu proéminente, la crête pour l'adducteur, au contraire, saillante. Les terga ont l'éperon placé tellement près de l'angle basi-scutal que le bord basal, de ce côté, n'existe, pour ainsi dire, pas ; l'éperon est court avec son extrémité inférieure tronquée et arrondie ; le sillon articulaire est large ; l'apex arrondi, non en forme de bec.

3. *Tetraclita costata*. Darwin, 1853.

Diagnose. — Test déprimé, blanchâtre, généralement orné de dix côtes longitudinales saillantes et arrondies, avec leurs sommets parallèles à la base ; base calcaire ; scuta avec des stries longitudinales externes ; terga avec l'éperon court et arrondi (fig. 311).

Dimensions. — Diamètre moyen de base : 8 à 10^{mm}.

Distribution. — Archipel des Philippines. Fixé sur des coquilles diverses au niveau de la basse mer.

Observations. — Test blanchâtre probablement teinté, à l'état vivant, de pourpre rougeâtre ; déprimé, à surface non corrodée, lisse, avec un nombre, presque invariable, de dix côtes longitudinales très saillantes : trois sur le rostre, trois sur la carène et deux sur chaque pièce latérale. Orifice variant de la forme d'un triangle curviligne à celle d'un hexagone ; les rayons sont très larges et carrés au sommet.

Les scuta ne sont pas allongés transversalement ; la surface externe est striée longitudinalement et transversalement et présente une série de très petites dépressions centrales ou un sillon comme *Bal. lœvis* et *Bal. trigonus* ; les terga ont une surface égalant environ les deux tiers de celle des scuta ; l'éperon est court, arrondi et placé comme chez *T. purpurascens*.

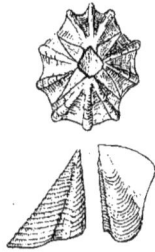

Fig. 311.

Le labre semble dépourvu de dents ; les mandibules ont seulement trois dents.

4. *Tetraclita porosa*. Gmelin, 1789.

SYNONYMIE. — *Lepas porosa*, Gmelin, 1789 ; *Bal. squamosus*, Bruguière, 1789 ; *Lepas fungites*, Spengler, 1790 ; *L. porosa*, Wood, 1815 ; *Tetraclita squamulosa*, Schumacher, 1817 ; *Bal. stalactiferus*, Lamarck, 1818 ; id., Chenu ; *Asemus porosus*, Ranzani ; *Conia porosa*, Sowerby, 1823 ; id., Leach, 1824.

Diagnose. — Rayons rarement présents, mais, quand ils existent, étroits avec les sutures souvent même invisibles ; test fortement conique avec la surface généralement corrodée et ayant un aspect stalactiforme.

1. Var. *communis.* — Surface externe du test parfois presque

entièrement détruite par érosion ; la portion conservée, aussi bien que les tubes pariétaux mis à nu, d'un brun pâle sale, ou pourpre douteux.

(Chez les jeunes : rayons développés, très étroits; surface externe, quand elle est conservée, grise ou pourpre douteux; surface avec de légères côtes longitudinales) (fig. 308, B et 312).

Fig. 312.

2. Var. *nigrescens.* — Surface externe du test presque entièrement enlevée ; la portion conservée, ainsi que les tubes mis à nu, d'un pourpre très sombre ou d'un noir d'encre.

3. Var. *viridis.* — Surface externe presque entièrement détruite par érosion, la portion conservée et les tubes pariétaux de couleur verte ; surface inférieure des pièces operculaires nuancées de vert.

4. Var. *rubescens.* — Surface externe du test presque entièrement détruite par érosion; la portion préservée, ainsi que les tubes pariétaux mis à nu, d'un pourpre rougeâtre pâle, ou d'un rose fleur de pêcher; surface intérieure des pièces operculaires, souvent rouge pourpre; terga plutôt étroits avec l'éperon quelquefois pointu et le bord basal des terga allant se confondre, obliquement, avec le bord carénal de l'éperon, ou ne faisant pas un angle avec celui-ci.

5. Var. *elegans.* — Surface externe du test présente, excepté quelquefois près du sommet; blanche, colorée parfois en brun jaunâtre par la cuticule; surface à côtes longitudinales saillantes; orifice plutôt petit; gaine pourpre rougeâtre; terga étroits avec le bord basal comme dans la var. *rubescens.*

6. Var. *patellaris.* — Rayons développés, très étroits, blancs; surface externe conservée du test, généralement d'un pourpre rougeâtre; test fortement conique, avec l'orifice extrêmement petit; surface lisse avec des côtes longitudinales blanches.

Terga très étroits, avec l'éperon très pointu et le bord basal allant se confondre avec le bord carénal du tergum ou ne faisant pas un angle net avec lui. Scuta avec l'arête pour l'adducteur très saillante. Fixé sur les carènes de bateaux.

Dimensions. — Diamètre maximum de base : 50^{mm} ; hauteur : 37^{mm}.

Distribution. — Amérique du Sud : Brésil, Colombie, Panama ; Nouvelle-Hollande, archipel des Galapagos, Californie, archipel des Philippines, Chine, mer Rouge, Madagascar, Manille, Nouvelle-Bretagne, océan Pacifique (la Union). Fixé sur des rochers littoraux ou des coquilles.

Observations. — La description des différentes variétés de cette espèce a montré la multiplicité des formes et des couleurs. Le test est généralement conique, mais quelquefois déprimé. C'est une des espèces de grande taille et des plus répandues.

Les scuta ont l'arête articulaire non saillante et le sillon articulaire étroit; l'arête pour l'adducteur est proéminente et courte, parallèle à l'arête articulaire; les crêtes pour les muscles dépresseurs rostraux et latéraux sont aiguës et distinctes. Quand la partie supérieure des terga n'est pas corrodée, elle présente un bec; l'éperon est placé tout près de l'angle basi-scutal de la plaque. Les cirrhes sont remarquables par la variété du nombre des segments.

5. *Tetraclita serrata*. Darwin, 1853.

Diagnose. — Test gris verdâtre sombre, avec des côtes longitudinales nombreuses, étroites et serrées; rayons à peu près nuls; scuta avec l'arête articulaire et l'arête pour l'adducteur, confluentes et formant, par leur réunion, une cavité qui se poursuit jusqu'à l'apex de la pièce (fig. 313).

Dimensions. — Diamètre moyen de base : 15 à 18^{mm}.

Distribution. — Cap de Bonne-Espérance; Algoa-Baie, Table-Baie, sur les rochers et les Patelles.

Observations. — Le test est fortement conique, avec, particulièrement dans sa moitié inférieure, de nombreuses côtes saillantes, étroites, très serrées, simplement aiguës ou denticulées sur leur bord libre; mais la partie supérieure est parfois fortement corrodée et devient lisse. L'orifice est arrondi ou ovale. L'arête de l'adducteur s'unit à l'arête articulaire, vers le milieu de la hauteur de cette dernière pour former une cavité triangulaire qui va jusqu'à l'apex. L'apex des terga est en forme de bec. L'éperon est environ moitié aussi large que la plaque; il est terminé, inférieurement, en pointe mousse et placé à toucher l'angle basi-scutal.

Fig. 313.

Les tubes pariétaux sont plutôt larges, surtout les plus voisins de la partie interne de la muraille. Les rayons ne sont que très peu ou pas développés.

6. *Tetraclita vitiata*. Darwin, 1853.

Diagnose. — Test blanc, généralement teinté de rose dans sa partie supérieure; surface irrégulière avec des côtes longitudinales nom-

GRUVEL. — Cirrhipèdes. 19

breuses ; tubes pariétaux très irréguliers, rayons modérément larges, avec leurs sommets obliques ; ailes à bords suturaux très épais et denticulés. — Terga avec l'éperon situé à une petite distance de l'angle basi-scutal et son extrémité inférieure régulièrement arrondie (fig. 314).

Dimensions. — Diamètre de base : 26ᵐᵐ; hauteur : 6ᵐᵐ.

Distribution. — Archipel des Philippines ; Australie ; fixé sur des récifs coralligènes ou de grands mollusques (*Tridacna*), souvent associé à *T. cœrulescens*.

Observations. — Le test est modérément conique ; la partie inférieure, généralement bien conservée, est formée de côtes longitudinales très

irrégulières, divisées et légèrement saillantes. L'orifice, plutôt large, a la forme d'un triangle curviligne. Les scuta sont plutôt étroits avec l'apex pointu ; l'arête articulaire et la crête de l'adducteur sont distinctes, à peu près parallèles et bien développées ainsi que les crêtes pour les muscles dépresseurs rostraux et latéraux.

Fig. 314.

Terga avec la moitié scutale très faiblement striée. Le sillon articulaire est très large mais peu profond et d'une longueur inusitée ; l'arête articulaire n'est pas saillante ; l'éperon est situé à une distance de l'angle basi-scutal égale environ à la moitié de sa propre largeur ; il est plutôt étroit, quoique d'une largeur variable, fortement saillant et à extrémité inférieure régulièrement arrondie.

Les tubes pariétaux sont remarquables par leur forme irrégulière et leurs dimensions inégales.

Le labre porte quelques dents fortes et les mandibules ont cinq dents.

7. *Tetraclita cœrulescens*. Spengler, 1790.

Diagnose. — Test avec la partie supérieure teintée de bleu grisâtre, avec des côtes longitudinales : rayons modérément larges avec leurs sommets obliques ; scuta avec une arête pour l'adducteur petite et une arête articulaire extrêmement saillante, qui, en s'unissant à la précédente, forme une petite cavité sub-cylindrique (fig. 315).

Terga avec l'éperon modérément large, beaucoup moins saillant que dans l'espèce précédente et placé à une distance de l'angle basi-scutal égale à la moitié au moins de sa propre largeur.

Dimensions. — Diamètre de base : 35 à 37ᵐᵐ.

Distribution. — Archipel des Philippines, sur *Bal. tintinnabulum* ; océan Pacifique, sur carènes de bateaux ou sur d'autres Balanes ; mers tropicales d'Orient, sur des coraux massifs, parfois associé à *T. vitiata*.

Observations. — Le test est conique, quelquefois déprimé, avec des côtes longitudinales lisses, plutôt larges ; blanchâtre avec la partie supérieure bleu grisâtre, parfois faiblement teintée de rose. Quand la partie externe est corrodée, les tubes pariétaux sont mis à nu. Les rayons sont modérément larges, avec leurs sommets obliques.

Les scuta présentent quelques sillons externes, longitudinaux ; ils sont épais et forts et la cuticule (quand elle existe) est couverte de soies. L'arête de l'adducteur et l'arête articulaire qui est très prononcée, s'unissent pour former un tube qui va jusque près de l'apex ; les crêtes pour le muscle dépresseur rostral sont très saillantes. Le tiers tergal des scuta forme une échancrure large et profonde qui sépare le tergum de la région antérieure, ornée de côtes, du scutum correspondant. Les terga sont bien développés avec un sillon longitudinal large, assez profond et limité, de chaque côté, par une arête ; la moitié carénale est faiblement striée longitudinalement ; le sillon articulaire est très profond, mais l'arête articulaire peu saillante ; l'éperon n'est pas très large, ni très saillant, son bord inférieur est tronqué et parallèle au bord basal du tergum.

Fig. 315.

8. *Tetraclita radiata.* De Blainville, 1816-1830.

SYNONYMIE. — *Conia radiata*, de Blainville ; *C. Lyonsii*, G. B. Sowerby, 1823.

Diagnose. — Test blanc, avec des côtes nombreuses et s'irradiant à peu près régulièrement du sommet, étroit, de la pièce, vers sa base ; rayons larges, poreux, avec leurs sommets légèrement obliques. Terga avec l'arête articulaire extraordinairement saillante et l'éperon peu proéminent, à peu près arrondi et placé à une distance de l'angle basi-scutal égale, en moyenne, au tiers de sa propre largeur (fig. 316).

Dimensions. — Diamètre moyen de base : 7ᵐᵐ.

Distribution. — Amérique, sur *Bal. eburneus* et *Lepas anserifera* ; Nouvelle-Galles du Sud, sur *Tetraclita porosa* ; Sumatra, sur les carènes de bateaux ; assez fréquemment avec *Bal. tintinnabulum*, attaché sur les carènes de bateaux.

Observations. — Test blanc, généralement très conique, avec des côtes longitudinales assez larges, arrondies et au nombre de huit à dix environ, sur chaque pièce; la surface externe est toujours bien conservée. L'orifice est arrondi, triangulaire ou pentagonal, les rayons sont blancs, larges et lisses, avec leurs sommets légèrement obliques.

Fig. 316.

Les scuta sont larges, striés longitudinalement; l'arête articulaire est saillante et le sillon profond, mais moins que chez *T. cœrulescens*. L'arête de l'adducteur ne forme pas de cavité avec l'arête articulaire; il n'y a pas de crêtes pour le muscle dépresseur rostral, mais une petite cavité.

Les terga sont plus développés que les scuta et ils sont séparés de ces derniers par une échancrure profonde, due à la saillie considérable de l'arête articulaire des terga. Le sillon longitudinal est assez large et arrondi; l'éperon est modérément large (environ un tiers de la pièce), assez peu saillant et à angles arrondis, il est placé près de l'angle basi-scutal. La partie scutale et la partie carénale du bord basal sont, à peu près, en ligne droite.

La base est d'une épaisseur inaccoutumée. Elle présente des rayons partant du centre et allant rejoindre les côtes, qui montrent une tendance à la formation de canaux rayonnants comme chez certaines Balanes. Cette espèce se rapproche de *T. cœrulescens*.

Tableau synoptique des espèces du genre *TETRACLITA*, *Schumacher*.

GENRE TETRACLITA

Espèces.

Base membraneuse. — Test déprimé. Scuta plus larges que hauts, terga petits, avec l'éperon large, extrêmement court et arrondi.......... *T. purpurascens*, Wood.

Base calcaire.

  Parois avec une seule rangée de tubes. — Tubes larges avec des dissépiments de la paroi externe. Éperon des terga large.......... *T. rosea*, Krauss.

  Parois avec plusieurs rangées de tubes.

    Parois à côtes longitudinales peu nombreuses (une dizaine).

      Rayons larges; test déprimé. — Éperon des terga, court et arrondi. Terga avec l'éperon court et arrondi.......... *T. costata*, Darwin.

      Rayons très étroits ou nuls.

        Rayons très étroits, souvent absents. Muraille ou avec des côtes longitudinales non saillantes, ou stalactiformes. Crête de l'adducteur et crête articulaire du scutum ne se rejoignant pas.......... *T. porosa*, Gmelin.

        Rayons à peu près nuls ou absents. Muraille avec des côtes longitudinales très serrées et saillantes. Crête de l'adducteur et crête articulaire se rejoignant vers leur milieu et formant une cavité qui va jusqu'à l'apex de la pièce.......... *T. serrata*, Darwin.

    Parois à côtes longitudinales nombreuses.

      Rayons peu larges; base mince. — Éperon des terga, très saillant et arrondi. Crête de l'adducteur du scutum distincte de la crête articulaire et allant jusque près de l'apex.......... *T. vittata*, Darwin.

      Rayons très larges.

        Éperon des terga peu saillant. Crête de l'adducteur du scutum allant rejoindre, à sa base, la crête articulaire très développée.......... *T. cærulescens*, Spengler.

        Éperon des terga assez peu saillant. Crête articulaire du scutum très développée, ne rejoignant pas la crête de l'adducteur.......... *T. radiata*, de Blainville.

2. Genre *Elminius*. Leach, 1825.

Diagnose. — Muraille formée de quatre pièces : parois non poreuses. Base membraneuse.

Distribution. — Mers tempérées de l'hémisphère austral.

Généralités. — Le test est conique avec une forte tendance à devenir cylindrique ; l'orifice est généralement large. Les parois peuvent être ou minces et lisses, ou épaisses avec des côtes longitudinales ou de simples plis. La couleur varie du pourpre pâle au gris, au blanc et même au jaune orangé. Les rayons peuvent être larges, avec leurs sommets obliques et arrondis ou étroits, souvent même très étroits. Les pièces operculaires, de forme normale, sont très variables par le détail, d'une espèce à l'autre. La muraille est toujours formée de quatre pièces dont les deux latérales sont toujours larges ; elle n'est jamais poreuse. La base est membraneuse dans toutes les espèces, parfois extrêmement mince.

Les pièces buccales ne présentent rien de remarquable. Les branchies sont plus ou moins développées, plissées ou non.

Les espèces sont plus spécialement localisées dans la Nouvelle-Zélande.

Ce genre se rapproche beaucoup du précédent, mais s'en distingue aisément par la base toujours membraneuse et les parois jamais poreuses.

Le nombre des espèces connues et actuellement vivantes est de six.

1. *Elminius Kingi*. J. E. Gray.

SYNONYMIE. — *Elminius Leachii*, King et Broderip, 1832-1834 ; id., G. B. Sowerby.

Diagnose. — Test lisse, gris ou d'un blanc sale ; rayons larges à bords lisses. — Scuta sans arête pour l'adducteur. — Terga avec l'éperon séparé de l'angle basi-scutal. — Scutum et tergum d'un même côté parfois soudés ensemble (fig. 317 et 319).

Dimensions. — Diamètre maximum de base : 18 à 20^{mm}.

Distribution. — Cap Horn, Terre de Feu, Pontas-Arenas, baie Orange, îles Falkland, Chili. Fixé sur les rochers littoraux ou sur les coquilles et objets flottants.

Observations. — Le test est fragile, lisse, conique ou sub-cylindrique, blanc, avec des parties couvertes d'une cuticule brun pâle. Orifice large rhomboïdal. Les rayons sont larges, lisses, avec leurs sommets obliques ; les ailes ont leurs sommets beaucoup moins obliques que ceux des rayons.

Les scuta sont remarquables par l'absence d'arête pour l'adducteur et de crêtes pour le muscle dépresseur rostral ; l'arête articulaire est saillante, mais courte, ne dépassant pas la moitié de la hauteur de la pièce ; le scutum est parfois (spécimen des îles Falkland) soudé avec le tergum correspondant.

Les terga sont plutôt petits ; le bord basal, du côté carénal de l'éperon, est toujours échancré, mais à un degré variable ; les crêtes pour le muscle dépresseur sont bien développées ; l'éperon est plutôt étroit, arrondi ou pointu à son extrémité inférieure, il est placé à une distance de l'angle basi-scutal au moins égale à la moitié de sa propre largeur.

Fig. 317. — Elmi-   Fig. 318. — Elminius Kingi.   nius plicatus.

Le labre a une encoche profonde avec cinq petites dents de chaque côté ; les mandibules ont quatre ou cinq dents ; les mâchoires portent une encoche.

2. *Elminius sinuatus*. Hutton, 1878.

Diagnose. — Test conique ou déprimé, lisse. Parois de chaque pièce avec deux larges plis arrondis et de faibles striations transversales ; de couleur blanche. Sutures toujours distinctes. Scuta avec le bord occluseur lisse ; arête pour l'adducteur non distincte ; bord basal plus long que le bord tergal. Terga avec un éperon long, confluent avec l'angle basi-scutal. Crêtes pour le muscle dépressseur saillantes et arrondies.

Observations. — Dans cette espèce, les pièces operculaires sont presque identiques à celles de *E. modestus* (n° 3) ; mais les pièces de la muraille sont très différentes et d'un caractère si constant que l'auteur a cru devoir établir une nouvelle espèce dont la figure n'a pas été publiée, pas plus que celle de *E. rugosus*, du même auteur.

3. *Elminius modestus*. Darwin, 1853.

Diagnose. — Test plissé longitudinalement, de couleur verdâtre ou blanc; rayons de largeur moyenne, avec leurs bords lisses; scuta sans arête pour l'adducteur; terga étroits, avec l'éperon non saillant confondu avec l'angle basi-scutal. Forte échancrure du bord basal en arrière de l'éperon (fig. 320).

Dimensions. – Diamètre maximum de base : 10^mm.

Distribution. — Nouvelle-Galles du Sud, terre de Van Diémen ; Nouvelle-Zélande, Australie méridionale. Très commun, fixé sur les rochers littoraux et les coquilles; souvent associé à *Bal. trigonus* et à *Bal. vestitus*.

Observations. — Test conique, parfois fortement, rarement déprimé, avec les parois plus ou moins plissées. Taille généralement petite.

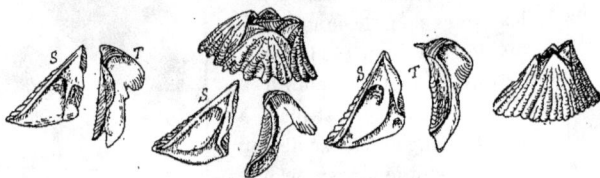

Fig. 319.   Fig. 320.   Fig. 321.   Fig. 322.

Les scuta sont dépourvus d'arête pour l'adducteur et de crêtes véritables; le sillon articulaire est plutôt large. Les terga sont étroits et petits. L'éperon n'existe pour ainsi dire pas, étant confondu avec l'angle basi-scutal, il est très arrondi et non saillant; en arrière de lui, le bord basal est échancré plus ou moins profondément.

Le labre ne porte que trois dents de chaque côté de l'encoche centrale.

4. *Elminius plicatus*. J. E. Gray, 1843.

Diagnose. — Test profondément plissé longitudinalement, surtout dans sa partie inférieure; parois de couleur orangé; rayons très étroits, avec leurs bords sinueux et légèrement denticulés, scuta avec une arête pour l'adducteur (fig. 318 et 321).

Dimensions. — Diamètre moyen de base : 15 à 20^mm.

Distribution. — Nouvelle-Zélande, Nouvelle-Galles du Sud. Fixé aux rochers littoraux, souvent associé à *Chamæsipho columna*.

Observations. — Le test est tubulo-conique ou conique, très rarement déprimé; il présente des plis profonds, mais peu nombreux, dans sa partie inférieure, tandis qu'il est corrodé et lisse dans sa moitié supérieure. Les rayons sont très étroits et les sutures parfois oblitérées. Une arête pour l'adducteur des scuta, saillante, court le long de l'arête articulaire assez peu développée, à partir d'un peu au-dessus du milieu du bord basal. L'éperon des terga est presque confluent avec l'angle basi-scutal, mais il en est, cependant, légèrement séparé par un bord étroit et arrondi; l'apex est, le plus souvent, en forme de bec.

Le labre porte une encoche large et peu profonde; les mandibules ont quatre ou cinq dents.

5. *Elminius rugosus*. Hutton, 1878.

Diagnose. — Test rugueux, profondément plissé, conique, blanc sale ou gris; côtes des parois souvent confluentes. — Sutures distinctes seulement chez les formes jeunes. — Scuta avec une arête pour l'adducteur saillante; sillon articulaire profond et fortement creusé; bord basal plus large que le bord tergal. — Terga épais, forts; arête articulaire droite; bords carénal et basal confluents; éperon court et large.

Distribution. — Nouvelle-Zélande : le Bluff, sur les rochers.

Observations. — Cette espèce n'est pas commune. Elle se distingue de tous les spécimens de *E. plicatus* par son arête articulaire qui est droite.

6. *Elminius simplex*. Darwin, 1853.

Diagnose. — Test non rugueux, d'un blanc sale, avec des côtes longitudinales peu saillantes; rayons extrêmement étroits, à bords lisses; scuta avec une arête pour le muscle adducteur (fig. 322).

Dimensions. — Diamètre maximum de base : 15 à 17^{mm}.

Distribution. — Nouvelle-Galles du Sud ; Sydney, Twofold-Baie, terre de Van Diémen, sur les rochers littoraux, souvent associé à : *Bal. nigrescens*, *Tetr. purpurascens*, *Catophragmus polymerus*, etc.

Observations. — Le test est d'un aspect régulièrement conique, avec la surface non corrodée et des côtes longitudinales en petit nombre et peu saillantes; l'orifice est plutôt petit et pentagonal; les rayons sont extrêmement étroits ou réduits à une simple ligne, avec leurs bords suturaux lisses; les sutures sont toujours très distinctes et, dans la partie supérieure, les ailes sont plutôt largement apparentes. Les pièces operculaires sont semblables à celles de *E. plicatus*; les scuta semblent, cependant, un peu plus allongés et le sillon articulaire n'est pas aussi profond.

Les parois ne sont pas aussi épaisses.

Cette espèce a de nombreux caractères communs avec *E. plicatus* ; on pourrait presque dire qu'elle en est la forme australienne.

Tableau synoptique des espèces du genre ELMINIUS, Leach.

			ESPÈCES.
GENRE ELMINIUS.	Scuta sans arête pour l'adducteur.	Éperon du tergum saillant, séparé de l'angle basi-scutal.	Test lisse ou à côtes longitudinales très peu accentuées............ *E. Kingi*, J. E. Gray.
		Éperon du tergum non saillant, confluent avec l'angle basi-scutal.	Test lisse avec deux larges plis arrondis sur chaque pièce et striations transversales peu accentuées .... *E. sinuatus*, Hutton.
			Test à côtes longitudinales saillantes, au nombre de plus de deux sur chaque pièce...... *E. modestus*, Darwin.
	Scuta avec arête pour l'adducteur. Rayons très étroits ou nuls.		Test plissé dans sa moitié inférieure, à peu près lisse dans sa moitié supérieure. Bords des rayons sinueux ou faiblement denticulés. Éperon du tergum saillant, mais d'une façon variable. Arête articulaire des terga courbe............. *E. plicatus*, J. E. Gray.
			Test extrêmement plissé dans toute sa hauteur, très rugueux. Éperon court et large. Arête articulaire des terga droite. *E. rugosus*, Hutton.
			Test non rugueux avec des plis peu profonds dans toute sa hauteur. Bords des rayons lisses. Éperon plutôt long et étroit .... *E. simplex*, Darwin.

3. Genre *Creusia*. Leach, 1817.

Diagnose. — Muraille formée de quatre pièces ; rayons présents. Base en forme de coupe. Enfoncé dans les madrépores.

Généralités. — Ce genre se rapproche beaucoup du genre *Pyrgoma*, mais il s'en distingue, cependant, par deux caractères nets : la présence de rayons bien développés et le fait que l'on aperçoit très nettement les sutures unissant les quatre pièces, sutures qui disparaissent complètement chez les *Pyrgoma*.

Divers auteurs ont décrit sous le nom de *Creusia* des formes qui ont toutes été ramenées par Darwin à une seule espèce, avec onze variétés différentes, à cause de la ressemblance frappante qu'il a retrouvée dans les caractères principaux de ces formes diverses.

Creusia spinulosa. Leach, 1824.

Diagnose. — Caractères du genre.

Dimensions. — Diamètre transversal maximum : 13^{mm}.
— moyen : 7 à 10^{mm}.

Distribution. — Archipel des Philippines; mers de Chine; Singapoure; Java; mer Rouge; Amérique. Enfoncés dans diverses espèces de Coralliaires.

Observations. — Le test est ovale, généralement aplati, quelquefois conique, avec des côtes nombreuses, étroites, s'irradiant du sommet des pièces vers la base. Les côtes sont parfois, cependant, séparées les unes des autres, fortement saillantes et se projetant en dehors, tout autour de la base. L'orifice est petit, tantôt rhomboïdal, tantôt ovale. Les quatre pièces sont tout à fait distinctes, avec des rayons généralement blancs, de largeur plus ou moins considérable, et leurs sommets non obliques. La couleur varie du blanc au rose et au pourpre rose pâle. Les parois sont cannelées intérieurement, avec des côtes ordinairement saillantes. La base est très allongée, en forme de coupe profonde; elle est mince, avec des sillons radiaires plus ou moins profonds et n'est pas percée de pores.

Variétés avec le tergum et le scutum non soudés.

Var. 1. — Hab. : Java. Scuta de forme sub-triangulaire avec l'arête pour l'adducteur saillante et s'étendant au-dessus de l'arête articulaire et parallèlement à elle. Terga avec l'éperon d'une largeur égale à la moitié de celle de la plaque; extrémité inférieure tronquée, presque parallèle au bord basal. Test épais, muraille généralement non percée de pores; orifice rhomboïdal (fig. 323, A et I).

Var. 2. — Hab. : mers de Chine; mer Rouge. Test presque toujours percé de pores, parfois en deux ou trois rangées irrégulières. Terga souvent excessivement étroits, avec un long éperon pointu, parfois terminé en pointu aiguë (fig. 323, II).

Var. 3. — *C. gregaria*, Sowerby. Hab. : inconnu. Scutum comme

.var. 2, tergum large, comme var. 1, mais l'éperon arrondi et situé à une petite distance de l'angle basi-scutal (fig. 323, III).

Var. 4. — Hab. : Archipel des Philippines ; Amérique. Test brillant, avec de nombreuses côtes rapprochées. Scutum comme var. 3. Tergum avec le sillon longitudinal, qui, dans les premières variétés, est tout à fait ouvert, présente ici des bords plus ou moins repliés en dedans, jusqu'à se rencontrer parfois.

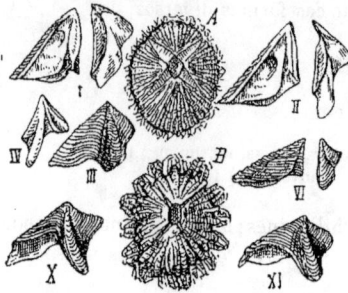

Fig. 323.

L'éperon est plus ou moins large, et, par conséquent, à une distance variable de l'angle basi-scutal ; sa longueur varie considérablement (fig. 323, IV).

Var. 5. — Hab. : inconnu. Scutum extraordinairement étroit ; pas de petite dent près de l'angle rostral. Tergum très variable. Test non poreux, épais, avec de fortes côtes internes, de couleur pourpre pâle.

Var. 6. — Hab. : Archipel des Philippines. Dans cette variété le scutum se présente sous trois formes différentes : 1° allongé transversalement avec une arête pour l'adducteur saillante ; 2° même forme, mais avec l'arête pour l'adducteur si développée qu'elle descend un peu au-dessous du bord basal ; enfin 3° même forme, mais avec l'arête pour l'adducteur si extraordinairement développée qu'elle dépasse de beaucoup le bord basal. Test non poreux, mince ; toujours de petite taille (fig. 323, VI).

Var. 7. — Hab. : Archipel des Philippines. Le scutum n'est pas aussi allongé que dans la var. 6, avec une arête pour l'adducteur intermédiaire entre la seconde et la troisième forme ; dent près de l'angle rostral beaucoup plus développée.

Var. 8. — Hab. inconnu. Test fortement conique avec des côtes séparées et saillantes ; rayons étroits, parois non percées de pores, couleur pourpre pâle. Scutum comme var. 1, dent rostrale presque aussi large que dans var. 7, tergum comme var. 2.

Variétés avec le tergum et le scutum soudés.

Var. 9. — *Bal. spinulosa*, Leach ; hab. inconnu. Impossible à distinguer, par la plupart des caractères, des var. 1, 3 et 4, mais un fait très frappant c'est que le tergum et le scutum du même côté sont tellement soudés ensemble qu'il faut un examen très attentif pour distinguer la trace de soudure ; sans cela, le tergum et le scutum sont identiques à ceux de la var. 3.

Var. 10. — Hab. inconnu. Cette variété présente avec la var. 6, les mêmes affinités que la précédente avec la var. 3, mais le test est plutôt plus épais et les côtes pas aussi saillantes ; à part sa teinte pourpre pâle douteux, elle ne diffère par aucun caractère de la var. 1. Le scutum n'est cependant pas tout à fait aussi allongé que dans la var. 6 et le bord occluseur est épineux et garni de dents larges (fig. 323, X).

Var. 11. — *C. grandis*, Chenu. Hab. Singapoure, associé à *Pyrgoma monticulariæ*. Cette espèce est très rapprochée de la précédente.

Le test est d'un rose plus brillant que dans aucune autre variété ; la surface présente des côtes espacées, très saillantes et des rayons étroits. La muraille est percée de plusieurs rangées de pores comme dans la var. 2 et quelques spécimens des var. 3 et 4. Les pièces operculaires ressemblent à celles de la var. 10 ; cependant, la dent près de l'angle rostral n'est pas aussi saillante ; l'éperon du tergum est tronqué, plus court et plus large que dans la var. 10, il ressemble à celui des var. 1 et 2 (fig. 323, B et XI).

Chenu, Gray et Sowerby ont décrit un certain nombre d'espèces qu'il est impossible de ranger dans ces différentes variétés, étant donné le manque de détails spécifiques que nous possédons sur elles.

4. Genre *Pyrgoma*. Leach, 1817.

Synonymie. — *Boscia*, de Férussac, 1822 ; *Savignium*, Leach, 1825 ; *Megatrema*, Leach, 1825 ; *Adna*, Leach, 1825 ; *Daracia*, J. E. Gray, 1825 ; *Creusia*, de Blainville, 1816-1830 ; *Nobia*, G. B. Sowerby junior, 1839.

Diagnose. — Muraille formée par une pièce unique, due à la soudure de quatre primitives ; sutures invisibles. Base en forme de coupe ou sub-cylindrique.

Distribution. — Enfoncé dans les coralliaires ou les madrépores du monde entier, particulièrement dans les mers tropicales.

Généralités. — Le test est formé par une pièce unique, généralement sans apparence de suture, même du côté interne. Cependant, chez *P. conjugatum* très jeune on trouve trace de deux sutures. Chez de très jeunes échantillons de *P. anglicum*, nous avons pu voir la trace, non pas de deux seulement, mais des quatre sutures primitives ; les pièces latérales paraissent un peu plus étroites que la carène et le rostre. Chaque pièce est formée de deux parties qui semblent seulement juxtaposées, une interne, mince, transparente, avec des stries d'accroissement parallèles à la base, et une externe, formée de côtes longitudinales larges, plus ou moins irrégulières et plus ou moins dichotomisées.

Le test est généralement très déprimé, même aplati, rarement conique (*P. anglicum*). Il est, le plus souvent, ovale, parfois de contours très irréguliers (*P. monticulariæ*). La surface présente généralement des côtes plus ou moins saillantes, rayonnant de l'orifice vers la base. La couleur est blanche ou d'un pourpre rosé. La plupart des espèces sont petites, mais quelques échantillons de *P. grande* peuvent atteindre un diamètre de 18 millimètres et une hauteur de 25 millimètres.

Dans trois espèces : *P. conjugatum*, *P. grande* et *P. monticulariæ*, les terga et scuta sont unis entre eux, si parfaitement, qu'on ne peut trouver aucune trace de leur soudure ; chez *P. milleporæ*, on retrouve la trace de soudure. Les scuta et les terga diffèrent, du reste, beaucoup d'une espèce à l'autre.

Les parois de la muraille sont, généralement, épaisses. La base est partout en forme de coupe ou sub-cylindrique. Elle s'enfonce parfois dans les madrépores assez profondément (*P. grande*); d'autres fois, elle est plus ou moins superficielle (*P. anglicum*).

Le labre présente une encoche profonde avec, en général, trois dents de chaque côté, excepté chez *P. milleporæ* où il y en a six; les mandibules ont cinq dents, les deux inférieures étant petites. On trouve à la base du pénis et du côté dorsal, un petit éperon.

Ce genre qui se rapproche beaucoup du précédent, est formé actuellement par neuf espèces vivantes, qu'il est assez facile de distinguer les unes des autres.

1.*Pyrgoma anglicum*. G. B. Sowerby, 1823.

Synonymie. — *Pyrgoma anglica*, G. B. Sowerby, 1823 ; *Megatrema (Adna) anglica*, J. E. Gray, 1825 ; *Pyrgoma sulcatum*, Philippi, 1836 ; *P. anglica*, Brown, 1844.

Diagnose. — Test fortement conique, rouge pourpre ; orifice ovale, étroit ; base percée de pores, généralement en partie saillante au-dessus du support. Scuta et terga sub-triangulaires (fig. 324).

Dimensions. — Diamètre maximum : 5^{mm}.

Distribution. — Côtes françaises et anglaises de la Manche, Irlande, Madère, îles du Cap Vert, Méditerranée; fixé sur les Caryophyllies ou les Dendrophyllies (*D. cornigera* ; *Cœnocyathus anthophyllites*, etc.)

Observations. — La base n'est pas toujours fortement conique, elle est quelquefois plate. Généralement, en partie saillante au-dessus du support, elle se trouve quelquefois, cependant, entièrement enfoncée ; cette base présente, extérieurement, des côtes longitudinales correspondant à celles de la muraille.

Les pièces operculaires ne présentent rien de particulier ; leur forme est celle d'un triangle presque équilatéral ; le bord occluseur des scuta est cependant un peu plus long que les autres côtés ; les arêtes articulaire et de l'adducteur sont distinctes l'une de l'autre et assez peu saillantes. L'éperon des terga est modérément long, étroit et placé près de l'angle basi-scutal, mais non confluent avec lui.

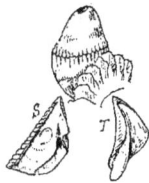 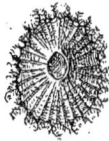

Fig. 324.   Fig. 325.

2. **Pyrgoma Stockesi.** J. E. Gray, 1825.

SYNONYME. — *Megatrema Stockesi,* J. E. Gray, 1825.

Diagnose. — Test modérément conique, rouge pourpre pâle ; orifice ovale, base non percée de pores et profondément enfoncée dans son support ; scuta et terga sub-triangulaires (fig. 325).

Dimensions. — Diamètre moyen : 5ᵐᵐ,5.

Distribution. — Amérique. Enfoncé dans des madrépores [*Mycedia (Agaricia) agaricites*].

Observations. — Cette espèce est très voisine de la précédente, mais s'en distingue par plusieurs caractères : le test est beaucoup plus déprimé, avec l'orifice ovale et plus large, de couleur plus pâle avec des côtes, peut-être, moins saillantes ; la base est profondément enfoncée dans son support et ne présente aucune espèce de perforations. La taille est, en général, plus considérable.

3. **Pyrgoma cancellatum.** Leach, 1824.

SYNONYME. — *Pyrgoma cancellata,* Leach, 1824 ; *P. lobata,* J. E. Gray, 1825 ; *Creusia rayonnante,* de Blainville.

Diagnose. — Test avec le contour généralement très lobé ; scuta allongés verticalement avec la crête pour l'adducteur dépassant de beaucoup le bord basal et formant vers le bord rostral une pointe carrée ; terga avec l'éperon quatre fois aussi long que la partie supérieure de la plaque et allongé horizontalement (fig. 326).

Dimensions. — Diamètre maximum : 10ᵐᵐ.

Distribution. — Enfoncé dans un *Gemmipora*, probablement américain.

Observations. — Le test est presque plat, de couleur parfois pourpre sale, avec des côtes rayonnantes, larges, peu saillantes, rapprochées et faisant une forte saillie (quand le test n'est pas trop enfoncé dans le madrépore) sur son pourtour inférieur, de façon à lui donner une apparence lobée. L'orifice, ovale, est plutôt petit. Les parois sont épaisses et présentent des pores près de leur surface externe ; elles sont lisses intérieurement. La base, en forme de coupe, est plissée intérieurement.

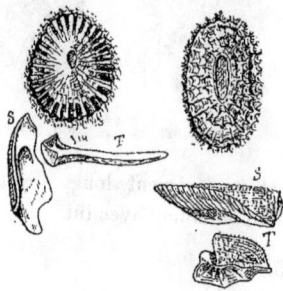

Les pièces operculaires, non soudées ensemble, sont très allongées, les scuta dans le sens vertical, les terga dans le sens horizontal. Les terga, surtout, son caractéristiques, car ils sont formés par une sorte de petit pentagone dont un des côtés s'allonge d'environ quatre fois la largeur de la partie pentagonale, pour former l'éperon. Extérieurement, il y a un sillon longitudinal étroit ; l'éperon est central et terminé en pointe mousse.

Fig. 326.   Fig. 327.

4. *Pyrgoma crenatum.* G. B. Sowerby, 1823.

Diagnose. — Test aplati, ovale, blanc, avec les côtes radiaires modérément larges et largement séparées. — Orifice ovale, modérément large, mais allongé. — Scuta plus de trois fois aussi larges que hauts avec l'arête pour l'adducteur descendant au-dessous du bord basal réfléchi. — Terga avec un éperon large et déprimé (fig. 327).

Dimensions. — Diamètre maximum : 7mm,5.

Distribution. — Archipel des Philippines ; Singapoure. Quelquefois associé à *Creusia spinulosa*.

Observations. — Le test, blanc, parfois rose pâle, est solide ou percé de pores imparfaits près de la surface externe ; la gaine descend presque jusqu'à la base.

Les scuta sont très curieux par leur allongement considérable et le grand développement du bord occluseur ; le bord basal est courbe et fortement réfléchi. L'arête pour l'adducteur, avec un bord sinueux, va depuis près de l'apex jusque près de l'angle rostral ; elle descend au-dessous du bord basal d'une quantité égale, environ, à la hauteur de la pièce. Les terga sont, eux aussi, d'une forme très irrégulière, avec la surface interne de l'éperon arrondie et convexe. Le bord occluseur des deux plaques porte quelques épines.

Cette espèce est très voisine, par son test, de *P. dentatum*.

5. *Pyrgoma dentatum*. Darwin, 1853.

Diagnose. — Test semblable à celui de *P. crenatum*, presque plat, ovale, blanc ou rose avec des arêtes radiaires saillantes, plutôt séparées. Orifice modérément large. — Scuta au moins trois fois aussi larges que hauts avec une saillie articulaire en forme de dent; terga convexes, irrégu-

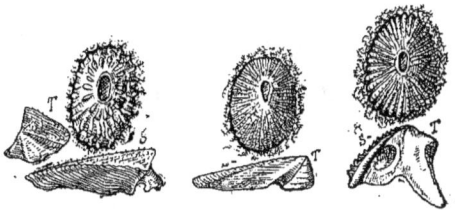

Fig. 328.   Fig. 329.   Fig. 330.

lièrement triangulaires, avec, quelquefois, un éperon imparfait et, sur la face interne, une dent saillante en dedans (fig. 328).

Var. 1. Terga avec une dent interne pointue, saillante à angle droit vers l'intérieur.

Var. 2. Terga avec une dent interne large, mousse, dépassant inférieurement la portion, en forme d'éperon, de la plaque.

Var. 3. Terga avec l'angle basi-carénal tronqué et une petite dent interne, mousse, faisant saillie à angle droit du côté interne.

Dimensions. — Diamètre maximum : 7ᵐᵐ,5.

Distribution. — Mer Rouge, associé à *Pyrgoma crenatum*, fixé sur *Meandrina spongiosa*, provenant, probablement, d'Amérique.

Observations. — Les scuta sont allongés de façon variable de deux à quatre fois leur hauteur environ. Le rebord occluseur est bien développé; le bord basal, légèrement sinueux et un peu échancré près de l'angle basi-tergal.

L'arête pour l'adducteur est épaisse et légèrement saillante, mais ne descend pas au-dessous du bord basal; l'arête articulaire est très caractéristique, car elle fait, du côté tergal, une forte saillie, ayant l'aspect de dent arrondie, mais de forme assez variable. La ligne de jonction entre le scutum et le tergum correspondant est droite et presque à angle droit avec l'axe longitudinal.

Les terga présentent de grandes variations; souvent presque équilatéraux, mais, parfois, avec le bord scutal plus court que les deux autres; ces bords sont plus ou moins arrondis et échancrés; les caractères des terga ont motivé la séparation de cette espèce en trois variétés.

6. *Pyrgoma milleporæ*. Darwin, 1853.

Diagnose. — Test ovale, aplati, pourpre pâle ou blanc, avec des côtes radiaires étroites et peu accentuées; orifice ovale allongé, petit et étroit, placé plus du côté carénal que du côté rostral; scuta environ trois fois aussi larges que hauts; terga triangulaires, convexes, sans éperon (fig. 329).

Dimensions. — Diamètre antéro-post. max. : 7^mm,5.

Distribution. — Archipel des Philippines (île Mindoro). Enfoncé dans des millepores (*M. complanata*); quelquefois associé à *Bal. ajax*.

Observations. — Les parois sont épaisses et formées de larges tubes carrés. La surface interne est lisse; la gaine est très allongée et va, du côté carénal et du côté rostral, jusqu'à la base; un peu moins bas sur les parties latérales. La coupe basale est profonde et presque lisse intérieurement. Les scuta et les terga sont intimement unis et souvent, probablement toujours, calcifiés ensemble à un degré variable, de sorte qu'on les brise souvent, plutôt qu'on ne les sépare suivant leur ligne d'articulation. La ligne de suture, toujours distincte, est oblique par rapport à l'axe longitudinal des pièces, qui, réunies, sont presque aussi longues que le diamètre antéro-postérieur de la gaine, c'est-à-dire beaucoup plus que l'orifice du test.

Les scuta sont, au moins, quatre fois aussi larges que hauts. La crête de l'adducteur est représentée par une légère arête, parallèle au bord basal, très rapprochée de lui et commençant à l'angle basi-tergal. L'arête articulaire est extrêmement saillante et de forme plus ou moins régulièrement triangulaire. Les terga sont plutôt petits, triangulaires et très arqués; il n'y a pas trace d'éperon; l'arête articulaire est centrale, intérieurement; il n'y a pas non plus de trace de crêtes pour le muscle dépresseur.

7. *Pyrgoma conjugatum*. Darwin, 1853.

Diagnose. — Test presque plat, avec des côtes radiaires, étroites et rapprochées; scutum et tergum calcifiés ensemble, sans trace de suture;

scutum avec l'arête pour l'adducteur descendant au-dessous du bord basal, et terminée en pointe du côté rostral. Tergum avec l'éperon à peu près aussi large que la partie supérieure de la plaque (fig. 330).

Dimensions. — Diamètre antéro-post. maximum : 10^{mm}.

Distribution. — Mer Rouge.

Observations. — Le test est blanc avec une teinte de pourpre ; l'orifice est ovale, plutôt étroit et très petit; les parois sont épaisses et non poreuses; la gaine s'étend jusqu'à la base du test et son bord inférieur est étroitement rattaché aux parois. La base est profondément enfoncée dans le support et présente des sillons internes ; la couche calcaire qui la forme est très mince.

On ne trouve pas trace de soudure entre le scutum et le tergum correspondant, mais, peut-être, un léger sillon en marquerait-il la place? Le tergum est allongé et dépasserait plutôt la longueur du scutum. On aperçoit à peine des traces de crêtes pour les muscles dépresseurs.

8. *Pyrgoma grande.* G.-B. Sowerby jun., 1839.

SYNONYMIE. — *Nobia grandis,* G. B. Sowerby, jun., 1839 ; *Creusia grandis,* Chenu.

Diagnose. — Test modérément convexe, presque lisse ; scutum et tergum calcifiés ensemble sans aucune trace de suture ; scutum muni d'un léger rebord occluseur, avec l'arête pour l'adducteur descendant au-dessous du bord basal; tergum carré, sans éperon (fig. 331).

Dimensions. — Diamètre antéro-post. max.: 18^{mm} ; hauteur max. : 75^{mm}.

Distribution. — Archipel Indien, Singapoure.

Observations. — Le test est conique, à un degré variable, parfois très déprimé. La surface est lisse ou présente seulement des traces de côtes rayonnantes et étroites; la couleur est blanche avec, parfois, une teinte de pourpre sombre. L'orifice est ovale et de largeur moyenne. Le test et une portion de la base font généralement saillie au-dessus et en dehors du support. Les parois sont d'épaisseur variable ; quand elles sont épaisses, elles présentent des tubes peu apparents ; quelquefois il y

Fig. 331.   Fig. 332.

a plus d'une rangée de pores. La gaine, étroitement attachée aux parois, descend jusque près de la base. Cette base est en forme de coupe profonde ou de cylindre et pénètre dans le support jusqu'à une profondeur parfois considérable.

Entre les terga et les scuta, on ne trouve même plus le léger sillon marquant parfois la trace de soudure chez *P. conjugatum*. La cavité pour le muscle adducteur des scuta est située presque sur les terga; les terga sont larges, presque carrés; le bord basal forme un angle droit avec le bord carénal; il n'existe pas d'éperon, le bord basal étant presque droit; il n'y a pas non plus de crêtes pour les muscles dépresseurs.

9. *Pyrgoma monticulariæ*. J. E. Gray, 1831.

Synonymie. — *Daracia monticulariæ*, J. E. Gray, 1831.

Diagnose. — Test de forme variable, avec un contour extérieur irrégulier; orifice très petit, circulaire; scutum et tergum allongés tous les deux, calcifiés ensemble sans trace de suture et tous deux munis d'un rebord occluseur large (fig. 332).

Dimensions. — Diamètre maximum : 10^{mm}.

Distribution. — Singapoure, sur *Monticularia*; parfois associé à *Creusia spinulosa*.

Observations. — Le test est d'un blanc sale, très irrégulier de contours, parfois en forme d'étoile; il est entièrement aplati mais avec la partie centrale ensellée. L'orifice est extrêmement petit; la surface externe est lisse, de même que la surface interne. La gaine ne descend que jusqu'à une petite distance de l'orifice; elle est étroitement attachée aux parois. Les scuta et terga sont allongés et étroits, avec un rebord occluseur couvert de poils très fins; l'arête pour l'adducteur descend très peu au-dessous du bord basal et s'étend presque sur la longueur entière. Les terga ne présentent pas d'éperon.

Le tableau ci-contre résume les principaux caractères des espèces du genre *Pyrgoma*.

Tableau synoptique des espèces du genre PYRGOMA, Leach.

ESPÈCES.

GENRE PYRGOMA.

Scuta et terga non soudés ensemble.

- Scuta et terga en forme de triangle à peu près équilatéral.
  - Test très peu ou non enfoncé dans son support. Orifice étroit, base percée de pores très fins............ *P. anglicum,* G. B. Sowerby.
  - Test très enfoncé dans son support. Orifice large, base non percée de pores.............. *P. Stockesi,* Darwin.
- Terga très allongés horizontalement.
  - Scuta environ trois fois aussi hauts que larges............ *P. cancellatum,* Leach.
- Terga à peu près équilatéraux. Scuta environ trois fois aussi larges que hauts.
  - Scuta sans dent articulaire saillante vers les terga............ *P. crenatum,* G. B. Sowerby.
  - Scuta avec dent articulaire très saillante vers les terga............ *P. dentatum,* Darwin.

Scuta et terga intimement unis, mais suture toujours distincte.

- Terga sans éperon, en forme de triangle à peu près équilatéral. Scuta environ quatre fois aussi larges que hauts. Orifice étroit, allongé............ *P. milepora,* Darwin.

Scuta et terga soudés sans trace de suture.

- Muraille à contour régulier.
  - Pièces scuto-tergales à peu près aussi hautes que larges.
    - Partie supérieure du test à arêtes radiaires saillantes. Terga à éperon saillant............ *P. conjugatum,* Darwin.
    - Partie supérieure du test à peu près lisse. Terga sans éperon............ *P. grande,* G. B. Sowerby jun.
- Muraille à contour irrégulier.
  - Pièces scuto-tergales environ quatre fois aussi larges que hautes. Muraille lisse. Orifice extrêmement petit............ *P. monticularia,* J.-E. Gray.

CHAPITRE VI

III. — ORDRE DES ACROTHORACIQUES
(ACROTHORACICA)

Définition. — Cirrhipèdes ayant le corps contenu dans un sac chitineux, généralement pourvu d'un disque servant à fixer le sac dans sa loge calcaire. Manteau tapissant complètement la paroi interne du sac, mais ne contenant aucun prolongement des organes internes. Appareil buccal normalement constitué. Première paire de cirrhes généralement bien développée, placée près de la bouche et largement séparée des autres paires au nombre de deux, trois ou quatre.

Appendices terminaux normalement présents.

Antennes non développées chez l'adulte.

Sexes séparés. Mâles nains fixés sur le disque du sac externe de la femelle ; en forme de petite outre, avec un pénis très développé ; réduits, en fait d'organes internes, à un testicule, une vésicule séminale et, normalement, un ganglion nerveux.

Distribution. — Les animaux qui composent cet ordre vivent dans des loges qu'ils se creusent soit dans l'épaisseur de coquilles de mollusques, soit dans les coraux.

Généralités. — L'ordre des ACROTHORACIQUES de (ἄκρος, extrémité, bout, pour indiquer que les appendices sont rejetés à l'extrémité postérieure du corps) que nous créons ici, répond à un besoin et contient les genres placés par les auteurs dans l'ordre des ABDOMINAUX, créé par Darwin, plus le genre *Alcippe* que cet auteur plaçait parmi les PÉDONCULÉS ou LÉPADIDÉS.

Depuis Darwin, les différents auteurs qui se sont, de près ou de loin, occupés des CIRRHIPÈDES ont conservé le genre *Alcippe* parmi les PÉDONCULÉS, sauf Gerstäcker, qui, frappé de la ressemblance que cette forme présente avec le genre *Cryptophialus*, les avait rapprochés. Il avait placé le genre *Alcippe* parmi les ABDOMINAUX de Darwin.

Il y a, dans ce fait, une contradiction absolue. Placer *Alcippe* parmi les ABDOMINAUX nous semble plus irrationnel encore que de faire entrer les ABDOMINAUX parmi les PÉDONCULÉS. Si nous comprenons très bien que l'on rapproche *Alcippe* de *Cryptophialus* et surtout de *Lithoglyptes*, il est inadmissible de conserver au nouveau groupe ainsi formé le nom de ABDOMINAUX.

Darwin est, du reste, le premier à reconnaître l'extrême ressemblance qui existe entre *Alcippe* et *Cryptophialus*; l'habitat, la forme générale du sac externe, la présence d'un disque sur ce sac, la séparation des sexes, le petit nombre des cirrhes, la présence de mâles nains identiques, etc., tout semble concorder, et cependant il a cru devoir les séparer, et pourquoi? Simplement à cause de la prétendue annulation du corps, de la présence chez *Alcippe* d'appendices terminaux qui manquent chez *Cryptophialus*, enfin de la forme larvaire (pupe) de ce dernier, tout à fait différente de celles des autres Cirrhipèdes par ce fait qu'elle ne présenterait pas d'appendices thoraciques, mais seulement des soies postérieures, placées sur un mamelon terminal qui aurait la valeur morphologique d'un anneau abdominal! Mais nous ne devons pas oublier qu'il n'est possible d'établir à peu près aucune différence anatomique entre le genre *Alcippe* et le genre *Lithoglyptes* ou même *Cryptophialus*. Dans un travail tout récent, Berndt (1) a en effet semblé montrer que les appendices terminaux signalés par Darwin chez *Alcippe*, ne sont, en réalité, que la sixième paire de cirrhes réduits à quatre articles. De plus, il a trouvé chez les formes jeunes six segments bien délimités: le premier très grand avec les cirrhes buccaux, le deuxième et le troisième plus petits, sans appendices, le quatrième porte une paire de cirrhes, ainsi que les cinquième et sixième segments. Les deuxième et troisième paires ont donc disparu. Quant aux quatrième, cinquième et sixième segments thoraciques, ils se fusionnent à l'état adulte. Si l'on admet, ce qui semble irréfutable, la présence de trois paires de cirrhes thoraciques à la partie postérieure du corps chez *Alcippe*, il faut aussi admettre la présence de cirrhes thoraciques à la même place chez *Cryptophialus*, *Lithoglyptes* et *Kochlorine*, d'où la justification du nouveau groupement que nous proposons ici.

Il serait curieux de suivre le développement de ces diverses formes et de voir si, chez *Lithoglyptes* et *Kochlorine*, les appendices terminaux ne seraient pas aussi de simples appendices thoraciques atrophiés, comme Berndt semble l'avoir démontré pour *Alcippe*; on sait aussi que chez *Cryptophialus*, ces appendices font complètement défaut.

De plus, la larve d'*Alcippe* présente, nettement caractérisées, six paires d'appendices thoraciques. Si tous ces appendices n'existent pas dans celle de *Cryptophialus*, cela tient uniquement à ce que le manteau de la larve n'étant que très peu ouvert postérieurement, les cirrhes ont dû se porter vers l'extrémité terminale et que seuls ceux qui pouvaient faire saillie au dehors ont subsisté. Les autres se sont atrophiés et ont, finalement, disparu.

La larve de *Lithoglyptes* serait bien intéressante à comparer à celle d'*Alcippe* !

A l'époque ou Darwin écrivait sa remarquable monographie, ces idées pouvaient encore se soutenir, mais aujourd'hui que l'on connaît bien deux nouveaux genres, *Kochlorine* et surtout *Lithoglyptes*, il n'est plus possible de raisonner ainsi.

Si l'on veut bien se reporter aux descriptions des différents genres qui suivent, on verra qu'il est impossible de séparer le genre *Lithoglyptes* du genre *Cryptophialus* ; or le genre, *Lithoglyptes* ressemble au genre *Alcippe*, beaucoup plus qu'il ne ressemble au genre *Kochlorine* que l'on n'hésite cependant pas à rapprocher de lui, donc logiquement, le genre *Alcippe* ne peut pas, ne doit pas être séparé du genre *Cryptophialus* et des genres voisins.

Darwin se basait aussi sur le nombre des segments séparant la première paire de cirrhes des suivantes ; il admettait la présence de sept segments thoraciques dépourvus d'appendices. Or, d'après les auteurs qui ont étudié les genres *Lithoglyptes*, *Kochlorine* et *Alcippe*, l'annulation de ces formes est absolument *indistincte* chez l'adulte et ne correspond pas à une segmentation véritable. Il est donc impossible de se baser sur cette annulation pour séparer les différentes régions du corps et nous avons vu en parlant des formes supérieures, des Pédonculés par exemple, combien est variable la distance qui sépare la première paire de pattes thoraciques ou cirrhes buccaux de la seconde ; nous savons aussi que, parfois, les cirrhes des premières paires s'atrophient considérablement ; il n'y a donc rien d'étonnant de voir, sous l'influence de l'habitat et par suite de nécessité physiologique, les derniers cirrhes se porter tout à fait à l'extrémité du corps et leur nombre se réduire par atrophie, puisque leur multiplicité deviendrait, dans ce cas spécial, plutôt une gêne qu'une utilité. La possibilité de la réduction plus ou moins grande du nombre des appendices thoraciques est un fait parfaitement admis par Darwin lui-même au sujet du genre *Alcippe*. Seuls les cirrhes de la première paire sont restés près de la bouche, car ils sont annexés, comme c'est la règle normale, aux organes masticateurs.

Le nom d'Abdominaux donné aux Cirrhipèdes de ce groupe n'a donc plus aucune raison d'être maintenu puisqu'il consacre une erreur, tous les cirrhes étant thoraciques, mais, pour des raisons biologiques, ils se sont portés tout à fait à l'extrémité postérieure du thorax d'où le nom d'ACROTHORACIQUES que nous avons proposé pour ce groupe nouveau. L'abdomen est donc simplement indiqué dans cet ordre, comme dans celui des THORACIQUES, par la présence des appendices terminaux s'ils existent réellement et ne sont pas de simples cirrhes atrophiés. Il en résulte qu'il n'y a pas entre ces deux ordres la séparation profonde que l'on supposait, mais que, au contraire, on passe avec la plus grande facilité des premiers aux seconds. Des PÉDONCULÉS, en particulier par les genres *Alepas* et *Lithotrya*, on arrive aux *Lithoglyptes* qui présentent cinq paires de cirrhes. La séparation des sexes et la présence de mâles nains rapproche aussi les ACROTHORACIQUES des genres *Scalpellum* et *Ibla*.

Les ACROTHORACIQUES ne sont donc autre chose que des CIRRHIPÈDES THORACIQUES modifiés par leur habitat tout spécial, habitat qui explique en même temps la présence des mâles nains. Étant donnée leur petite taille, il eût été impossible à la plupart de ces animaux de se féconder réciproquement vu la distance qui sépare les unes des autres les loges qui les renferment. Ils eussent donc été condamnés à se féconder eux-mêmes, ce qui est, comme on le sait, un moyen que se refuse à employer la nature, toutes les fois qu'elle peut faire autrement, d'où la présence de ces petits mâles, placés à proximité de l'orifice externe du sac de la femelle et uniquement destinés à la féconder.

Le nouveau groupe des ACROTHORACIQUES se composera donc des quatre genres : *Lithoglyptes*, *Cryptophialus*, *Alcippe*, et enfin *Kochlorine* qu'il y a lieu d'élever au rang de famille étant donnés leur constitution spéciale et le fait que nous commençons à peine à connaître ces animaux, certainement beaucoup plus nombreux en genres et en espèces qu'il ne pourrait le sembler actuellement. Ces quatre familles seront : les LITHOGLYPTIDÉS, les CRYPTOPHIALIDÉS, les ALCIPPIDÉS et enfin les KOCHLORINIDÉS. Chacune d'elles ayant les caractères du genre correspondant. Ce groupe comprendra ainsi l'ancien groupe des ABDOMINAUX plus la famille des ALCIPPIDÉS.

A. FAMILLE DES LITHOGLYPTIDÉS (*LITHOGLYPTIDÆ*)

Genre *Lithoglyptes*. C. W. Aurivillius, 1894.

Diagnose. — Sexes séparés. *Femelle* : Sac externe chitineux avec un disque ovale servant à le fixer dans sa loge calcaire. — Corps à annulation peu distincte. — Quatre paires de cirrhes biramés et multiarticulés et une paire de cirrhes buccaux également biramés et multiarticulés. — Appendices terminaux tri ou quadriarticulés. — Appareil buccal avec un labre peu développé, mandibules, mâchoires et lèvre inférieure. — OEsophage inerme. — Anus présent.

Mâles nains. — Petits, fixés sur le disque de la femelle, en forme de sac avec, seulement développés : le testicule, la vésicule séminale, le long pénis et deux ganglions nerveux.

Habitat. — Se creusent des cavités dans les coraux ou les coquilles de mollusques.

Généralités. — Les sexes sont séparés ; la femelle et le mâle sont très différents l'un de l'autre, ce dernier est un mâle nain fixé sur la femelle.

Femelle. — Dans ce genre, le manteau est partout uniforme, excepté sur une surface ovale, parfois entourée d'un bourrelet chitineux, sans muscles longitudinaux et transversaux, annexés. Ce disque est dans un plan à peu près vertical (l'animal étant placé dans sa position naturelle, c'est-à-dire l'orifice du manteau tourné vers le haut). (Fig. 334, *c*.)

Grâce à leur puissance de pénétration, les *Lithoglyptes* s'enfoncent dans les coquilles calcaires des mollusques ou dans les coraux, mais ils ne sont pas libres dans l'intérieur de leur loge. Si, en effet, on cherche à les en retirer, on éprouve une certaine résistance provenant de la surface de fixation du disque qui, décalcifié, montre un réseau de canaux cémentaires analogue à ce que l'on voit chez *Lithotrya*, de sorte que, physiologiquement, du moins, le disque de *Lithotrya* peut être comparé à celui de *Lithoglyptes*.

Ce disque ne sert pas seulement de point d'appui pour les mouvements musculaires de l'animal, mais aussi pour lui permettre de faire saillie au dehors et de prendre sa nourriture. De même que chez *Alcippe*, le goulot qui unit la loge interne à l'orifice externe s'allonge, à mesure que l'animal se rapproche davantage de sa taille définitive. On trouve dans tous les recoins de la loge, des débris calcaires, non disposés en couches, mais en petits fragments de taille variable, qui sont, probablement, les résidus obtenus par le creusement de la loge.

Les organes de protection et d'érosion sont des formations chitineuses uniquement d'origine palléale, plus développés vers l'orifice et représentés par de petites épines ayant de une à quatre pointes portées sur une tige faible.

Lorsque l'animal sort ses cirrhes, on voit que l'orifice par où ils passent n'atteint que la moitié de la longueur du manteau, tandis que la moitié ventrale est fermée par une fine membrane qui relie les opercules à une suture longitudinale, d'où part un muscle qui, s'insérant tout près du bord de l'orifice, sert à rapprocher les opercules, de même que le muscle adducteur des Cirrhipèdes thoraciques sert à rapprocher les scuta. Mais, comme ce muscle est fixé sur le disque par son extrémité distale, sa contraction fait, non seulement fermer les opercules, mais elle les fait aussi rentrer dans la loge, de façon à augmenter encore la protection des organes internes ; de sorte que ce muscle correspond, à la fois, physiologiquement, aux muscles *dépresseurs* et *adducteurs* des Cirrhipèdes thoraciques.

Les épines chitineuses qui se trouvent placées sur les bords externe et interne des opercules servent d'organes de protection et aussi, quand elles font saillie et frottent sur les bords de l'orifice, d'organes d'érosion pour en augmenter la largeur.

Le manteau contient trois sortes de muscles : des muscles transversaux et longitudinaux qui s'étendent vers le disque, puis des muscles longitudinaux, finement striés qui sont placés dans la direction du plus grand diamètre du corps et qui traversent directement la cavité ovarienne ; d'autres la traversent aussi, mais obliquement ; enfin un muscle qui commence au milieu de la membrane unissant les opercules et dont la moitié inférieure traverse, obliquement, la cavité ovarienne, pour aller se fixer sur l'opercule.

Le corps proprement dit a une forme globuleuse vers sa moitié antérieure, allongée et amincie dans sa moitié postérieure qui porte les cirrhes au nombre de quatre paires. Cette extrémité est repliée sur la première antérieurement, et présente quatre segments nets, tandis que le prosoma est marqué de trois replis cutanés incomplets qui semblent indiquer la présence de quatre autres segments (fig. 334, *d*).

Les cirrhes sont bien développés et formés par une partie basilaire à deux articles allongés, surmontée de deux rames multiarticulées et couvertes de nombreuses soies ; quand les cirrhes sont rentrés, ils sont profondément enfoncés dans la cavité. Il existe une paire d'appendices terminaux ? tri ou quadriarticulés et égalant presque la longueur de l'article basilaire du protopodite de la dernière paire de cirrhes. Sur le prosoma, ventralement, en face de la paire antérieure de cirrhes, on trouve deux paires de mamelons situées l'une un peu au-dessus de l'autre. Ces quatre tubercules, arrondis et coniques, ont toute leur surface garnie d'épines courtes, convexes en dehors et pectiniformes ; le rôle de ces formations ne nous paraît pas encore très nettement déterminé.

L'appareil buccal se trouve constitué, d'après Aurivillius, par : 1° une paire de palpes qui doivent représenter les palpes labiaux des autres Cirrhipèdes; 2° une paire de mandibules en forme de hache; 3° une paire de mâchoires antérieures rappelant celles des Lépadides ; 4° une paire de mâchoires postérieures, qui représentent simplement les palpes de la lèvre inférieure par leur forme et leur position, et enfin, 5° une paire de cirrhes buccaux, formés d'un protopodite à deux articles portant deux rames à cinq et six articles et qui représentent la première paire de cirrhes.

Le tube digestif est formé par un long œsophage, arqué vers son origine et présentant, à son intérieur, des plis longitudinaux. L'intestin moyen, d'abord large et globuleux pour former l'estomac, se rétrécit pour passer à l'intestin postérieur qui s'ouvre à l'extrémité du corps entre les deux cirrhes postérieurs.

Le système nerveux semble simplement constitué par un ganglion supra-œsophagien ovale situé du côté dorsal de l'œsophage, un peu en arrière de sa plus grande courbure et qui envoie, en avant, deux gros nerfs, qui, embrassant l'œsophage, se rencontrent en arrière et vont s'unir à un ganglion elliptique ventral situé au-dessous de l'estomac.

Les ovaires se trouvent dans l'espace limité, extérieurement, par le disque et formé par des replis du manteau. Cette région semble correspondre morphologiquement au pédoncule des Lépadides ou à la partie basale du manteau des Operculés. Ces organes sont formés par un tronc médian portant des branches latérales très ramifiées.

Les œufs se développent dans un espace clos de la partie dorsale du corps et il en sort des Nauplius qui deviennent libres.

Les organes d'érosion se rencontrent uniquement chez les femelles.

Mâles nains. — Les mâles nains sont, comme chez *Alcippe*, fixés dans le voisinage du disque de la femelle et sur le côté externe (fig. 334, *e*).

Les antennes sont placées à l'extrémité du corps opposée à celle qui porte le pénis. Les seuls organes internes appartiennent à la génération et au système nerveux. Le testicule, placé sur le plancher du sac, s'ouvre dans une vésicule séminale musculeuse, d'où part un canal déférent qui se termine dans le pénis presque aussi long que le corps lui-même. Les spermatozoïdes sont en forme de filaments. Le système nerveux semble formé d'un seul ganglion à côté duquel se trouve une glande de nature inconnue avec une couche périphérique granuleuse et, au milieu, un contenu jaunâtre comme celui que l'on rencontre en haut et en arrière de l'œil composé, dans la cypris du mâle nain d'*Alcippe*.

Aurivillius a décrit trois espèces de *Lithoglyptes*.

1. *Lithoglyptes indicus.* C. W. Aurivillius, 1894.

Diagnose. — *Femelle* : Manteau en forme de poche arrondie avec l'orifice égalant la largeur maxima du sac et en forme de fente à bords droits. Sommet du sac aplati, le bord de l'orifice étant séparé du reste du sac par un rétrécissement annulaire. Corps avec onze ou douze articles. Appendices terminaux? à trois articles, le segment basal étant deux fois aussi épais que le segment extrême et ne mesurant au total que un tiers du protopodite de la dernière paire de cirrhes.

Couleur blanchâtre avec le bord de l'orifice et les parties voisines du manteau, de couleur bleu indigo (fig. 334).

Mâle nain : Fixé sur le man- teau de la femelle, de forme allongée, ovale, pourvu seu-

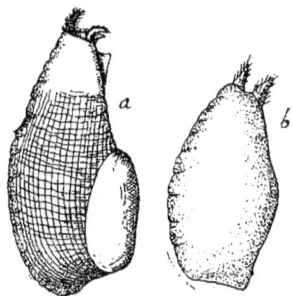

Fig. 333. — *a*, *Lithoglyptes ampulla ;* *b*, *Lithoglyptes bicornis*, d'après Auri- villius.

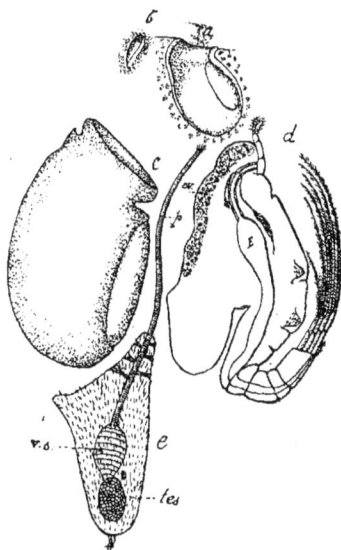

Fig. 334. — *Lithoglyptes indicus.* — *a*, cavité creusée dans la coquille de l'hôte ; *b*, orifice externe de cette cavité ; *c*, manteau de l'animal ; *d*, l'animal extrait du manteau ; *ov*, ovaire ; E, estomac ; *e*, mâle nain ; *tes*, testicule ; *v. s*, vésicule séminale ; *p*, pénis, d'après Aurivillius.

lement d'organes de génération et des sens. Pas de canal intestinal.

Dimensions. — Longueur totale : $0^{mm},5$.

Distribution. — Mers de Java et Océan Indien. Enfoncé dans les coraux et les coquilles de mollusques.

2. *Lithoglyptes bicornis.* C. W. Aurivillius, 1894.

Diagnose. — *Femelle* : Manteau en forme de poche, avec l'orifice égalant seulement un tiers de la largeur maxima du sac : en forme de fente un peu courbe avec deux paires de saillies chitineuses garnies de soies. Appendices terminaux? avec trois articles, égalant presque la longueur du protopodite de la dernière paire de cirrhes (fig. 333, *b*).

Au-dessous de l'orifice, on trouve une bande de couleur violet foncé, tout le reste du corps est de couleur blanchâtre.

Dimensions. — Longueur du corps : 2^{mm},5 ; largeur maxima : 1^{mm},5.

Distribution. — Mers de Java ; enfoncé dans les coraux.

3. *Lithoglyptes ampulla.* C. W. Aurivillius, 1894.

Diagnose. — *Femelle* : Manteau avec l'ouverture faiblement courbe, égalant seulement le quart de largeur maxima du sac, ayant d'un côté deux petits crochets et de l'autre deux cornes articulées, comme des antennes. — Appendices terminaux? à quatre articles, égalant seulement la moitié de la longueur du protopodite de la dernière paire de cirrhes (fig. 333, *a*).

Couleur blanchâtre.

Dimensions. — Longueur du corps : 4^{mm},5 ; largeur maxima : 2^{mm},5.

Distribution. — Mers de Java ; enfoncé dans les coraux.

B. FAMILLE DES CRYPTOPHIALIDÉS (*CRYPTOPHIALIDÆ*).

Genre *Cryptophialus.* Darwin, 1853.

Diagnose. — Sexes séparés. *Femelle* : Sac externe chitineux, présentant un disque ovale fixant le sac à sa loge calcaire. Corps segmenté. Trois paires de cirrhes biramés et multiarticulés et une paire de cirrhes buccaux atrophiés et inarticulés. — Pas d'appendices terminaux. Appareil buccal formé par : un labre extrêmement saillant et en forme de lancette, deux mandibules, deux mâchoires et une lèvre inférieure. Appendices ovigères dorsaux sur les troisième et quatrième segments. Œsophage armé de dents chitineuses et de soies internes. Anus présent (fig. 335).

Pupe avec trois paires de soies postérieures. Pas de pattes natatoires.

Mâles nains. — Très petits (325 μ), fixés sur le disque de la femelle, avec pénis énorme (1^{mm},25) sans autres organes qu'un testicule, une vésicule séminale et le pénis.

Le genre *Cryptophialus* contient deux espèces :

Cryptophialus minutus. Darwin, 1853, et *C. Striatus*, Berndt, 1903 (1).

1. *Cryptophialus minutus.* Darwin, 1853.

Diagnose. — La diagnose est celle du genre.

    Dimensions. — Longueur totale du corps, environ : $2^{mm},5$.

Distribution. — Enfoncé dans des coquilles de *Concholepas peruviana.* Archipel Chonos, sud du Chili.

Description. — *Femelle* : Ce très petit Cirrhipède est contenu dans

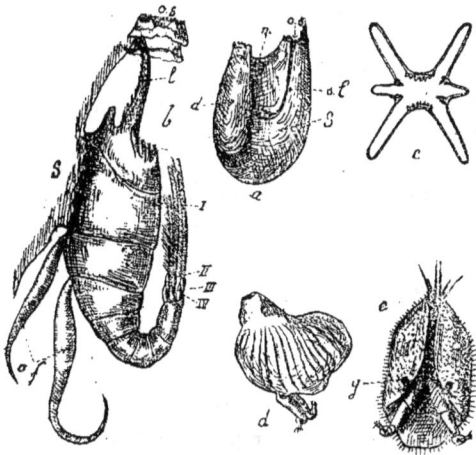

Fig. 335. — *Cryptophialus minutus.* — *a*, vue d'ensemble de l'animal dans son sac ; S, sac ; *s. l*, saillie latérale ; *d*, disque ; *o. s*, orifice du sac ; *m*, mâle ; *b*, l'animal extrait du sac S ; *l*, labre ; *o. s*, orifice du sac ; *o. f*, appendices ovigères ; I, II, III, IV, appendices du corps ; *c*, coupe transversale de la partie inférieure de l'œsophage avec ses deux rangées de dents et ses quatre rangées de soies ; *d*, mâle nain ; *e*, larve au stade cypris ; *y*, yeux. d'après Darwin.

une sorte de sac aplati latéralement et portant un disque corné qui sert à la fixation du sac dans la cavité de la coquille de son hôte. Le sac est ouvert par un orifice supérieur allongé, par où peuvent sortir les cirrhes ainsi que l'extrémité du labre en forme de lancette. On trouve ces animaux en grand nombre dans les coquilles de *Concholepas peruviana* vivants. La cuticule qui forme le sac est incolore, mince, mais forte, résistante et couverte de pointes chitineuses bi, tri ou quadrifides, qui servent à perforer la coquille. Autour de l'orifice et de chaque côté d'une saillie latérale et chitineuse du sac, ces sortes de pointes sont plus développées. Le disque est ovale et ne présente pas ces formations. Il

(1) W. Berndt. Sitzungs Berichte der Gerselschaft naturforshender Freunde. Jahrg. 1903, Berlin.

est constitué par des couches superposées de chitine jaunâtre, mais on a quelque difficulté à apercevoir les stries d'accroissement. La cavité de la coquille qui contient le sac s'accroît par érosion dans toutes les directions, en même temps que l'animal grandit, comme c'est aussi le cas pour *Alcippe* (fig. 335, *a*).

Les nouvelles couches qui viennent se déposer sur le disque, débordent les anciennes à la partie inférieure et sur les côtés, mais non pas dans la partie supérieure, où, comme chez *Lithotrya* pour les disques calcaires du pédoncule, les anciennes couches sont abandonnées.

Le sac chitineux est tapissé intérieurement par un manteau épithélial qui contient un certain nombre de muscles à striations transversales nettes. Il y a de forts muscles longitudinaux qui ne vont pas jusqu'à l'orifice, mais pas de muscles transversaux. Un muscle puissant unit, de chaque côté, la saillie chitineuse et latérale du sac, au bord correspondant du disque et autour de ce point, sur le disque, s'insère une lame musculaire qui va en s'irradiant de chaque côté.

Il ne semble pas exister de muscle homologue du muscle adducteur des scuta des autres Cirrhipèdes, mais il est probable que les deux muscles latéraux sus-mentionnés le remplacent au point de vue physiologique.

Le corps de l'animal proprement dit est comprimé latéralement, plus large et plus épais dans la région antérieure; la partie postérieure se rétrécit et se recourbe sur la face ventrale de la première. Le corps est segmenté. Le premier segment porte l'appareil buccal (labre, mandibules, mâchoires et lèvre inférieure), le deuxième segment porte une paire de cirrhes buccaux atrophiés; il est rattaché à la cuticule du sac par sa partie médiane et dorsale (fig. 335, *b*).

Les segments qui viennent ensuite sont dépourvus d'appendices vrais; on trouve seulement, à la limite supérieure et sur la partie dorsale du troisième et du quatrième, des appendices allongés, cylindro-coniques, recouverts à leur base de sortes d'écailles, mais lisses vers leur extrémité libre et que Darwin suppose destinés à retenir les œufs dans la cavité palléale, puisqu'on n'y trouve aucune espèce d'organes internes.

Le dernier article seul porte des appendices cirrhiformes au nombre de trois paires. Chacun d'eux est formé par une partie basilaire à deux articles allongés dont le dernier porte deux rames, multiarticulées et couvertes de soies. Les rames de la première paire sont plus courtes que celles des autres. L'anus se trouve placé entre les deux derniers cirrhes et Darwin n'a pas vu d'appendices terminaux. Ce sont ces trois paires de cirrhes qui indiqueraient, d'après Darwin, la présence de trois segments abdominaux.

Les pièces buccales sont constituées par un labre allongé en forme de lancette, mobile, de couleur pourpre, fortement orné de soies dans sa partie supérieure et qui peut faire saillie en dehors de l'orifice.

Il porte une paire de palpes étroits et aplatis. Les mandibules sont plus petites, avec leur bord libre orné de trois fines pointes dont une supérieure, une médiane et une inférieure et de plus petites entre celles-ci.

Les mâchoires ont, aussi, trois épines développées avec de longues soies grêles entre elles. Enfin, les palpes de la lèvre inférieure sont subtriangulaires, aplatis et ornés de soies.

Sur la face ventrale de l'article suivant et près de sa limite supérieure on trouve deux lames inarticulées, aplaties, couvertes de soies et qui représentent les cirrhes buccaux atrophiés.

L'œsophage est long et forme une forte courbe, puis se dirige directement vers l'estomac. Sa coupe transversale présente l'aspect d'une étoile à six branches, dont quatre grandes, symétriques deux à deux, et deux plus petites, latérales, formées par un repli interne de la cuticule, comme on l'observe chez les autres Cirrhipèdes avec plus ou moins de régularité ; mais ce qui est bien spécial à ce genre, c'est la présence, sur cette cuticule, d'appareils de mastication, formés par un disque circulaire de dents chitineuses, placées antéro-postérieurement entre les grandes branches de l'étoile et d'organes de trituration constitués par des soies fortes placées aux points de rencontre des grands et des petits rayons et au-dessous des disques dentaires, selon des zones longitudinales ; de sorte que les aliments, avant de pénétrer dans l'estomac, sont broyés par les disques et triturés par les soies situées plus profondément.

L'estomac, d'abord large, se rétrécit vers le cinquième segment du corps. Le rectum, plutôt bien développé, va s'ouvrir à l'anus placé entre les deux derniers cirrhes.

L'ovaire semble situé du côté du disque dans l'épaisseur même du manteau. Les œufs sont peu nombreux et les larves doivent rester quelque temps dans la cavité palléale.

Ces œufs sont ovales, de couleur jaune orangé et tout à fait lisses. Ils semblent être maintenus, après la ponte, dans la cavité palléale dorsale, à l'aide des appendices allongés que nous avons signalés plus haut. Il en sort une larve en forme d'œuf, avec deux prolongements qui seront les antennes ; puis brusquement apparaît la pupe, très peu comprimée latéralement et qui peut, facilement, être placée soit sur sa face dorsale, soit sur sa face ventrale. Les antennes préhensiles sont de grandes dimensions et sont en partie cachées sous la région antérieure de la carapace. Elles sont semblables à celles des autres Cirrhipèdes. Cette carapace univalve est ouverte sur la partie ventrale où elle laisse un large orifice antérieur pour les antennes et un étroit passage postérieur où apparaissent trois paires de soies, fixées, d'après Darwin, sur l'abdomen rudimentaire. On aperçoit les yeux, d'un pourpre sombre, à travers la carapace et vers la base de chaque antenne. Il ne semble y avoir ni bouche, ni thorax, ni appendices natatoires comme ceux qui existent dans les pupes des autres Cirrhipèdes. Les trois paires de soies, dont la dernière est plus petite que les autres et placée sur des pédicelles allongés, sont soutenues par une sorte de papille postérieure que Darwin assimile à l'abdomen des pupes des autres Cirrhipèdes, sans donner, du reste, aucune raison sérieuse justifiant cette hypothèse, mais en se basant seulement sur la position terminale de ces soies.

Les larves qui doivent donner des mâles sont identiques à celles qui donneront des femelles.

Mâle : Si l'on examine attentivement la région supérieure du disque d'une femelle adulte, on trouve toujours, fixés par les antennes, de très petits êtres, d'environ 325 μ de long ; ce sont les mâles, au nombre de deux ou trois, en général, qui ressemblent de la façon la plus frappante aux mâles nains d'*Alcippe*.

Quand la pupe vient de se transformer en mâle, celui-ci a la forme d'une sorte de sac bilobé, sans organes distincts et attaché vers le milieu de son corps par les antennes. Quand il est mûr, la partie supérieure s'est allongée et porte un étroit orifice limité par un anneau de cuticule plus épaisse et plus jaunâtre, sur la face ventrale duquel se trouvent quelques épines très petites, mais fortes et souvent bifides. Les seuls organes contenus à l'intérieur du sac sont : un gros testicule, une petite vésicule séminale et un immense pénis probosciforme, nettement annelé et pourvu de muscles striés. Il n'est pas douteux que ce long pénis (1^{mm},25 de long) puisse, à la volonté de l'animal, être dévaginé à travers l'orifice du sac, de façon à atteindre environ, à l'état d'extension, huit ou neuf fois la longueur du mâle tout entier.

La longueur énorme de ce pénis est destinée à lui permettre de pénétrer facilement dans le sac de la femelle de façon que les spermatozoïdes, extrêmement petits, ne se trouvent pas perdus et arrivent jusqu'aux œufs.

Ils est difficile, étant donnée leur extrême ressemblance, d'indiquer des caractères différentiels entre le mâle de *Cryptophialus* et celui d'*Alcippe*, excepté la forme plus allongée de ce dernier.

2. *Cryptophialus striatus*. Berndt, 1903.

Diagnose. — Celle du genre. Semble différer de l'espèce précédente par la striation régulière de la chitine qui recouvre le corps, les cirrhes plus robustes et plus longs, la partie postérieure du corps plus développée.

Distribution. — Logé dans des cavités des plaques calcaires de *Chiton magnificus*.

Observations. — Cette espèce qui pourrait, peut-être, se confondre avec *C. minutus*, semble cependant distincte. Elle a été trouvée en grand nombre dans les plaques d'un grand Chiton du Chili (*Ch. magnificus*). C'est la première fois que ces Cirrhipèdes sont rencontrés chez des Mollusques.

Berndt, qui a découvert ces animaux, a pu en faire une étude complète et a bien voulu nous en communiquer aussitôt les résultats.

Les organes buccaux ne diffèrent pas de ceux de *C. minutus*. L'œsophage présente aussi, dans sa partie inférieure, des appareils chitineux de mastication semblables à ceux de l'espèce précédente.

L'estomac envoie deux prolongements en cæcum, souvent inégaux, à droite et à gauche, à côté de l'appareil masticateur œsophagien.

L'auteur n'a pas rencontré de glandes comparables aux cæcums hépatiques ou gastro-hépatiques, ni aux glandes salivaires que nous avons fait connaître et qui se retrouvent chez *Alcippe*.

Le système nerveux est formé par un ganglion céphalique double, relié par deux connectifs à un grand ganglion sous-œsophagien ou premier ganglion ventral, uni lui-même à un second ganglion ventral plus petit.

Des ganglions céphaliques partent deux nerfs pédonculaires typiques, et du ganglion ventral six troncs nerveux pour les cirrhes.

Les sexes sont séparés. Les ovaires sont deux glandes piriformes, logées dans la partie dorsale du manteau. Chacun d'eux donne un oviducte qui vient, finalement, s'ouvrir dans l'atrium correspondant ayant la forme d'une bouteille aplatie et qui s'ouvre à l'extérieur par une sorte de fente placée dans la région où Darwin a trouvé les rudiments de la première paire de cirrhes.

C. FAMILLE DES ALCIPPIDÉS (*ALCIPPIDÆ*)

Genre *Alcippe*. Hancock, 1849.

Diagnose. — Sexes séparés. *Femelle :* Sac externe chitineux présentant un disque plus ou moins régulièrement arrondi ou ovale, servant à fixer le sac dans sa loge calcaire. Corps segmenté. Deux paires de cirrhes multiarticulés et biramés (la rame postérieure étant représentée par un corps en forme de coussinet), une paire de cirrhes buccaux biarticulés et biramés et une paire de cirrhes terminaux (appendices terminaux de Darwin) quadriarticulés. — Appareil buccal formé par un labre très large avec une rangée de longs poils et des palpes rudimentaires, des mandibules avec une seule dent, des mâchoires et une lèvre inférieure.

Présence de deux replis latéraux du manteau qui sont, peut-être, des freins ovigères.

OEsophage inerme. Pas de rectum ni d'anus.

Pupe avec six paires d'appendices thoraciques biramés et natatoires et un seul segment abdominal portant deux larges appendices.

Mâles nains : Petits; toujours plusieurs fixés à la partie supérieure du disque de la femelle; en forme de sac allongé, nu et transparent, avec un petit orifice supérieur pour le passage du pénis très développé et probosciforme. Yeux, testicule, vésicule séminale et pénis seuls développés.

Le genre *Alcippe* est formé par une espèce unique : *A. lampas.*

Alcippe lampas. Hancock, 1849.

Diagnose. — Celle du genre (fig. 334, 335, 336 et 337).

Distribution. — Mer du Nord. Logé dans les coquilles de *Fusus antiquus* et de *Buccinum undatum.*

Fig. 336. — Vue extérieure du sac. — D, disque; m, mâle; d'après Darwin.

Dimensions. — Longueur totale de la femelle : 11^{mm} à 12^{mm}.
— des mâles : 1^{mm},10 environ.

Description. — Cette espèce présente avec celle du genre *Lithoglyptes*, une ressemblance considérable. Le sac chitineux qui enveloppe entièrement le corps proprement dit de l'animal porte, également, un disque chitineux qui sert à fixer l'ensemble dans l'intérieur de la loge que l'animal s'est creusée dans la coquille vide d'un Gastéropode et qui communique avec le milieu ambiant par une fente allongée plus large du côté où passent les cirrhes que de l'autre. Les deux côtés de la fissure sont, généralement, garnis par un dépôt calcaire.

Le disque est parfois circulaire, d'autres fois ovale ou de forme irrégulière mais toujours fixé sur le côté rostral. Le sac présente un orifice externe de même forme que celui de la loge et protégé par des épines pointues, tandis que la surface externe du sac est couverte de pointes chitineuses, dont quelques-unes étoilées au sommet, et qui servent d'organes d'érosion pour agrandir la cavité de la loge (fig. 336).

Le manteau recouvre toute la surface interne du sac et contient une série de muscles longitudinaux striés qui s'attachent d'une part un peu au-dessous de l'orifice et de l'autre vers le fond du sac. Il y a d'autres muscles qui vont de la partie supérieure et latérale du disque vers l'orifice externe et vers le labre, etc. Enfin il existe, un peu en dedans du bord inférieure de l'orifice du sac, un muscle transversal qui sert à rapprocher les bords occluseurs et qui est l'homologue du muscle adducteur des scuta. Il est formé, dans les autres genres, par plusieurs muscles obliques.

Dans le sac et sur chaque côté du corps, on trouve deux replis du manteau qui occupent la place du frein ovigère des Pédonculés. Leurs bords sont sinueux et leur surface papilleuse. Ce sont là évidemment les homologues des freins ovigères, servant aussi d'organes de respiration.

Fig. 337. — Manteau ouvert, laissant voir l'animal. — D, disque; ov, ovaire; I, cirrhes buccaux; V, VI, 4ᵉ et 5ᵉ paires; ap. t, app. terminaux ou 6ᵉ paire de cirrhes; d'après Darwin.

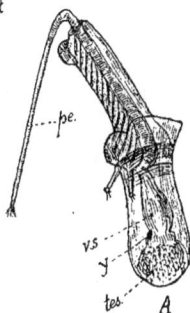

Fig. 338. — Mâle nain, d'après Darwin. — tes, testicule; y, yeux; vs, vésicule séminale; pé, pénis.

Le corps est formé d'une partie prosomatique large portant la bouche et l'appareil buccal, ainsi qu'une paire de cirrhes buccaux formés de deux articles basilaires portant deux rames couvertes de soies, mais simples. Puis viennent une série de deux ou trois articles dépourvus d'appendices et, tout à fait à l'extrémité, deux paires de cirrhes quadriarticulés dont une rame est bien développée, tandis que l'autre est représentée, d'après Darwin, par une sorte de coussinet allongé et vermiforme s'insérant à la limite supérieure et postérieure du deuxième article (fig. 337).

En arrière de la deuxième paire de cirrhes vrais on trouve une autre

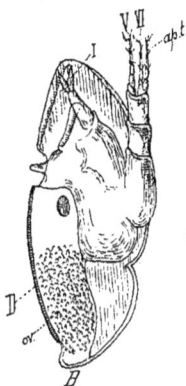

paire d'appendices quadriarticulés et aussi longs que les cirrhes. C'est la quatrième paire de cirrhes (Berndt), considérée par Darwin comme une paire d'appendices terminaux.

Il n'est pas douteux que les cirrhes buccaux représentent la première paire et les trois autres les quatrième, cinquième et sixième paires, les deuxième et troisième ayant disparu puisqu'elles devenaient inutiles, étant donnée la position de l'animal dans sa loge. Les seuls cirrhes utilisables pour lui sont, évidemment, ceux de la partie postérieure du corps, pouvant faire fortement saillie à l'extérieur et servant d'organes de préhension et les cirrhes buccaux annexés à l'appareil masticateur.

Nous avons vu plus haut que, en étudiant les formes jeunes d'*Alcippe*, Berndt a montré récemment que les appendices terminaux signalés par Darwin, représentent, en réalité, la sixième paire de cirrhes. Les appendices terminaux seraient donc absents chez *Alcippe*, comme chez *Cryptophialus*.

La bouche est formée par un labre large et saillant, de forme triangulaire, avec des palpes labiaux atrophiés ; les mandibules sont petites, avec, seulement, une forte dent à la partie supérieure. Les mâchoires sont plus petites encore, mais plus larges que les mandibules ; enfin, la bouche est fermée en arrière par une pièce médiane à peine visible (lèvre inférieure) portant deux petits palpes aplatis. C'est, comme on voit, une bouche typique mais réduite en dimensions, de Cirrhipède normal.

L'appareil digestif est simplement formé par un œsophage assez long, inerme, s'ouvrant dans un estomac en cæcum. L'estomac étant toujours vide et sans épithélium, comme nous l'avons montré chez le mâle nain de *Ibla*, par exemple, — ce qui semble prouver que ses fonctions, si elles ne sont pas nulles, sont évidemment très restreintes. Berndt a décrit, près de l'orifice buccal, des organes glandulaires semblables à ceux étudiés par nous sous le nom de glandes salivaires, ainsi qu'un appareil cémentaire formé de cellules ressemblant à celles que nous avons signalées chez *Conchoderma virgatum*, jeune. Il a aussi fait connaître les reins, sous la forme de deux sacs latéraux absolument clos, anatomiquement et enfin un système nerveux formé par deux ganglions, l'un dorsal cérébroïde, l'autre ventral.

L'ovaire est une masse assez volumineuse placée longitudinalement sous le disque rostral. Il doit en partir, de chaque côté, un oviducte venant aboutir à un orifice latéral placé très bas au-dessous de la base de la première paire de cirrhes, sur une petite éminence (sac acoustique de Darwin).

Les œufs sont évacués par là et vont subir leur évolution dans le sac palléal d'où sortent les larves.

Les orifices de l'oviducte n'ont été signalés que dans ce genre et seulement chez *Cryptophialus striatus* (Berndt). Il est cependant probable qu'il doit exister chez les autres, comme chez ces derniers, un orifice pour l'évacuation des œufs dans le sac palléal.

Les larves nauplius qui sortent des œufs ne diffèrent pas de celles des autres Cirrhipèdes. Celles qui devront former des mâles vont se fixer

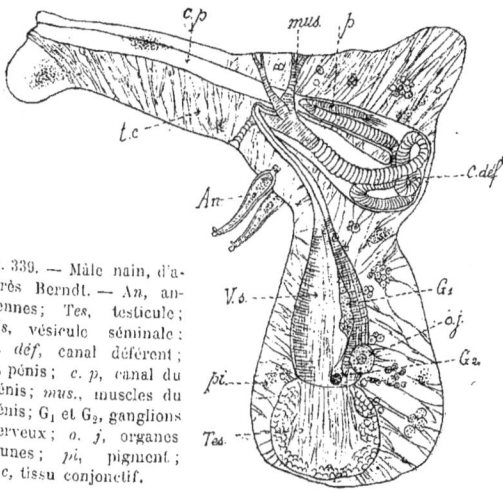

Fig. 339. — Mâle nain, d'après Berndt. — *An*, antennes ; *Tes*, testicule ; *Vs*, vésicule séminale ; *c. déf*, canal déférent ; *p*, pénis ; *c. p*, canal du pénis ; *mus.*, muscles du pénis ; G_1 et G_2, ganglions nerveux ; *o. j.*, organes jaunes ; *pi*, pigment ; *t. c*, tissu conjonctif.

sur le disque des femelles, les autres directement sur la coquille, plus spécialement dans la région de la columelle. Ces dernières donnent des cypris ou pupes de forme normale, avec la carapace mince et lisse, six paires d'appendices natatoires thoraciques, et un segment globuleux portant deux longs appendices terminaux à un seul segment et qui représenterait l'abdomen réduit à un seul article au lieu de trois.

Dès que la cypris s'est transformée en Cirrhipède parfait, le petit être, contractant ses antennes, vient user la surface de la coquille à l'aide des crochets chitineux de sa cuticule, crochets qui s'usent peu à peu, mais sont renouvelés à chaque mue ; il creuse ainsi une cavité où il se loge et c'est à ce moment que les antennes, devenues inutiles, disparaissent, remplacées par le disque qui se fixe à l'aide de l'appareil cémentaire sur une partie de la paroi de la loge et sert de point d'appui aux muscles pour faire mouvoir le sac et augmenter progressivement la cavité de la loge. En même temps, le disque s'épaissit par la superposition de couches successives qui s'avancent de plus en plus vers la partie inférieure, pour permettre à l'animal de s'enfoncer en même temps.

Mâles nains. — Sur chaque femelle on trouve quelques petits mâles, fixés par leurs antennes à la partie supéro-latérale du disque, généralement un sur chaque côté, parfois jusqu'à six ou sept, d'autres fois sur un côté seulement.

Ce sont de très petits êtres d'environ 1 millimètre de long, en forme de sac allongé, recouvert par une mince cuticule et portant un orifice supérieur par où sort un pénis long et musculeux, prosciforme.

Le corps semble pouvoir se diviser en une partie inférieure, pédonculaire, présentant à sa limite supérieure deux expansions latérales aliformes entre lesquelles passe un capitulum cylindrique, portant, à sa partie supérieure et ventrale deux petits lobes arrondis. On trouve dans le manteau un appareil musculaire assez développé et au centre, les organes internes, simplement représentés par un testicule, une vésicule séminale, une petite tache oculiforme (fig. 338, *y*). Berndt qui a étudié ces mâles a ajouté quelques détails anatomiques. Il a signalé la présence de deux ganglions nerveux dont le plus inférieur G_2 porte la tache oculiforme (fig. 339).

Ces mâles doivent avoir une vie courte, mais ils s'accroissent cependant par des mues successives.

La position des mâles et la longueur de leur pénis, destiné à plonger dans le sac de la femelle, rappelle ce que nous avons vu déjà, à propos des mâles nains de *Scalpellum* et *Ibla*, sauf quelques modifications de détail.

D. FAMILLE DES KOCHLORINIDÉS (*KOCHLORINIDÆ*)

Genre *Kochlorine*. T. C. Noll, 1875.

Diagnose. — Sexes séparés. *Femelle.* — Sac externe chitineux, dépourvu de disque et libre dans l'intérieur de sa loge. Annulation du corps indistincte. Trois paires de cirrhes biramés et multiarticulés et une paire de cirrhes buccaux biramés et uniarticulés. Appendices terminaux? biarticulés. Appareil buccal formé de : un labre peu saillant, mandibules, mâchoires et lèvre inférieure. Anus semble présent. Œsophage inerme. Pas de freins ovigères.

Mâles nains. — Présence douteuse, mais cependant probable.

Généralités. — Les deux espèces de *Kochlorine*, connues jusqu'ici, habitent de petites cavités qu'elles se creusent dans les coquilles d'*Haliotis*, d'où le nom qui leur a été donné (de Κογλος, coquille et ῥινή lime). Ce genre se distingue nettement des deux autres par ce que la cuticule qui recouvre le manteau de l'animal, au lieu de présenter un disque servant à le rattacher à la cavité de la loge, ne porte que des épines chitineuses et de fortes pointes ou crochets qui servent à l'animal à s'accrocher dans sa loge, à sa volonté, mais d'une façon transitoire, sans jamais y rester attaché. C'est surtout le ou les forts crochets dorsaux qui peuvent jouer ce rôle et remplacer ainsi, physiologiquement du moins, le disque absent. L'appareil buccal est normalement développé et l'intestin semble complet. On trouve une paire d'appendices terminaux ou cinquième paire de cirrhes, comme chez *Lithoglyptes.*

L'absence absolue d'organes mâles dans les types étudiés, semble indiquer que l'on n'a affaire qu'à des formes femelles, ce qui s'explique facilement, d'ailleurs, par comparaison avec les autres genres.

Les petits êtres signalés par Noll sur la cuticule de la femelle seraient-ils les mâles? Cela nous semble infiniment probable, étant données leur taille et aussi leur position du côté des crochets chitineux, qui représentent, physiologiquement tout au moins, le disque que l'on rencontre dans les autres genres.

1. *Kochlorine hamata.* Noll, 1875.

Diagnose. — Même diagnose que celle du genre. — Orifice d'entrée de la chambre mesurant 3 millimètres×2 millimètres. Un crochet unique médian et dorsal, très fort, et recourbé vers le bas; nombreuses épines étoilées sur la cuticule, près de l'ouverture du sac.

Dimensions. — Longueur totale : 3^{mm}.

Distribution. — Dans des coquilles d'*Haliotis tuberculata* récoltées à Cadix sur l'Atlantique.

Description. — Chaque coquille d'*Haliotis* présentait plusieurs douzaines d'orifices de *Kochlorine* ayant comme dimensions 3 millimètres × 2 millimètres. Ces orifices conduisent dans une cavité ovale, allongée en forme de bouteille et remplie par le manteau de l'animal, tronqué en haut, et en avant, où il est fendu, fermé partout ailleurs et aplati. Ce manteau renferme le corps proprement dit de l'animal, qui, étendu, atteint environ deux fois la longueur du manteau dans la région nucale et peut se retirer complètement à son intérieur.

Sur le bord antérieur du manteau, on trouve, de chaque côté, de fins prolongements chitineux, dirigés en avant et formant une rangée fermée.

Quand le manteau se ferme, ces formations viennent au contact les unes des autres et en protègent l'entrée, comme quand il est ouvert.

Vers l'intérieur de l'orifice, on trouve aussi des poils assez longs dirigés vers l'extérieur et faisant saillie hors du manteau et d'autres, courts, qui n'atteignent pas le bord de l'orifice.

Le bord postérieur de la fente palléale porte deux prolongements coniques (a) symétriques et un impair et médian (b). Les premiers portent des épines courtes et fortes divisées en plusieurs pointes qui leur donnent un aspect étoilé et d'autres à deux ou plusieurs pointes, mais moins fortes, sur les parois. Ces organites doivent servir à creuser la coquille par

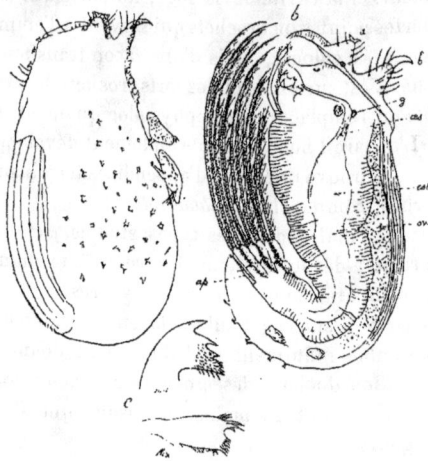

Fig. 340. — a, vue extérieure du sac avec les mâles nains ? fixés ; b, sac ouvert, montrant l'animal ; a, saillies latérales ; b, crochet ventral ; g, ganglion nerveux ; œs, œsophage ; est, estomac ; ov, ovaire ; ap, appendices terminaux ; c : md, mandibule ; mx, mâchoire ; d'après Noll.

des mouvements de frottement et de lime ; ils agrandissent ainsi l'orifice à mesure que la taille de l'animal s'accroît. On les trouve souvent usés et obtus, mais ils sont remplacés par des nouveaux à chaque mue. Le prolongement impair porte aussi des épines latérales ainsi que de fortes soies, et, en outre, un fort crochet chitineux dirigé en arrière et un peu en forme de faucille. Il est creusé dans une cavité jusque près de sa pointe et son rôle semble plutôt être destiné à la fixation (fig. 340, a et b).

Il est possible que, quand l'animal s'enfonce dans le trou de sa loge, il se fixe à l'aide de son crochet antérieur qui lui sert de point d'appui ; peut-être aussi ce crochet sert-il à écarter ou dilacérer les objets qui menacent de se fixer sur la fente et de l'obstruer, comme les Bryozoaires, par exemple, exactement de la même manière que nous l'avons vu dans le genre *Acasta* et chez quelques espèces de *Balanus* (*B. armatus*, O. Müller).

De ce prolongement impair, part un autre repli du manteau également pourvu de nombreuses épines analogues à celles des autres saillies.

Le manteau est formé par deux cuticules, l'une interne, l'autre externe, comprenant entre elles une couche de muscles transversaux et, au-dessous, une couche de muscles longitudinaux. La cuticule externe est homogène, transparente, peu épaisse, avec un grand nombre de petites épines chitineuses, de différentes formes comme chez *Alcippe* et *Cryptophialus*; elles manquent vers la partie antérieure, du côté de l'orifice. Elles sont mélangées, sans ordre, souvent usées à leur extrémité ; elles servent à agrandir la cavité interne de la loge, sous l'influence de la contraction de muscles puissants du manteau.

Les muscles longitudinaux, nettement striés, sont très développés et forment la plus grande partie de l'épaisseur du manteau ; ils commencent sur une côte chitineuse dirigée d'avant en arrière ; le muscle le plus massif, celui qui descend dans la crête dorsale du manteau, naît plus en avant, près du prolongement impair. Par ses contractions énergiques, il met en mouvement le bourrelet qui porte les épines, ainsi que les trois saillies supérieures.

Le corps est comprimé latéralement derrière la tête qui forme la partie la plus large. La partie frontale est libre, ondulée, ornée de quelques petits poils. La partie nucale est soudée au manteau.

Il n'y a pas d'organes des sens sur la tête. Les organes masticateurs sont très développés. La bouche est dirigée obliquement en haut et présente une forte lèvre supérieure qui, ouverte en avant, recouvre, sur le côté, les autres parties de l'appareil buccal ; la surface interne chitineuse est allongée et bien développée, puis, vient une paire de *mandibules* (fig. 340, *c*, *md*) (mâchoires externes de l'auteur), fortes, avec trois dents saillantes bien séparées et cinq plus petites, très rapprochées ; puis, une paire de mâchoires (mâchoires internes de l'auteur), plus faibles, avec une encoche médiane sur le bord libre, séparant la partie supérieure qui porte trois longues épines et quelques soies sur le bord dorsal, de la partie inférieure, pectinée (*mx*).

Enfin, la bouche est fermée en arrière par une lèvre inférieure, constituée par une pièce médiane frêle, dont les palpes ont disparu ou sont passés inaperçus. Enfin deux cirrhes buccaux analogues à ceux de *Lithoglyptes*, composés d'un long protopodite, portant, à sa partie supérieure, deux lobes mousses garnis de poils et qui atteignent le bord supérieur de la bouche.

C'est, comme on le voit, une bouche à peu près identique à celle des *Cirrhipèdes thoraciques*, avec les cirrhes buccaux largement séparés des trois ou quatre dernières paires de cirrhes seules développées.

Le *corps* va en s'atténuant de plus en plus en arrière et, vers son quart postérieur, se recourbe en avant. Les cirrhes sont tous, excepté ceux de la première paire, placés à l'extrémité postérieure et se dirigent vers l'orifice. La cuticule chitineuse qui recouvre le corps est mince, transparente, avec des rides transversales et ondulées ; les segments sont très indistincts. Des muscles puissants et striés, surtout longitudinaux, complètent la paroi. Il n'y a d'appendices en forme de pattes qu'en avant, sous la tête (cirrhes buccaux) et à l'extrémité du thorax. Les premiers, avec leur tendance à la bifurcation, se rapprochent des pattes-mâchoires.

A l'extrémité du thorax, il existe, comme chez *Cryptophialus*, trois paires de cirrhes proprement dits, formés chacun de deux articles basilaires surmontés d'une paire de rames à plusieurs articles et recourbés en dedans. Les rames de la deuxième paire (la plus rapprochée du prosoma) sont inégales, la plus antérieure est si courte qu'elle n'atteint pas la bouche ; les suivantes sont de plus en plus longues ; les articles sont nombreux et portent, chacun, deux paires de soies : une paire de courtes, au milieu, et les longues au bord inférieur.

Derrière les cirrhes on trouve une paire d'*appendices terminaux* (*ap*) pas plus longs que les articles basilaires des cirrhes, avec deux segments portant chacun trois soies à l'extrémité libre. Ces appendices seraient-ils aussi des cirrhes atrophiés ?

L'*estomac* ne présente ni crêtes, ni dents.

Pour le *système nerveux*, l'auteur n'a pu voir que deux ganglions placés sur les côtés de l'œsophage, au point où il se recourbe en arrière (*g*). Ces ganglions sont ovales, sans forme bien définie ; il existerait des fibres nerveuses peu distinctes.

Tous les échantillons examinés paraissaient être des femelles, sans tarce d'organes mâles et présentaient des œufs à différents degrés de développement. Les ovaires (*ov.*) sont simples et situés dans la région de la nuque au-dessous du point d'insertion du muscle dorsal. On trouve des prolongements jusqu'à la partie inférieure du manteau et les œufs sont rassemblés en un paquet sur le côté dorsal.

Ils pénètrent dans les espaces inférieurs du manteau où ils séjournent jusqu'à l'éclosion.

Les *chambres* d'habitation de *Kochlorine hamata* sont situées obliquement dans les lamelles des coquilles d'*Haliotis* et non pas perpendiculaires. De cette façon l'animal peut grandir, autrement, l'épaisseur de la coquille ne serait pas suffisante. On trouve, immédiatement après l'orifice, un couloir court, perpendiculaire à la coquille, et le reste de la chambre est oblique.

Les parois internes sont lisses et l'on ne trouve, nulle part, de traces d'insertion des muscles du manteau, qui est, par conséquent, entièrement libre à l'intérieur de la chambre. Souvent, les cavités sont très voisines et séparées seulement par une lame calcaire mince. Leur présence se trahit parfois, à l'extérieur de la coquille, par des saillies internes en forme de perles.

L'orifice d'entrée a l'aspect d'une fente longitudinale étroite, pas toujours régulière. La direction ne dépend pas de celle des lamelles calcaires. On ne trouve jamais de bourrelet sur le pourtour comme chez *Alcippe* et *Cryptophialus*.

Mâles nains. — Noll a trouvé, à la surface des *Kochlorine* étudiés, des êtres pigmées, fixés, le plus souvent, sur la face ventrale, sous l'éperon médian, quelquefois aussi, en d'autres points du manteau.

Il en existe un nombre variable, parfois jusqu'à huit sur le même *Kochlorine*. Ces petits êtres rappellent les formes jeunes des petits mâles d'*Alcippe* et de *Cryptophialus*, fixés, comme on le sait, sur les grandes formes femelles.

Ils se présentent généralement sous deux aspects : les uns nus et les autres entourés d'une enveloppe. Les premiers sont un peu cordiformes, aplatis, avec deux antennes à la partie inférieure et, près de là, une tache pigmentaire rouge. A l'extrémité postérieure se trouvent deux prolongements mous, en forme de crochets. La peau est fine et molle, le contenu granuleux, sans trace d'organes différenciés. Les antennes qui servent à la fixation sur les *Kochlorine* ressemblent à de petites pattes, courtes. D'autres formes voisines ne sont pas déprimées.

Le second aspect rappelle beaucoup la dernière forme larvaire d'*Alcippe lampas*, décrite par Darwin. Les antennes sont articulées et coudées : le revêtement est mince, transparent, avec une ouverture en avant par où passent les soies.

A part deux taches pigmentaires à côté des antennes, on ne trouve, à l'intérieur, aucune trace d'organes différenciés.

Ces êtres pigmées sont-ils des mâles jeunes? ou encore des larves qui subissent en cet endroit de nouvelles métamorphoses? N'est-ce que des formes jeunes de *Kochlorine* qui resteraient fixées à la même place pour y subir quelques mues? Est-ce enfin des parasites étrangers à la forme support?

On a vu qu'on ne trouvait jamais d'organes différenciés, jamais par conséquent d'organes génitaux. Si c'étaient là de jeunes mâles, pourquoi seraient-ils placés aussi loin de l'orifice palléal de la grande forme ? L'auteur croit plus probable d'admettre que ce sont là des formes jeunes de *Kochlorine*, qui, après avoir atteint un certain stade à l'intérieur du manteau, restent ensuite quelque temps sur le corps de la mère comme cela est fréquent et y subissent une ou deux métamorphoses jusqu'à ce que le développement de leurs organes leur permette de se fixer ailleurs.

2. *Kochlorine bihamata*. Noll, 1883.

Diagnose. — Même diagnose que celle du genre, mais : orifice d'entrée de la chambre mesurant 2 millimètres × 1 millimètre. Deux forts crochets chitineux ventraux, symétriques et semblables. Le long de la fente du manteau et sur les côtés, pas d'épines étoilées, mais avec une seule pointe.

Dimensions. — Longueur totale : 5^{mm}.

Distribution. — Dans des coquilles d'*Haliotis tuberculata* provenant du cap de Bonne Espérance.

Description. — Cette forme, qui semble bien être une espèce nouvelle de *Kochlorine*, a été trouvée par Noll dans une coquille d'*Haliotis*, longue de quatorze centimètres et demi et recueillie près du Cap. Comme la coquille était desséchée, il n'a pas été possible à l'auteur de vérifier tous les points d'anatomie comme il l'a fait pour la première espèce.

Il semble que le genre *Kochlorine* soit uniquement localisé dans l'Océan. Les *Haliotis* de la Méditerranée ne présentent jamais les orifices caractéristiques de la présence du Cirrhipède.

L'animal, quoique sec, semblait plus grand que les échantillons de la première espèce (5 millimètres au lieu de 3). L'orifice d'entrée de la chambre a 2 millimètres de long sur 1 millimètre de large. L'armature de la fente du manteau paraît différente, les deux prolongements antérieurs de *K. hamata,* ainsi que les épines étoilées que l'on y rencontre normalement, manquent dans la seconde espèce. Mais, au lieu d'un seul prolongement impair en forme de crochet, il y en a deux, à côté l'un de l'autre, allongés, semblables entre eux et à pointe recourbée vers la partie inférieure. Le long de la fente du manteau et de chaque côté, il n'y a pas, comme chez *K. hamata,* d'épines étoilées, mais un grand nombre de fortes épines à une seule pointe, en sorte que l'armature du sac semble, en général, plus forte que chez *K. hamata.*

A cause de la présence des deux crochets chitineux, l'auteur propose de donner à cette espèce, si, comme il le croit, elle est différente de la première, le nom de *K. bihamata.*

ACROTHORACIQUES
Tableau dichotomique des familles et des genres.

	Cinq paires de cirrhes. Appendices terminaux (1) ? tri- ou quadriarticulés..........		LITHOGLYPTIDÆ. — *G. Lithoglyptes*, C. W. Aurivillius.

Sac externe portant un disque de fixation. Pas de crochets.

Quatre paires de cirrhes. Pas d'appendices terminaux?

Rames de la 6e paire avec de nombreux articles........ CRYPTOPHIALIDÆ. — *G. Cryptophialus*, Darwin.

Rames de la 6e paire avec quatre articles seulement....... ALCIPPIDÆ. — *G. Alcippe*, Hancock.

Sac externe sans disque de fixation. Crochets présents.

Quatre paires de cirrhes. Appendices terminaux? biarticulés.................. KOCHLORINIDÆ. — *G. Kochlorine*, F. C. Noll.

ACROTHORACIQUES.

(1) Si, comme le pense Berndt pour *Alcippe*, les appendices terminaux n'existent pas dans ce groupe, on voit que chez les *Lithoglyptidæ* le nombre des cirrhes est de six paires, de cinq chez les *Kochlorinidæ* et de quatre chez les *Cryptophialidæ* et les *Alcippidæ*.

CHAPITRE VII

IV. — ORDRE DES ASCOTHORACIQUES (*ASCOTHORACICA*)

Définition. — Cirrhipèdes ayant le corps généralement renfermé, plus ou moins complètement, dans un sac, tapissé intérieurement par un manteau où se ramifient le foie et l'ovaire. Système buccal atrophié et transformé en appareil piqueur. Appendices thoraciques présents, parfois bien développés, parfois réduits à de simples mamelons. Muscle adducteur plus ou moins divisé, toujours présent. Antennes le plus souvent libres et pluriarticulées. Sexes toujours réunis. Développement présentant ou non un stade nauplius.

Vivent, le plus souvent, profondément enfoncés dans les tissus de leur hôte.

Généralités. — L'ordre des Ascothoracides (Ascothoracides de de Lacaze-Duthiers) est actuellement représenté par les quatre genres *Laura*, H. de Lacaze-Duthiers ; *Synagoga*, Norman ; *Petrarca* G. H. Fowler, et *Dendrogaster*, N. Knipowitsh, avec chacun une seule espèce. Chacun d'eux doit être élevé au rang de famille pour les mêmes raisons que nous l'avons fait pour les Acrothoraciques. La plupart proviennent de faibles profondeurs. *Petrarca* seul a été rencontré à une profondeur d'environ 4000 mètres.

Les uns, comme *Laura*, *Synagoga* et *Petrarca*, sont enfermés dans un sac, ouvert à l'extérieur soit par un petit orifice (*Laura*), soit par une large fente qui laisse passer une partie du corps de l'animal. Le genre *Dendrogaster* seul est libre, mais entièrement logé dans la cavité du corps de son hôte et, par son aspect extérieur lobé, il ressemble beaucoup à certaines femelles de Copépodes parasites, comme, par exemple, les *Cryptothir* parasites des Balanes.

Le sac, quand il existe, est tapissé intérieurement par un manteau dans lequel se ramifient, plus ou moins, l'ovaire ainsi que les cæcums stomacaux considérés comme des cæcums hépatiques et dont le rôle serait plutôt excréteur que digestif.

Le mamelon buccal, plus ou moins distinct, porte une paire d'antennes, en général bien développées et pluriarticulées, ainsi qu'un appareil masticateur réduit à deux ou même à une seule paire d'appendices atrophiés. Les appendices thoraciques, généralement au nombre de six paires, sont bien développés, surtout chez *Laura* et *Synagoga*, réduits à de simples mamelons inarticulés et plus ou moins distincts chez les deux autres. L'abdomen est, ou bien articulé et muni d'une fourche (*Laura*, *Synagoga*) ou réduit à un simple mamelon. Le système nerveux, toujours présent, est, en général, formé d'une masse cérébroïde unie à une masse nerveuse allongée, souvent divisée en deux, représentant la masse sous-œsophagienne et la chaîne ventrale.

Un muscle adducteur digastrique ou très divisé (*Dendrogaster*) se trouve placé au niveau de la masse sous-œsophagienne et unit entre eux les deux côtés du sac ou du manteau.

Tantôt il existe un pénis bien développé (*Petrarca*), tantôt au contraire le canal déférent vient s'ouvrir au dehors soit par un orifice simple, soit par une multitude de petits pores (*Laura*).

Enfin le développement, encore mal connu, présente nettement chez *Laura* un stade nauplius qui fait défaut chez *Dendrogaster*. On ne sait rien pour les autres.

Les trois premières familles ont entre elles de nombreux points de ressemblance, bien que *Petrarca* soit, évidemment, une forme très dégradée ; mais, *Dendrogaster* présente tous les caractères de l'être réduit, par le parasitisme, à un état très grand d'infériorité, puisque l'adulte se réduit à une sorte d'outre informe, servant uniquement au développement des produits génitaux, comme cela se rencontre chez certains Copépodes parasites, par exemple.

A. FAMILLE DES SYNAGOGIDÉS (*SYNAGOGIDÆ*)

Genre *Synagoga*. Norman, 1888.

Diagnose. — Sac à deux valves, non enfoncé dans les tissus de l'hôte. Six paires d'appendices thoraciques nettement articulés et biramés. Corps non enfermé complètement entre les valves. Antennes très développées, servant à la fixation. Muscle adducteur présent. Cæcums ovariens dans le manteau. Branches de la fourche caudale longues et épineuses. Bouche avec un appareil pour piquer et sucer. Hermaphrodite.

Une seule espèce est encore connue : *Synagoga mira*, Norman, 1888. *Distribution*. — Naples, fixé sur *Antipathes larix*, Ellis.

Description. — La note publiée par Norman sur cette espèce est plutôt une comparaison avec *Laura gerardiæ*. Nous la donnons in extenso.

Synagoga mira est parasite des Antipathes (*A. larix*, Ellis), mais tandis que *Laura* est complètement enfoncée dans les tissus de l'hôte, excepté un petit point, *Synagoga* est un parasite externe fixé à la surface de l'Antipathe.

A première vue, cette forme semble très différente de la première, et, à cause de l'œil apparent, peut être aisément prise pour un *Cypridiæ* d'autant plus que le corps de l'animal est recouvert par deux valves presque circulaires. Ces valves (carapace de de Lacaze-Duthiers) sont, dans la *Laura*, environ trois fois aussi longues que le corps, tandis que dans *Synagoga*, elles sont plus courtes que le corps.

Chez *Laura*, les antennes sont grêles; ici, elles sont fortement développées en organes de fixation. Dans les deux cas, les organes masticateurs, disposés pour piquer et sucer, sont construits sur le même type. Le muscle adducteur est semblable. De même que chez les Ostracodes, dans les deux genres, les organes reproducteurs s'étendent, de chaque côté, dans l'épaisseur du manteau.

Dans les deux genres aussi, il y a six paires d'appendices avec une fourche caudale; mais tandis que dans *Laura* ces membres sont simples, d'apparence inarticulés et quelquefois rudimentaires, dans *Synagoga* ils sont biramés, articulés et garnis de soies; les branches de la fourche caudale sont épineuses sur les bords et garnies de longues soies. Il est donc évident que *Synagoga* est un type à caractères beaucoup moins régressifs que *Laura*. Si, par beaucoup de caractères, ils rappellent la larve cypris des Cirrhipèdes, ils ont aussi des traits caractéristiques qui nous rappellent fortement le genre, très contesté, *Nebalia*.

B. FAMILLE DES LAURIDÉS (*LAURIDÆ*)

Genre *Laura*, H. de Lacaze-Duthiers, 1866.

Diagnose. — Sac en forme de haricot, enfoncé dans les tissus de l'hôte ; avec un orifice externe, médian. Corps formé de onze segments, terminé par une fourche et entièrement contenu dans le sac externe. Six paires d'appendices thoraciques à peine articulés et uniramés, la première portant les orifices femelles simples; les quatre suivantes avec de nombreux orifices testiculaires. Antennes grêles et libres; intestin et ovaires envoyant de nombreuses ramifications dans le manteau qui tapisse intérieurement le sac. Un muscle adducteur digastrique au-dessous de la tête unit les deux bords du manteau. Bouche avec deux paires de pièces chitineuses formant un appareil piqueur. Herma-phrodite.

Il existe une seule espèce : *Laura gerardiæ*, H. de Lacaze-Duthiers 1866.

Dimensions. -- Plus grande longueur du sac : 20 à 40^{mm}.
Longueur de l'animal étalé :   10 à 12^{mm}.

Distribution. — Fixé sur une *Gerardia*, H. de L.-D.

Description. — La forme extérieure rappelle un haricot à hile forte-ment accusé et toujours placé du côté opposé au point de fixation. L'animal vit complètement immergé dans les tissus de la *Gerardia*, ne laissant apparaître à l'extérieur que l'orifice légèrement saillant de cette sorte de *sac*. La couleur de ce sac est d'un rose assez vif, mélangé, dans certaines parties, d'un violet délicat et sombre. L'orifice a la forme d'une fente allongée suivant le grand axe de l'enveloppe ; il conduit dans la cavité interne contenant l'animal proprement dit. D'un côté de l'orifice, dans le sens de la longueur, on trouve cinq bosse-lures dont une médiane et deux paires laté-rales ; la surface extérieure est lisse et unie.

La longueur du sac (carapace de de Lacaze-Duthiers) varie de 20 à 40^{mm}, dans sa plus grande longueur.

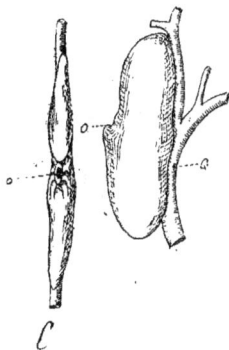

Fig. 341. — Sac de *Laura* sur une tige de *Gerardia*.— *o*, ori-fice externe du sac ; G, *Gerar-dia* ; d'après H. de Lacaze-Duthiers.

L'animal placé dans cette loge est rattaché, latéralement, aux parois internes et contourné sur lui-même de façon que la partie céphalique se trouve voisine de la partie la plus profonde du hile, tandis que l'extrémité postérieure du corps correspond à l'orifice du sac. Il est articulé et présente, outre une paires d'antennes, des appendices thoraciques et abdominaux.

Le sac est formé d'une partie externe dure, assez résistante, percée de nombreux trémas, doublée intérieurement par un manteau qui con-tient des cæcums intestinaux (foie) et des prolongements des ovaires ; un muscle adducteur unit perpendiculairement les parois du sac, un peu au-dessous de la tête, en avant de la région où les cæcums hépa-tiques viennent s'ouvrir dans l'intestin.

Le tout est doublé par une très mince cuticule chitineuse. Le manteau est fortement lacuneux.

Le *corps* proprement dit de l'animal est formé de onze segments inégaux et se termine par une fourche. Dorsalement, les deux premiers anneaux forment une sorte de bosse de polichinelle ; entre le 9e et le 11e segment, le corps se recourbe en arrière, de sorte qu'il présente un peu, dans l'ensemble, une forme d'S.

Il y a six paires d'*appendices* : la première, portée par le 3e segment, est longue, grêle, très dilatée à sa base et en rapport avec l'appareil femelle puisqu'elle porte à sa partie proximale l'orifice de l'oviducte, exactement comme chez les *Thoraciques* ; puis viennent cinq autres paires dont les quatre premières sont grosses, renflées, surtout à leur base et renferment des lobes testiculaires, toujours comme chez les thoraciques ; enfin, la dernière, plus courte, moins renflée est en forme de palette. Ces appendices, peut-être formés de trois articles mal délimités, portent des soies grêles et d'autres, fortes (cirrhes) au nombre de trois, au moins ; la sixième paire est simplement poilue. Ces pattes contiennent des fibres musculaires nettement striées, comme, du reste, celles du reste du corps.

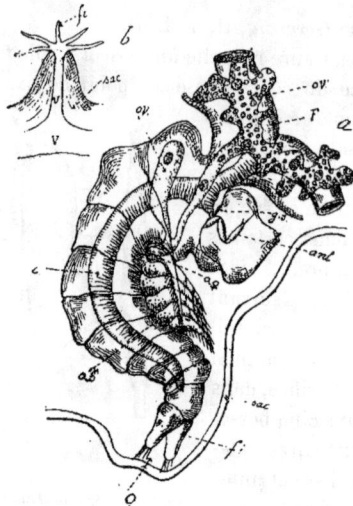

Fig. 342. — *a*. Corps proprement dit de l'animal extrait du sac. — *ant*, antennes ; *g. s*, ganglion sus-œsophagien ; F, foie ; *ov*, ovaire ; *o*. ♀, orifice femelle ; *o*. ♂, orifices mâles ; *i*, intestin ; *f*, fourche ; *o*, orifice du sac. — *b*. Une papille externe du sac. — *V*, vaisseau ; *v*, ramification ; *a*, filaments ramifiés des vaisseaux ; d'après H. de Lacaze-Duthiers.

Il existe un *muscle adducteur digastrique* dont les ventres semblent unis sur la ligne médiane par un cordon tendineux, relativement très grêle, tandis qu'ils s'attachent sur le sac, par une base très dilatée dans le fond des deux tubercules latéraux placés sur les côtés du hile. Ce muscle est placé immédiatement au-dessous de la tête (fig. 342 et 343).

Cette *tête* est petite, formant une sorte de globe, de chaque côté duquel se trouve une courte antenne formée de trois articles. La tête porte, à son sommet, un orifice par lequel font saillie deux pointes assez régulières, de forme losangique, accompagnées, sur les côtés, par deux autres paires lamellaires qui les recouvrent un peu du côté dorsal.

C'est là un appareil éminemment propre à percer, mais qui ne doit jouer aucun rôle actif, au moins chez l'adulte.

Après la *bouche* vient un court œsophage, étroit, qui s'ouvre perpendiculairement et en formant une sorte de museau de tanche, dans un intestin large suivant toute la partie centrale du corps de l'animal et se terminant en cæcum, au niveau du dernier segment. Au-dessous de la tête, c'est-à-dire dans la portion tout à fait antérieure de l'intestin, s'ouvrent deux vastes *cæcums hépatiques* qui se prolongent dans l'épaisseur du manteau en s'y ramifiant en culs-de-sac, tapissés par des éléments polyédriques d'où se détachent des globules jaunâtres qui remplissent, non seulement toute la cavité des cæcums, mais encore celle de l'intestin. Étant donnée l'alimentation très restreinte ou même nulle de ces animaux, il est à présumer que ces organes hépatiques très développés sont aussi en rapport avec la fonction excrétrice.

Il n'existe pas d'organes de respiration proprement dits.

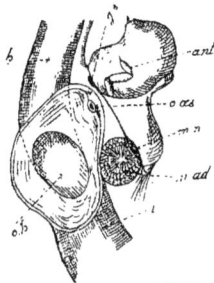

Fig. 343. — Région céphalique plus grossie. — *ant*, antennes ; *o. œs*, orifice de l'œsophage ; *o. h*, orifice d'un cæcum hépatique ; *h*, cæcum hépatique ; *i*, intestin ; *m. ad*, muscle adducteur ; *g. s*, ganglion sus-œsophagien ; *m. n*, masse nerveuse ventrale ; d'après H. de Lacaze-Duthiers.

On trouve trois *vaisseaux* longitudinaux impairs et médians sur le corps de l'animal, un dorsal et deux ventraux, ces derniers superposés. Le manteau est parcouru par un riche réseau lacunaire qui envoie des prolongements dans les parties latérales du sac et s'irradie en étoile, à l'extérieur ; puis, ces ramifications plongent dans les tissus de la *Gerardia* où ils puisent non seulement l'oxygène propre à la respiration, mais aussi peut-être les aliments, en sorte que le foie semble, ainsi, devenu presque exclusivement un organe dépurateur.

Le *système nerveux* est simplement formé de trois masses ganglionnaires, deux petites, dorsales par rapport à la tête et unies par une commissure (*g. sus-œsophagien*) et une autre placée immédiatement au-dessus du muscle adducteur, réunie aux premières par deux petits connectifs, formant ainsi un collier, largement ouvert autour de l'œsophage.

La *Laura* est hermaphrodite comme la plupart des Cirrhipèdes. Les *testicules* sont logés surtout dans la partie inférieure des 2ᵉ, 3ᵉ, 4ᵉ et 5ᵉ paires d'appendices et forment des lobes nombreux ressemblant à de petits ballons, s'ouvrant chacun, à l'extérieur, par un très fin canal qui aboutit à un très petit pore de la cuticule.

Les *ovaires* sont formés par deux glandes symétriques arborescentes, contenues dans l'épaisseur du manteau, doublant à peu près exactement les ramifications du foie ; ces culs-de-sac se réunissent en deux troncs symétriques, formant les oviductes, qui, au sortir de la tunique, s'abouchent l'un dans l'autre après avoir formé un canal transversal, placé en sautoir, en arrière du tube digestif, puis, descendent sur les côtés du corps et viennent s'ouvrir à la base de la première paire de pattes.

Les œufs sont fécondés dans l'oviducte, tombent dans la cavité palléale, y subissent leur évolution et se transforment en *nauplius* ; les larves acquièrent un grand développement dans cette cavité, sans qu'on puisse dire, ce qui semble cependant probable, si une forme cypridienne succède au stade *nauplius*.

C. FAMILLE DES PÉTRARCIDÉS (*PETRARCIDÆ*)

Genre *Petrarca*. G. H. Fowler, 1889.

Diagnose. — Sac à peu près sphérique, à deux valves hérissées de pointes sur le côté ventral, lisses dorsalement ; entièrement logé dans la cavité de l'hôte. Corps entièrement contenu dans le sac. Six paires d'appendices thoraciques, représentés par de simples mamelons. Antennes fortes, triarticulées, armées de griffes. Ramifications des testicules, des ovaires et du foie, dans le manteau. Un muscle adducteur digastrique. Bouche armée d'une seule paire de pièces chitineuses.

Hermaphrodite.

Ce genre est représenté par une espèce unique : *Petrarca bathyactidis*, G.-H. Fowler, 1889.

Dimensions. — Diamètre des valves : $1^{mm},5$ à $1^{mm},8$.

Distribution. — Expédition du « Challenger » ($35°41'$ lat. N. et $157°42'$ long. E.) ; fixé sur *Bathyactis symetrica*, dragué par environ 4000 mètres de fond.

Description. — Cette espèce se trouve logée dans les chambres mésentériques du *Bathyactis* ; sa présence produit une certaine déformation du corail, qui la trahit extérieurement. Il semble qu'il y ait entre la *Petrarca* et le *Bathyactis* un cas de commensalisme seulement, à peu près analogue à celui représenté par la *Laura*.

Extérieurement, cette espèce se présente sous la forme d'un petit sac à deux valves, presque sphérique, contenant à son intérieur le corps proprement dit de l'animal, avec le pénis terminal recourbé en avant du thorax (fig. 344, *a*.). On aperçoit aussi, ventralement, entre les deux valves, de chaque côté du pénis, quelques appendices et en avant la tête et les antennes. Les valves ne portent pas de plaques calcaires ; la partie ventrale est couverte d'épines, la partie dorsale est lisse.

Les *antennes*, articulées, sont terminées par deux forts crochets et, entre les deux, ventralement, se trouve une épine (fig. 344, *c*). En

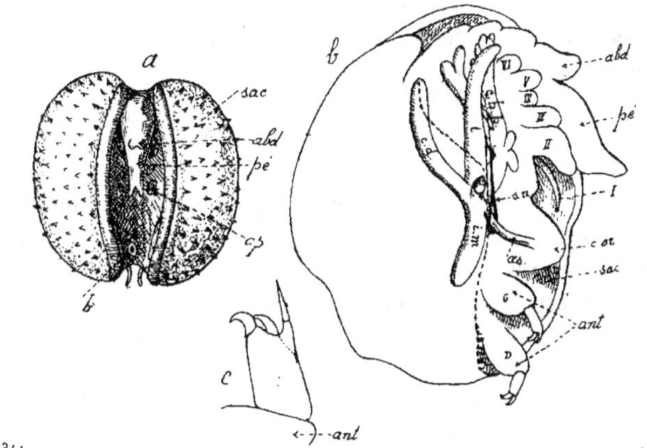

Fig. 344. — *Petrarca mira.* — *a.* Vue de l'animal dans son sac. — *b*, bouche ; *ap*, appendices thoraciques ; *pé*, pénis ; *abd*, abdomen et fourche. — *b.* Vue du corps proprement dit de l'animal. — *ant*, antennes droite et gauche ; *c. or*, cône oral ; I, II, III, IV, V, VI, appendices thoraciques ; *pé*, pénis ; *abd*, abdomen ; *s. n*, système nerveux ; *œs*, œsophage ; *i*, intestin ; *c. h. p*, cæcum hépatique ; *i. m*, intestin moyen ; *c. d*, cæcum dorsal. — *c*, antenne : d'après Fowler.

arrière, vient le cône oral sur lequel s'ouvre la *bouche* dans laquelle se trouvent de faibles *mandibules* atrophiées. En arrière du cône oral sont placées six paires d'*appendices thoraciques* (fig. 344, I à VI) dont la première est longue, grêle, uniramée, les cinq suivantes étant réduites à de simples mamelons. Le corps est prolongé par un *pénis* bien développé, en forme de trompette, bifurqué à son extrémité libre et qui se recourbe en avant, le long de la face ventrale, entre les appendices thoraciques. En arrière et à la base du pénis, se trouve une saillie bilobée, représentant, probablement, l'*abdomen*.

La surface du corps, formée par un épithélium d'une couche unique de cellules aplaties, est recouverte par une mince cuticule chitineuse. Les épines de la carapace sont de simples saillies de la cuticule et de l'épiderme. Les muscles sont striés. Il existe entre le corps et le sac, un espace interpalléal (périviscéral) qui peut être comblé par le développement de l'ovaire.

L'*appareil digestif* est formé d'un long œsophage qui se recourbe dorsalement, à peu près vers la partie moyenne du corps; il se continue en arrière par une partie dilatée, droite, qui se termine en cæcum vers la base du pénis et représente l'intestin proprement dit (fig. 344, *b : i*) qui se poursuit du côté de la tête (*i. m*) et donne un cæcum dorsal (*c. d*). Au point où l'œsophage s'ouvre dans l'intestin, débouchent deux cæcums latéraux qui vont se ramifier dans le manteau, formant ce que l'auteur appelle un hépato-pancréas (*c. h. p*). Toute la surface de ces divers cæcums est tapissée par un épithélium de cellules cubiques sans aucune différenciation.

Le *système nerveux* est formé d'une simple masse supra-œsophagienne, dépourvue de cellules nerveuses, avec deux connectifs latéraux périœsophagiens, munis de cellules, se réunissant à une corde ventrale épaisse et avec des cellules nerveuses, également, non différenciées en ganglions nets, mais d'où il part cependant, des nerfs.

Il n'y a ni yeux ni organes des sens.

L'animal est *hermaphrodite*. Les *testicules* sont formés par un ou plusieurs lobes pairs, formés de lobules. Les canaux déférents vont directement à l'extrémité du pénis où ils s'ouvrent séparément.

Les *ovaires* forment une masse lobée, de chaque côté de l'intestin, dans une situation antérieure et ventrale par rapport aux testicules; les deux moitiés sont unies par un pont transversal qui passe à la partie dorsale de l'intestin et en arrière du cæcum dorsal, au point où il s'attache sur l'intestin moyen. C'est dans cette région que se trouvent les plus jeunes œufs, qui passent à droite ou à gauche, dans les parties périphériques de l'organe. Près du point commissural des deux lobes de l'ovaire, se place un canal qui court, ventralement, vers la région de la première paire d'appendices thoraciques; ce canal doit être l'oviducte, difficile à suivre quand il n'est pas rempli par les œufs.

Enfin, on trouve, de chaque côté de l'intestin, entre son point d'union avec l'œsophage et l'origine du cæcum dorsal, une masse glandulaire formée de cellules avec un gros noyau arrondi, ressemblant à des cellules germinatives, mais sans relation ni avec l'appareil digestif, ni avec l'ovaire. Ce serait peut-être une glande analogue à celle décrite chez *Laura* par H. de Lacaze-Duthiers. Ne serait-ce pas là une glande analogue à la glande pancréatique des autres Cirrhipèdes? Il existe aussi un canal à homologies et fonctions inconnues, mais à lumière nette, allant s'ouvrir à la base de la première ou de la deuxième paire d'appendices.

Un fort *muscle adducteur* digastrique est placé sur le côté ventral de l'œsophage, près de son entrée dans l'intestin.

D. FAMILLE DES DENDROGASTÉRIDÉS (*DENDROGASTERIDÆ*)

Genre *Dendrogaster*. N. Knipowitsh, 1890.

Diagnose. — Corps à peu près symétrique chez le jeune, très déformé chez l'adulte; formé d'un cône central avec deux expansions latérales plus ou moins lobées, remplies, surtout, par les cæcums stomacaux et ovariens. Entièrement enfoncé dans les tissus de l'hôte. Appendices thoraciques formés de tubercules indistincts; abdomen réduit à un simple tubercule portant l'orifice mâle. Antennes avec quatre articles, bien développées. Bouche armée d'un labre et de deux mâchoires. Muscle adducteur très divisé. Pas de stade nauplius libre. Hermaphrodite.

Il existe encore une seule espèce : *Dendrogaster astericola*, N. Knipowitsh, 1890.

Dimensions. — Longueur : 9^{mm}; largeur : 10 à 11^{mm}.

Distribution. — Mer blanche, parasite dans *Echinaster Sarsii* et *Solaster papposus.*

Description. — Extérieurement, cette espèce a la forme d'un sac assez symétrique, rouge orangé, avec surface mamelonnée, dont la partie médiane porte une saillie conique avec une ouverture dorsale. Le corps proprement dit se trouve localisé en ce cône médian ; le reste est formé par un manteau très développé, dans lequel passent, à droite et à gauche, des cæcums stomacaux. Ces ramifications stomacales sont peu à peu refoulées par les larves grandissantes et la cavité du manteau est distendue par elles. Il y a de nombreux plis sur la surface interne du manteau. Le corps proprement dit montre, sur le côté dorsal et convexe, tourné vers la cavité palléale, une segmentation assez nette ; sur la face ventrale, plus aplatie, se trouve une paire de grandes *antennes*, à quatre articles, portant de forts crochets. Entre leurs points d'insertion s'élève un grand *cône buccal*, puis viennent plusieurs tubercules indistincts qui ont peut-être des pattes rudimentaires, et, enfin, une partie arrondie, correspondant à l'*abdomen*, portant, sur la face ventrale, un tubercule, à l'extrémité duquel se trouve l'orifice du canal déférent, et qui correspond à un *pénis.*

Les *pièces buccales* se composent d'une lèvre supérieure très développée présentant une paire de maxillaires soudés à sa face postérieure et ayant une situation nettement post-orale.

L'ouverture externe du cône céphalique conduit dans une cavité étroite, revêtue de chitine, en forme de fente, et où sont situés les organes signalés plus haut.

L'*œsophage*, revêtu de chitine, conduit dans un vaste *estomac* ramifié

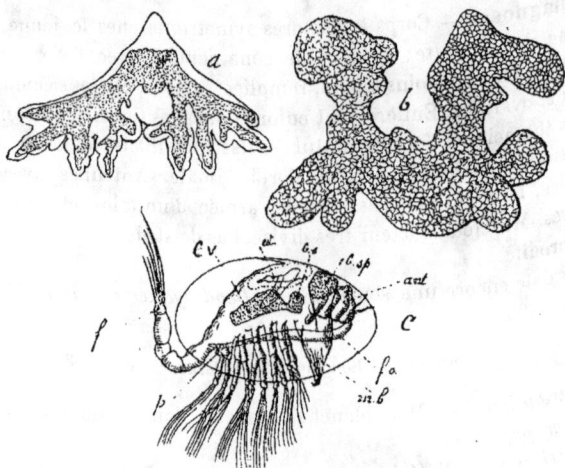

Fig. 345. — *Dendrogaster astericola.* — *a*. Vue d'un jeune. — *b*. vue d'une forme plus âgée. — *c*. Larve au stade cypris. — *ant*, antennes; *fo*, fouet; *m. b*, mamelon buccal; *p*, pénis; G. *sp*, ganglion supra-œsophagien; G. *s*, gangl. sous-œsophagien; C. *v*, corde ventrale; *est.* estomac; d'après Knipowitsh.

en culs-de-sac dont les branches sont situées dans les parois du manteau. Pas d'intestin postérieur, ni d'anus.

Le *système nerveux* est formé par un ganglion supra-œsophagien, uni par deux connectifs à un ganglion sous-œsophagien; puis, vient une chaîne ventrale courte, qui a une forme arrondie et ne montre pas les limites des ganglions; une profonde échancrure dorsale sépare la chaîne ventrale du ganglion sous-œsophagien et, dans cette échancrure, passe un muscle qui se divise, de chaque côté, en beaucoup de fibres et s'insère sur la paroi du corps. Le cône céphalique présente aussi une forte musculature.

Les *testicules*, pairs, se rapprochent dans l'abdomen et leurs extrémités font saillie dans la paroi du manteau; les canaux déférents s'unissent et s'ouvrent sur le tubercule abdominal.

L'*ovaire*, lobé, est placé au-dessus et en avant du testicule.

La *cavité incubatrice* est formée par la cavité du manteau remplie de plus de cinq cents larves-cypris et de leurs mues. On trouve aussi quelques larves, retardées dans leur évolution, et encore entourées de la coque de l'œuf ; elles ressemblent à la cypris. Il ne semble donc pas y avoir de stade nauplius libre ; le développement est raccourci. Les modifications produites pendant les mues sont sans importance.

Les *larves* se distinguent par beaucoup de points des larves ordinaires des Cirrhipèdes. Elles sont presque transparentes, avec une tache orangée sur la face dorsale, se prolongeant, de chaque côté, dans le manteau et qui correspond à l'estomac. Les valves, arrondies aux deux extrémités, sont unies seulement sur un court espace dorsal. Pas d'yeux. Les antennes sont bien développées et portent quatre articles dont le quatrième présente un fort crochet dirigé en haut, avec des soies et un filament olfactif (fouet) très long et dont l'extrémité atteint presque le bord postérieur de la carapace.

Le *cône buccal* est fort, dirigé en avant et en bas, avec la même structure que chez l'adulte ; l'extrémité des mâchoires déborde un peu la carapace. Le *thorax* est formé de cinq segments portant cinq paires d'appendices dont la structure ressemble à celle des autres cypris.

L'*abdomen*, très développé, sert d'organe locomoteur ; il comprend six articles en comptant la fourche terminale ; le premier article porte, sur le côté ventral, un rudiment de pénis et correspond au sixième segment thoracique des autres larves de Cirrhipèdes ; la fourche porte quatorze soies longues et plumeuses.

L'absence de la sixième paire de pattes et d'autres modifications de la structure de ces larves, semblent concorder avec l'opinion de Claus, concernant les rapport des Cirrhipèdes et des Copépodes.

L'organisation interne de ces larves se réduit à un œsophage long, revêtu de chitine et se terminant par une dilatation en cul-de-sac ; il est rempli d'une substance albumineuse et porte deux prolongements latéraux qui passent dans les valves de la carapace ; il n'y a pas non plus d'intestin postérieur. Le système nerveux présente la même structure que chez l'adulte, mais la chaîne ventrale est grande, allongée, avec des ganglions à limites distinctes ; entre la chaîne ventrale et le ganglion sous-œsophagien, on trouve aussi un muscle, très rapproché du bord dorsal de la carapace et qui unit les valves. Beaucoup d'organes larvaires passent donc, sans modification, chez l'adulte.

ASCOTHORACIQUES

Tableau dichotomique des familles et des genres.

ASCOTHORACIQUES.	Appendices thoraciques bien développés. Rames présentes.	Appendices biramés. Sac externe à deux valves.............. → SYNAGOGIDÆ. — *G. Synagoga*, Norman.
		Appendices uniramés. Sac externe avec un simple orifice. → LAURIDÆ. — *G. Laura*, H. de Lacaze-Duthiers.
	Appendices thoraciques très atrophiés. Pas de rames.	Mamelons thoraciques distincts. Sac externe à deux valves. Corps non déformé......... → PETRARCIDÆ. — *G. Petrarca*, G. H. Fowler.
		Mamelons thoraciques indistincts. Pas de sac différencié. Corps, lui-même en forme de sac déformé.............. → DENDROGASTERIDÆ. — *G. Dendrogaster*, Knipowitsh.

CHAPITRE VIII

V. — ORDRE DES APODES

Définition. — Cirrhipèdes nus, de forme allongée, conique, avec deux antennes servant à la fixation. Corps semblant formé de deux segments céphaliques, six thoraciques et trois abdominaux, tous dépourvus d'appendices. Mandibules et mâchoires placées dos à dos, enfermées dans une sorte de capuchon constitué par l'union du labre et des palpes et formant un appareil suceur. Sexes réunis. Métamorphoses inconnues.

Généralités. — Darwin a créé l'ordre des Apodes pour des êtres ver-miformes ressemblant un peu à des larves (avec leur partie antérieure pointue, quoique tronquée, et leur partie postérieure effilée), et à corps formé de onze segments, tous dépourvus d'appendices, d'où le nom qui a été donné à cet Ordre.

A côté de ces caractères larvaires, ils en présentent d'autres qui permettent de les placer nettement, parmi les Cirrhipèdes ; ce sont : la présence de deux antennes préhensiles, le nombre des segments du corps qui est le même que chez *Cryptophialus*, la présence des organes mâles et femelles, le pénis simple, l'absence d'oviductes, et enfin la constitution même de la bouche dans laquelle on trouve les pièces fondamentales de l'appareil buccal des Cirrhipèdes normaux.

Cet ordre est constitué par un seul genre : *Proteolepas*, Darwin, contenant une espèce unique : *P. bivincta*, Darwin. Ce genre doit aussi être élevé au rang de famille.

FAMILLE DES PROTÉOLÉPADIDÉS (*PROTEOLEPADIDÆ*)

Proteolepas bivincta. Darwin, 1853.

Diagnose. — La même que celle de l'Ordre et de la Famille.

Dimensions. — Longueur totale du corps : environ 5mm.

Distribution. — Parasite dans le sac palléal d'*Alepas cornuta*, Darwin ; Saint-Vincent, Amérique.

Description. — Le *Proteolepas bivincta* est logé dans le sac palléal d'*Alepas cornuta*, avec sa face ventrale appliquée contre la surface externe du corps proprement dit de l'*Alepas*, c'est-à-dire qu'il est situé entre cette paroi externe et la paroi interne du manteau, exactement comme le sont les Copépodes parasites : *Leponiscus alepadis*, A. Gruv. par exemple. Sa bouche est placée vers le milieu du prosoma de son hôte qu'il déchire et suce, très probablement.

Le corps du *Proteolepas* est généralement cylindro-conique. Parfois un peu aplati latéralement, avec la face ventrale concave et la face dorsale convexe. La partie postérieure est terminée en pointe mousse et présente la papille péniale, tandis que la partie antérieure est tronquée et porte l'appareil buccal, ainsi que les deux longues antennes de fixation.

Le segment antérieur présente, antérieurement, le mamelon buccal.

Puis, viennent dix-sept autres articles les uns larges, bien développés, dont le premier porte, dorsalement, deux longs appendices grêles, terminés par les antennes préhensiles et les autres de plus en plus rétrécis et cylindro-coniques dont le dernier, qui termine le corps, porte, à son extrémité, une papille représentant le pénis. C'est là une annulation externe qui correspond bien à ce que nous savons des autres Cirrhipèdes, sans que toutefois rien n'indique que l'on a affaire à des segments véritables.

La bouche diffère sensiblement de ce que l'on connaît chez les autres animaux de ce groupe. Elle est plus étroite, à la fois dans le plan longitudinal et dans le plan transversal du corps, que le premier segment, et elle est nettement séparée de lui. Le sommet est carré et formé par le bord libre du labre et des palpes labiaux, qui, au lieu d'être libres, sont unis, au labre sur toute leur longueur, et, entre eux, par leurs extrémités. Cela forme une sorte de voûte dans laquelle se trouvent placées les autres pièces buccales qui sont formées par une paire de pièces placées dos à dos, avec un bord libre arrondi et armé de quelques dents fortes (fig. 346, c). Examinée attentivement, chacune de ces pièces se montre formée de trois parties : une qui se sépare facilement des autres, porte une large dent mousse, et semble correspondre aux mandibules (*md*) ; une autre, plus interne, formée de trois dents, correspondrait aux mâchoires (*mx*) et enfin, plus intérieurement encore, une autre paire qui représenterait les palpes de la lèvre inférieure. Ces diverses pièces sont mues par des muscles nettement striés. Tandis que chez les autres Cirrhipèdes, les pièces de la bouche ont leur partie libre dirigée vers la région centrale et postérieure du labre, ici, au contraire, par un phénomène d'invagination de la partie postérieure dans l'espèce de voûte formée par le labre et les palpes, les pièces masticatrices se sont portées vers l'intérieur et leurs bords libres sont devenus opposés et regardant chacun vers les parties latérales de la voûte buccale, de façon à transformer l'appareil buccal en un appareil intermédiaire entre le type broyeur représenté par les Cirrhipèdes thoraciques et le type suceur ou piqueur représenté par la *Laura*, par exemple. Il s'est formé, en effet, une sorte de camérostome protecteur, à l'abri duquel les autres pièces se sont rétrécies et allongées.

La cuticule externe du corps est mince, transparente et ornée de très petites épines mousses, réunies par groupes. Le système musculaire est constitué par des bandes longitudinales de chaque côté d'un espace médian, libre, dorsal et ventral ; ce sont les muscles dorsaux et ventraux (*m. d* et *m. v*) formés par quatre rubans de chaque côté. De plus, du second au huitième segment, inclusivement, on trouve des muscles latéro-ventraux qui sont placés intérieurement par rapport aux muscles longitudinaux et entourent, en partie, le grand sac ovarien ; quelques-uns se divisent en deux bandes du côté latéral.

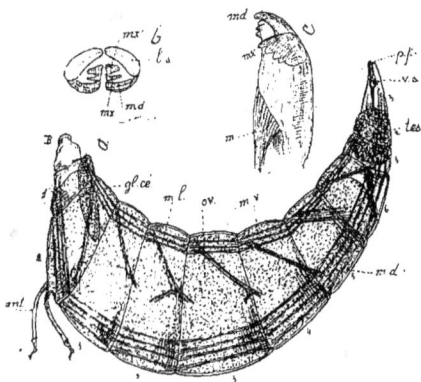

Fig. 346. — *Proteolepas bivincta*, d'après Darwin. — A, animal complet; *gl. cé*, glande cémentaire; *m. l*, muscles latéraux; *m. v*, muscles ventraux; *m. d*, muscles dorsaux; *ant*, antennes; B, mamelon buccal; *tes*, testicule; *v. s*, vésicule séminale; *p. p*, papille péniale. B, diagramme, en coupe transversale, de l'appareil buccal; *l. s*, lèvre supérieure; *md*, mandibule; *mx*, mâchoire; *mx'*, 2ᵉ mâchoire ou lèvre inférieure. C, le même vu de profil, mêmes lettres; *m*, muscle moteur.

En ce qui concerne la division du corps en trois régions : céphalique, thoracique et abdominale, nous ne saurions, actuellement, conserver la nomenclature de Darwin qui considérait le premier segment seul comme céphalique, les sept suivants comme thoraciques et les trois derniers comme abdominaux.

L'étude que nous venons de faire des ASCOTHORACIQUES et les notions générales admises sur la valeur des appendices, nous permettent de dire, tout d'abord, que les antennes sont toujours des appendices céphaliques ; donc, le second segment, considéré comme thoracique par Darwin, est nettement céphalique, puisque c'est lui qui porte les antennes et correspond exactement au second article de la *Laura* par exemple, article qui, lui aussi, porte les antennes. Les six autres segments sont

thoraciques et correspondent aux six segments articulés des Ascothoraciques ; quant aux trois derniers, ils sont évidemment abdominaux.
Le nombre total des segments est donc le même que chez la *Laura* et
le *Cryptophialus*, par exemple. Cela nous permet de retrouver des
relations étroites entre le genre *Proteolepas* et les Cirrhipèdes normaux,
ce qui serait fort difficile dans l'hypothèse émise par Darwin.

L'appareil digestif est réduit à un simple tube œsophagien, très court,
puisqu'il atteint à peine la longueur du premier segment du corps.
Ce tube est terminé en cul-de-sac et légèrement dilaté. Il présente,
dans sa partie supérieure, une couche de muscles radiaires et il est
possible qu'il n'ait qu'une importance très relative dans l'alimentation
de l'animal. — Il n'y a ni système nerveux, ni organes des sens, ni
appareil respiratoire connus, mais Darwin signale sur la face dorsale et
médiane de l'abdomen, une lacune assez vaste, en rapport, lui semble-
t-il, avec l'appareil circulatoire.

Toute la cavité du corps est, en réalité, occupée par un très vaste sac
ovarien, qui s'étend sur les huit premiers anneaux du corps et par un
testicule qui occupe les trois derniers segments.

L'ovaire est formé, sur sa périphérie, de nombreuses cellules germinatives, tandis que le centre est rempli d'œufs très petits et extrêmement
nombreux. Il ne semble pas y avoir d'oviductes et les œufs seraient
expulsés par rupture des parois de l'ovaire et du corps.

Darwin décrit sous le nom de « vrai ovaire » (true ovaria), deux masses
glandulaires placées sur les parties latérales des deux premiers segments
du corps et ayant un peu la forme d'un boudin. Ces glandes qui lui
semblaient communiquer avec le sac ovarien et présenter la même
structure que lui, sont, comme nous le verrons plus loin, les glandes
cémentaires.

La masse testiculaire est contenue, comme nous l'avons déjà vu, dans
l'abdomen. Les spermatozoïdes se réunissent dans un certain nombre de
canaux assez larges, remplissant le rôle de vésicules séminales. Ils
vont s'ouvrir sur une petite papille, située un peu ventralement à l'extrémité de l'abdomen, et qui représente le pénis.

Le *Proteolepas* est fixé sur son hôte par une paire de cordons minces
mais allongés, placés à la partie médiane et dorsale du deuxième article
céphalique et portant, à leur extrémité, des antennes préhensiles très
semblables à ce qu'elles sont dans les autres genres, avec un disque
orné d'un petit appendice couronné d'épines.

Darwin pensait que les antennes recevaient directement de l'ovaire
les conduits cémentaires ainsi que la substance qui sert à la fixation, et

qui ne serait qu'une légère modification des produits des cellules ovariennes. Nous savons maintenant qu'il y a entre la constitution histologique de l'ovaire et celle des glandes cémentaires une différence considérable et que les prétendus vrais ovaires de Darwin ne sont autre chose que les glandes cémentaires du *Proteolepas*. Elles correspondent par leur forme et même, dans certains cas, leur position, avec ces mêmes organes chez les mâles nains des *Scalpellum*, par exemple.

Par la constitution générale de son corps, le nombre des articles qui le composent, la structure de l'appareil buccal, etc., le *Proteolepas* se rapproche davantage des Ascothoraciques, en particulier de la *Laura*, que des Acrothoraciques. A cause de la disparition totale de ses appendices, le corps ne forme plus qu'une sorte de sac, uniquement occupé par l'appareil génital.

Étant donnée la structure de son appareil masticateur, le *Proteolepas* doit vivre entièrement aux dépens de l'hôte au milieu des tissus duquel il vit. Cette condition biologique, ainsi que la forme de sac, sans appendices, de son corps, permettent de considérer ce type comme formant une transition entre les Cirrhipèdes normaux et les véritables parasites comme les Rhizocéphales.

Tableau général de la classification des CIRRHIPÈDES ou THÉCOSTRACÉS.

THECOSTRACA	THORACICA	Pedonculata .... / Operculata . { Asymetrica.. / Symetrica...		Cirrhes normaux et occupant toute la longueur du thorax.
	ACROTHORACICA			Cirrhes généralement réduits en nombre, mais bien développés, localisés à l'extrémité postérieure du thorax.
	ASCOTHORACICA			Cirrhes occupant à peu près tout le thorax, mais, le plus souvent, très atrophiés.
	APODA			Cirrhes absents chez l'adulte avec un appareil buccal bien développé chez l'adulte également.
	RHIZOCEPHALA			Cirrhes absents et pas d'appareil buccal chez l'adulte, mais des sortes de suçoirs se répandant au milieu des tissus de l'hôte.

GRUVEL. — Cirrhipèdes.

23

CHAPITRE IX

A. — RELATIONS ENTRE LES DIVERS ORDRES
DE CIRRHIPÈDES

Dans le chapitre I de ce volume, nous avons divisé les **Cirrhipèdes** ou **Thécostracés** en cinq ordres : les THORACIQUES, les ACROTHORACIQUES, les ASCOTHORACIQUES, les APODES et les RHIZOCÉPHALES ou KENTROGONIDES.

Nous avons montré dans la partie systématique des THORACIQUES quels étaient les rapports qui unissaient les formes ancestrales aux PÉDONCULÉS tout d'abord, puis comment, de ces formes, étaient dérivés les OPERCULÉS ASYMÉTRIQUES et enfin les SYMÉTRIQUES ; nous n'y reviendrons pas ici. (Voy. pages 4, 169 et 192.)

Nous avons vu également (page 310) pour quelles raisons nous avons séparé le genre *Alcippe* des PÉDONCULÉS pour le placer parmi les ACROTHORACIQUES, et aussi pourquoi nous avons cru devoir remplacer le nom d'ABDOMINAUX par celui de ACROTHORACIQUES pour désigner l'ensemble des quatre genres *Lithoglyptes, Cryptophialus, Alcippe* et *Kochlorine* que nous avons élevés, chacun, au rang de famille.

Quels sont maintenant les rapports qui unissent les CIRRHIPÈDES THORACIQUES aux autres groupes ?

Il semblerait tout d'abord que les ASCOTHORACIQUES se rapprochent plus des THORACIQUES que les ACROTHORACIQUES. Comme ceux-là, en effet, ils sont hermaphrodites et présentent des appendices qui, quoique nets, sont plus ou moins rudimentaires.

Mais nous avons montré que les ACROTHORACIQUES ne sont autre chose que des Pédonculés chez lesquels, pour des causes purement biologiques, les appendices thoraciques ont été repoussés tout à fait à l'extrémité postérieure du corps, afin de pouvoir remplir les fonctions qui leur sont dévolues ; il arrive même, dans les genres *Alcippe* et *Cryptophialus*, que les *appendices terminaux*, disparaissent complètement, comme chez la majorité des OPERCULÉS SYMÉTRIQUES et probablement pour les mêmes raisons.

De plus, la segmentation externe est la plupart du temps tout à fait indistincte et il est souvent impossible de dire, exactement, combien de segments séparent la tête de la partie postérieure du corps. Nous savons, en effet, qu'au point de vue morphologique, on n'est sûr de la valeur d'un segment, que s'il est porteur d'une paire d'appendices ou d'une paire de ganglions nerveux; or, ici, il n'y a ni l'une ni l'autre condition de remplie.

Par leur forme générale, par la présence, chez quelques-uns, des appendices terminaux et d'un disque de fixation, ces petits êtres se rapprochent plus spécialement des Pédonculés et en particulier du genre *Lithotrya*; mais, par la séparation des sexes et la présence de mâles nains fixés sur la femelle, ils se rattachent au genre *Scalpellum* et plus spécialement encore au genre *Ibla*. Les trois genres *Lithoglyptes*, *Cryptophialus* et *Alcippe* ne se distinguent guère que par la réduction, plus ou moins considérable, du nombre des appendices. Quant au genre *Kochlorine*, il est nettement caractérisé par l'absence de disque de fixation. L'animal peut, en appliquant fortement les crochets de son sac contre la paroi de la loge qu'il occupe, s'y fixer transitoirement de façon à s'en faire un point d'appui. Ses éperons chitineux jouent, physiologiquement, le même rôle que le disque.

Nous passons facilement des ACROTHORACIQUES aux ASCOTHORACIQUES par le genre *Synagoga* à cirrhes biramés et le genre *Laura*, chez lequel il existe une seule rame. Dans le genre *Petrarca*, se manifeste une profonde atrophie des appendices qui ne sont plus représentés que par de simples mamelons. Ceux-ci deviennent à peine perceptibles dans le genre *Dendrogaster* et, seulement, chez les jeunes. Dans ce genre, le sac externe a disparu, c'est le corps même du Cirrhipède qui se déforme sous la pression des produits génitaux et prend, finalement, l'aspect d'une outre plus ou moins bosselée et informe où il est impossible de rien distinguer de précis, exactement comme cela se produit pour les femelles de certains Copépodes parasites, par exemple. Les APODES ne présentent plus trace d'appendices, même à l'état jeune.

Nous arrivons ainsi aux formes nettement parasites, et même on peut dire, endoparasites qui constituent l'ordre des RHIZOCÉPHALES ou KENTRO-GONIDES avec les Sacculines, les Peltogasters, etc.

Nous avons donné les raisons qui nous font laisser de côté, ici, ce groupe si intéressant, mais dont l'étude n'est pas absolument nécessaire pour la compréhension de la valeur morphologique des Cirrhipèdes en général.

Nous pouvons résumer schématiquement dans le tableau suivant les rapports qui nous semblent exister entre les Cirrhipèdes ancestraux et les divers ordres dont l'ensemble constitue les groupes différents de ces animaux, actuellement vivants.

Tableau schématique montrant les rapports existant entre les divers ordres de CIRRHIPÈDES.

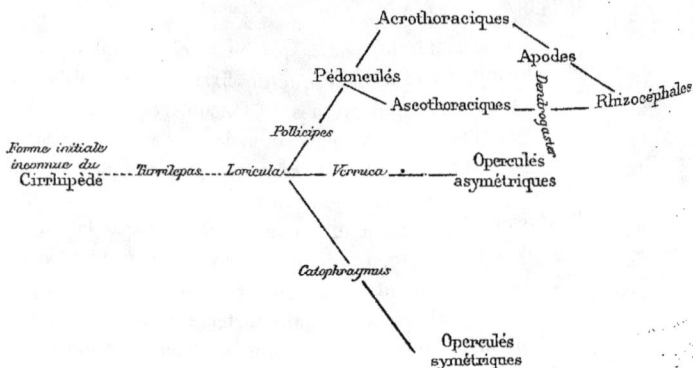

B. — DÉFINITION GÉNÉRALE DE LA SOUS-CLASSE DES CIRRHIPÈDES

Maintenant que nous avons passé en revue les différents ordres qui forment la sous-classe des CIRRHIPÈDES ou THÉCOSTRACÉS, nous pouvons en donner une définition générale.

Les CIRRHIPÈDES ou THÉCOSTRACÉS sont des Crustacés fixés, généralement, pendant la plus grande partie de leur existence, à l'aide d'une paire d'antennes céphaliques; corps proprement dit recouvert, plus ou moins complètement, par des expansions palléales sécrétant extérieurement, une cuticule chitineuse qui peut ou non s'incruster de calcaire; type ancestral constitué par quinze segments nettement caractérisés par des appendices : six céphaliques, six thoraciques et trois abdominaux. Yeux rudimentaires ou nuls; bouche saillante, généralement conformée pour la mastication et comprenant un labre avec des palpes, une paire de mandibules, une paire de mâchoires, une lèvre inférieure avec palpes bien développés (deuxièmes mâchoires des auteurs); thorax formé de six segments portant chacun, normalement, une paire d'appendices biramés et multiarticulés. Abdomen le plus généralement rudimentaire;

branchies, quand elles existent, formées par une duplicature plus ou moins considérable du manteau et placées latéralement sur la face interne de cet organe. Généralement hermaphrodites, mais quand ils sont unisexués, présence de mâles nains fixés en un point variable de la femelle, mais toujours à proximité de l'orifice palléal externe. Pénis impair et médian placé à la partie terminale du corps, entre les appendices terminaux plus ou moins développés ou nuls. Ovaire placé dans le manteau ou ses dépendances; deux oviductes s'ouvrant, le plus souvent, par deux orifices latéraux situés à la base de la première paire de cirrhes.

Généralement trois phases larvaires distinctes et successives : nauplius, métanauplius et cypris.

CHAPITRE X

CIRRHIPÈDES THORACIQUES

B. — PARTIE ANATOMIQUE

L'étude anatomique des Cirrhipèdes thoraciques a déjà été faite, à des points de vue divers, par un certain nombre d'auteurs dont les principaux sont : Burmeister (1834) (1), Martin Saint-Ange (1835), Darwin (1851-53), Krohn (1859), Brandt (1871), Kossmann (1874), Pouchet et Jobert (1876), Lang (1877), Hœk (1883), Kœhler (1889, 1899 et 1892), Nussbaum (1890), E. Filatowa (1902) et Gruvel (1890-1904). Enfin, tout récemment (1903) a paru un intéressant travail de Wilhelm Berndt, sur l'anatomie et la biologie d'*Alcippe lampas*, dans lequel cet auteur confirme la plupart des résultats anatomiques que nous avons consignés dans notre étude sur les Cirrhipèdes normaux.

Le cadre de cet ouvrage ne nous permettant pas de discuter les recherches des divers auteurs que nous venons de signaler, nous donnerons ici un simple résumé de l'ensemble, qui nous paraîtra le mieux répondre à la réalité des faits observés par nous.

Les caractères anatomiques des *Cirrhipèdes thoraciques* sont, en réalité, très peu différents chez les *Pédonculés* et chez les *Operculés*, en ce qui concerne l'animal proprement dit. Il nous sera facile d'en donner une idée générale très nette en quelques pages. Il n'en est pas de même des formations cuticulaires qui présentent, au contraire, des différences considérables de l'un à l'autre groupe et que nous serons, par conséquent, obligé d'étudier séparément.

1. FORMATIONS CUTICULAIRES

a. *PÉDONCULÉS*. — Les formations cuticulaires des Pédonculés, sont, comme on l'a vu, les *écailles* sur le pédoncule et les *plaques* sur le capitulum ; ces dernières ne seraient, d'après notre théorie, que des écailles modifiées et adaptées à des fonctions de protection.

(1) Voir l'Index bibliographique à la fin de l'ouvrage.

Écailles. — Les écailles, bien développées chez les *Pollicipes, Scalpellum*, etc., où elles se présentent sous la forme de petites lames calcaires d'à peine un millimètre de long, enchâssées dans la cuticule, rappellent parfois des poils (*Ibla*) ou des nodules arrondis plus ou moins régulièrement (*Dichelaspis, Alepas*, etc.); ils sont, généralement, dans ces derniers cas, dépourvus de substance calcaire.

Ces formations sont toutes supportées par une cuticule purement chitineuse, formée de couches concentriques, successivement déposées du côté interne par le manteau, et qui recouvre entièrement le pédoncule et le capitulum où elle est généralement beaucoup moins épaisse que dans le pédoncule à cause du développement, le plus souvent assez considérable, des plaques.

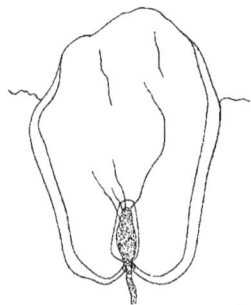

Fig. 347. — Coupe de l'organe de *Kœhler* des écailles de *Pollicipes cornucopia*, Leach.

Si l'on pratique des séries de coupes longitudinales dans l'une des écailles d'un *Pollicipes*, on remarque tout d'abord une large surface, d'apparence homogène, mais présentant des stries d'accroissement à peu près concentriques, tandis qu'à la base et dans la partie centrale se trouve une cavité d'environ 40 à 50 μ de diamètre, plus ou moins sphérique ou ovoïde, qui se termine inférieurement par une sorte de tube dont la chitine est plus jaunâtre et qui s'enfonce dans la cuticule pédonculaire qu'elle traverse pour s'arrêter au niveau du manteau. Les parois internes de la loge présentent de fins orifices qui se continuent par de très petits canalicules traversant la masse de l'écaille et allant aboutir à l'extérieur. Le canal qui traverse la cuticule contient un nerf assez volumineux qui arrive du manteau,

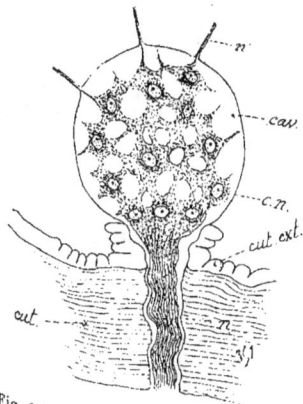

Fig. 348. — Organe de Kœhler de *Pollicipes elegans: cut*, cuticule pédonculaire; *n*, nerf venant du manteau : *cav*, cavité placée à la base de l'écaille et contenant l'organe nerveux; *c. n*, cellules nerveuses; *n'*, nerf se rendant à la périphérie de l'écaille.

présente parfois une cellule nerveuse et va se jeter dans un véritable ganglion placé sur l'extrémité interne et dilatée du canal, comme un œuf sur un coquetier. Tantôt les cellules de ce ganglion sont très serrées et nombreuses, souvent cachées par du pigment (*P. cornucopia*), tantôt, au contraire, dissociées (*P. elegans*) et de ces cellules partent des prolongements qui pénètrent dans les canalicules de l'écaille et vont souvent se terminer à sa surface par une sorte de bâtonnet chitineux court.

Ces organites nerveux des écailles que nous avons désignés sous le nom d'*organes de Kœller* pour indiquer que, le premier, cet auteur a signalé une formation spéciale au centre des écailles, sont très probablement destinés à renseigner l'animal sur les ébranlements du milieu ambiant.

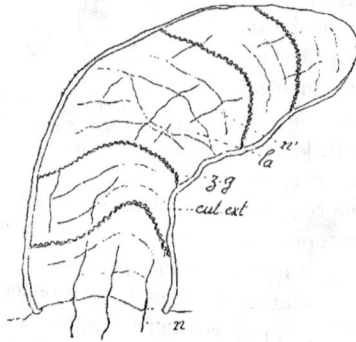

On retrouve cet organe, non seulement dans les écailles moyennes ou inférieures, mais aussi dans celles qui sont le plus rapprochées du capitulum, avec, cependant, des modifications plus ou moins profondes. Le canal de la cuticule commence par disparaître, alors le nerf du manteau pénètre dans le ganglion non plus par un cordon unique, mais à l'état de dissociation ; puis, la masse nerveuse s'atrophie de plus en plus et enfin disparaît de l'écaille. Mais, dans ce cas, on trouve encore, dans le manteau, des cellules ganglionnaires qui finissent, elles aussi, par disparaître à leur tour. De sorte qu'il ne reste plus que les filets nerveux qui traversent la plaque et vont se terminer à sa surface. Ces formations, dont il est impossible de comprendre le sens si l'on ne prend pas l'écaille pour point de départ, sont, comme on le voit, faciles à expliquer ainsi.

Fig. 349. — Coupe longitudinale d'une écaille de la région supérieure du pédoncule : *n*, nerf venant du manteau ; *n'*, son prolongement vers la périphérie de l'écaille : *cut. ext*, cuticule externe ; *la*, lacune traumatique.

Plaques capitulaires. — Les plaques peuvent être considérées, anatomiquement, comme des écailles plus ou moins développées. Elles sont, en effet, constituées, comme les écailles les plus élevées, par des couches chitineuses successives, superposées et à peu près parallèles au manteau avec lequel elles restent en contact permanent, ce qui explique leur accroissement continu, car les lamelles chitineuses qui forment la plaque sont toutes directement et successivement formées par l'épithélium palléal externe. On remarque, séparant un certain nombre de zones cuticulaires normales, des couches godronnées, plus épaisses que les couches chitineuses ordinaires de couleur jaunâtre, et qui doivent être sécrétées à certains moments de prolifération cellulaire plus intense. On trouve aussi parfois, entre les couches de chitine, des lacunes plus ou moins vastes, dues à la disparition de la substance calcaire par la décalcification. Enfin, toutes ces couches successives sont traversées, à peu près perpendiculairement, par des canaux très sinueux et dont nous connaissons, maintenant, la valeur morphologique. Mais, dans les animaux de grande taille, ces canaux ne recevant plus de prolongements nerveux, restent vides.

Donc, anatomiquement comme phylogénétiquement, les plaques ne sont autre chose que des écailles qui se sont développées et adaptées à des fonctions de protection.

Ces organes atteignent leur maximum de développement, en nombre et quelquefois en dimensions, dans les genres *Pollicipes* et *Scalpellum*. Si, dans le genre *Lithotrya*, leur nombre et leurs dimensions sont plus

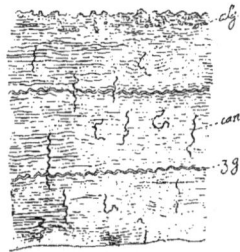

Fig. 350. — Coupe d'une plaque capitulaire de *Pollicipes*: *can*, canalicules; *z. g*, zones godronnées; *alg*, algues dans la paroi calcaire.

réduits, cela tient à l'habitat de ces animaux dans les rochers. L'accroissement en largeur devient très difficile, aussi se fait-il surtout en hauteur et, même, les plaques accessoires : rostre, sous-carène et plaques latérales, ont-elles peu à peu diminué d'importance pour disparaître finalement.

Le type normal et bien pondéré peut être représenté par les *Pentaspidæ* où il existe cinq plaques bien développées; mais, à partir du genre *Lepas*, quelques-unes de ces formations entrent en régression; d'abord, les terga, chez les *Pœcilasma*, puis, les scuta se divisent (*Dichelaspis*), mais subsistent, sous la forme de plaques chitineuses jusque dans le genre *Alepas*, et enfin, toutes les plaques peuvent disparaître (*Alepas, Anelasma*). La régression des plaques suit donc une marche parallèle à celle des écailles, mais cependant moins rapide.

Quand les plaques ont complètement disparu, on trouve encore, sur la cuticule capitulaire, des nodules chitineux, plus ou moins nombreux et groupés et qui doivent remplacer, morphologiquement, les plaques absentes. Il se développe aussi, entre ces granulations, des soies sensitives, généralement isolées au centre d'un groupe de nodules (*Alepas*).

L'organe de Kœlher ne se rencontre dans aucun autre genre, même dans le genre *Lithotrya*.

Organes vésiculeux. — Bien que la description de ces organes serait peut-être mieux placée avec les organes des sens, nous croyons devoir en parler ici, puisqu'ils se rencontrent dans l'épaisseur de la cuticule qui limite le bord occluseur des terga et des scuta. Ils ressemblent, aussi beaucoup, comme structure et comme fonctions, aux organes de Kœhler. Ce sont des vésicules très nombreuses, remplies, à peu près complètement, par une cellule nerveuse recevant à sa base le prolongement d'un nerf venant du manteau. On ne les trouve que dans le genre *Lepas*, excepté *L. fascicularis* et *L. pectinata*. Ils sont absents partout ailleurs.

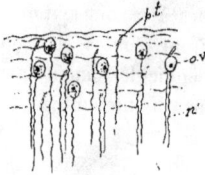

Fig. 351. — Organes vésiculeux de *Lepas anatifera*: *o. v*, organes vésiculeux; *n'*, nerfs venant du manteau; *p. t*, soies sensitives.

b. *OPERCULÉS*. — Le test des Operculés est simple chez tous les Asymétriques, mais peut présenter, chez certains Symétriques, une grande complication.

α. **Asymétriques**. — Les différentes pièces du test des Verrucida sont uniquement formées de lames chitineuses directement sécrétées par le manteau et simplement superposées. Ces lames, toujours anhistes, présentent des sortes de trémas très fins, irréguliers, dans lesquels se dépose la substance calcaire qui les unit les unes aux autres. On retrouve toujours au point d'origine, le test primitif, constitué immédiatement après le stade cypris, et qui est formé d'une substance chitineuse générale dans laquelle sont creusées des vacuoles régulières contenant chacune une cellule, vivante au début, mais qui meurt peu à peu, avec les progrès de la minéralisation.

Toutes ces lames chitineuses sont traversées, plus ou moins perpendiculairement, par des tubes extrêmement fins se rendant à la base de soies externes disposées en séries parallèles. Ce sont des formations homologues aux tubes que nous avons signalés dans les écailles et surtout dans les plaques des Pédonculés.

La base est simplement formée par une ou plusieurs lames chitineuses anhistes portant deux séries de glandes légèrement renflées et toutes réunies par un canal commun qui va dans deux directions opposées, de l'antenne larvaire à peu près centrale, à la périphérie. De ces glandes, tapissées par un épithélium net, au moins chez les plus rapprochées du bord, c'est-à-dire les dernières formées, partent des tubes cémentaires qui sont parallèles au bord de la base et se dicho-

tomisent bientôt pour envoyer sur toute sa surface de fins prolongements qui conduisent à l'extérieur la substance sécrétée par les glandes,
c'est-à-dire le cément, et permettent ainsi une fixation énergique de
l'animal sur son support.

β. **Symétriques.** — Chez la plupart des Operculés symétriques, nous
trouvons une complication, parfois très grande, dans la structure du
test ; aussi, pour plus de clarté, devrons-nous étudier successivement :
la muraille, la base et l'appareil operculaire.

Muraille. — La muraille est, comme on le sait, formée par la réunion
d'un nombre variable de pièces, mais dépassant très rarement huit.

Si, comme nous l'avons indiqué plus haut, le test des Operculés

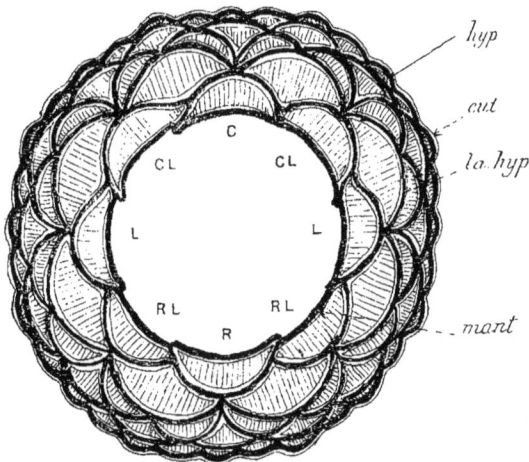

Fig. 352. — Constitution schématique de la muraille de *Catophragmus* : *hyp*, hypoderme:
cut, cuticule externe : *la. hyp*. lames hypodermiques ; *mant*, manteau.

dérive directement de celui des formes ancestrales de Pédonculés :
Turrilepas, *Loricula*, etc., nous devons retrouver chez les espèces les
plus primitives, une structure des pièces assez semblable à celle des
plaques des Pédonculés.

Il existe un type qui fait nettement le passage entre ces formes primitives et les Operculés symétriques nets, c'est le genre *Catophragmus*.

La muraille est en effet composée, non pas de huit pièces seulement,
mais d'un assez grand nombre dont huit principales et internes et
d'autres en séries concentriques, d'autant plus petites qu'elles sont plus
externes. Chacune d'elles, petite ou grande, généralement en forme de
prisme triangulaire, est formée par des lames concentriques.

Toutes ces lames chitineuses sont emboîtées les unes dans les autres et réunies entre elles, sur le vivant, par la substance calcaire. La couche la plus externe est recouverte, sur toutes ses faces, par une production épithéliale formée de deux couches, l'une interne, l'autre externe, de cellules aplaties et contenant des faisceaux musculaires qui s'insèrent, d'une part au niveau supérieur de la lame palléale et, d'autre part, sur la base. Ces parties cellulaires, *toujours vivantes*, constituent, en réalité, une dépendance du manteau. A chaque période d'accroissement elles sécrètent une nouvelle lame chitineuse qui s'incruste de calcaire et

Fig. 353. — Structure schématique de l'une des pièces de la paroi de *Catophragmus*.

augmente la pièce en diamètre transversal et en hauteur, puisque chaque lame est plus développée, vers la base, que la précédente.

Supposons que chaque pièce de la muraille d'un Operculé se trouve réduite à une seule des pièces de *Catophragmus* ; elle ne sera plus, naturellement, tapissée que sur une face seulement par le manteau et nous aurons, alors, la constitution normale de l'une des formes les moins évoluées d'Operculés symétriques, par exemple le genre *Chthamalus*, dont les pièces sont formées par des lames chitineuses, directement sécrétées par le manteau et juxtaposées comme dans le genre *Verruca*. Cette constitution simple se rencontre encore dans les genres *Chamæsipho*, *Acasta*, *Stephanolepas*, etc.

Dans certains cas, il s'ajoute sur la couche la plus externe, une mince cuticule, sécrétée par une lame épithéliale mince, vivante seulement dans les zones inférieures qui seules s'accroissent et que nous désignerons sous le nom d'*hypoderme*. Cette formation représente, morphologiquement, la partie la plus externe

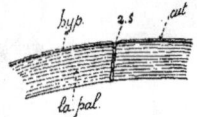

Fig. 354. — Coupe schématique de la paroi de *Chthamalus* : *cut*, cuticule ; *hyp*, hypoderme ; *la. pal*, lames sécrétées par le manteau ; *z. s*, zones de suture des pièces de la muraille.

du manteau, dans le genre *Catophragmus*. De plus, les lames internes sécrétées par le manteau, au lieu d'être simplement juxtaposées, peuvent se coiffer l'une l'autre, la dernière étant recouverte par la précédente, de façon à former, dans la région supéro-interne de la muraille, une partie réfléchie et saillante avec des stries parallèles d'accroissement et que nous appellerons, avec Darwin, la *gaine*.

C'est cette structure que l'on rencontre chez *Elminius Kingi* par exemple. Mais l'hypoderme, qui jusqu'ici était représenté par une simple couche épithéliale superficielle, peut se mettre à pousser des prolongements *internes*, plus ou moins ramifiés, sous forme de lames, faisant de plus en plus saillie vers le manteau, à mesure que l'animal grandit ; or, le manteau sécrète à son tour des lames internes parallèles, ou à peu près, à son bord périphérique et qui viennent doubler les lames radiaires de l'hypoderme pour augmenter l'épaisseur de la paroi. C'est ce qui se présente chez *Elminius plicatus*, *Balanus flosculus*, etc.

Tantôt, les lames hypodermiques se dirigent toutes, plus ou moins régulièrement, vers le centre, comme c'est le cas pour les espèces précédentes, tantôt, elles se séparent et pour chacune d'elles, la principale, qui est radiaire, donne des prolongements latéraux, formant avec la première, un angle variable, quelquefois presque droit (*Pyrgoma anglicum*). La gaine est, dans ces espèces, toujours bien développée et elle forme des sortes d'infundibulum destinés à loger les cônes palléaux, au nombre de un par pièce, excepté pour la carène et le rostre qui en ont chacun deux, signe évident de leur origine bilatérale. Ces expansions secondaires prennent leur maximum de développement chez certaines formes de Balanes (*B. balanoïdes*, *B. psittacus*, *B. tintinnabulum*, *B. perforatus*, etc.) chez

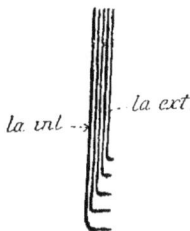

Fig. 355. — Coupe schématique de la muraille de *Stephanolepas* : *la, int*, lames internes *la, ext*, lames externes.

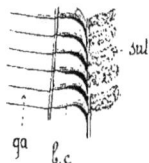

Fig. 356. — Aspect des lames palléales en capuchon : *ga*, gaine ; *l. c*, lames en capuchon ; *sut*, lames suturales.

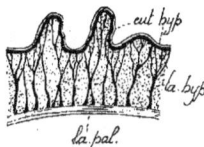

Fig. 357. — Coupe schématique de la paroi de *Elminius plicatus* ; *cut*, cuticules externes : *hyp*, hypoderme ; *la. hyp*, lames hypodermiques profondes; *la. pal*, lames sécrétées par le manteau.

lesquelles aussi, outre les lames de nature hypodermique et entre elles, on trouve des sortes de petits canaux, coniques ou pyramidaux, qui occupent toute la hauteur des parois.

Des coupes transversales de très jeunes Balanes, au moment où elles ont à peine dépassé le stade cypris sont intéressantes à étudier, à ce point de vue. On voit que le manteau forme des prolongements externes, qui, par les progrès de la calcification, se trouvent peu à peu séparés de lui et emprisonnés dans une paroi calcaire ; à mesure que la muraille grandit, ces sortes de *colonnettes* s'allongent et s'élargissent ; comme, généralement, elles se calcifient peu à peu du côté externe, la partie restée vivante diminue de plus en plus en diamètre jusqu'à envahir parfois toute la largeur. La calcification se fait normalement de haut en bas, de sorte que, vers la base, on trouve des colonnettes avec parfois une partie calcifiée périphérique, et toujours une partie centrale vivante.

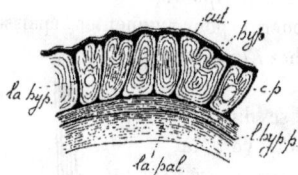

Fig. 358. — Coupe schématique de la paroi de *Pachylasma giganteum* : *cut*, cuticule externe ; *hyp*, hypoderme ; *la. hyp*, lames hypodermiques radiaires : *l. hyp. p*, lame hypodermique profonde ; *la. pal*, lames sécrétées directement par le manteau.

Balanus balanoïdes constitue une forme de passage entre les types à muraille *solide* et ceux à muraille *poreuse*, car, dans cette espèce, on trouve les deux structures représentées. *Pachylasma giganteum* dont la muraille est toujours poreuse, est identique à la forme, également poreuse, de *B. balanoïdes*.

Mais il arrive, dans certains cas, que le manteau après avoir détaché une première série de colonnettes, en forme une seconde, plus intérieurement, puis une troisième et quelquefois ainsi sept, huit et

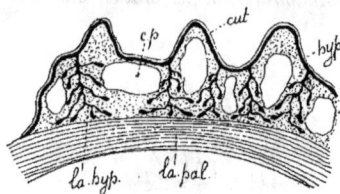

Fig. 359. — Coupe schématique de la paroi de *Bal. porcatus*: *cut*, cuticule : *hyp*, hypoderme : *la. hyp*, lames hypodermiques dichotomisées ; *c. p*, canaux pariétaux : *la. pal*, lames sécrétées par le manteau.

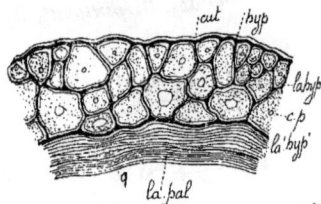

Fig. 360. — Coupe schématique de la paroi de *Tetraclita porosa* : *cut*, cuticule ; *hyp*, hypoderme ; *la. hyp*, lames hypodermiques radiaires ; *la'. hyp'*, lames hypodermiques profondes ; *c. p*, canaux de la paroi ; *la. pal*, lames sécrétées par le manteau.

même davantage. Nous aurons alors chez les formes adultes, une paroi formée de séries de colonnettes accolées les unes aux autres et seulement séparées par une légère cloison calcaire. Elles peuvent même, dans les parties supérieures de la muraille, être plus ou moins complètement calcifiées.

C'est ce qui se rencontre dans toutes les espèces de *Tetraclita*, sauf *T. rosea* qui ne présente qu'une seule série de tubes ; de même chez

B. cariosus, où les canaux sont généralement plus nombreux et surtout plus irréguliers ; mais ici, il s'ajoute, du côté externe, des crêtes ou saillies qui sont des proliférations *externes* de l'hypoderme, que nous trouverons très développées dans certains genres, *Xenobalanus* et *Cryptolepas*, par exemple.

On peut, par des expériences appropriées, se rendre facilement compte de la sécrétion calcaire qui se produit par les lames hypodermiques et aussi par les colonnettes centrales (1).

Dans la plupart des cas, les lames hypodermiques ne sont vivantes que vers la partie inférieure de la muraille ; dans ces conditions la sécrétion externe ne se produit qu'en ces régions, mais d'autres fois (*B. tintinnabulum*, *B. perforatus*, par exemple), il peut se produire, aux dépens d'une très petite partie encore vivante, des néoformations qui remplacent la zone morte. Dans ces conditions, la sécrétion continue à se faire à ce niveau.

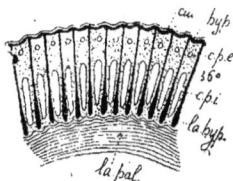

Fig. 361. — Coupe de la paroi de *Tubicinella trachealis*. — Mêmes indications que fig. 359.

Nous arrivons ainsi à des formes (*Platylepas*, *Chelonobia*, *Tubicinella*) chez lesquelles les lames hypodermiques et les canaux pariétaux prennent un développement de plus en plus considérable pour atteindre le maximum, avec les *Coronula*, à tel point que certains canaux pariétaux sont remplis par l'épiderme hypertrophié de l'hôte

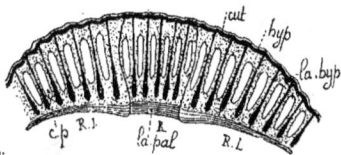

Fig. 362. — Coupe de la paroi de *Chelonobia manati* (région de la gaine). — Mêmes indications.

sur lequel sont fixés les animaux et que d'autres renferment des prolongements de l'ovaire.

Chez *Platylepas bissexlobata* la muraille est massive, mais les lames hypodermiques sont très nombreuses et de longueurs différentes, les unes venant au contact du manteau, les autres étant restées beaucoup plus courtes.

Chez *Tubicinella trachealis*, la structure est à peu près la même, mais, entre les lames hypodermiques se sont introduites des colonnettes palléales très allongées radiairement. Déjà chez *Chelonobia manati*, les canaux pariétaux sont très développés dans la partie inférieure de

(1) Voir *A. Gruvel*, Revision des Cirrhipèdes du Muséum. Partie anatomique. (*Nouvelles Archives du Muséum*, 4e série, t. VI, 1904, p. 94.)

la muraille et apparaissent même légèrement au niveau de la gaine.

Enfin, chez *Coronula diadema*, les canaux pariétaux sont très développés, au nombre de trois par pièce, renfermant les proliférations de l'épithélium de la baleine. Mais entre ces canaux d'une part et les rayons et les ailes de l'autre se trouvent d'autres cavités en commu-

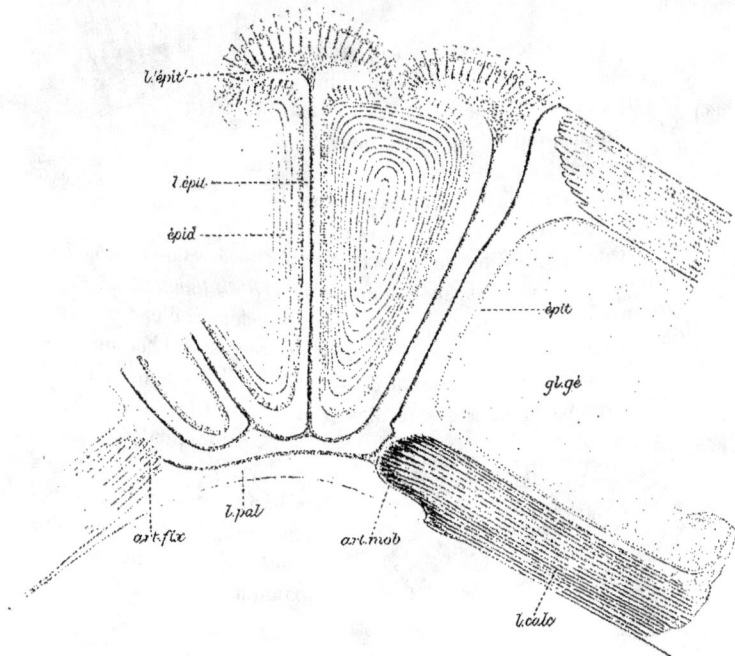

Fig. 363. — Coupe de la paroi de *Coronula diadema* : *l. épit*, lames hypodermiques radiaires; *l. épit'*, lames hypodermiques secondaires; *l. calc*, lames calcaires articulaires; *art. fix*, articulation fixe; *art. mob*, articulation mobile; *épit*, épithélium palléal du canal pariétal; *gl. gé*, glande génitale (ovaire); *épid*, épiderme de la baleine.

nication directe avec la cavité centrale du test et qui renferment la partie de l'ovaire de l'animal où les œufs prennent naissance.

On sait que, dans le genre *Xenobalanus*, les parois de la muraille sont concaves extérieurement, au lieu d'être convexes comme chez les autres *Operculés symétriques*.

Ici la lame hypodermique qui va d'un côté de la pièce à l'autre, forme des prolongements externes, qui, tantôt restent isolés, tantôt, au contraire, s'unissent plus ou moins les uns aux autres à l'aide de dissépiments transversaux. Ces cloisons emprisonnent entre elles l'épiderme de la baleine sur laquelle ces Cirrhipèdes sont fixés. Les rayons et les ailes sont réunis entre eux par des lames qui leur sont à peu près perpendiculaires mais qui ne présentent de tissu vivant que sur un seul côté.

Si l'on combine une partie de la structure de la muraille des Coronules, avec celle des *Xenobalanus*, on obtient celle des *Cryptolepas*.

Supposons, en effet, que, dans une Coronule, les cloisons séparant les loges de la paroi s'épaississent et qu'au lieu de présenter une seule lame hypodermique, elles en possèdent deux latérales réunies l'une à l'autre par des ponts anastomo-tiques; que ces cloisons, au lieu d'avoir les surfaces latérales paral-lèles, présentent au contraire, d'une façon tout à fait irrégulière, des sail-lies radiaires, ne se rencontrant jamais. Supposons enfin que ces cloisons ne se terminent pas sur la périphérique par des expansions latérales les réunissant les unes aux autres, et nous aurons, extérieure-ment, du moins, l'aspect de la mu-raille d'un *Cryptolepas*.

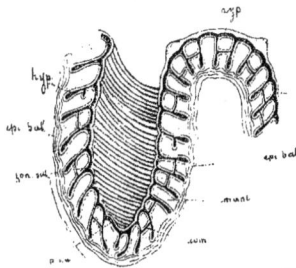

Fig. 364. — Coupe d'une portion de muraille de *Xenobalanus globicipitis* : *hyp*, hypo-derme; *mant*, manteau; *epi. bal*, épithé-lium de la Baleine; *zon. sut*, zones sutu-rales; *¹p. v. w*, partie vivante de la zone suturale ; *com*, commissures entre les lames hypodermiques.

Cependant, dans ce dernier genre, on ne trouve jamais de loges ana-logues à celles qui, chez *Coronula*, contiennent la partie initiale de l'ovaire. Il n'existe absolument que des septa radiaires et l'espace com-pris entre eux se trouve rempli par l'épithélium de la baleine sur laquelle ces animaux sont fixés. Cet épithélium déborde même, générale-ment, le test dans sa région supérieure et le cache en partie, d'où le nom de *Cryptolepas*. Les lames sécrétées directement par le manteau sont, les unes calcifiées, ce sont les plus externes, les autres, les plus internes, en contact direct avec lui, restent chitineuses et permettent de se rendre compte de la forme de cette sécrétion. Ces lames sont paral-lèles et non soudées entre elles, la soudure ne se produisant qu'au moment de la calcification.

Enfin, les pièces de la muraille sont unies extérieurement les unes aux autres, par des lames calcaires perpendiculaires aux surfaces en contact, mais qui restent vivantes sur une de leurs faces seulement. Du côté interne, on trouve, sur la coupe, une surface ovale qui est comblée uni-quement par des lames chitineuses non calcifiées.

GRUVEL. — Cirrhipèdes.   24

Tel est, semble-t-il, le maximum de complication qui se manifeste dans la structure des pièces du test des Operculés symétriques.

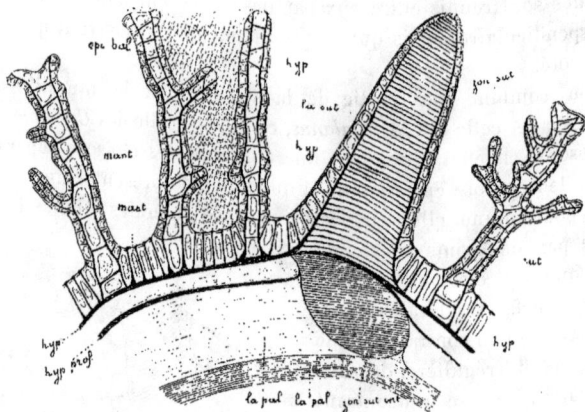

Fig. 365. — Portion de muraille de *Cryptolepas rachianectis* : *hyp*, hypoderme; *hyp. prof*, hypoderme profond; *la. pal*, lames palléales calcifiées; *la'. pal'*, lames palléales vivantes; *zon. sut. int*, zone suturale interne; *cut*, cuticule; *mant*, manteau; *la. sut*, lames suturales; *épi. bal*, épithélium de l'hôte.

On voit donc que, à ce point de vue particulier, et mettant à part le genre *Catophragmus*, on peut diviser les CIRRHIPÈDES OPERCULÉS en quatre groupes :

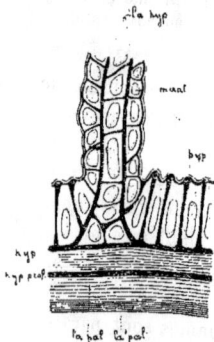

Fig. 366. — Partie du même plus grossie. — Mêmes indications.

1° Formes massives (parois *solides* de Darwin) où la muraille est à peu près exclusivement constituée par la sécrétion directe du manteau.

2° Formes à parois *poreuses* (Darwin), chez lesquelles la muraille est formée par des lames hypodermiques, des colonnettes vivantes plus ou moins calcifiées et la sécrétion directe du manteau.

3° Formes à parois constituées par deux lames circulaires et parallèles, unies entre elles par des septa plus ou moins nombreux, délimitant, dans la paroi, de vastes cavités qui contiennent, généralement, les proliférations de l'épiderme de l'hôte et souvent une portion de l'ovaire.

4° Enfin les formes qui présentent des lames *externes* plus ou moins développées et saillantes entre lesquelles se trouve pris l'épiderme de l'hôte.

Ces dernières formes ne sont guère représentées que dans deux genres : *Xenobalanus* et *Cryptolepas*.

Pseudo-muraille. — Dans certains échantillons de Balanides (*B. psittacus*, par exemple), les parois peuvent, lorsque les animaux sont très serrés les uns contre les autres, prendre un grand développement en élévation. Il se produit alors une nouvelle formation

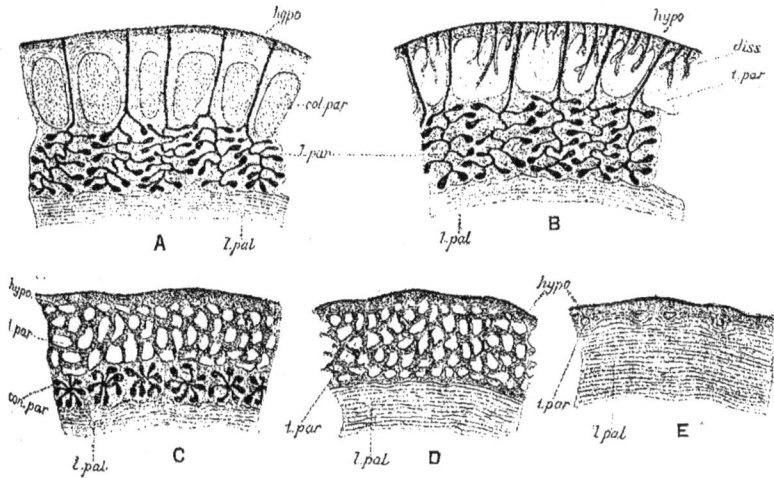

Fig. 367. — Coupes faites, à différents niveaux, dans la paroi de *Bal. psittacus* pour montrer le passage entre la structure de la muraille et celle de la pseudo-muraille : A, muraille avec les canaux pariétaux entiers ; B, il s'est formé des dissépiments externes dans les canaux pariétaux ; C, les dissépiments se sont multipliés et ont formé des canaux secondaires nombreux, en même temps que les lames hypodermiques ne sont plus représentées que par des rosettes (*con. par*) ; D, ces rosettes ont disparu ; E, les canaux secondaires ont également disparu en grande partie et la pseudo-muraille n'est plus formée que par les lames sécrétées par le manteau (*l. pal*).

qui a été prise par les différents auteurs, tantôt pour une partie de la muraille, tantôt pour la base. Elle n'appartient, en réalité, ni à l'une ni à l'autre, mais s'articule nettement avec la muraille à sa partie inférieure et se continue avec la base réduite, ici, au minimum. Cette paroi nouvelle présente, dans sa partie supérieure, encore quelques tubes irréguliers de la paroi de la muraille, doublés intérieurement par des lames parallèles sécrétées par le manteau (fig. 367, D). Plus bas, les tubes disparaissent peu à peu et il ne reste alors que la sécrétion palléale devenue plus mince, mais encore très résistante (fig. 367, E).

Il ne faut pas confondre cette structure avec celle que l'on observe chez d'autres formes (*B. balanoïdes*, par exemple) quand elles sont très serrées. Ici, c'est la muraille qui s'allonge en totalité et en conservant tous ses caractères.

Algues de la muraille. — Si l'on examine des coupes minces de parois de certains Balanides, on voit qu'elles sont attaquées par des algues dont les principales espèces sont : *Hyella cæspitoda*, *Mastigocoleus testarum*, *Gomontia polyrhiza*, peut-être un *Siphonocladus*, etc. Ces algues pénètrent parfois jusqu'à un ou deux millimètres dans les parois calcaires et, comme elles présentent des couleurs différentes, leur mélange, suivant la prédominance de telle ou telle espèce, donne à l'ensemble du test sa couleur particulière. Il y aurait une très intéressante étude à faire sur les modifications de la couleur du test, suivant la prédominance de telle ou telle algue de la paroi.

Base. — A côté de la complication extrême présentée, parfois, par la muraille, la base montre une structure relativement simple, surtout si l'on fait abstraction de l'appareil cémentaire qu'elle contient.

Chez les *Operculés asymétriques* (*Verruca*), elle est toujours très mince et uniquement membraneuse, c'est-à-dire formée par des lames chitineuses superposées en nombre variable, sécrétées par le manteau et entre lesquelles sont placées les différentes parties de l'appareil cémentaire.

Chez les *Operculés symétriques*, la base se montre constituée de deux façons bien distinctes : ou elle est purement *membraneuse*, et elle est alors formée simplement de lames de chitine superposées comme dans le genre *Verruca*, ou elle est calcaire, et il s'intercale alors entre les lames de chitine et les soudant l'une à l'autre, des formations calcaires qui lui donnent sa rigidité et sa résistance spéciales. Mais, ici encore, deux cas peuvent se présenter : tantôt la base est *solide*, elle est alors simplement formée de lames superposées imprégnées de calcaire, tantôt elle est poreuse et dans ce cas, vers le milieu de l'épaisseur, généralement, il existe des tubes qui, partant du centre, vont en rayonnant vers la périphérie où ils se mettent en relation avec les tubes des parois. Comme ces derniers, ils peuvent contenir à leur intérieur une substance cellulaire vivante, surtout vers la périphérie et qui sert à l'accroissement en longueur de ces canaux. Vers le centre cette substance disparaît, le plus généralement et les tubes restent alors à peu près vides.

Dans le maximum de complication que nous ayons pu rencontrer, la base calcaire était formée de cinq lames chitineuses ou couches superposées qui sont, en allant de l'extérieur à l'intérieur : 1° Une couche épithéliale externe, prolongement de l'hypoderme pariétal, à cellules arrondies, souvent largement séparées et qui contiennent dans leurs intervalles les dernières ramifications de l'appareil cémentaire. Le cément se dépose entre elles et fixe énergiquement la base à son support;

2° Une couche chitineuse anhiste supportant les canaux cémentaires circulaires et concentriques;

3° Une série de canaux radiaires, faisant suite à ceux de la paroi, tapissés d'un épithélium cellulaire renfermant, à son intérieur, des granulations pigmentaires mélangées à des cellules graisseuses;

4° Une nouvelle membrane anhiste supportant les glandes cémentaires ainsi que les canaux radiaires, de premier ordre, qui en partent.

5° Enfin une autre membrane granuleuse et anhiste recouvrant le tout et en contact direct avec le manteau. Avec les progrès de l'âge, cette membrane, d'abord unique, peut s'épaissir par apport de nouvelles couches parallèles sécrétées par le manteau et cela, plus spécialement vers la périphérie, au contact de la muraille.

Tableau des genres avec la constitution de la base.

BASE MEMBRANEUSE.

Genre *Catophragmus*..........	*C. polymerus.*
— *Octomeris*..............	Tout entier.
— *Chthamalus*.............	Id.
— *Balanus*...............	Sections E et G.
— *Chelonobia*.............	Tout entier.
— *Coronula*...........	Id.
— *Cryptolepas*............	Id.
— *Platylepas*.............	Id.
— *Tubicinella*............	Id.
— *Stephanolepas*..........	Id.
— *Xenobalanus*...........	Id.
— *Chamæsipho*............	Id.
— *Tetraclita*.............	*T. purpurascens.*
— *Elminius*..............	Tout entier.

BASE CALCAIRE.

Genre *Catophragmus*..........	*C. imbricatus.*
— *Pachylasma*............	Tout entier.
— *Acasta*...............	Id.
— *Balanus*.............. .	Sections A, B, C, D, F et H.
— *Tetraclita*..............	Tout entier sauf *T. purpurascens.*
— *Creusia*...............	Tout entier.
— *Pyrgoma*..............	Id.

Il arrive parfois, chez quelques *Chthamalus* par exemple, que la base paraît être calcaire. Cela est dû à ce que les parois se replient au-dessous de la base membraneuse et la doublent extérieurement.

Appareil operculaire. — Cet appareil est, le plus généralement, formé de quatre pièces : deux *terga* et deux *scuta* qui ferment complètement l'orifice externe du test en s'articulant avec la *gaine*, à son niveau inférieur, par l'intermédiaire d'une lame chitineuse plus ou moins épaisse.

Il peut aussi former un diaphragme incomplet tout en conservant les quatre pièces, qui deviennent très réduites (*Stephanolepas*, *Platylepas*, etc.) ou seulement deux, dans ce cas, ce sont toujours les *scuta* qui subsistent (*Coronula*, *Cryptolepas*, etc.), les *terga* pouvant être, dans la même espèce, ou absolument nuls ou très atrophiés (*Cryptolepas*) ; enfin, les quatre pièces

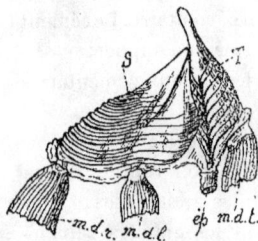

Fig. 368. — Appareil operculaire de Balane : S, scutum; T, tergum avec *ép.* son éperon; *m. d.r*, muscle dépresseur rostral; *m. d. l*, muscle dépresseur latéral; *m. d. t*, muscle dépresseur tergal.

peuvent disparaître totalement (*Xenobalanus*). Dans le cas où l'appareil est incomplet, la membrane articulaire s'épaissit beaucoup et ferme alors l'orifice d'une façon très énergique.

Au point de vue de la structure, chacune de ces pièces est formée par une série de lames chitineuses, sécrétées directement par le manteau et dont la dernière formée est plus large que l'avant-dernière, de telle façon qu'elle la déborde sur toute sa périphérie et forme alors des stries parallèles (stries d'accroissement). Ces stries peuvent être plates ou présenter une légère saillie qui peut, elle-même, se couvrir d'ornements variés et en particulier de soies. Celles-ci sont tantôt pleines et ne dépassent pas alors, du côté basal, le niveau de la strie ; mais d'autres fois elles sont creuses, ouvertes plus ou moins à leur extrémité libre et en communication par leur base avec la cavité palléale par l'intermédiaire de canalicules (un par soie) extrêmement fins, mais avec, cependant, une lumière parfaitement nette. Le liquide cavitaire peut donc se trouver, par leur intermédiaire, en relations directes avec le milieu ambiant. Nous avons proposé pour ces organites spéciaux le nom de *soies respiratoires*. On les trouve, en effet, plus spécialement développées dans les espèces littorales, qui peuvent rester hors de l'eau pendant l'intervalle de deux marées ou même plus longtemps ; la cavité comprise entre la

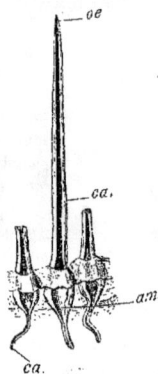

Fig. 369. — Soies respiratoires : *ca*, canalicule se rendant dans le manteau et se continuant dans l'axe de la soie; *am*, ampoule formée par ce canal à la base de la soie; *oe*, orifice externe à l'extrémité de la soie.

gaine et l'opercule se remplit d'eau et la respiration peut, alors, continuer à s'effectuer, grâce à la présence de ces soies.

Dans le genre *Cryptolepas*, les lames chitineuses des *scuta* et des *terga*, quand ces derniers existent, sont en forme de disques ovalaires superposés et se détachent facilement et même spontanément de la plaque.

2. MANTEAU

Le manteau est très développé chez les Cirrhipèdes. Il tapisse, en effet, toute la surface interne des formations cuticulaires que nous venons d'étudier, capitulum et pédoncule ou base. Il est formé, histologiquement, par deux lames épithéliales, l'une interne, l'autre externe, unies entre elles par un tissu conjonctif plus ou moins dense et lacuneux et aussi, dans la plupart des cas, par un tissu élastique très dichotomisé vers la périphérie, que certains considèrent comme étant de nature musculaire.

Chez tous les Cirrhipèdes, le feuillet palléal externe tapisse, très exactement, la face interne de la cuticule, mais chez les Pédonculés, la lame interne ne pénètre pas dans le pédoncule. Elle sépare, au contraire, la cavité capitulaire de la cavité pédonculaire, tandis que chez les Operculés, elle est généralement à peu près parallèle au feuillet externe, mais placée à une distance plus ou moins considérable de lui.

Le manteau est réuni au corps proprement dit de l'animal au niveau du muscle adducteur des scuta et, chez les Operculés, il est fixé à la muraille par des sortes de cônes épithélio-musculaires qui s'enfoncent dans les infundibula de la gaine.

Chez les Pédonculés, le manteau forme, par son feuillet interne et de chaque côté du corps, un repli dont les cellules (*Lepas*) peuvent proliférer beaucoup, s'allonger, se pédiculiser et, se couvrant, par leur extrémité libre, de sortes de crochets chitineux (*rétinacles*), constituer un appareil rétenseur, destiné à maintenir le sac à œufs dans la cavité palléale, qu'on appelle *frein ovigère*. Cette lame peut exagérer beaucoup ses dimensions chez les Operculés ; le repli peut lui-même se contourner et même se dédoubler pour donner alors un nouvel appareil adapté aux fonctions respiratoires, les branchies, bien développées chez tous les Operculés en général, mais particulièrement chez les *Coronula*, les *Platylepas*, *Cryptolepas*, etc.

L'ovaire et l'appareil cémentaire sont logés dans la partie pédonculaire du manteau chez les Pédonculés et peuvent même, dans certains cas, se répandre dans la région capitulaire (*Conchoderma*).

Chez les *Operculés* on trouve seulement, dans le manteau, chez l'adulte, tout au moins, l'ovaire ; les glandes cémentaires sont, comme on le sait, localisées dans l'épaisseur de la base, excepté chez les formes ayant à peine dépassé le stade cypris, où ces glandes sont encore logées dans la partie basilaire du manteau. Fait exceptionnel, chez les *Verruca* (certaines au moins) la partie du manteau opposée à l'opercule contient, dorsalement l'ovaire, et ventralement un gros lobe testiculaire — les autres follicules testiculaires étant, comme partout ailleurs, placés dans le corps proprement dit de l'animal, — mais dans le manteau, on ne trouve jamais de spermatozoïdes mûrs.

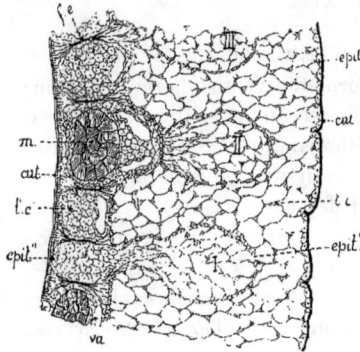

Fig. 370. — Coupe du manteau d'une très jeune Balane, montrant la formation des colonnettes de la paroi : *cut*, cuticule; *épit*, épithélium externe; *épit'*, épithélium des colonnettes; *épit"*, épithélium palléal interne; *m*, muscles dépresseurs; *t. c*, tissu conjonctif de la partie calcifiée; *t'. c'*, tissu conjonctif palléal; *va*, vacuoles du manteau; *f. e*, faisceaux élastiques du manteau; I, colonnette en voie de formation; II, une autre encore reliée au manteau; III, une troisième complètement séparée de lui.

Cet organe contient des muscles de deux sortes, les uns qui lui sont propres, surtout développés chez les Pédonculés, les autres dont il ne fait qu'assurer le passage et qui sont plus particulièrement développés chez les Operculés (muscles dépresseurs).

Le manteau, chez les formes très jeunes, présente des caractères particuliers, et c'est lui qui donne, plus ou moins directement, naissance à toutes les parties que nous avons décrites en étudiant la structure de la muraille.

Pour les colonnettes pariétales, en particulier, des coupes faites chez de très jeunes *Bal. psittacus*, nous ont montré que, à un moment donné, quand le manteau est à peine calcifié, la partie externe est formée par un tissu conjonctif très lâche limité extérieurement par un épithélium plat. La partie interne, au contraire, est constituée par un tissu conjonctif beaucoup plus serré, mais lacuneux, limité aussi par deux épithéliums, l'un interne cylindrique, l'autre, externe, cubique, qui limite les deux régions. Avant de se séparer complètement de l'autre, la partie interne a envoyé, vers la zone externe, une lame qui, peu à peu, s'est isolée au milieu de la première et a constitué une toute petite colonnette qui s'accroîtra en se calcifiant, ainsi que la partie externe du manteau, tandis que la partie interne restera vivante pendant toute la vie de l'animal

3. PÉDONCULE

Le pédoncule qui représente, morphologiquement, la partie nucale très développée de l'animal et sert d'appareil de fixation par l'intermédiaire des antennes placées à sa base, est, histologiquement, un organe musculo-conjonctif. Il est plus ou moins développé suivant les genres et les espèces ; presque nul chez *Megalasma*, par exemple, il peut atteindre plus de $0^m,30$ chez *Lepas anatifera*. Il est, comme nous

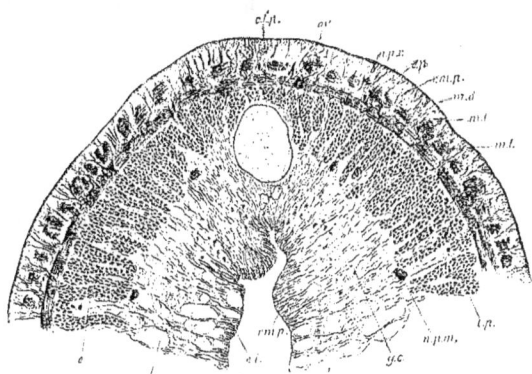

Fig. 371. — Coupe transversale d'une partie du pédoncule de *Pollicipes* : *c. l. p*, canal pédonculaire rostral; *ov*, oviductes; *n. p. r*, nerf pédonculaire rostral; *ép*, épithélium externe; *r. m. p*, rameaux musculaires en pinceaux; *m. o*, muscles obliques; *m. l*, muscles transversaux; *m. l*, muscles longitudinaux; *l. p*, tige pédonculaire; *n. p. m*, nerf moyen du pédoncule; *g. c*, glandes cémentaires; *é. i*, épithélium interne; *l*, lacunes; *e*, encoche musculaire pour loger la tige pédonculaire *l. p*.; d'après Kœhler.

l'avons vu plus haut (Formations cuticulaires), revêtu d'une cuticule générale, épaisse, ornée ou non d'écailles plus ou moins développées.

La partie musculaire immédiatement placée sous la cuticule, mais en dedans de l'épithélium qui en forme la limite externe, est constituée par trois couches superposées de muscles à fibres lisses ; une externe, à fibres obliques, une moyenne, circulaire, et une troisième, interne, beaucoup plus épaisse, remplissant parfois une grande partie de la cavité du pédoncule ; elle est formée de faisceaux longitudinaux, unis entre eux par le tissu conjonctif qui remplit, normalement, toute la cavité et maintient en place les principaux organes internes, savoir : les glandes cémentaires, l'ovaire et la tige pédonculaire.

Outre ces organes, on trouve dans le pédoncule : des vaisseaux dont un antérieur et un (dans certains genres) postérieur ; des nerfs, dont surtout les deux nerfs pédonculaires ou antennaires et, dans la partie la plus voisine du capitulum, quelques fibres très dichotomisées à disposition radiaire, d'un tissu élastique spécial si développé dans le manteau, chez certaines espèces.

Comme nous parlerons ailleurs de ces différents organes, nous ne décrirons spécialement ici que la tige pédonculaire et les disques calcaires de la base chez les *Lithotrya*.

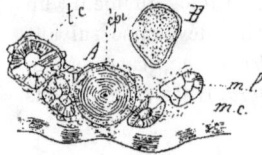

Fig. 372. — A, tige pédonculaire chez les formes jeunes. — B, chez les formes adultes : *m. l*, muscles longitudinaux du pédoncule ; *m. c*, muscles circulaires ; *t. c*, tissu conjonctif périphérique ; *épi*, cellules épithéliales formant la partie externe de la tige.

Tige pédonculaire. — Kœhler a désigné sous le nom de tige pédonculaire une formation très petite, cylindrique et allongée, située de chaque côté du canal rostral pédonculaire (fig. 371, *t. p.*). Chez les *Pollicipes* elle s'étend sur la plus grande partie de la longueur du pédoncule et semble, généralement, formée d'une partie centrale de nature chitinoïde ou ressemblant à une sorte de cartilage, entourée d'une couche de cellules épithéliales, limitée elle-même par une lame conjonctive périphérique (fig. 372, A); chez beaucoup d'individus adultes, la couche épithéliale disparaît (fig. 372, B).

On retrouve cette formation, plus ou moins modifiée, chez *Lepas*, *Scalpellum*, *Lithotrya*, *Ibla*. Elle semble localisée uniquement dans les formes ancestrales ; ce n'est pas un reste d'organe embryonnaire, car elle se développe après le stade cypris. Il est certain que c'est un organe en voie de régression, autrefois très développé et aujourd'hui seulement représenté chez les formes qui se rapprochent le plus des types ancestraux, comme les *Turrilepas*, *Loricula*, etc.

Disques et coupes calcaires du pédoncule. — Dans le genre *Lithotrya*, la partie inférieure du pédoncule au lieu de s'appliquer directement sur son support, est coiffée d'une lame calcaire qui prend soit la forme d'un disque aplati (*L. cauta*),

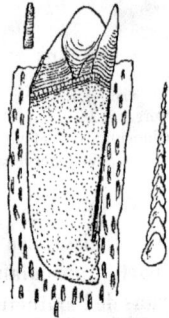

Fig. 373. — *Lithotrya nicobarica*, en place, avec, à droite, une vue de face de l'empreinte des disques successifs.

soit celle d'une coupe, plus ou moins profonde (*L. dorsalis*). Cette formation est constituée par des lames chitineuses superposées, directement sécrétées par le manteau, la plus large étant, naturellement, la plus interne, et entièrement incrustées de calcaire. Les canaux cémentaires traversant ces lames, y forment des dilatations, sortes de réservoirs cémentaires, d'où partent les fins canaux qui vont se répandre à l'extérieur et servir à fixer le disque et par conséquent l'animal tout entier, sur son support. Il y a là, au point de vue de la structure de l'appareil cémentaire, une forme de passage entre les Pédonculés ordinaires et les Operculés (Voy. *Appareil cémentaire*, pages 398 et suivantes).

4. CORPS PROPREMENT DIT

L'animal proprement dit se trouve fixé dans la cavité palléale par sa région nucale et du côté rostral de son enveloppe externe. Il est maintenu en place plus spécialement par le muscle adducteur des

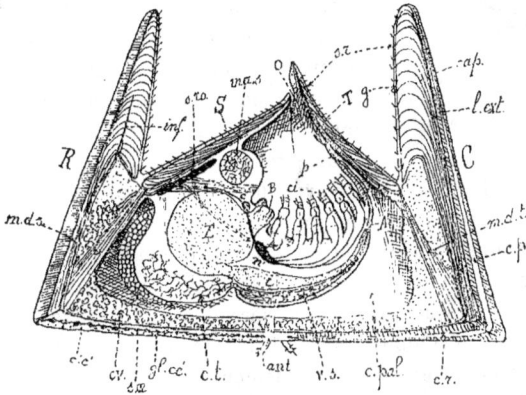

Fig. 374. — Coupe schématique de *Balanus* passant par le milieu du rostre (R) et de la carène (C) pour montrer les rapports des organes : S, scutum ; T, tergum ; *g*, gaine ; *s. r*, soies respiratoires ; *cap*, lames en capuchon de la paroi ; *l. ext*, lames externes de la paroi ; *c. p*, canal pariétal ; *inf*, infundibulum de la gaine ; *c. r*, canaux radiaires de la base ; *ant*, antennes ; *gl. cé*, glandes cémentaires ; *c. c'*, canaux cémentaires ; *ov*, ovaire ; *m. d. s*, muscle dépresseur scutal ; *m. d. t*, muscle dépresseur tergal ; *m. a. s*, muscle adducteur des scuta ; *o*, orifice operculaire ; *c. pal*, cavité interpalléale ; B, bouche ; E, estomac ; *i*, intestin ; A, anus ; *c. t*, cæcums testiculaires ; *v. s*, vésicules séminales ; *p*, pénis ; *ci*, cirrhes dont les rames sont coupées ; *c*, cerveau ; *n'*, masse nerveuse ventrale d'où partent les nerfs des cirrhes ; *s. ro*, sinus rostral ; *s. œ*, sac à œufs.

scuta qui forme comme une barre transversale en avant de l'estomac (*m.a.s.*, fig. 374). La partie interne du manteau se continue sans interruption sur ce muscle, l'entoure complètement et se rattache même à la région rostrale sur une plus ou moins grande étendue.

Cette même région rostrale donne insertion à des muscles striés puissants qui vont s'attacher d'autre part sur les parties latérales du

corps proprement dit, les uns au-dessus de l'estomac, les autres au-
dessous. Enfin, d'autres faisceaux musculaires s'entrecroisant par l'une
de leurs extrémités avec ces derniers, suivent les parties latérales du
corps et vont se terminer à la base du pénis. Cet ensemble musculaire
permet à l'animal de se redresser sur son support ou de s'enfoncer
dans la cavité palléale, à sa volonté.

Chez les Operculés, les pièces operculaires sont, en outre, rattachées
à la base ou à la muraille par des muscles
dépresseurs volumineux qui traversent le
manteau. Il y en a deux paires pour les scuta
(*dépresseur rostral* et *dépresseur latéral*) et
une pour les terga (*dépresseur tergal*)
(fig. 368). Quand ces dernières pièces
viennent à manquer (*Coronula*), les muscles
dépresseurs tergaux, s'épanouissent en
éventail sur toute la surface de la cuticule
membraneuse qui remplace physiologiquement les pièces operculaires, de façon à
multiplier les points d'insertion (fig. 375).

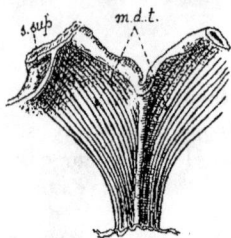

Fig. 375. — Aspect du muscle dépresseur tergal (*m. d. t.*) chez
Coronula diadema : *s. sup*, sinus
sanguin supérieur ouvert.

Prosoma. — La partie du corps de l'animal qui est ainsi fixée à
l'enveloppe calcaire, celle qui, par conséquent, est placée au voisinage
immédiat du muscle adducteur des scuta, prend le nom de *prosoma*.
Elle marque, en quelque sorte, la zone de courbure la plus antérieure du corps. Au-dessus et en arrière d'elle se trouve une saillie
plus ou moins développée qui est le *mamelon buccal* constituant
la *tête*; au-dessous et en arrière, également, se continue le corps, par le
thorax très développé, qui se redresse en arrière du côté de la carène
et se termine par un abdomen extrêmement réduit ou nul.

Le prosoma contient comme organes essentiels: le *sinus rostral* (*s. ro.*),
l'*estomac* (*E*) et la partie terminale des *cæcums testiculaires* (*c. t.*); il est
renflé et présente même parfois une poche infra-rostrale qui pend dans
la cavité palléale (*Bal. psittacus*) et contient une anse intestinale. En
arrière du prosoma et séparé de lui par un pincement plus ou moins net,
se trouve le *thorax* formé de six articles portant chacun une paire d'appendices ou *cirrhes*, *biramés* et *pluriarticulés*. Ces cirrhes sont, normalement, d'autant plus longs qu'ils sont plus rapprochés de la partie
postérieure. Les deux ou trois premières paires sont assez courtes, souvent trapues, la première surtout dont les articles étroits sont couverts
de poils glabres, ou, le plus généralement, très épineux ; ces cirrhes
antérieurs, adaptés à la trituration des aliments, sont, par conséquent,

des sortes de maxillipèdes. Les rames des autres paires sont allongées, grêles, à articles souvent longs, toujours nombreux avec un nombre de soies assez grand sur la partie antérieure de chacun, en très petite quantité, au contraire et seulement à l'extrémité supérieure, du côté dorsal. Ces soies sont sensitives et reçoivent un prolongement du nerf central du cirrhe (fig. 376, *n. n'*). Chaque article reçoit également une ramification du muscle longitudinal (*m. c.*), ce qui permet à chaque rame de se recourber très fortement de façon à pouvoir saisir, avec facilité, les aliments qui passent à sa portée. La première paire est quelquefois placée à une distance assez grande de la deuxième et chez certains genres (*Alepas*) les rames internes des cinquième et sixième paires sont souvent atrophiées.

Chaque cirrhe est formé (fig. 376) d'une partie basilaire courte, trapue (*basipodite*), généralement à deux ou trois articles portant les deux *rames*. Il reçoit un faisceau musculaire venant de la partie latérale du corps, un nerf issu de la paire ganglionnaire correspondante de la chaîne ventrale et deux vaisseaux, l'un externe (afférent), l'autre interne (efférent), qui va se jeter dans le sinus ventral.

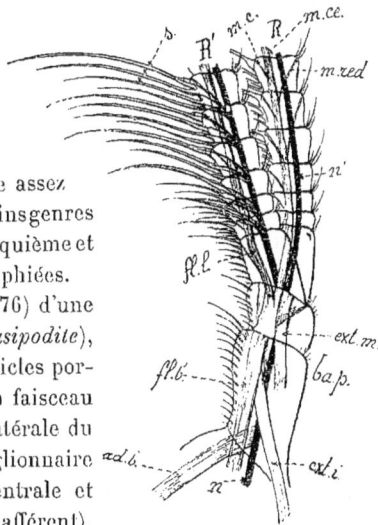

Fig. 376. — Partie inférieure d'un cirrhe avec sa musculature et son innervation : R et R', les rames ; *ba. p*, basipodite ; *n*, nerf du cirrhe : *n'*, nerf de la rame ; *ext. i*, muscle extenseur inférieur ; *ad. b*, adducteur basal ; *fl. b*, fléchisseur basal ; *ext. m*, extenseur moyen ; *m. red*, muscles redresseurs ; *m. ce*, muscle central du cirrhe ; *s*, soies ; adaptation d'après Nussbaum.

Entre les deux cirrhes de la sixième paire, est placé le *pénis*, plus ou moins développé, avec, à sa base et dorsalement, l'anus sous la forme d'une fente longitudinale. A la base de la première paire se trouve, sur une petite saillie et du côté interne de cette dernière, une fente, généralement transversale, c'est l'orifice de l'atrium de l'oviducte (sac acoustique de Darwin).

Enfin, à la base d'un certain nombre des premières paires de cirrhes se trouvent, dans bien des cas, chez les Pédonculés, des filaments, plus ou moins longs et plus ou moins nombreux, contenant des vaisseaux et, souvent, des cæcums testiculaires, ce sont les *appendices filamenteux*. C'est aussi dans le thorax que se localisent les principaux organes suivants : *l'intestin*, les *vésicules séminales* avec la partie la plus importante des *cæcums testiculaires* et la *chaîne nerveuse* ventrale.

Abdomen. — L'abdomen se trouve réduit, quand il existe, à deux petits appendices placés en arrière et sur les parties latérales du pénis (*appendices caudaux* ou *terminaux*). Ils sont tantôt aplatis et inarticulés (*Lepas*), tantôt longs, cylindro-coniques et pluriarticulés (*Alepas*). Ces appendices, normaux chez les Pédonculés et les Verrucidés, ne se retrouvent plus, chez les Operculés symétriques, que dans les seuls genres *Catophragmus* et *Pachylasma* qui font le passage entre les premiers et les derniers.

Antennes. — Les antennes larvaires se retrouvent à peu près sans modifications, chez l'adulte. Ce sont de très petits organes, pairs et symétriques, situés soit à la partie inférieure du pédoncule, soit à peu près au centre de la base et qui sont formés de trois segments. Le premier ou basal est beaucoup plus long que les autres ; le second s'articule sur le premier par une partie rétrécie, étroite et forme, généralement, une saillie arrondie à pointe mousse terminale. Il porte une ou plusieurs soies. Enfin le troisième ou segment terminal est articulé sur le second à peu près perpendiculairement à sa surface de fixation. Il est très petit, encoché, quelquefois bifide et orné d'un nombre variable de soies (généralement sept) qui sont ou simples ou barbelées ou en forme de crochets.

5. APPAREIL MUSCULAIRE

Nous ne pouvons songer, dans les étroites limites où nous sommes enfermé, à étudier ici d'une façon spéciale le système musculaire général des Cirrhipèdes tel qu'il a été décrit par Nussbaum, par exemple. Nous avons déjà signalé au paragraphe précédent, les muscles qui rattachaient l'animal proprement dit à son enveloppe par l'intermédiaire du manteau et, pour chaque organe, nous indiquerons les muscles qu'il contient. Nous nous bornerons, dans ce paragraphe, à indiquer la structure histologique de l'appareil musculaire.

A ce point de vue, il y a deux sortes de muscles : les uns *striés*, localisés surtout dans le corps proprement dit de l'animal, et les autres *lisses*, que l'on rencontre plus spécialement dans le pédoncule et le manteau.

a. *Muscles striés*. — On peut dire que tous les muscles du corps proprement dit sont formés de fibrilles striées, ainsi que les muscles dépresseurs des terga et des scuta chez les Operculés ; le muscle adducteur des scuta présente des variations de structure inexplicables, c'est ainsi qu'il est nettement strié chez : *Conchoderma aurita, C. virgata,*

Pollicipes mitella et *Scalpellum velutinum*. Toutes les autres espèces étudiées ont le muscle adducteur formé de fibrilles lisses. Chez tous les Operculés, sauf le genre *Xeno-balanus*, il est uniquement constitué par des fibrilles striées. Le plus généralement, les muscles striés ne se dichotomisent pas pour prendre leur insertion, mais, dans certains cas (muscles de l'œsophage), ils prennent un aspect arborescent, tout en conservant leur structure normale.

Chaque fibrille est entourée par un manchon protoplasmique hyalin qui les unit les unes aux autres pour former les fibres primitives. Ces fibres sont reliées entre elles par un tissu cellulaire plus compact, l'*endomysium*, avec de gros noyaux; l'ensemble forme un faisceau musculaire entouré par un tissu semblable (*périmysium*).

Chaque fibrille est constituée, non pas de disques superposés, comme chez les insectes, mais de sortes d'alvéoles qui leur sont, morphologiquement, équivalents. Chaque segment musculaire est formé par un disque épais (formé de trois alvéoles, l'un central, allongé et deux terminaux plus arrondis) compris entre deux disques minces à trois alvéoles également, l'un central sombre et assez volumineux et deux clairs plus ellipsoïdes. Tous ces alvéoles sont comme creusés dans une substance fondamentale sombre et granuleuse, enveloppée, elle-même, par l'endomysium (fig. 377).

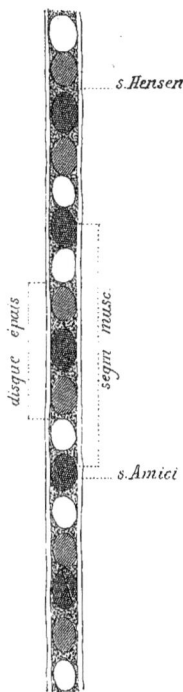

Fig. 377. — Structure d'une fibrille striée.

Les muscles striés, plus spécialement le muscle adducteur, ne viennent pas toujours se fixer *directement* sur les plaques ou la cuticule, mais le périmysium forme à leur extrémité une masse cellulaire assez compacte qui se met en rapport avec les extrémités des cellules épithéliales du manteau par où se fait l'insertion; on trouve dans ce tissu conjonctif quelques cellules multipolaires destinées à l'innervation des fibres (fig. 378); d'autres fois, les fibres primitives passent entre les cellules épithéliales et vont s'insérer directement sur la cuticule.

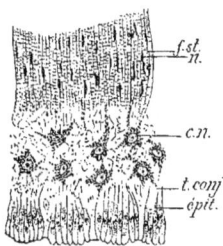

Fig. 378. — Mode de fixation des muscles striés sur l'épithélium palléal: *f. st*, fibrilles striés : *n*, noyaux ; *c. n*, cellules nerveuses; *t. conj*, tissu conjonctif; *épit*, épithélium palléal.

L'arborescence que l'on observe parfois dans les faisceaux striés (œsophage) a pour but de multiplier les points d'insertion.

b. *Fibres lisses*. — Les fibres lisses se rencontrent plus spécialement dans le pédoncule et le manteau pour la plupart des Pédonculés ; d'une façon générale dans le muscle adducteur des scuta, dans les parois de l'intestin, autour des vésicules séminales et du canal éjaculateur, etc. Chez les formes très jeunes, chaque fibre est formée de fibrilles claires, cylindriques, enveloppées, chacune, par un tissu cellulaire analogue à l'endomysium des fibrilles striées

Fig. 379. — Fibrille d'un muscle lisse de *Lepas pectinata*.

et, dans leur ensemble, par un périmysium semblable.

Dès son origine, chaque fibrille est formée par une simple cellule très allongée, fusiforme, avec un noyau, généralement très aplati. Puis, les cellules s'allongent de plus en plus, se soudent par leurs extrémités en contact et relèguent leur noyau quelque part sur leur périphérie. Elles ne présentent, jamais, ni anastomose ni dichotomisation.

On trouve, dans le manteau plus spécialement, des formations arborescentes, unissant les deux épithéliums et décrites par certains auteurs comme des fibres musculaires lisses, arborescentes. Berndt et nous-même, pensons que c'est là un tissu élastique, variété de tissu conjonctif, modifié pour s'adapter à des fonctions spéciales consistant surtout à

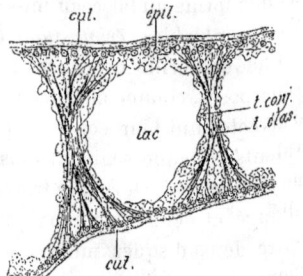

Fig. 380. — Coupe schématique de la base d'un frein ovigère : *cut*, cuticule ; *épit*, épithélium externe ; *t. conj*, tissu conjonctif ; *t. élas*, tissu élastique ; *lac*, lacune conjonctive.

maintenir en place et, par conséquent, à la même distance, les deux épithéliums palléaux.

6. APPAREIL DIGESTIF

L'appareil digestif se compose, dans son maximum de complication, des parties suivantes : la bouche avec son appareil masticateur, l'œsophage, l'estomac, l'intestin s'ouvrant à l'anus et les glandes annexes.

L'*appareil buccal* est formé par un *labre* antérieur, doublé intérieurement par une plaque chitineuse forte, généralement triangulaire, et de crochets et de soies de dispositions variées. Son bord libre présente soit des dents chitineuses, soit de simples poils et cette constitution variable est un caractère spécifique important. De chaque côté du labre et en arrière de lui s'insèrent deux *palpes labiaux*, en forme de rames aplaties, garnis de longs poils sur leur bord libre et leurs parties latérales. Plus en arrière et latéralement se trouvent les deux *mandibules*, pièces à dents fortement chitinisées sur leur bord libre et en nombre variable, mais en général de cinq, avec l'angle inférieur soit en forme de dent unique, soit très pectiné.

Les deux faces plates des mandibules sont le plus souvent garnies de pointes chitineuses qui aident à la trituration. Plus en arrière encore viennent deux pièces, les *mâchoires*, avec, sur leur bord libre, des pointes plus longues, mais moins fortement chinitisées que celle des mandibules avec, sur les côtés, de simples soies. Les pointes du bord libre sont généralement disposées en deux groupes, un supérieur où les pointes sont assez fortes et un inférieur où elles sont beaucoup plus faibles et souvent plus courtes, séparé du premier par une encoche plus ou moins profonde, rarement nulle. Ces appendices renferment une tige chitineuse creuse, prise par Hœk pour un appareil d'excrétion, mais qui est en réalité une sorte d'apodème céphalique, donnant insertion à des muscles masticateurs. Fermant le cercle formé par ces pièces, s'en trouvent deux autres, tout à fait postérieures, très aplaties, comme les palpes du labre, mais plus élancées qu'eux, ce sont les deuxièmes mâchoires des auteurs, que nous avons appelées *palpes de la lèvre inférieure*. Ils sont, en effet, fixés sur une pièce médiane et impaire et sont ornés sur toute leur partie libre d'un grand nombre de soies très fines et plus ou moins longues, barbelées ou glabres. La *lèvre inférieure* est innervée par un filet impair et médian venant du ganglion sous-œsophagien et qui se bifurque à la base de la pièce pour envoyer un rameau dans chacun des palpes.

C'est sur la face externe de ces palpes que s'ouvrent les deux orifices qui mettent en communication la cavité générale avec l'extérieur.

Beaucoup des soies qui ornent ces appendices sont richement innervées et constituent des organes tactiles, peut-être même gustatifs, bien développés. Enfin, c'est sur la face interne de ces palpes que s'ouvrent les orifices des glandes salivaires buccales.

L'*œsophage* est, généralement, court; il est très musculeux et s'ouvre dans l'estomac en formant une saillie, comme une sorte de museau de tanche. Sur une coupe transversale, on trouve, au centre, une étoile chitineuse à quatre branches bi ou trifides, formées par la membrane qui tapisse l'œsophage sur toute sa hauteur; c'est à sa surface que se fixe l'épithélium cylindrique, souvent très pigmenté, entre les cellules duquel viennent se fixer les fibres musculaires striées, très arborescentes et qui vont s'attacher d'autre part sur la cuticule externe ou sur l'apodème maxillaire; les branches de l'étoile se trouvent comme inscrites dans une circonférence formée par des faisceaux musculaires circulaires, très nettement striés. Tout l'espace qui reste libre est rempli par le tissu conjonctif cellulaire dense. Grâce à sa puissante musculature, les mouvements de déglutition peuvent s'opérer avec la plus grande facilité.

L'*estomac*, assez volumineux, a la forme d'un ovoïde dont la grosse extrémité serait tournée vers l'œsophage. Il est percé dans sa région antérieure par un assez grand nombre d'orifices qui établissent la communication avec les culs-de-sac hépatiques. Les parois internes sont ornées de côtes et de sillons plus ou moins accentués et formées de cellules cylindriques sur les côtés, cubiques dans les sillons, le tout recouvert, intérieurement, par une très mince membrane anhiste et transparente sécrétée par ces cellules.

Fig. 381. — Épithélium stomacal de Balane adulte.

Après un rétrécissement pylorique peu accentué en général, commence l'intestin proprement dit, relativement long et allant, après une légère dilatation, s'ouvrir à la fente longitudinale, placée entre les appendices terminaux (quand ils existent) et à la base du pénis : c'est l'anus.

Les caractères de l'épithélium sont à peu près identiques à ceux de l'estomac, on y trouve des plis longitudinaux, plus ou moins accentués jusqu'au rectum au moins, où ils cessent parfois à peu près complètement. L'épithélium est doublé extérieurement par une couche circulaire de muscles lisses.

Le rectum commence généralement, après un faible rétrécissement de l'intestin moyen.

Ces différents caractères sont sujets à très peu de variations chez les Cirrhipèdes thoraciques.

GLANDES ANNEXES. — Les glandes annexes de l'appareil digestif sont : les glandes salivaires et les glandes gastriques, au nombre de trois au maximum : glandes hépatiques, glandes hépato-pancréatiques et glandes pancréatiques.

a. Glandes salivaires. — Nous avons désigné sous le nom de *glandes salivaires*, des amas de glandes unicellulaires que l'on rencontre chez presque toutes les espèces, dans l'épaisseur des palpes de la lèvre inférieure et, seulement chez quelques Pédonculés (*Pollicipes*, *Lythotryâ*, etc.), en arrière de la lèvre inférieure, immédiatement au-dessus du ganglion sous-œsophagien (organe énigmatique de Nussbaum).

Dans les palpes labiaux ces glandes vont s'ouvrir sur la face externe par des orifices très nombreux percés dans la cuticule. Chacune d'elles est formée par une cellule allongée dont le fond assez renflé contient le noyau entouré d'un protoplasme finement granuleux ; les granulations deviennent de plus en plus grosses et réfringentes à mesure que l'on se rapproche du col de la glande (fig. 382). La substance sécrétée est une sorte de graisse qui sert à agglutiner les aliments pour former le bol alimentaire.

En arrière de la lèvre inférieure, on trouve, dans quelques genres, une sorte de mamelon ellipsoïde à grand axe transversal et dont la cuticule est percée de nombreux petits orifices, comme un crible. Chacun de ces orifices correspond à une ou plusieurs glandes unicellulaires, enfermées dans une membrane conjonctive commune et de même structure que les précédentes.

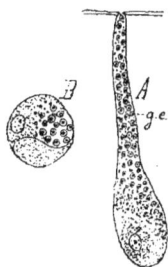

Fig. 382. — Glandes salivaires : A, coupe longitudinale ; g. e, granulations excrémentielles ; B, coupe transversale passant par le noyau avec deux cellules dans le même cul-de-sac.

L'ensemble forme une masse assez volumineuse, séparée seulement du ganglion sous-œsophagien par une lame conjonctive plus ou moins épaisse de laquelle elle reçoit des filets nerveux sécrétoires.

Si le rôle chimique de la sécrétion de ces organes est évidemment problématique, leur intervention mécanique pour la constitution du bol alimentaire n'est pas douteuse, d'où le nom de *glandes salivaires* que nous avons cru devoir leur donner.

b. Glandes gastriques. — Nous avons démontré dans un récent mémoire que toutes les glandes gastriques ne sont que des culs-de-sac diversement développés de l'estomac, tous en communication plus ou moins directe les uns avec les autres et avec l'organe central, mais chez lesquels sont intervenues des différenciations histologiques correspondant à un rôle physiologique déterminé. L'ensemble de ces culs-de-sac, donne un suc digestif mixte, formé par les sécrétions des différents éléments qui se mélangent avant d'être déversées dans l'estomac pour former le suc gastrique.

Chez les formes inférieures (*Alcippe lampas*), Berndt a montré que les grosses cellules pancréatiques sont irrégulièrement mélangées aux cellules gastriques toutes semblables.

Chez les Cirrhipèdes thoraciques plus élevés en organisation, il s'est produit une localisation assez nette des différents éléments, mais on trouve toujours entre eux des formes intermédiaires. On peut cependant, histologiquement, les diviser en trois groupes : les *glandes hépatiques*, en relation directe avec l'estomac, les glandes *hépato-*

pancréatiques qui s'ouvrent dans les culs-de-sac des glandes hépatiques et enfin les *glandes pancréatiques* qui forment tout à fait le fond des culs-de-sac et s'ouvrent dans les précédentes.

Les glandes hépatiques (fig. 384) ou gastro-hépatiques sont formées d'éléments épithéliaux semblables à ceux de la paroi stomacale, peut-

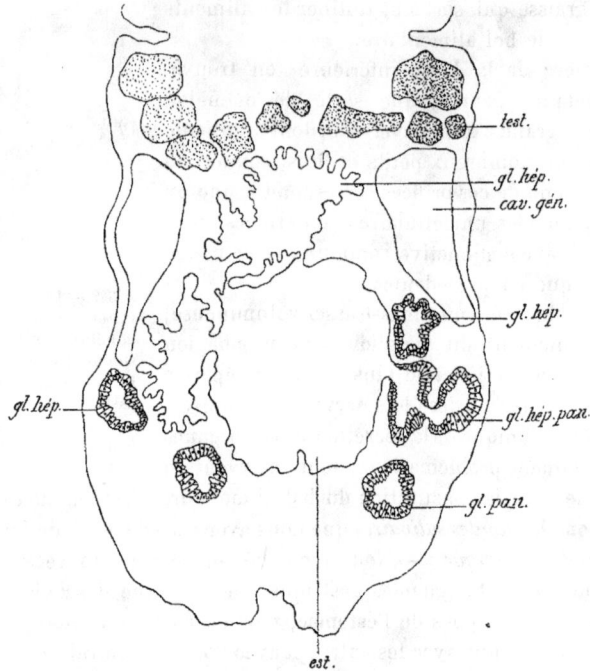

Fig. 383. — Coupe schématique de Balane adulte, montrant les rapports des glandes gastriques : *est*, estomac; *gl. hép*, glandes hépatiques; *gl. hép. pan*, glandes hépato-pancréatiques; *gl. pan*, glandes pancréatiques; *cav. gén*, cavité générale; *test*, cœcums testiculaires.

être un peu plus allongés, mais bourrés de granulations jaune brun, d'où le nom de *glandes brunes* que leur avait donné Nussbaum.

Les glandes hépato-pancréatiques (fig. 385) sont plus allongées et plus larges que les précédentes, mais présentent à peu près les mêmes caractères, leur zone interne étant formée de granulations disposées parallèlement à l'axe de la cellule. Enfin, les glandes pancréatiques (fig. 386) sont très différentes. Elles sont parfois très volumineuses, avec un gros noyau, un cytoplasme à granulations allongées et disposées, aussi, parallèlement à l'axe de la cellule; leur cavité centrale paraît dépourvue de toutes les vésicules excrétées que l'on rencontre dans celles formées

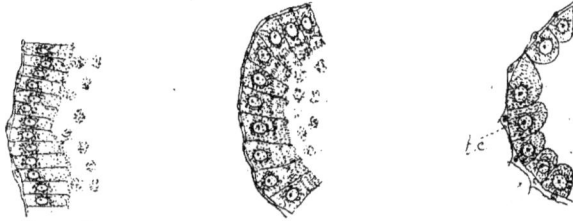

Fig. 384. — Coupe d'un cul-de-sac hépatique.

Fig. 385. — Coupe d'un cul-de-sac hépato-pancréatique.

Fig. 386. — Coupe d'un cul-de-sac pancréatique.

par les éléments précédents. Mais on trouve toutes les formes de passage, souvent dans le même cul-de-sac, entre ces derniers et les cellules pan-

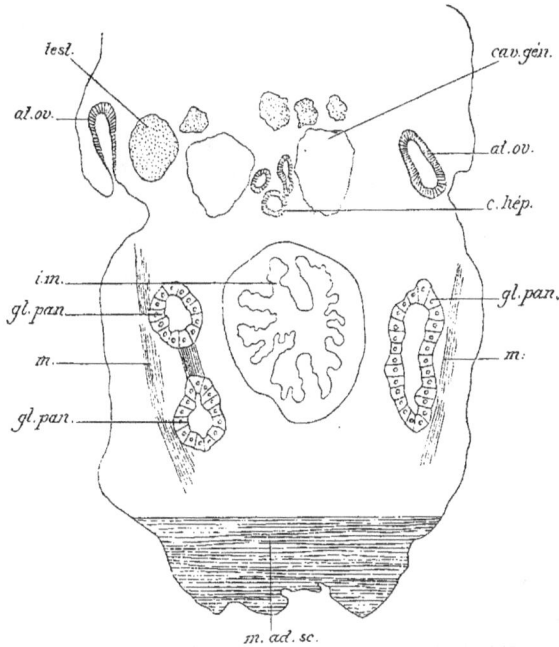

Fig. 387. — Coupe schématique de Bal. adulte montrant les rapports des glandes gastriques et passant par l'atrium de l'oviducte : *i. m*, intestin moyen ; *c. hép*, cæcums hépatiques ; *gl. pan*, glandes pancréatiques ; *cav. gén*, cavité générale ; *test*, testicules ; *at. ov*, atrium de l'oviducte ; *m*, muscles latéraux du corps ; *m. ad. sc*, muscle adducteur des scuta.

créatiques. Les glandes que nous appelons pancréatiques et qui forment deux amas principaux, blanchâtres, sur la face ventrale de l'estomac, ont été pour ce fait désignées par Nussbaum sous le nom de *glandes blanches*, par opposition aux glandes brunes du même auteur.

7. APPAREIL RESPIRATOIRE

On ne trouve, chez les Pédonculés ni chez les Operculés asymétriques, aucun appareil respiratoire différencié. L'hématose se fait à travers la paroi interne du manteau et de ses dépendances. Nous avons vu que cet organe contenait de nombreuses lacunes creusées dans le tissu

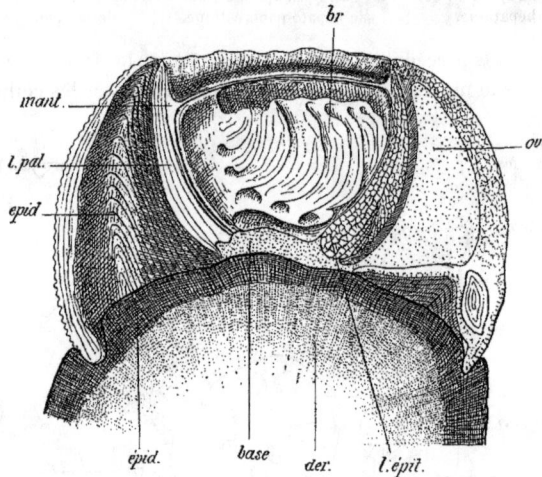

Fig. 388. — Coupe sagittale de *Coronula diadema* : *der*, derme de la Baleine sur laquelle est fixé le Cirrhipède; *épid*, épiderme de la même; *ov*, ovaire en relation directe avec la base; *l.épit*, lames hypodermiques vivantes à la partie inférieure par où se fait l'accroissement; *mant*, manteau; *br*, branchie d'un côté.

conjonctif, sans parois propres, par conséquent. Le liquide sanguin remplit ces lacunes et s'hématose par osmose à travers la mince paroi qui le sépare du milieu ambiant.

Chez les Operculés symétriques, il existe, de chaque côté du corps, un repli de l'épithélium interne du manteau qui peut se présenter sous la forme d'une simple lame, non plissée, un peu analogue au frein ovigère des Pédonculés, parfois même extrêmement réduite (*Chthamalus, Chamæsipho*); dans la plupart des autres espèces cependant, cette lame se plisse, parfois énormément, et même se dédouble de façon à former, de chaque côté, un organe simple ou double, extrêmement contourné de façon à augmenter considérablement la surface d'hématose (*Balanus* et surtout *Coronula*, *Cryptolepas*, etc.). Quelle que soit la forme de ces *branchies*, la structure histologique est toujours la même ; elles sont formées par deux épithéliums séparés par une lame conjonctive très lacuneuse, dans laquelle le sens du courant sanguin est loin d'être parfaitement régularisé.

Les freins ovigères des Pédonculés et les branchies des Operculés sont des organes morphologiquement homologues.

Les appendices filamenteux peuvent aussi jouer le rôle d'organes de respiration, ainsi que les soies de la gaine et des pièces operculaires de certaines espèces, qui sont des soies respiratoires (Voy. p. 374).

8. APPAREIL CIRCULATOIRE

Il n'existe pas, chez les Cirrhipèdes, de *cœur* proprement dit, comme le voudrait Nussbaum, c'est-à-dire d'organe central, *contractile*, de la circulation, mais on trouve, du côté ventral de l'estomac, suivant la ligne médiane et rostrale, un organe qui sert à *régulariser* le sens du courant circulatoire, et auquel on a donné le nom de *sinus rostral*. C'est un canal ou plutôt une lacune assez vaste, à peu près cylindrique, qui commence immédiatement au-dessous du muscle adducteur des scuta et se poursuit tout le long de la surface d'insertion du corps proprement dit sur son enveloppe cuticulaire en se localisant dans la région médiane, sur un espace de quelques millimètres au plus dans les grandes espèces et d'autant plus réduit que l'on s'adresse à des individus plus petits.

Ce sinus se rétrécit au point où le corps se détache du manteau et se continue par un canal qui, chez les Pédonculés, se poursuit jusqu'à la base du pédoncule en suivant toujours la ligne médiane et ventrale, tandis que chez les

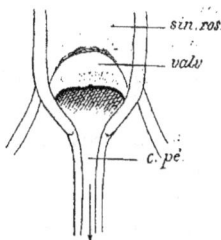

Fig. 389. — Aspect de la partie inférieure du sinus rostral ouvert, laissant voir : *c. pé*, canal pédonculaire ; *sin. ros*, le sinus rostral et *valv*, l'une des valvules du sinus. La flèche indique le sens du courant sanguin.

Operculés, il se perd rapidement dans les vastes lacunes de la partie basale du manteau.

Le *sinus rostral* n'a pas de parois propres ; il est limité par un épaississement du tissu conjonctif, comme, du reste, toutes les lacunes sanguines du corps et du manteau. Vers le point où il se rétrécit pour donner naissance au canal pédonculaire, ses parois dorsale et ventrale

donnent naissance, chacune, à une valvule sigmoïde dont le bord libre
légèrement renflé est tourné vers le pédoncule. Cette disposition particulière permet bien au liquide sanguin de passer du sinus dans le canal
pédonculaire, mais empêche le mouvement inverse (fig. 389).

Ce mouvement est encore empêché, ou pourrait l'être, par l'intermédiaire d'un muscle qui n'est pas, à proprement parler, un sphincter
(puisqu'il n'est pas circulaire) et qui se trouve placé à l'entrée même
(côté inférieur) du sinus rostral. Il est formé par deux faisceaux latéraux, en demi-cercle, se croisant l'un l'autre, de façon que, lorsqu'ils
se contractent, ils peuvent fermer la lumière du canal. Ces muscles
doivent servir, probablement, plutôt à modérer l'activité de la circulation qu'à arrêter complètement le courant sanguin.

Comme le sang est mis en mouvement, non par la contraction
des parois du sinus rostral, qui ne possèdent pas de muscles propres,
mais par la contraction générale de tous les muscles du corps, et
en particulier des abaisseurs et redresseurs, qui, du côté rostral,
attachent le corps à son enveloppe, il en résulte que, lorsque ces muscles
se contractent, la paroi supérieure du sinus rostral vient s'appliquer
contre la face antérieure du muscle adducteur des scuta. Dans ces conditions, le sang ne peut pas refluer dans la partie supérieure du corps,
dont le passage lui est fermé, il ne peut que prendre la voie du sinus
pour aller dans le pédoncule ou la base, ou bien encore les voies latérales qui, partant du sinus rostral, vont irriguer les parties périphériques du corps. Chez les formes à appendices filamenteux dorsaux
(*Pollicipes*), il existe même un canal médian et dorsal qui remonte
jusqu'à l'extrémité du pénis dont il forme le canal afférent.

Les autres lacunes latérales du corps vont se jeter à la base de chaque
cirrhe pour former le canal afférent. Celui-ci se bifurque dans chaque
rame et le sang, après avoir circulé dans ces appendices, revient par un
canal ventral (efférent), qui va se jeter dans une lacune médiane accolée
à la chaîne nerveuse dont elle n'est séparée que par une lame conjonctive. Cette lacune ventrale contourne l'œsophage et vient se jeter dans
une autre, plus vaste, située autour du muscle adducteur et en communication directe avec le sinus rostral. Le sang reflue d'autant plus
facilement dans ce sinus, que, au moment où cesse la contraction des
muscles du corps, le passage supérieur devient libre et il se forme une
sorte de vide dans sa cavité, puisque le sang qui s'y trouvait contenu a été
chassé dans le canal pédonculaire au moment de la contraction générale.

Le liquide sanguin qui a circulé dans le pédoncule se réunit parfois
(*Conchoderma*) dans un canal longitudinal dorsal d'où il passe dans les

lacunes du manteau qu'il suit d'arrière en avant. Il vient s'accumuler, plus ou moins, dans deux sinus marginaux qui vont, eux-mêmes, s'ouvrir dans le sinus du muscle adducteur et de là dans le sinus rostral.

Le sang s'est hématosé dans le manteau et c'est, par conséquent, un liquide artérialisé qui revient dans le sinus rostral.

Chez les Operculés, les valvules sigmoïdes sont, généralement, situées plus haut dans l'intérieur du sinus rostral que chez les Pédonculés. Dans le corps, les phénomènes circulatoires sont les mêmes, mais, après avoir circulé dans la base, le sang vient s'accumuler dans un sinus dorsal de la branchie, il s'hématose dans les vastes lacunes de cet organe et revient dans un autre sinus ventral, d'où il passe dans le sinus du muscle adducteur et de là dans le sinus rostral.

Tels sont, très résumés, les caractères généraux de la circulation chez les Cirrhipèdes thoraciques.

9. CAVITÉ GÉNÉRALE ET APPAREIL EXCRÉTEUR

Il est impossible d'étudier séparément la cavité générale et l'appareil excréteur, la première n'étant, physiologiquement tout au moins, que l'appareil évacuateur indirect, il est vrai, des organes rénaux principaux.

La cavité générale du corps est composée, en réalité, de deux parties : l'une, que nous venons d'étudier, formée de lacunes plus ou moins vastes et qui constitue, dans son ensemble, les cavités circulatoires, et une autre moins différenciée, formée par deux vastes lacunes latérales en relations directes avec l'extérieur, c'est celle que nous désignons spécialement ici avec, du reste, quelques auteurs, sous le nom de cavité générale. Elle a été appelée aussi : *cavité branchiale* (Nussbaum), *labyrinthe* (Bruntz) suivant la conception particulière que ces auteurs se sont faite de cette cavité.

De l'orifice extérieur situé sur les palpes de la lèvre inférieure part un canal qui s'enfonce vers la base de l'appendice, se dilate rapidement en suivant les côtés du corps et va, en s'aplatissant et s'élargissant beaucoup, occuper la plus grande partie de l'espace situé entre la paroi du corps, l'estomac et l'intestin moyen recourbé en arrière. Il se forme ainsi, de chaque côté, deux sacs aplatis, qui, chez beaucoup d'espèces, sont en communication directe l'un avec l'autre, d'une part en arrière de la lèvre inférieure par un canal très étroit, et de l'autre, au-dessus de la partie supérieure de l'estomac, en avant du cerveau, par un canal plus court, mais plus large que le précédent. Ces deux sacs ont une paroi propre, formée par un épithélium extrêmement aplati, mais très net. Cette structure les différencie nettement des cavités circulatoires ordinaires qui sont toujours sans parois propres.

Sur la face externe de chacune de ces cavités, entre elle et la paroi latérale du corps, on trouve, de chaque côté, un autre sac, également très aplati, qui semble absolument clos et sans communication directe, par conséquent, au moins chez l'adulte, ni avec la cavité générale (*laby-rinthe*) comme le pense Bruntz, ni avec l'extérieur comme l'indique Kœhler pour les Conchodermes.

Ces deux formations sont les sacs rénaux proprement dits qui peuvent être assimilés aux *reins maxillaires* des autres Crustacés.

Hœk a, en outre, décrit comme rein, un organe situé dans les mâchoires et qui n'est autre chose que l'apodème maxillaire déjà mentionnée. Il considère aussi les deux cavités qui engendrent le sac à œufs comme des organes excréteurs ; nous les décrirons plus loin sous le nom d'*atrium* de l'oviducte.

Enfin Bruntz a signalé tout récemment des *reins céphaliques clos*, situés entre les glandes pancréatiques (gl. blanches de Nussbaum) et la paroi du

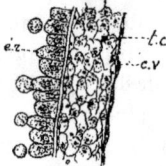

Fig. 390. — Coupe de la paroi d'un sac rénal voisine de la cavité générale (*c.v*), dont l'épithélium n'est sé-paré des cellules ex-crétrices (*é.r*) que par une lame conjonctive (*t.c*) plus ou moins épaisse.

corps. Chacun de ces organes, de la forme d'une lentille concavo-convexe, est formé de cellules plus ou moins régulièrement arrondies, d'environ 30 µ de diamètre, présentant toujours deux petits noyaux ronds et mêlées à du tissu conjonctif. Ces formations représentent des *néphocytes* à carminate, analogues à ceux que l'on rencontre chez les Crustacés supé-rieurs.

Filatowa a enfin montré que chez la Cypris, on trouve à la partie supérieure de la paroi de l'estomac de grosses cellules qui semblent identiques à celles des glandes pancréatiques, qui ne se sont pas encore séparées de la paroi stomacale, et probablement ana-logues à celles également décrites par Berndt chez

Alcippe lampas. Ces glandes semblent jouer chez la larve, un rôle excréteur.

Il n'existe, en résumé, comme organes excréteurs normaux que les deux *sacs rénaux* signalés plus haut sur les côtés externes de la cavité géné-rale et dont l'épithélium est formé de cellules cylindriques ou cubiques, généralement assez irrégulières qui se remplissent de granulations jau-nâtres dans leur région interne (fig. 390, *e. r.*). Il se forme alors de petites boules qui grandissent, se détachent de la cellule et tombent dans la cavité de l'organe où elles éclatent. Les produits d'excrétion sont probablement évacués à l'extérieur, soit par osmose, après dissolution, à travers la mince paroi qui sépare la cavité du rein de la cavité générale, soit par phagocytose par l'intermédiaire des cellules migratrices.

Les *reins céphaliques clos* de Bruntz semblent, eux aussi, normalement chargés de fonctions excrétrices. Certains organes peuvent encore jouir accidentellement des mêmes propriétés, ce sont : les parties colorées du manteau, les glandes cémentaires et les glandes hépatiques.

10. ORGANE ÉNIGMATIQUE

Nussbaum a le premier fait connaître sous le nom de « Undefinirbare organe » deux formations qu'il a observées chez *Pollicipes polymerus* et *Lepas Hilli*. L'une d'elles est constituée par des éléments que nous avons décrits, depuis, sous le nom de *glandes salivaires* (Voy. p. 386) ; l'autre est un organe très petit, situé au-dessous du muscle adducteur des scuta (l'animal étant placé dans sa position naturelle, c'est-à-dire posé sur son pédoncule) et très rapproché de la paroi externe du corps.

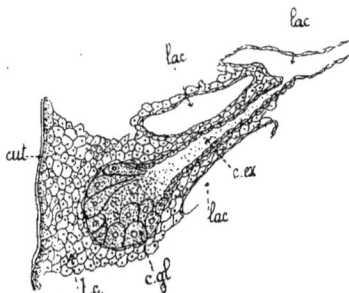

Fig. 391. — Organe énigmatique de Nussbaum (coupe et rapports). — *cut*, cuticule externe du corps ; *t.c*, tissu conjonctif ; *c.gl*, cellules glandulaires de l'organe ; *c.ex*, canal excréteur : *lac*, lacunes conjonctives.

Nussbaum n'en donne pas de description ; il dit seulement : « Sur la ligne médiane, du côté ventral, se trouve un organe particulier avec des nerfs, qui ressemble, au plus haut degré, à un œil, bien qu'il manque de tache pigmentaire. » La situation de cet organe est indiquée dans son travail à la Pl. X, fig. 8, S. O.

Nous avons cherché à le revoir et nous avons pu le mettre en évidence, grâce à un lot bien fixé de *Pollicipes cornucopia*. Nous l'avons retrouvé également chez les autres formes de *Pollicipes* (*P. polymerus*, *P. mitella* et *P. elegans*).

Nous avons encore pu reconnaître sa présence dans le genre *Lithotrya*, mais sans pouvoir nettement définir sa structure qui nous paraît être, cependant, assez analogue à celle que nous allons décrire maintenant, d'après ce que nous avons observé chez *Pollicipes cornucopia*.

L'organe en question se trouve placé à peu près exactement sur la ligne médiane et ventrale du corps, à deux millimètres environ au-dessous du muscle adducteur des scuta, à peu près à égale distance de la partie distale du cul-de-sac supérieur du sinus rostral et de la face inférieure du muscle adducteur.

Il n'est séparé de l'épithélium externe que par une mince couche de tissu conjonctif cellulaire dense, au milieu duquel il se trouve plongé (fig. 391).

L'organe proprement dit présente un diamètre supéro-inférieur d'environ 90 μ sur une largeur antéro-postérieure de 65 μ à peu près. Il est donc un peu plus développé dans le sens de la hauteur que dans celui de la largeur.

Il est limité sur toute sa périphérie par une membrane mince, de nature conjonctive, qui ne semble pas être une membrane propre, mais seulement une lame du tissu conjonctif environnant, formée de cellules très aplaties et à très petits noyaux, semblables à ceux du tissu voisin.

Dans la partie de l'organe qui est la plus rapprochée de l'épithélium externe, on aperçoit, très nettement, un certain nombre de cellules assez volumineuses, les unes en coupe transversale, les autres en coupe longitudinale, avec une membrane d'enveloppe assez épaisse, un petit noyau très brillant et un cytoplasme le plus souvent rempli de fines granulations.

Dans les cellules vues en coupe longitudinale, on n'aperçoit bien que le fond, du côté externe de l'organe, par conséquent, tandis que la membrane cellulaire s'allonge vers le centre et insensiblement disparaît. Dans ce cas, on remarque entre les deux parois, un cytoplasme non plus granuleux, mais comme rempli d'une substance qui se colore mal et se dispose plutôt en traînées allant du fond de la cellule vers son orifice central. C'est, en un mot, un aspect qui ressemble assez exactement à celui des cellules muqueuses, comme celles de la peau de la grenouille, par exemple.

Les parois de l'organe se continuent directement avec celles d'un tube, formées de petites cellules très aplaties, irrégulières, avec un petit noyau ou disposées en couches de deux ou trois cellules, ce n'est qu'à une certaine distance de l'organe proprement dit que les parois de cette sorte de canal sont formées par une seule couche de ces mêmes éléments cellulaires. On aperçoit, de plus, une lumière centrale, parfois très réduite, mais en communication directe avec le centre de l'organe qui se trouve rempli par cette substance peu colorable dont nous avons plus haut indiqué l'origine.

Enfin, le canal excréteur se termine quelque part et insensiblement sur les bords d'une lacune conjonctive qui est peut-être, elle-même, en communication, plus ou moins directe avec le sinus rostral, comme le sont, du reste, la plupart des lacunes qui entourent le muscle adducteur des scuta.

Sans rien vouloir présager ici du rôle physiologique de cet organe particulier, nous pouvons assurer d'ores et déjà qu'il ne présente dans sa structure rien qui doive le faire considérer comme un organe nerveux ; ces cellules à membrane épaisse, ce canal à parois formées de cellules nettement épithéliales, le démontrent surabondamment.

Nous avons parlé plus haut de la ressemblance de ces cellules, vues en coupes longitudinales, avec des cellules muqueuses ; il est certain que ce sont des éléments qui présentent une sécrétion nette, sécrétion qui serait évacuée par le canal dont la cavité centrale est la continuation directe de celle de l'organe.

Enigmatique quant à ses fonctions, cette formation doit donc être considérée maintenant, non comme un organe nerveux, mais comme une véritable glande dont les produits de sécrétion viendraient tomber dans une lacune sanguine au voisinage du sinus rostral.

Quelle est la fonction de cette glande, nous l'ignorons? Peut-être a-t-elle un rôle en relation avec la circulation, peut-être sert-elle à l'excrétion?

Cette fonction nous est donc encore inconnue et il sera peut-être difficile de la mettre nettement en relief.

Cette glande ne serait-elle pas plutôt un organe larvaire qui semble ne persister, lui aussi, que chez les types ancestraux?

On sait que chez la larve cypris de *Lepas pectinata* et *Lepas australis* par exemple, il existe, partant de l'œsophage et se dirigeant du côté rostral, deux culs-de-sac latéraux qui s'avancent jusqu'au-dessous de l'épithélium externe. On sait aussi que ces cæcums ne laissent aucune trace chez l'adulte.

Or, il se pourrait, que chez les larves de *Pollicipes* et *Lithothrya*, au lieu de deux culs-de-sac pairs et symétriques, il s'en formât trois dont un impair ou peut-être même un seul, impair et médian, beaucoup plus développé que les autres. Cet organe s'atrophierait beaucoup chez l'adulte, perdrait ses connexions avec l'œsophage, auquel il pourrait ne plus être réuni que par un tractus conjonctif plus ou moins développé, et que l'on observe, en effet, sur une certaine longueur se dirigeant vers la partie inférieure de l'œsophage.

C'est là une simple hypothèse, mais qui, étant donnée la nature glandulaire de cet organe et la direction de son canal évacuateur, ne nous semblerait pas impossible à concevoir, *a priori*.

11. APPAREIL CÉMENTAIRE

On sait que Darwin considérait l'appareil cémentaire comme une partie de l'ovaire, modifiée et adaptée à des fonctions spéciales. Ce sont les travaux de Krohn qui ont nettement établi les dispositions anatomiques respectives de ces organes et montré qu'il n'existe entre l'ovaire et les glandes cémentaires que des rapports de contiguïté. Des détails complémentaires ont été indiqués depuis par Hœk, Kœlher et nous-même.

Fig. 392. — Canal cémentaire de *Conchoderma* très jeune, montrant la formation des cellules cémentaires.

Nous avons montré de quelle façon se forment les cellules cémentaires aux dépens du canal collecteur principal.

Le canal cémentaire présente une paroi nettement épithéliale. A un moment donné, certaines cellules de cet épithélium prolifèrent, se divisent et forment une sorte de bourgeon cellulaire (fig. 392). Quelques-unes de ces cellules s'allongent, se pédiculisent et s'isolent de cette façon des précédentes. Celles-ci grossissent, tandis que les autres s'aplatissent beaucoup, se divisent également et forment le canal évacuateur de chaque cellule glandulaire, canal qui va se réunir aux autres pour se jeter directement dans le canal principal.

Bien mieux, comme la cellule se creuse à un moment donné d'une vacuole, d'abord très petite, mais qui grandit peu à peu, l'épithélium du canal évacuateur se poursuit jusque dans l'intérieur de cette vacuole qu'il finit par tapisser entièrement. Ainsi une partie du système cémentaire se trouve définitivement constituée (fig. 393, A).

Nous allons montrer par quelques exemples, pris dans les différents groupes qui constituent la sous-classe des Cirrhipèdes, que, une fois encore, le développement ontogénique est parallèle, en ce qui concerne cet appareil, au développement phylogénique.

Prenons, tout d'abord, si l'on veut bien, l'appareil cémentaire d'*Alcippe lampas*, tel qu'il a été décrit par Berndt.

Cet auteur a étudié (fig. 24 de son mémoire) les cellules glandulaires chez ce Cirrhipède. Les éléments sont plus ou moins régulièrement arrondis et présentent, généralement, sur l'un de leurs points périphériques, un prolongement, sorte de pédicule, qui correspond au canal évacuateur primitif de chacune d'elles, tel que nous l'avons indiqué plus haut. Ces cellules ont, en moyenne, un diamètre variant de 7 à 9 μ. Elles présentent un cytoplasme granuleux et un noyau, dont la forme est, tantôt à peu près sphérique, tantôt plus ou moins allongée et contournée dans l'intérieur du cytoplasme, avec une enveloppe très nette et des granulations chromatiques disséminées et très irrégulières.

On peut comparer cette constitution à l'une des premières phases du développement de ces glandes unicellulaires, chez les très jeunes échantillons de Conchodermes (fig. 393, B).

Si, d'*Alcippe lampas*, nous passons maintenant à l'une des formes naines de mâles d'un Cirrhipède plus élevé, celui d'*Ibla quadrivalvis*, par exemple, nous retrouvons une structure à peu près analogue. Nous avons décrit l'appareil cémentaire dans notre mémoire sur les Cirrhipèdes du « Talisman » et montré que les glandes dont il se compose sont de simples cellules, d'environ 35 à 40 μ de diamètre, beaucoup plus grandes, par conséquent, que celles d'*Alcippe*, mais avec des caractères histologiques à peu près identiques. Il s'y montre cependant, un pas de plus vers la différenciation maximum ; en effet, quelques-unes de ces cellules présentent, en un point variable de leur cytoplasme, mais près du noyau, une vacuole plus ou moins développée. Cette vacuole n'est jamais tapissée intérieurement, même chez le mâle adulte, par la prolifération épithéliale du canal cémentaire correspondant.

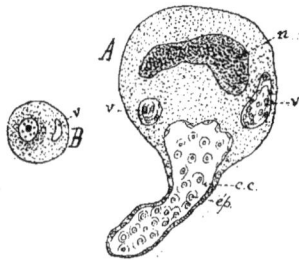

Fig. 393. — A, coupe d'une glande cémentaire de *Conchoderma aurita* adulte : — *n*, noyau ; *v*, vacuoles tapissées par l'épithélium (*ép*) du canal cémentaire (*c.c*). — B, glande cémentaire du même, très jeune ; *v*, vacuole qui commence à se former.

Cette forme adulte correspond exactement à l'une des phases du développement des glandes cémentaires de *Conchoderma aurita*, par exemple, dans laquelle on trouve, aussi, une cellule d'un diamètre généralement un peu supérieur (40 à 45 μ), dans le cytoplasme de laquelle on voit se creuser une vacuole, d'abord très petite et à peu près sphérique, qui augmente peu à peu et finit même par envahir une grande partie du cytoplasme, en même temps que le noyau prend une forme plus irrégulière.

C'est aussi un stade bien particulier que nous avons fait connaître, du développement de l'appareil cémentaire chez les Balanes et qui doit probablement se retrouver, très semblable sinon tout à fait identique, chez les Cirrhipèdes operculés, en général.

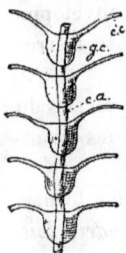

Fig. 394. — Aspect d'une série de glandes cémentaires de *Balanus psittacus* de la partie centrale de la base. — *g. c*, glandes; *c.c*, canaux cémentaires; *c.a*, canal axial.

Si l'on recherche, en effet, comment est constitué l'appareil cémentaire des *Cirrhipèdes thoraciques* dans la larve Cypris, on trouve, à la base des antennes de cette larve, deux amas cellulaires, dont chaque élément, plus ou moins régulièrement arrondi, se présente avec des caractères à peu près semblable à ceux décrits chez *Alcippe lampas*, mais avec un diamètre moyen de 40 à 45 μ, c'est-à-dire intermédiaire entre le genre *Ibla* (mâle nain) et les formes jeunes de *Conchoderma*. Ces cellules ont un cytoplasme granuleux, avec un gros noyau plus ou moins régulier et quelques-unes présentent, de plus, une vacuole, petite d'abord, mais qui va en grandissant.

Ces éléments se retrouvent aussi bien chez les Cypris de Pédonculés, que dans celles des Operculés. Par conséquent, à ce stade du développement larvaire, *tous les Cirrhipèdes thoraciques* ont un appareil cémentaire constitué de la même façon.

Ce premier point étant acquis, nous savons que ces glandes vont conserver leur forme, en augmentant de diamètre, etc., et enfin présenter chez tous les *Pédonculés* les caractères que nous avons indiqués plus haut.

Mais, pour les *Operculés*, il en est tout autrement. Les glandes cémentaires, chez les formes adultes (fig. 394, 395), ne rappellent en rien celles de la larve Cypris, dont nous venons de parler.

Nous avons décrit, en effet, chez les formes très jeunes de *Bal. perforatus* et *B. tintinnabulum*, un appareil cémentaire identique à celui de la Cypris, c'est-à-dire avec cellules arrondies, noyau volumineux et parfois vacuole dans le cytoplasme. Ces éléments sont symétriquement disposés, par groupes de cinq à dix ou quinze, dans l'épaisseur même du manteau et tout à fait à la base. Ces amas

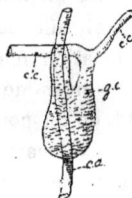

Fig. 395. — Glande cémentaire du même, mais située vers la périphérie de la base et en état d'activité. — Mêmes indications que dans la figure 393.

vont, de chaque côté, réunir leurs canaux évacuateurs dans un canal collecteur commun, qui aboutit aux antennes larvaires situées vers le milieu de la base.

Or, à mesure que les progrès de la calcification se font sentir dans les formations de recouvrement, muraille et base, on voit ces cellules cémentaires s'atrophier rapidement, par un processus que nous n'avons pas encore bien pu définir, mais qui tient peut-être, simplement, aux progrès mêmes de la calcification qui empêche leur développement ; finalement ces cellules disparaissent, de sorte que, même dans des échantillons de 2 millimètres de diamètre, on n'en retrouve déjà plus de traces.

Mais, si les glandes unicellulaires se résorbent ainsi que leurs canaux propres, il n'en est pas de même du canal vecteur principal, de chaque côté. Celui-ci est formé par une mince cuticule externe, tapissée, intérieurement, par un épithélium cellulaire aplati, mais très net. Or, à mesure qu'il se développe en longueur, c'est-à-dire vers la périphérie, il se renfle, ses parois cellulaires s'épaississent légèrement et une des glandes cémentaires de l'adulte se trouve constituée. A chaque nouvel accroissement en diamètre, se forme ainsi une glande nouvelle qui envoie, de chaque côté et vers la limite périphérique de la petite base, un prolongement creux qui sera le canal cémentaire de premier ordre. Celui-ci se divise à son tour dans la couche sous-jacente pour former le système de deuxième ordre et ainsi de suite jusqu'aux ultimes terminaisons de cet appareil, terminaisons qui, comme on le sait, vont s'irradier irrégulièrement, le plus souvent, sur toute la surface de la base, afin d'augmenter la puissance de fixation de l'animal sur le support qu'a choisi sa larve.

Cette observation nous démontre donc qu'en ce qui concerne l'appareil cémentaire des Cirrhipèdes, il existe, comme à peu près pour tous les autres systèmes d'organes, une unité de constitution extrêmement nette ; mais, tandis que chez les Pédonculés, c'est le système primitif, c'est-à-dire larvaire, *tout entier* qui se continue chez l'adulte, chez les Operculés, au contraire, ce n'est qu'*une partie* de ce système, l'ancien canal vecteur principal de la larve qui va le constituer dans son ensemble.

Nous avons vu plus haut (p. 378) que, chez les *Lithotrya*, le canal cémentaire forme dans le disque pédonculaire des sortes de réservoirs dilatés desquels partent les fins canaux qui vont s'irradier à la surface externe de ce disque pour le fixer à la loge calcaire dans laquelle vivent ces animaux. C'est là un type nettement intermédiaire entre les autres Pédonculés et les Operculés.

Chez les Pédonculés, les glandes cémentaires formées de cellules plus ou moins vacuolisées, sont réunies en deux amas et localisées dans le pédoncule. Parfois cependant, elles se développent tellement qu'elles se répandent jusque dans la partie capitulaire du manteau (*Conchoderma*).

Tous les canaux propres de ces cellules se réunissent par groupes et vont, finalement, se jeter dans un canal commun qui s'ouvre à la base des antennes.

Chez les Operculés, ce système primitif disparaît donc chez l'adulte et se trouve remplacé par deux séries linéaires de glandes formées par dilatation de la partie terminale du canal vecteur. Ces glandes plus ou moins renflées, sont toutes unies les unes aux autres par un canal central qui ne met pas leurs cavités propres en relations directes, mais qui forme, en quelque sorte, l'axe de chaque système. Les deux séries linéaires de glandes ayant une direction opposée, partent de l'une des antennes pour se rendre plus ou moins directement vers la périphérie de la base où se trouvent les plus volumineuses et les plus actives. De ces glandes part, de chaque côté, un canal cémentaire de premier ordre à direction radiaire qui se bifurque bientôt pour donner des canaux de second ordre, un peu plus étroits, tous parallèles au bord libre de la base, mais à concavité externe ; il en part des canaux de troisième ordre, situés dans un plan inférieur et qui sont tout à fait parallèles au bord périphérique de la base ; ils suivent les zones d'accroissement. Enfin, de ces derniers, naissent de très fins canalicules qui s'ouvrent à l'extérieur et répandent le cément sur toute la surface de façon à rendre plus efficace la fixation de l'animal sur son support.

Le cément sécrété par les glandes en activité est une substance demi-fluide, de couleur jaunâtre, qui se coagule en granulations irrégulières et plus ou moins volumineuses, sous l'action de l'alcool.

Nous avons vu que chez les Pédonculés, tout au moins, les glandes cémentaires peuvent, dans certaines conditions, et au moment de leur activité fonctionnelle, jouer le rôle d'un appareil d'excrétion.

12. SYSTÈME NERVEUX

L'ensemble du système nerveux des Cirrhipèdes présente aussi une grande uniformité. Il existe, cependant, suivant les groupes un certain nombre de points différentiels qu'il est intéressant de signaler.

Prenons d'abord les formes les plus dégradées, comme *Alcippe lampas* où ce système a été bien mis en lumière par les récents travaux de Berndt.

On voit qu'il est essentiellement constitué, dans ce type, par une masse cérébroïde double, placée à la base de l'œsophage et dorsalement, au point où ce canal va se jeter dans l'estomac. Il en part de chaque côté un long connectif qui s'unit à une masse ventrale volumineuse, formée, en apparence du moins, par un ganglion unique d'où partent les nerfs qui vont se distribuer dans l'appareil buccal et dans les appendices ainsi que dans les parois du corps.

C'est un système analogue que nous avons décrit chez les mâles nains de *Scalpellum* et d'*Ibla* (Voy. p. 152 et 156) où il se compose également d'une masse dorsale, mais unique, réunie par deux connectifs péri-œsophagiens.

Dans le genre *Verruca*, nous retrouvons une constitution à peu près analogue, mais avec une légère complication (*V. striata*, A. Gruv.).

Le système nerveux dorsal est formé, comme chez *Alcippe*, par deux masses cérébroïdes très petites, mais distinctes, d'où partent deux nerfs qui longent le bord rostral et vont se terminer du côté de la base. Ils correspondent aux nerfs antennaires. Entre les deux, part un filet très grêle qui se distribue sur l'estomac pour former le nerf *gastrique*, sur le trajet duquel il est difficile de reconnaître, dans les coupes, la présence d'un renflement ganglionnaire.

Ce filament nerveux est, en réalité, triple, car, de chaque côté du nerf gastrique on aperçoit deux petits cordons, également très grêles, accolés au premier, mais qu'il n'est pas facile de suivre dans toute leur longueur. Ces deux filets nerveux sont, vraisemblablement, les deux nerfs *ophtalmiques*.

Il existe sur les parties latéro-ventrales de l'estomac deux points pigmentés qui sont les yeux, légèrement séparés l'un de l'autre. Il est probable que les deux nerfs ophtalmiques s'y rendent plus ou moins directement.

Les ganglions cérébroïdes émettent, en arrière, deux nerfs un peu plus gros que les précédents qui vont se jeter, ventralement, dans une masse ganglionnaire un peu allongée, assez volumineuse, dans laquelle il est assez difficile de reconnaître la présence de plusieurs ganglions, au moins au nombre de trois, fusionnés en une seule masse. De la région antérieure part une paire de nerfs se rendant à la première paire de cirrhes, ainsi que des filets antérieurs, très grêles, pour l'appareil masticateur. Les autres donnent naissance aux cinq autres paires et il nous semble que les trois dernières partent de la masse ganglionnaire terminale.

Cet appareil ainsi constitué nous conduit insensiblement à celui que l'on observe chez *Xenobalanus globicipitis*, Steenstrup.

Il semble que la forme extérieure de l'animal ait eu un retentissement considérable sur son organisation interne, et, bien que ce soit un Operculé indéniable, il présente cependant des caractères parfaitement

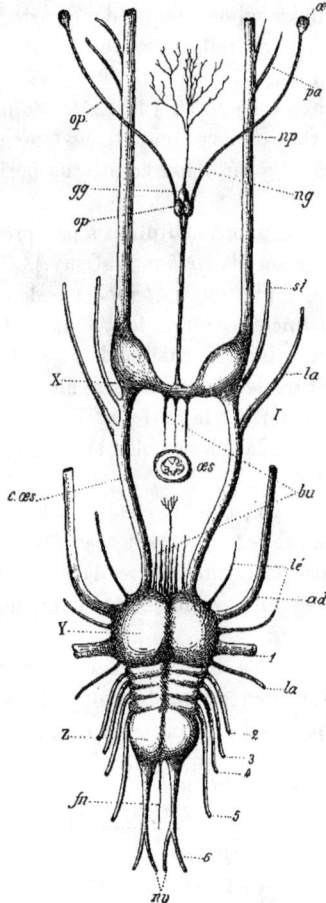

Fig. 396. — Système nerveux de *Balanus tintin-nabulum*. — X, cerveau; Y, ganglion sous-œsophagien; Z, ganglion anal; *n.p*, nerf pédonculaire; *o.p*, ganglion et nerf optiques; *g.g* et *n.g*, ganglion et nerf gastriques; *œ*, œil; *st*, nerf stomacal; *la*, nerf latéral; *bu*, nerfs buccaux; *té*, nerfs tégumentaires; *ad*, nerf du muscle adducteur des *scuta*; *la*, nerf latéral; 1, 2, 3, 4, 5, 6, nerfs des cirrhes; *f.n*, nerf intermédia.re; *n.v*, nerfs du pénis; *œs*, œsophage.

nets de Pédonculé. C'est ce que nous avons déjà vu, par exemple, pour le muscle adducteur qui est exceptionnellement formé de fibres lisses.

En ce qui concerne le système nerveux, on peut dire que la partie supra-œsophagienne est du type pédonculé, tandis que la partie ventrale est du type operculé. Ceci demande une explication.

Du cerveau bilobé, comme il le sera toujours dorénavant, partent deux grands nerfs antennaires qui suivent le bord latéro-rostral du pseudo-pédoncule et se continuent jusqu'à la base, absolument identiques, par conséquent, aux nerfs pédonculaires des Pédonculés.

Entre ces deux cordons, naissent trois filets nerveux partant de la commissure cérébroïde, un médian, le nerf gastrique, et deux latéraux, les nerfs ophtalmiques, tous les trois accolés et donnant chacun, sur la partie moyenne de l'estomac, un très léger renflement ganglionnaire unicellulaire, l'un médian qui envoie des filets nerveux sur l'estomac, les autres, latéraux, accolés au premier, donnant un très court rameau qui va se terminer dans un œil, très peu pigmenté et par conséquent assez difficile à voir.

Les deux yeux ne sont pas soudés, comme chez les Pédonculés, mais très rapprochés l'un de l'autre et unis entre eux par une trame conjonctive dense.

Le nerf gastrique n'a aucune relation physiologique avec les nerfs ophtalmiques.

Les nerfs antennaires donnent chacun, un peu au-dessus de la région oculaire, un nerf externe (nerf palléal) qui va se distribuer dans les muscles de la paroi du corps. Ce nerf n'est pas indépendant comme chez la plupart des autres Operculés, c'est une simple branche du nerf antennaire, comme chez les Pédonculés.

Cette partie antérieure et dorsale du système nerveux est donc tout à fait du type pédonculé, avec cette différence, toutefois, que les yeux sont séparés.

Mais cela nous conduit à une forme que nous rencontrons dans le genre *Pollicipes* où les deux yeux sont unis, mais encore distincts, avec leurs masses pigmentaires parfaitement séparées.

Le collier nerveux de *Xenobalanus* est très resserré, il s'applique étroitement autour de l'œsophage et vient se jeter dans une masse ventrale qui rappelle tout à fait celle de *Balanus tintinnabulum*. Cependant les ganglions antérieurs sont plus développés encore par rapport au reste de la masse qui se trouve formée de quatre ganglions ou plutôt paires ganglionnaires très resserrées. La dernière, à peine plus développée que les autres, donne naissance aux deux dernières paires de nerfs des cirrhes, ainsi qu'au nerf intermédiaire, exactement comme chez tous les autres Operculés.

L'ensemble des nerfs qui partent de cette masse sous-œsophagienne est à peu près semblable à celui de *Bal. tintinnabulum*, L. (fig. 396). On ne trouve, en effet, aucune relation anastomotique entre les nerfs ophtalmiques, palléaux, stomacaux et adducteurs, comme cela se voit chez *Bal. psittacus*, Mol. (fig. 398), par exemple.

Le genre *Xenobalanus* nous conduit donc directement au genre *Balanus* et plus spécialement à *Bal. tintinnabulum*. Nous n'avons pour cela qu'à supposer les deux yeux beaucoup plus écartés, avec la cellule ganglionnaire à la base même de l'œil, tout le reste de l'appareil restant identique.

Chez *Coronula diadema* (fig. 397) se montre une légère modification dans la partie gastro-ophtalmique du système : le nerf palléal qui, chez *Bal. tintinnabulum*, est indistinct du nerf antennaire et prend son origine dans le cerveau même, se sépare ici du premier et envoie, de chaque côté, une très fine anastomose au nerf optique correspondant, de sorte que l'œil se trouve innervé à la fois par le nerf optique et par le nerf palléal, mais uniquement par le cerveau.

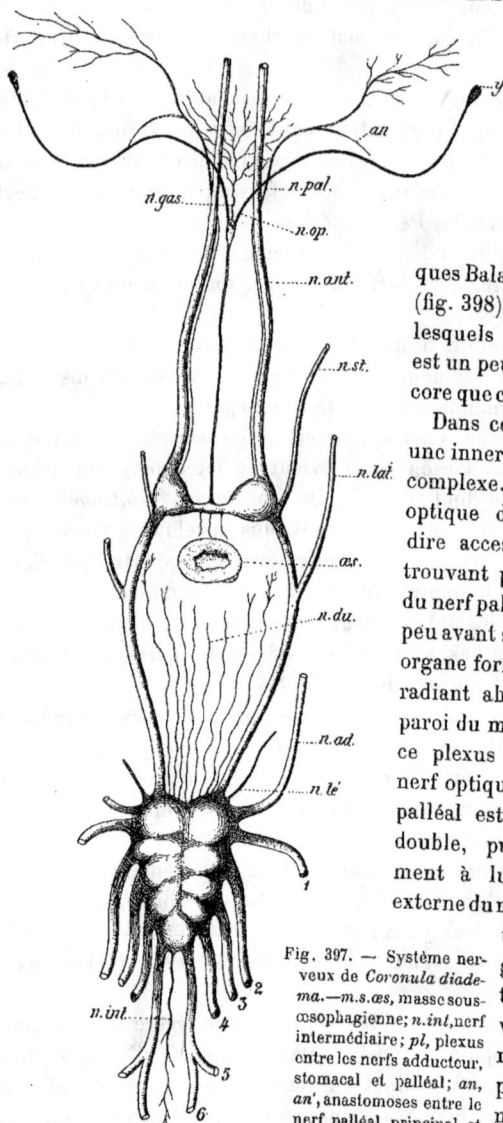

Fig. 397. — Système nerveux de *Coronula diadema*.—*m.s.œs*, masse sous-œsophagienne; *n.int*, nerf intermédiaire; *pl*, plexus entre les nerfs adducteur, stomacal et palléal; *an*, *an'*, anastomoses entre le nerf palléal principal et son accessoire; *pl.pal*, plexus entre le nerf palléal et le nerf optique *n.op*; *y*, yeux *n.ant*, nerf antennaire ou pédonculaire; les autres lettres comme dans la figure 396.

Les mêmes observations peuvent être faites à propos du genre *Cryptolepas*.

Une complication de plus se montre chez quelques Balanides, *Bal. psittacus* (fig. 398), par exemple, chez lesquels le système nerveux est un peu plus compliqué encore que chez les Coronulinæ.

Dans cette espèce, il existe une innervation de l'œil assez complexe. Ici, en effet, le nerf optique devient pour ainsi dire accessoire, l'œil (*y*) se trouvant porté à l'extrémité du nerf palléal (*n. pal*), qui un peu avant son entrée dans cet organe forme un plexus s'irradiant abondamment sur la paroi du manteau. C'est dans ce plexus que va se jeter le nerf optique. De plus, le nerf palléal est pour ainsi dire double, puisque parallèlement à lui, mais du côté externe du nerf antennaire, on trouve un filet très grêle (*an*) qui, partant du cerveau, va se réunir au nerf principal un peu avant la formation du plexus. Ce nerf grêle se trouve réuni au nerf palléal proprement dit par un nombre variable, mais toujours restreint, d'anastomoses (an') qui passent au-dessus du nerf antennaire. Enfin, quelques filets nerveux très fins et formant comme un léger plexus (pl), mettent en relation à la fois le nerf du muscle adducteur, le nerf stomacal et les deux branches du nerf palléal. De ces trois nerfs, un seul prend son origine dans la masse sous-œsophagienne, c'est le nerf adducteur qui est surtout en relation avec le nerf stomacal correspondant. De sorte que, physiologiquement et même presque anatomiquement, on peut dire que les yeux sont uniquement innervés par le cerveau.

C'est là, pensons-nous, un des types les plus compliqués, parmi tous les Operculés qui ont été étudiés à ce point de vue.

Revenons maintenant au genre *Xenobalanus* et supposons que les yeux déjà très rapprochés viennent à se souder sur la ligne médiane, mais sans se confondre absolument en un organe unique, nous obtiendrons le système gastro-ophtalmique des *Pollicipes*, chez lesquels la cellule

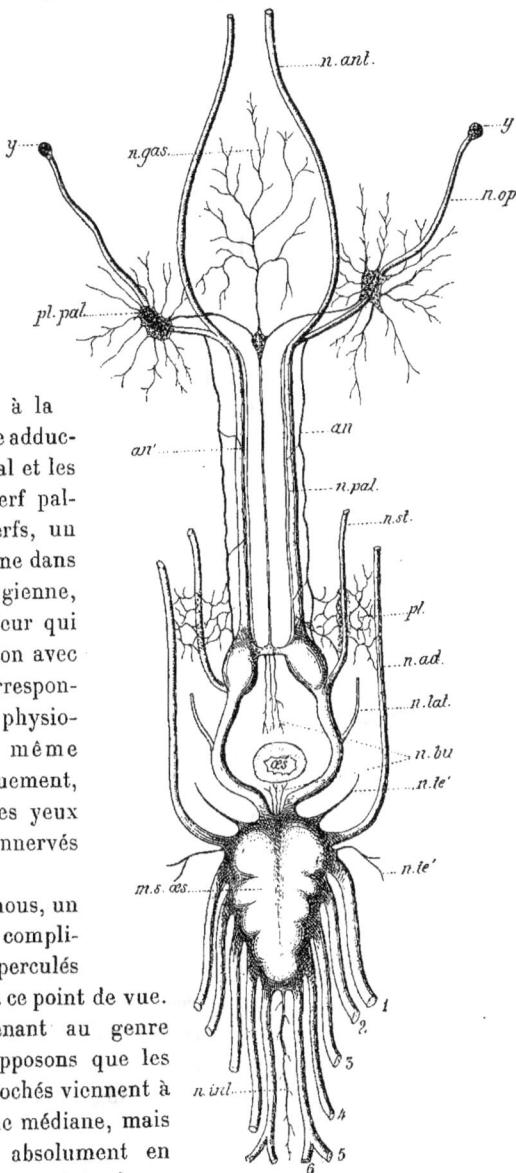

Fig. 398. — Système nerveux de *Bal. psittacus.* — Mêmes indications que dans la figure 397.

rétinienne est double et placée à une certaine distance de la masse pigmentaire.

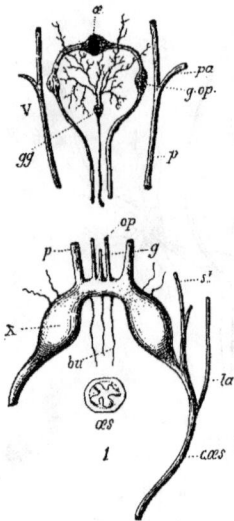

Fig. 399. — Système nerveux de *Lepas anatifera*. — V, région gastro-ophtalmique; X, région du cerveau; Y, ganglion sous-œsophagien; Z, ganglion anal. — Mêmes indications que dans la figure 396.

Du côté ventral, la chaîne se sépare en cinq paires ganglionnaires distinctes, une immédiatement en arrière de l'œsophage, c'est le ganglion sous-œsophagien proprement dit, les autres séparées par une petite distance et unies entre elles par une paire de connectifs assez volumineux, entre lesquels se trouve un nerf très grêle (nerf intermédiaire) qui va d'un ganglion à l'autre, prenant naissance et aboutissant dans chacun à une petite masse de cellules bipolaires.

Il existe ainsi chez les Pollicipes (*P. cornucopia*, *P. polymerus*), cinq paires de ganglions, les deux dernières étant très rapprochées et la dernière, en réalité double, puisqu'elle donne naissance, à la fois, aux nerfs des cinquième et sixième paires. Les deux masses sont seulement assez distinctes au lieu d'être placées dans le prolongement l'une de l'autre. Celle qui donne naissance aux nerfs de la cinquième paire est placée au-dessus de celle qui fournit ceux de la sixième. C'est ce que l'on observe également dans le genre *Lithotrya* où le système nerveux est à peu près semblable à celui du genre *Pollicipes*, mais les yeux forment une masse unique.

Enfin, nous arrivons aux genres *Scalpellum*, *Lepas*, *Pœcilasma*, *Ibla* qui ne diffèrent pour ainsi dire pas les uns des autres et où les yeux sont absolument soudés ou englobés dans une masse pigmentaire commune, avec deux renflements ganglionnaires sur chaque nerf optique (fig. 399). La chaîne ventrale est formée de cinq paires ganglionnaires distinctes, la dernière étant toujours double, ce qui peut être vu sans avoir à recourir aux coupes. Le nerf intermédiaire se poursuit d'un ganglion à l'autre et, partant du ganglion anal, va se terminer à la base du pénis et au pourtour de l'anus.

Au point de vue histologique, d'après les recherches de Brandt, Kœlher, Berndt et les nôtres propres, le système nerveux des Cirrhipèdes est formé de plusieurs parties : l'enveloppe conjonctive ou névrilème ou encore névroglie, les cellules nerveuses, les tubes nerveux et la substance ponctuée.

Les cellules de la névroglie sont très allongées et forment comme des sortes de fibres anastomosées les unes avec les autres, dans tous les sens, avec, par-ci par-là, quelques rares noyaux qui indiquent l'origine cellulaire du tissu.

Son épaisseur, très variable suivant le point où on la considère, atteint son maximum (45 μ environ) sur le cerveau. Sur les autres ganglions de la chaîne, excepté le ganglion sous-œsophagien où elle atteint 40 μ environ, elle n'a guère que 9 à 10 μ d'épaisseur.

Cette gaine recouvre le système nerveux tout entier, aussi bien les ganglions que les nerfs qui en partent. Elle ne pénètre pas dans les ganglions chez les formes élevées, mais semble le faire chez les types dégradés (*Alcippe*).

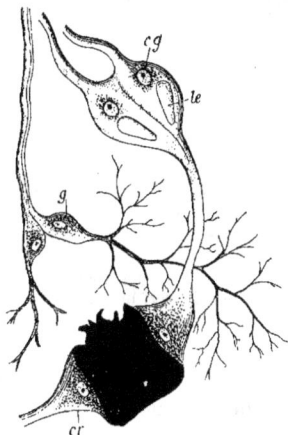

Fig. 400. — Région gastro-ophtalmique de *Lepas anatifera*, plus grossie : *c.g*, cellules ganglionnaires sur le nerf optique ; *le*, lentille ; *g*, ganglions gastriques ; *c.r*, cellules rétiniennes.

Si l'on coupe un nerf, transversalement, on voit que la périphérie est formée par la névroglie qui forme à l'intérieur un réseau conjonctif très fin avec quelques noyaux disséminés ; chaque maille de ce réseau forme ce que Nansen appelle un tube nerveux primitif. Le tissu périphérique de ces aréoles prend le nom de *spongioplasma* et la substance centrale granuleuse celui de *hyaloplasma*. C'est la réunion de ces tubes primitifs qui forme ce que Nansen appelle un tube nerveux.

Les cellules nerveuses, généralement localisées à la périphérie des ganglions, sont de deux sortes : les cellules ordinaires et les cellules géantes. L'enveloppe de ces cellules est formée par le spongioplasme des tubes qui se continue à leur surface ; elles n'ont pas d'enveloppe propre. De chacune d'elles part un tube primitif qui va se réunir à celui de ses voisines pour former un tube nerveux.

Les cellules géantes, beaucoup plus grandes que les précédentes, à peu près le double, sont aussi plus rares ; au lieu d'être localisées à la périphérie, elles sont surtout placées à l'origine des nerfs, surtout de ceux qui se rendent aux cirrhes. Elles sont uni ou bipolaires et ne contractent jamais d'anastomoses ni avec leurs voisines, ni entre elles.

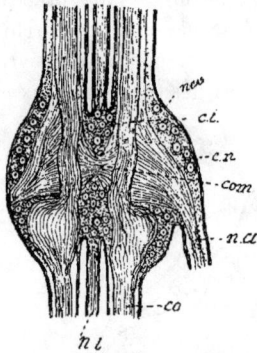

Parfois, elles présentent une légère vacuole.

On trouve dans les ganglions une substance qui n'est pas d'origine nerveuse ; elle forme comme la gangue qui maintient en place les éléments de ces ganglions, c'est-à-dire les tubes nerveux constituant les commissures et les connectifs et les cellules nerveuses.

Cette substance, formée de granulations plus ou moins fortes et qui se rencontre surtout dans le cerveau et le ganglion sous-œsophagien, a reçu le nom de substance granuleuse, à cause de sa structure.

Fig. 401. — Coupe tangentielle d'un ganglion nerveux de *Lepas anatifera* ; *név*, névroglie ; *c.n.* cellules nerveuses ; *com*, commissure ; *n.ci*, nerf d'un cirrhe ; *co*, connectif ; *c.i*, cellules du nerf intermédiaire ; *n.i*, nerf intermédiaire.

13. ORGANES DES SENS

Les organes des sens sur lesquels nous possédons des données anatomiques précises se réduisent au tact, à la vue et aux organes spéciaux décrits déjà sous les noms d'*organes de Kœhler* et d'*organes vésiculeux*, sur lesquels nous ne reviendrons pas ici.

Les organes tactiles par excellence sont les cirrhes dont certaines soies reçoivent, du nerf central, un prolongement portant souvent un ganglion basal. On trouve aussi des sortes de poils sur le pédoncule ou le capitulum des Pédonculés (soies sensitives) et enfin des soies sensorielles qui ornent les pièces de l'appareil buccal.

Fig. 402. — Œil de Balane. — *n.o*, nerf optique ; *c.r*, cellule rétinienne.

Quelques-unes de ces soies, plus spécialement celles des palpes de la lèvre inférieure, pourraient peut-être renseigner l'animal sur la qualité de la substance alimentaire.

Pour ce qui est des yeux, nous avons vu qu'ils sont tantôt séparés

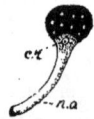

(*Balanus*), tantôt simplement accolés (*Pollicipes*) ou tout à fait confondus en un organe unique (*Lepas*). Quand ils sont séparés, leur structure est très simple. Le nerf optique qui part du ganglion correspondant est de structure homogène jusqu'au moment où il s'élargit pour pénétrer dans la masse pigmentaire. A ce point il présente un noyau qui est celui de la cellule rétinienne et l'on trouve, parfois, au milieu du pigment quelques corpuscules réfringents (fig. 402); ils manquent, du reste, le plus souvent.

Chez les types comme le *Lepas* où les yeux sont fusionnés, le nerf optique de chaque côté forme un renflement ganglionnaire et à côté du noyau se trouve un corps piriforme, la lentille de Hœk, à rôle assez obscur. Puis le nerf optique reprend son homogénéité et se dilate pour pénétrer, de chaque côté, dans la masse pigmentaire commune, très légèrement, en dehors de laquelle se trouve le noyau de la cellule rétinienne (*c.r*). Si l'on dépigmente cet œil,

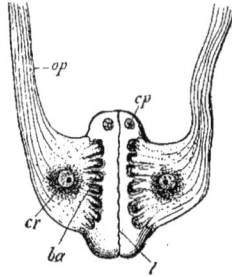

Fig. 403. — Œil de *Lepas analifera* après dépigmentation. — *o.p*, nerf optique; *c.r*, cellule rétinienne; *ba*, bâtonnets sensitifs; *l*, ligne de séparation indiquant la dualité primitive de l'organe; *c.p*, noyaux des cellules pigmentaires.

on voit une masse centrale avec les noyaux des deux cellules pigmentaires (*c.p*), divisée en deux par une ligne plus ou moins sinueuse (*l*) qui indique la limite de séparation des yeux simples primitifs. De chaque côté de cette ligne apparaissent quelques corpuscules réfringents.

En décrivant la partie anatomique du système nerveux, nous avons montré (fig. 400) comment se présentait, dans les divers groupes, l'innervation des yeux; nous n'y reviendrons pas.

14. APPAREIL REPRODUCTEUR

Sauf de très rares exceptions, les Cirrhipèdes thoraciques sont, généralement, hermaphrodites. Cependant, certaines espèces de *Scalpellum* (*S. velutinum*, etc.) ont les sexes séparés, la grande forme étant exclusivement femelle et portant des mâles nains.

D'une façon générale donc, les grandes formes contiennent, à la fois, les organes mâles et les organes femelles. Les premiers sont localisés exclusivement dans le corps proprement dit de l'animal, sauf dans le genre *Verruca*, où quelques cæcums testiculaires passent dans le manteau, à côté des cæcums ovariens (fig. 404).

Les organes génitaux femelles sont, au contraire, placés, en majeure partie, dans le manteau où ils trouvent plus de facilité pour se développer au moment de la maturation des œufs. La portion terminale des oviductes et l'atrium qui sécrète le sac à œufs sont seuls placés dans le corps proprement dit.

a. Organes mâles. — L'appareil génital mâle se compose : des cæcums testiculaires, des vésicules séminales avec leurs canaux déférents et du pénis avec son canal éjaculateur.

Les follicules testiculaires forment des sortes de grappes extrêmement

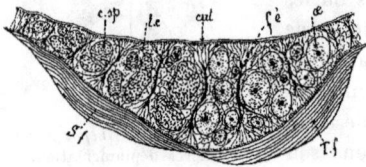

Fig. 404. — Coupe transversale du manteau de *Verruca striata*, du côté fixe. — *Sf* et *Tf*, *scutum* et *tergum* fixes ; *œ*, œufs ; *f.é*, faisceaux élastiques du manteau ; *cut*, cuticule interne ; *t.c*, tissu conjonctif ; *c.sp*, cæcums testiculaires.

lobées, plus ou moins arrondies et sont logés tout autour des vésicules séminales, de l'intestin moyen, de l'estomac, dans les appendices filamenteux, à la base des cirrhes, etc. Ils envahissent, en un mot, une grande partie du prosoma et du thorax et occupent l'espace laissé libre par les autres organes. Les follicules testiculaires palléaux des *Verruca* sont en relation directe avec ces mêmes formations dans le corps proprement dit.

Les testicules, à l'état jeune, sont simplement limités à l'extérieur par une lame conjonctive, en relation avec le tissu conjonctif environnant. A l'intérieur se trouvent de grosses cellules, à noyaux volumineux, toutes semblables et qui remplissent complètement les culs-de-sac qui les renferment.

Chez les adultes, l'enveloppe est formée de deux parties ; une, externe, de nature conjonctive, avec des cellules irrégulières, aplaties, à limites assez indistinctes, et une autre interne ou *membrane élastique*, plus mince, avec, dans son épaisseur, quelques noyaux très allongés. Elle est indépendante de la tunique externe.

C'est à l'intérieur de la *membrane élastique* que se trouvent les spermatogonies ou cellules génitales mâles.

Les cæcums testiculaires ont un très fin canal propre qui va s'unir à plusieurs de ses congénères pour s'ouvrir dans un point voisin de la vésicule séminale correspondante.

Les vésicules séminales, paires et symétriques, sont placées latéro-ventralement par rapport à l'intestin. Ce sont des tubes piriformes, allongés, à parois minces et contractiles dont la grosse extrémité est tournée vers le rostre, tandis que l'autre, de plus en plus mince, va s'unir à sa voisine un peu au-dessus de l'anus pour pénétrer dans le pénis et former le canal éjaculateur unique qui se termine au sommet de cet organe.

La constitution des vésicules séminales est variable suivant l'âge du sujet et suivant les genres et même les espèces. D'une façon générale, elle peut se présenter sous trois aspects différents. Dans les formes très jeunes, sa constitution est homogène. L'épithélium cubique, à limites cellulaires indécises, est doublé, extérieurement, par une couche de fibres musculaires striées, circulaires, recouverte elle-même par un tissu conjonctif à cellules et noyaux très aplatis qui, lui-même, emprisonne des faisceaux musculaires longitudinaux en nombre plus ou moins considérable et qui peuvent même manquer complètement.

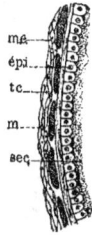

A mesure que l'animal grandit, l'épithélium s'aplatit, généralement, de plus en plus, de façon à devenir extrêmement mince, le contour des cellules se manifeste et la couche musculaire circulaire prend une importance plus considérable. Le plus souvent, le nombre des faisceaux longitudinaux n'augmente pas; cependant, dans quelques genres, *Pollicipes*, *Scalpellum*, etc., il s'accroît en même temps que le diamètre des vésicules.

Fig. 405. — Coupe de la paroi d'une vésicule sémi-nale de *Polli-cipes*. — *m.é*, membrane élas-tique; *t.c*, tissu conjonctif; *m*, muscles longitu-dinaux ; *épi*, épithélium in-terne avec sa sécrétion, *séc.*

Souvent aussi, l'épithélium se charge de granula-tions pigmentaires qui masquent les cellules.

Dans ces derniers genres (*Pollicipes*), l'épithélium au lieu d'être très aplati est resté à peu près cubique et les cellules fondent, pour ainsi dire, sur leur partie libre pour former une sorte de gelée, semblable à celle que l'on rencontre chez d'autres Articulés, qui tombe dans la cavité des vésicules et se mêle aux spermatozoïdes. Cette mucosité jouerait-elle un rôle nutritif où servirait-elle à former la substance spéciale qui englue les sperma-tozoïdes ? Il est certain que même chez les formes où cette sécrétion n'existe pas (*Lepas*, *Balanus*, etc.), les zoospermes sont, cependant, englués de la même façon.

Enfin dans les parties les plus étroites des vésicules séminales, les plus rapprochées, par conséquent, du pénis, la structure se rapproche de celles du canal éjaculateur. L'épithélium est formé de très petites cellules cubiques, doublé, extérieurement, d'une couche circulaire de fibres lisses qui se continuent jusqu'à l'extrémité du pénis.

Ce dernier est un organe terminal, placé entre les deux derniers cirrhes et d'un développement très variable suivant les espèces. Sa longueur peut, parfois, dépasser celle du corps tout entier. Sa forme extérieure est aussi sujette à de nombreuses variations. Généralement, c'est un organe allongé, cylindro-conique, avec des stries annulaires distinctes et couvert de poils plus ou moins longs et serrés, qui, le plus souvent, forment un ou deux bouquets ou une couronne, autour de son orifice terminal. Dans quelques genres, il présente, à sa base, un éperon dorsal;

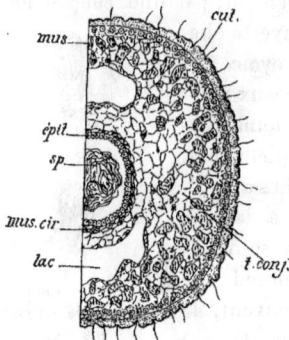

Fig. 406. — Demi-coupe transversale du pénis de *Coronula diadema*. — *cut*, cuticule externe; *t.conj*, tissu conjonctif; *mus*, muscles longitudinaux; *lac*, lacunes sanguines; *épit*, épithélium du canal éjaculateur; *mus.cir*, muscles circulaires lisses; *sp*, spermatozoïdes.

d'autres fois, au lieu de poils simples, on trouve à sa surface des crochets chitineux de formes diverses. Tous ces aspects variés dont nous avons parlé dans la partie systématique de ce travail, sont utilisés pour la distinction des espèces dont les caractères extérieurs sont très voisins (*Dichelaspis*, *Alepas*, etc.).

La structure histologique de cet organe est, au contraire, très homogène chez tous les Cirrhipèdes thoraciques. Elle ne varie que par le développement plus ou moins considérable que peuvent y présenter les divers éléments.

Dans la très grande majorité des cas, on trouve, au centre, un canal souvent rempli de spermatozoïdes, avec un épithélium formé de très petites cellules cubiques, généralement noyées dans le pigment; tantôt ce canal est régulièrement circulaire, tantôt il forme des plissements internes. L'épithélium central est entouré, extérieurement, d'une couche de fibres musculaires circulaires, lisses (fig. 406).

Très rarement, on aperçoit immédiatement en dehors quelques faisceaux longitudinaux striés. Normalement, les faisceaux musculaires striés longitudinaux sont placés au milieu du tissu conjonctif environnant et, surtout, forment une zone circulaire épaisse, immédiatement à l'intérieur de l'épithélium externe qui est simple ou stratifié et, dans bien des cas, chargé, également, de granulations pigmentaires. Le tissu conjonctif est un tissu cellulaire dense, à petits noyaux, mais il laisse quelques lacunes entre le canal central et la zone musculaire, et en particulier deux principales, une dorsale, afférente, et une ventrale, efférente. L'épithélium externe est tapissé par une cuticule plus ou moins épaisse et plus ou moins plissée qui porte des poils, les uns, simples ornements de la cuticule, d'autres, plus spécialement vers l'extrémité libre, bien qu'on en trouve un peu partout, sont des poils sensitifs. Ils sont creux et reçoivent dans leur partie centrale un filet nerveux qui traverse la cuticule et va se mettre en rapport, à sa base, avec une ou plusieurs cellules bipolaires qui reçoivent elles-mêmes, comme on le sait, leur innervation de la sixième paire ganglionnaire et du nerf intermédiaire.

b. Organes femelles. — Les organes génitaux femelles sont formés par les ovaires et les oviductes avec l'atrium.

Les ovaires sont localisés soit dans le pédoncule, soit dans la partie basilaire du manteau ; mais, lorsqu'ils sont hypertrophiés, ils peuvent envahir en partie, soit la région capitulaire, soit la région pariétale, suivant que l'on a affaire aux Pédonculés ou aux Operculés. Chez quelques-uns de ces derniers, ils peuvent pénétrer dans certains canaux des parois mêmes de la muraille (*Coronula*).

La structure des ovaires est tellement liée à celle des cellules initiales sexuelles qui donneront les œufs et au développement même de ces éléments, que nous en parlerons seulement dans la partie embryogénique pour éviter d'inutiles répétitions (Voy. p. 433).

Dans la région rostrale et en continuité avec la paroi des ovaires partent deux tubes qui longent les côtés du sinus rostral, se recourbent au-dessous du muscle adducteur, et, suivant la paroi externe et latérale de l'estomac, vont s'ouvrir à la base de la première paire de cirrhes, soit à l'extrémité inférieure d'une sorte de mamelon spécial, soit, du côté interne de cette saillie, par un orifice arrondi ou en forme de fente transversale. Mais, sur un parcours final de un millimètre au maximum, il existe une région épithéliale différenciée et dilatée pour former l'*atrium* (fig. 408) de l'oviducte, dans lequel se forme le sac à œufs (*sac acoustique* de Darwin).

Du côté des ovaires, la paroi des oviductes est, généralement, formée par un épithélium aplati ; ce n'est que dans le pédoncule ou à partir du point où ces canaux longent le sinus rostral et se recourbent en arrière, que l'épithélium devient cubique. La lumière est, le plus souvent, assez large et régulière ; puis les cellules s'allongent et deviennent cylindriques. Elles sécrètent, sur leur partie interne et libre, une sorte de mucus glaireux qui est entraîné par les œufs au moment de leur entrée dans le sac.

L'atrium présente une constitution particulière (fig. 407). Dans son tiers externe, environ, il est tapissé de cellules épithéliales normales recouvertes par une très mince cuticule, prolongement réfléchi de celle qui recouvre tout le corps de l'animal. A partir du point où elle s'arrête, l'épithélium est formé de cellules caliciformes allongées, qui augmentent de hauteur à mesure que l'on s'enfonce dans le sac, jusqu'à atteindre 65 μ. Elles sont très étroites et les noyaux, petits, mais très nets, sont situés vers le milieu de leur hauteur.

Ces cellules sécrètent des sortes de longs filaments qui s'accolent les uns aux autres pour former le sac qui est continu partout sauf au point où l'oviducte s'ouvre dans l'atrium.

Le sac chitinoïde ainsi sécrété a, tantôt la forme sphérique avec un col très court limité par un bourrelet périphérique (*Balanus*, *Pollicipes*), soit celle d'un haricot dont le hile porterait le col (*Lepas*), etc. Sa paroi n'est pas homogène, mais présente des pores réguliers très fins, d'abord perpendiculaires à la paroi et qui mettent en relation directe l'intérieur avec l'extérieur.

Fig. 407. — Coupes transversales pratiquées à divers niveaux dans un *Conchoderma virgata*, pour montrer les rapports des principaux organes. — I. Coupe passant un peu au-dessus de la région buccale (l'animal étant placé verticalement sur son pédoncule) ; — II. Coupe passant par la partie supérieure de l'appareil buccal ; — III. Coupe passant par la partie inférieure de l'appareil buccal ; — IV. Coupe passant à peu près vers la région moyenne de l'estomac ; — V. Coupe passant par la partie supérieure du pédoncule et intéressant encore un peu la partie inférieure du capitulum.

Lettres communes à toutes les figures.

at.ov, atrium de l'oviducte.
ap.b, appareil buccal.

c.d, canal dorsal.
c.af, canal afférent.
c.m, canal marginal.
ca.pal, cavité palléale.
c.v, canal ventral.
cut, cuticule.
ci, cirrhes.
ci', extrémités des cirrhes coupés.
c.tes, cæcums testiculaires.

E, estomac.

f.o, freins ovigères.

gl.cé, glandes cémentaires.
gl.h.d, glandes hépatiques dorsales
gl.h.l, glandes hépatiques latérales.

gl.h.v, glandes hépatiques ventrales.
gl.pa, glandes pancréatiques.

épi.i, épithélium interne.
épi.e, épithélium externe.

int, intestin.

mant, manteau.
m.ad, muscle adducteur des *scuta*.

œs, œsophage.
ov, oviductes.

pé, pénis.

R, rectum.

s.p.n, sinus périnervien.
sin.r, sinus rostral.

v.s, vésicules séminales.

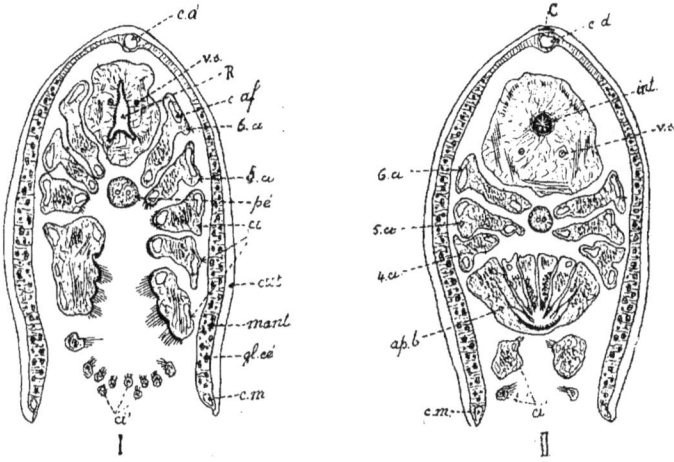

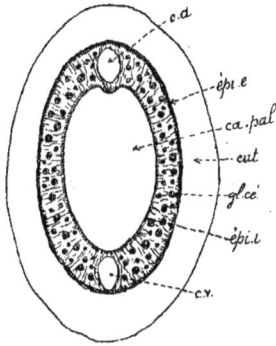

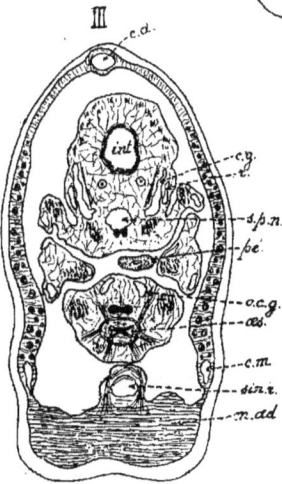

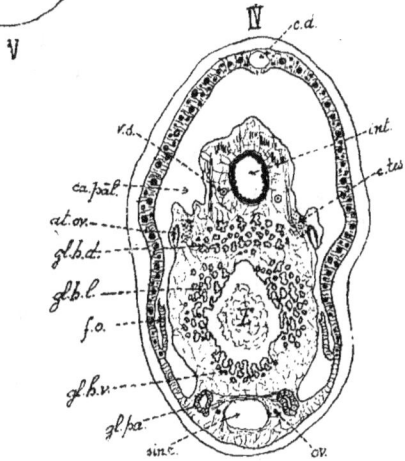

Fig. 407.

GAUVEL. — Cirrhipèdes.

27

Les œufs pénétrant, peu à peu, dans le sac, en distendent les parois, de sorte que les orifices s'élargissent, et prennent une direction de plus en plus oblique. Quand le sac est plein et ses parois trop distendues, il se détache de sa zone de fixation et tombe dans la cavité palléale

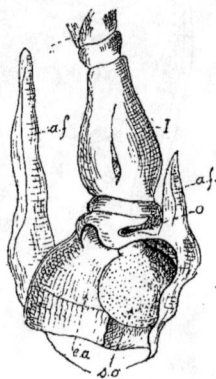

Fig. 408. — Base de la première paire de cirrhes de *Pollicipes cornucopia*, vue du côté interne et avec l'atrium de l'oviducte ouvert pour laisser voir : — *e.a*, l'épithélium de cellules caliciformes sécrétant le sac à œufs (*s.o*); *a,f*, appendices filamenteux; *r*, rames du cirrhe; *o*, orifice terminal de l'oviducte autour duquel se fixe le sac à œufs et que l'on ne peut voir qu'après avoir enlevé la couche épithéliale périphérique qui le recouvre normalement.

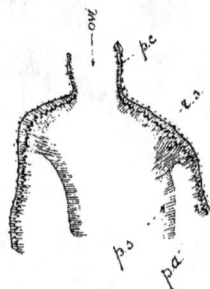

Fig. 409. — Coupe passant par l'oviducte *ovi* et l'atrium *pa*, pour montrer la formation du sac à œufs. — *p.c*, paroi conjonctive; *r.s*, zone de soudure du sac avec les parois de l'atrium; *p.a*, parois de l'atrium; *p.s*, parois du sac.

entre la paroi externe du corps et la face interne du manteau. En même temps, la sécrétion muqueuse entraînée par les œufs se solidifie sur la périphérie du sac et en ferme les pores. Il est évident que, dès que les œufs commencent à pénétrer dans le sac, celui-ci sort progressivement de l'atrium et pénètre dans la cavité palléale.

C'est dans cet abri protecteur que les œufs vont se segmenter et former les larves qui rompront la paroi du sac et, une fois libres, sortiront peu à peu par l'orifice palléal externe.

Chez la plupart des Pédonculés, le sac en tombant dans la cavité palléale s'accroche aux rétinacles qui le maintiennent en place pendant toute la durée de l'évolution de l'œuf.

Chez les Operculés, la cavité palléale est tellement close que les rétinacles deviennent inutiles; aussi, n'existent-ils pas chez ces derniers.

CHAPITRE XI

C. — PARTIE PHYSIOLOGIQUE

Les recherches d'ordre physiologique sur les Cirrhipèdes sont fort peu nombreuses et l'on ne peut guère citer à ce sujet que les travaux de : Pouchet et Jobert, Groom et Lœb, Bruntz et les nôtres.

1. PRÉHENSION DES ALIMENTS. — Quand les Cirrhipèdes, disons en particulier les Anatifes et les Balanes, sont placés dans un bac d'expériences et bien tranquilles, on les voit étendre et rétracter leurs cirrhes d'une façon parfaitement rythmique (Voy. fig. 120). Ces mouvements, accompagnés de contractions générales des muscles du corps, ont pour but de renouveler l'eau dans la cavité palléale et de faire circuler le liquide sanguin.

Mais, en outre, si un corps quelconque vient à toucher l'une des nombreuses soies qui ornent les cirrhes, il se produit une contraction immédiate ou du cirrhe seul auquel appartient la soie, ou de l'ensemble de ces appendices, suivant que le choc est plus ou moins violent, la proie plus ou moins volumineuse.

L'animal replie le cirrhe ou même simplement la rame qui a saisi la proie, entre ses pattes-mâchoires, puis le cirrhe se détend en glissant jusqu'à son extrémité entre les premiers appendices, de façon que ces derniers puissent retenir le corps capturé. Nous avons comparé ce phénomène à celui d'une personne qui enfoncerait son doigt dans la bouche et le retirerait ensuite en le serrant entre ses lèvres. Quand le corps étranger est parvenu entre les pattes-mâchoires, il est trituré par celles-ci, puis porté entre les pièces buccales où la trituration continue. Le même fait peut se reproduire un assez grand nombre de fois et c'est entre les pièces masticatrices que se prépare le bol alimentaire.

La préhension des aliments se fait donc en trois temps : 1° rétention de la proie par l'extrémité des cirrhes repliés sur eux-mêmes, 2° apport de ce corps entre les pattes-mâchoires, et 3° apport par ces dernières aux pièces buccales.

La rétention des corps étrangers par les cirrhes est extrêmement énergique, car plus on cherche à leur faire lâcher prise, plus ils se contractent et maintiennent énergiquement leur proie.

2. MASTICATION. — Quand les matières alimentaires sont parvenues entre les pièces buccales, elles sont d'abord saisies par les palpes labiaux, surtout ceux de la lèvre inférieure qui les ramènent constamment entre les mandibules et les mâchoires où se fait la véritable trituration et où se prépare le bol alimentaire à l'aide de la sécrétion des glandes salivaires.

Les mouvements des mandibules et des mâchoires peuvent être alternatifs ou simultanés, à la volonté de l'animal.

Si le corps que l'on offre au *Lepas*, par exemple, lui convient et peut être broyé, les phénomènes se passent normalement, mais s'il est trop dur pour être écrasé, d'un coup brusque de l'un des premiers cirrhes (pattes-mâchoires) il le rejette en dehors. Si le corps broyé est simplement une substance inerte (morceau de plâtre, par exemple), l'animal forme son bol alimentaire normalement et celui-ci disparaît dans la cavité buccale. Mais, presque aussitôt, on voit les pièces masticatrices faire d'énergiques mouvements de bas en haut et le bol reparaît à la surface des pièces d'où il est chassé brusquement par les pattes-mâchoires.

Cette expérience, que nous avons répétée bien des fois avec succès, semble montrer que ces animaux sont capables d'apprécier la qualité de la nourriture qu'on leur offre.

Ils sont, du reste, extrêmement voraces et se nourrissent d'à peu près tout ce qui passe à leur portée, mais surtout de petits crustacés comme les copépodes et même de nauplius, leurs propres enfants.

Le bol alimentaire traverse rapidement l'œsophage, grâce à la puissante musculature de cet organe et tombe dans l'estomac où il se trouve en contact avec le suc digestif.

3. SUC DIGESTIF. — Nous avons vu que le suc stomacal est un mélange de la sécrétion de toutes les glandes gastriques énumérées plus haut (Voy. p. 387). C'est un liquide jaune brun, assez peu fluide et d'une saveur extrêmement âcre.

Nous avons pu déceler, dans ce liquide, la présence de deux acides libres, l'un organique, en très petite quantité, l'autre minéral en proportions bien plus considérables, qui est, très probablement, l'acide chlorhydrique. C'est en présence de ces deux acides qu'agit le ferment digestif inconnu.

La digestion intestinale semble très peu active.

Quant aux phénomènes intimes de cette fonction, ils semblent être placés sous l'action des phagocytes, car on retrouve dans ces éléments, quelques heures après le repas, les corpuscules graisseux ou les grains de carmin que l'on a pu faire absorber aux Cirrhipèdes sous des formes diverses.

4. CIRCULATION. — Nous avons dû, en étudiant l'appareil circulatoire, indiquer comment se faisait le mouvement du sang, nous n'y reviendrons pas ici.

Nous avons étudié la constitution histologique et chimique du sang de ces animaux, plus spécialement chez *Pollicipes cornucopia* où ce liquide est relativement assez abondant.

Au sortir du corps, le sang est d'une couleur rouge-brique et absolument fluide, tant qu'il est frais.

Les leucocytes sont en nombre restreint; ils sont arrondis, avec des pseudopodes très actifs, filiformes, très pointus vers leur extrémité libre et plus ou moins développés. Leur cytoplasme est généralement chargé de granulations, les unes jaunâtres, les autres brunes ou noires. Ils fixent énergiquement les grains de sépia que l'on a injectés dans la cavité pédonculaire, ainsi que le carminate d'ammoniaque, mais jamais le carmin d'indigo.

Leur réaction est franchement acide, quoique faiblement et due à la présence d'un acide libre. Ces éléments figurés jouent un rôle évident dans l'assimilation et dans l'excrétion.

Si l'on abandonne le sang à lui-même, il se prend, au bout de deux ou trois minutes, en une masse gélatineuse, coulant difficilement et présentant la même coloration que le sang frais. Il s'est formé un plasmodium. Puis, après quelques instants, la masse se sépare en deux parties : un coagulum incolore qui nage dans un plasma coloré.

On empêche la coagulation en faisant tomber le sang dans trois volumes d'oxalate de potasse au dixième. Une partie de cette solution est d'abord retenue par les différents sels de calcium contenus dans le sang pour former un oxalate de calcium.

On peut aussi empêcher cette coagulation pendant plusieurs heures, en recueillant le sang frais dans de petits récipients enduits d'une matière grasse, huile d'olive ou, mieux, vaseline; ce procédé permet de faire assez facilement l'étude microscopique du sang.

Enfin on peut battre ce liquide à l'état frais, enlever la fibrine, et la liqueur qui reste ne se coagule plus.

La proportion de chlorure de sodium dans le sang est un peu plus faible que dans l'eau de mer. Ce liquide contient en outre de la fibrine, de la globuline, de la paraglobuline et une quantité extrêmement faible, mais cependant appréciable, de cholestérine.

Le pigment du sang de *Pollicipes cornucopia* est d'un rouge vif; il est soluble dans l'alcool à partir de 60° environ. En reprenant par l'éther, on extrait toute la matière colorante qui possède une odeur *sui generis* et s'attache aux objets comme un corps gras ou résineux, c'est qu'en effet, c'est un lipochrome, c'est-à-dire une substance colorante unie à une matière graisseuse.

Au contact de l'air, la substance colorante disparaît peu à peu et il reste une matière jaune clair qui est de nature graisseuse, puisque, comme toutes les substances grasses, elle est soluble dans l'alcool fort, l'éther, le chloroforme, la benzine, l'essence de térébenthine, le sulfure de carbone, etc., et totalement insoluble dans l'eau.

Nous avons montré ailleurs que la matière colorante du sang ne joue aucun rôle dans la respiration des tissus, puisqu'elle ne fixe pas l'oxygène, la matière oxydable étant une substance albuminoïde.

La partie colorante du sang est une matière de réserve qui disparaît peu à peu quand l'animal ne peut plus se nourrir aux dépens du milieu extérieur; on ne la retrouve plus alors en aucune région de l'économie.

Cette propriété des lipochromes vient encore d'être tout récemment constatée chez les Spongiaires, par J. Cotte, ainsi que le rôle des leucocytes ou cellules migratrices dans les phénomènes intimes de la digestion.

5. RESPIRATION. — La respiration peut s'effectuer par l'intermédiaire du manteau, des branchies et de la paroi même du corps proprement dit, car un animal dépourvu de son manteau peut encore vivre pendant plusieurs jours.

Nous avons vu quel pouvait être le rôle des soies respiratoires, dont la fonction, dans l'hématose, doit être évidemment assez restreint.

6. EXCRÉTION. — Plusieurs organes peuvent, normalement ou accidentellement, jouer, chez les Cirrhipèdes, un rôle excréteur.

Ce sont : d'abord, les reins proprement dits, qui éliminent toujours et normalement le carminate d'ammoniaque injecté dans le pédoncule. Cette excrétion est surtout phagocytaire et les granulations excrémentitielles ne sont jamais éliminées directement par l'intermédiaire de la cavité générale. Nous avons montré, en parlant du sang, comment on peut se rendre compte de cette action spéciale des leucocytes.

Le manteau peut aussi servir d'organe d'excrétion, et il semble que cette fonction soit localisée dans les régions pigmentées (bandes brunes des Conchodermes). Le pigment brun, normal, que présentent ces bandes serait donc de nature excrétoire.

Enfin, les glandes cémentaires peuvent, quand elles sont en activité, éliminer à l'extérieur certaines substances (sépia), mélangées au cément qui est sécrété normalement.

Hœk distinguait trois paires d'organes excréteurs : la première s'ouvrant à la partie dorsale des maxilles ; la seconde à la partie dorsale des palpes de la lèvre inférieure et la troisième dans le voisinage de l'orifice génital femelle.

La première paire n'est en réalité que l'apodème maxillaire dont nous avons parlé à propos de l'appareil buccal, la seconde constitue les reins proprement dits que nous avons décrits et la troisième n'est que l'épithélium de l'atrium de l'oviducte sécrétant le sac à œufs.

Bruntz, tout récemment, a indiqué que les phénomènes excrétoires pouvaient se manifester dans trois organes différents : le rein maxillaire (rein proprement dit), le rein céphalique clos, qui ne nous paraît être qu'un cæcum des glandes pancréatiques, et enfin la glande hépatique.

En résumé, un seul organe possède bien nettement et normalement des fonctions excrétrices, il est formé par les deux sacs rénaux latéraux et l'excrétion y est surtout phagocytaire.

D'autres organes peuvent, exceptionnellement, et dans des conditions spéciales, éliminer certaines substances chimiques, ce sont : le manteau dans ses parties pigmentées, les glandes cémentaires, les glandes hépatiques et peut-être aussi chez l'adulte, en tous cas, chez les cypris, un des culs-de-sac des glandes pancréatiques.

7. Fonctions de relation. — Nous avons vu, dans la partie anatomique, que les organes des sens sont, en réalité, très peu différenciés.

a. *Toucher.* — Ce sont les sensations tactiles qui prédominent chez ces animaux et semblent remplacer celles des organes absents. Ces sensations sont perçues par l'intermédiaire des soies des cirrhes et des pièces buccales, peut-être aussi par celui des organes de Kœhler. Nous croyons cependant que ces organites, ainsi que les organes vésiculeux, sont plus spécialement destinés à renseigner l'animal sur l'ébranlement du milieu dans lequel ils vivent et sur l'état physique (calorique surtout) de ce milieu.

b. *Odorat.* — Des expériences réalisées par nous sur les *Lepas*, en plaçant une proie odorante près de ces animaux et dans des conditions particulières pour éviter les causes d'erreur, il semble ressortir que le sens de l'odorat ne fait pas complètement défaut chez eux.

S'il existe des organes d'olfaction, il est bien difficile de les localiser. Peut-être cependant faudrait-il considérer comme tels, certains poils sensitifs recouvrant les pièces masticatrices et assez analogues aux poils olfactifs décrits chez d'autres Crustacés.

Goût. — En parlant de la mastication, nous avons vu que les Cirrhipèdes sont capables, jusqu'à un certain point, d'apprécier la qualité de la substance alimentaire qu'on leur donne. Il est donc probable qu'il existe, dans le pharynx, des poils sensoriels spéciaux, adaptés à la fonction gustative.

Ouïe. — Le sens de l'ouïe n'existe pas chez ces animaux. Un son ou un bruit ne les fait réagir que si l'ébranlement de l'air est suffisant pour se transmettre avec une intensité appréciable dans le milieu où ils vivent. Il faut, pour cela, amener la vibration des parois du vase, par exemple; les organes susceptibles d'apprécier l'ébranlement du milieu nous paraissent être les organes de Kœhler et les organes vésiculeux pour ceux qui les possèdent, mais ce ne sont évidemment pas les seuls et les soies sensitives peuvent parfaitement jouer ce rôle.

Vision. — Divers expérimentateurs ont montré que les Cirrhipèdes sont sensibles aux grandes variations brusques d'intensité lumineuse. Si des Balanes, par exemple, sont placées en plein soleil et que, brusquement, on passe la main de façon à projeter son ombre à leur surface, on observe un mouvement de contraction des cirrhes parfaitement net. Si le déplacement de la main est très lent, la réaction n'a généralement pas lieu.

Les mêmes phénomènes peuvent être obtenus, avec plus d'intensité même, avec des Anatifes.

Étant donnée la riche innervation des yeux, il est permis de supposer que ces organes étaient, chez les formes ancestrales, beaucoup mieux constitués, anatomiquement, qu'ils ne le sont chez les espèces actuelles.

8. Fonctions de reproduction. — Nous avons pu étudier, dans les meilleures conditions, les phénomènes de copulation chez les Balanes et les Anatifes. Chez ces derniers où la mobilité du pédoncule permet à l'animal de se placer dans une position quelconque, on voit, au moment de la copulation, les deux animaux se rapprocher, s'étreindre avec leurs cirrhes, les frotter les uns contre les autres; puis, celui qui joue le rôle de mâle, détend son pénis qui, en érection, peut atteindre 4 ou 5 centimètres au moins chez les grandes formes, l'introduit entre les cirrhes de son voisin et dépose le sperme dans la cavité palléale, de chaque côté du corps de l'animal, au niveau des orifices de l'atrium de l'oviducte.

Si l'on a affaire à des Balanes dont l'enveloppe est fixe, celle qui joue le rôle de mâle, après des mouvements violents des cirrhes, enfonce son pénis par l'ouverture du manteau de celle qui joue le rôle de femelle et va déposer la substance spermatique à l'endroit précédemment indiqué, tantôt d'un côté, tantôt de l'autre; mais, après chaque copulation, on trouve cette substance des deux côtés à la fois. Si les deux animaux sont orientés en sens contraire, ce phénomène se réalise très facilement, pourvu que les deux individus ne soient pas à une distance plus considérable que la longueur du pénis en extension. Mais si les deux Balanes sont orientées dans le même sens, il n'en est plus de même et l'on voit se produire un phénomène intéressant. Après avoir vainement essayé d'introduire son pénis, trop court, dans la cavité palléale de son voisin, l'individu faisant fonction de mâle se retourne brusquement et presque complètement dans sa loge et envoie alors son pénis dans la cavité palléale de l'autre individu. En usant de ce stratagème, il a pu rapprocher son appareil copulateur de toute la largeur de l'orifice externe de la muraille et, de cette façon, arriver à ses fins. Nous avons souvent assisté à ce spectacle vraiment curieux chez des êtres aussi dégradés.

La fécondation réciproque est la règle générale chez les Cirrhipèdes thoraciques. Cependant, quand elle devient impossible à cause de l'isolement des individus, elle est remplacée par l'autofécondation, ce que nous avons nettement observé chez les *Pollicipes*. Enfin, il se peut aussi que, dans ce dernier cas, intervienne l'action d'éléments spermatiques spéciaux ou *spermatozoïdes géants* dont nous allons parler dans la partie embryogénique (Voy. p. 431).

Chez les espèces exclusivement femelles qui portent des mâles nains, ce sont ces derniers évidemment, qui fécondent tous les œufs ; mais quand ils sont fixés sur des hermaphrodites, il y a lieu de se demander quel est leur rôle. Il paraît probable que la partie de la ponte qui tombe dans le sac à œufs reçoit l'imprégnation des spermatozoïdes venus de la grande forme hermaphrodite qui, jouant le rôle de mâle, a déposé son sperme sur les côtés du corps ; mais, quand cette masse est épuisée, il arrive quelquefois qu'une nouvelle ponte a lieu, avant même qu'un nouveau sac se soit constitué. Il se pourrait alors que le rôle des mâles nains soit précisément de féconder ces œufs tardifs qui, au lieu de donner naissance à des hermaphrodites, produiraient, cette fois, des mâles nains destinés à remplacer les premiers, dont la vie est, comme on le sait, assez éphémère.

A quel moment se fait la pénétration du spermatozoïde dans l'œuf ? Nous avons vu que le sac à œufs, à l'état de vacuité, est percé de pores ; mais ces orifices sont trop petits pour laisser passer les spermatozoïdes, malgré leur faible dimension et on n'en rencontre jamais à l'intérieur du sac vide. Ce n'est que quand les œufs, pénétrant dans cette enveloppe, en distendent les parois, que les orifices s'ouvrent de plus en plus ; les spermatozoïdes peuvent alors pénétrer dans l'intérieur du sac et féconder les œufs. C'est donc dans l'intérieur du sac et non dans l'oviducte qui est entièrement fermé par ce premier organe, que la fécondation peut se produire. Il est possible, cependant, que quand il est garni d'œufs et tombé dans la cavité palléale et avant qu'un autre se soit formé, les œufs qui pourraient être mûrs soient fécondés ou dans l'oviducte, ou à leur sortie de ce canal. C'est alors, probablement, que les mâles nains entrent en fonction.

La matière spermatique déposée sur les orifices femelles forme une masse assez volumineuse, d'un blanc pur et d'une consistance visqueuse, nécessitée par les mouvements continuels de l'eau dans la cavité palléale, qui pourraient entraîner les spermatozoïdes et nuire, par conséquent, à la fonction reproductrice de l'espèce.

9. ACCROISSEMENT. — L'accroissement des Cirrhipèdes est, en général, très rapide, surtout chez les Pédonculés, et des expériences auxquelles nous nous sommes livré, il résulte qu'au moment de la croissance du jeune, c'est-à-dire depuis la fixation de la larve jusqu'au moment où l'animal a acquis à peu près sa taille normale, l'accroissement est de près de 1 millimètre par jour.

Pour être certain du résultat, il faut, par exemple, comme nous l'avons fait, mensurer un individu fixé au moment du départ d'un bateau et le mensurer de nouveau à son retour. Il est toujours facile de prendre des repaires pour éviter toute erreur. Dans ces conditions on est certain que l'augmentation en dimensions correspond exactement à une période donnée.

Si, comme l'ont fait la plupart des observateurs, on mesure des animaux fixés sur la coque d'un bateau après grattage, par exemple, les résultats ne peuvent pas être précis, puisqu'on ignore à quel moment exact la larve s'est fixée : de là, les différences considérables indiquées comme moyenne quotidienne d'accroissement.

Les Operculés se développent moins vite que les Pédonculés ; c'est le diamètre de base qui augmente plus rapidement que la hauteur, au moins chez les espèces communes : *Bal. tintinnabulum*, *B. balanoïdes*, etc.

10. MUE. — Cette rapidité d'accroissement nécessite des mues extrêmement fréquentes. Ce phénomène rejette à l'extérieur tout le revêtement ectodermique du corps proprement dit et de la surface interne du manteau. On peut admettre que la mue se produit en moyenne une fois tous les dix ou douze jours, pendant la période de croissance de l'animal.

11. MODE DE FIXATION DES CIRRHIPÈDES SUR LEUR SUPPORT. — Chez la plus grande partie des Pédonculés et des Operculés, la fixation des

animaux se fait à la surface même du support par l'intermédiaire des glandes cémentaires. La base de fixation, étroite chez les Pédonculés, s'élargit beaucoup chez les Operculés et, chez ces derniers surtout, il s'introduit parfois des processus particuliers qui ont pour but d'augmenter la puissance de fixation de l'animal sur son support.

Dans quelques cas il se produit, à la base du pédoncule, une sorte de gaine dans laquelle la portion basilaire peut se rétracter sur une certaine longueur (*Koleolepas*) et qui est sécrétée, probablement, en partie par les glandes cémentaires et en partie par l'épithélium inférieur du pédoncule.

Chez les *Anelasma*, fixés sur la peau des squales, le pédoncule présente, à sa partie inférieure, des filaments plus ou moins dichotomisés qui ne sont autre chose que les prolongements des canaux cémentaires enfoncés dans la peau de leur hôte pour former, non pas des suçoirs, comme on l'a cru longtemps, mais des sortes de racines destinées simplement à augmenter la puissance de fixation de l'animal. A mesure que les tissus du squale se développent, ils englobent une partie toujours plus grande du pédoncule à partir de sa base. Le Cirrhipède ne s'enfonce pas dans la peau; c'est celle-ci, l'épiderme en particulier, qui l'enveloppe de plus en plus, à mesure qu'il se développe autour de lui.

On sait que dans le genre *Lithotrya* il s'interpose, entre la base du pédoncule et le support, un disque ou une coupe calcifiés, et que l'animal est enfoncé dans une cavité du rocher calcaire plus ou moins considérable et toujours en rapport avec la taille de l'animal — ce qui indique nettement que c'est lui-même qui creuse cette loge.

A chaque mue, le disque s'accroît d'une nouvelle couche, et la partie chitineuse présente des denticulations qui permettent à l'animal de creuser le rocher comme avec une râpe. Il s'enfonce donc chaque fois d'une petite quantité, et, en même temps, à l'aide des écailles supérieures et des plaques inférieures, il agrandit l'orifice externe de sa loge.

Chez les *Coronula* et les *Cryptolepas*, c'est l'épiderme de l'hôte qui s'hypertrophie et pénètre dans des canaux pariétaux spéciaux chez les premiers, dans des sillons latéraux de la paroi chez les seconds.

Enfin, Marlotte a montré que les *Tubicinella* possédaient un ferment peptonisant qui digérait peu à peu la peau de leur hôte et leur permettait de s'enfoncer progressivement. Il n'y aurait rien d'étonnant que ce processus fût réalisé chez les *Stephonalepas*, et peut être aussi, pour une partie du moins, chez les *Coronula*, *Platylepas*, etc., qui s'enfoncent toujours d'une certaine quantité dans la peau de l'hôte sur lequel ils sont fixés.

CHAPITRE XII

D. — PARTIE EMBRYOGÉNIQUE

Connaissant la structure anatomique des organes génitaux, nous allons indiquer comment prennent naissance les produits mâles et femelles (spermatozoïdes et œufs), voir comment évolue l'œuf fécondé et quelles sont les formes larvaires par lesquelles passe le jeune avant de revêtir les caractères du Cirrhipède thoracique adulte que nous connaissons.

a. SPERMATOGÉNÈSE. — Les phénomènes de spermatogénèse n'ont guère été étudiés par les auteurs que nous avons précédemment cités, si ce n'est en passant et d'une façon très superficielle.

Quand on examine la coupe d'un cæcum testiculaire, du côté de la périphérie de l'organe, on trouve des éléments de deux sortes : les spermatogonies ou cellules spermatiques proprement dites avec les caractères indiqués plus haut et les cellules follicullaires, granuleuses, ovoïdes ou ellipsoïdes, avec un noyau allongé et aplati, mais bien développé. Ces dernières se trouvent localisées contre la membrane élastique et nous n'en avons jamais rencontré au milieu des spermatogonies ; elles se distinguent du reste facilement de celles-ci par leur cytoplasme granuleux et leur taille beaucoup plus petite.

Si l'on veut bien se rendre compte de la structure de ces spermatogonies primaires, il est utile de les étudier dans de l'eau de mer par dissociation d'un follicule testiculaire pris sur l'animal vivant. Le noyau arrondi occupe la plus grande partie de la cellule dont le cytoplasme est très hyalin et ce noyau présente un réseau très net avec, de distance en distance, des granulations chromatiques dont une, plus développée que les autres, correspond au nucléole ; les microsomes sont aussi distribués irrégulièrement sur le réseau.

A l'intérieur des spermatogonies indifférentes, tout au moins inactives, on en trouve chez lesquelles le nucléole a disparu, les microsomes se sont groupés en un certain nombre de masses chromatiques plus volumineuses, mais en nombre très restreint, c'est le commencement de la mitose qui va donner naissance aux spermatogonies secondaires.

Les spermatogonies primaires sont groupées en cystes périphériques mais ne semblent pas toujours présenter autour de chacun d'eux une enveloppe folliculaire, parfois, cependant très nette ; il en est de même des spermatogonies secondaires.

Ces dernières présentent un noyau très coloré, à granulations chromatiques toutes réunies vers le centre, d'abord sous la forme d'une masse compacte, mais qui bientôt se vacuolise. Cette vacuolisation précède immédiatement la mitose qui donnera naissance aux spermatides. Celles-ci sont de petites cellules, généralement allongées, avec un noyau irrégulier, très vacuolisé, un cytoplasme et des microsomes plus ou moins développés, disséminés sur le réseau. Le noyau a pris une forme en croissant et il est venu se localiser à la périphérie de la spermatide. Tout le reste est formé par un cytoplasme extrêmement hyalin et, quelque part, on aperçoit, parfois, un

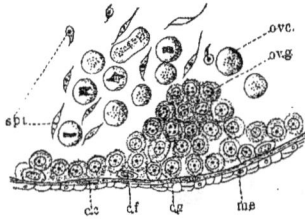

Fig. 110. — Coupe d'un cæcum testiculaire de *Conchoderma*. — *m.é*, membrane élastique ; *e.c*, enveloppe conjonctive ; *c.f*, cellule folliculaire ; *e.g*, cellules génitales ; *ov.g*, spermatogonies ; *ov.c*, spermatocytes ; *spt*, spermatides.

petit chromosome brillant, entouré d'une auréole un peu plus sombre que le cytoplasme normal. Ce corps semble n'avoir aucun rôle dans la formation du spermatozoïde, car la membrane de la spermatide se rompt généralement dans la région opposée au noyau ; nous nous trouvons alors en présence d'un élément formé par le noyau allongé, entouré d'une très légère couche cytoplasmique qui, d'un côté, forme la tigelle et va s'allonger beaucoup à l'extrémité opposée pour former la queue du spermatozoïde.

Puis, le plus souvent, les chromosomes se groupent vers le centre ou sur l'un des côtés et le spermatozoïde est constitué.

La phase d'accroissement doit être très courte et les spermatocytes de deuxième ordre ne doivent, en réalité, représenter qu'un stade, même assez court, de l'évolution sexuelle.

Il semble que le noyau envoie quelques granulations chromatiques dans la queue, car, dans certains cas, les spermatides se présentent sous la forme d'une simple vésicule claire avec une saillie irrégulière, dans laquelle paraît se poursuivre un prolongement du noyau qui est, dans ce cas, très arrondi.

Enfin, on rencontre, mais rarement, des éléments de grosse taille, avec un noyau irrégulier, entouré d'une zone claire, le reste du cytoplasma étant comme formé de stries concentriques disposées plus ou moins régulièrement autour de la zone claire. Il est, pour le moment, difficile de dire à quoi correspondent ces éléments. Il est probable que ce sont des spermatocytes en dégénérescence.

Tel est, rapidement indiquée et sans entrer dans les détails cytologiques qui ne présentent pas ici une importance bien grande, l'évolution des cellules spermatiques donnant naissance à la forme normale de spermatozoïdes, celle que l'on rencontre chez tous les individus.

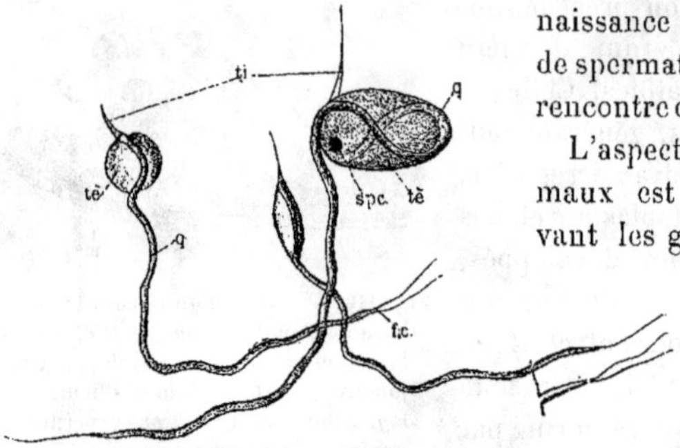

L'aspect de ces éléments normaux est assez variable suivant les genres, parfois même, les espèces. Pour les étudier dans leur détail, il faut les placer dans un milieu isotonique pour eux, comme l'eau de mer et le rendre légèrement anisotonique, en y ajoutant une très petite quantité d'eau distillée. Par ce procédé on obtient d'excellentes préparations, surtout après coloration au bleu polychrome de Unna.

Fig. 411. — Spermatozoïdes de *Balanus perforatus* : au milieu, un spermatozoïde normal dans l'eau de mer ; à gauche, le même dans un milieu très légèrement anisotonique ; à droite, un spermatozoïde géant en milieu très légèrement anisotonique. — *ti*, tigelle ; *té*, tête ; *q*, queue ; *spc*, spermocentre ; *f.c*, filament caudal.

D'une façon générale, les spermatozoïdes ordinaires sont de petits éléments allongés, d'environ 50 μ de longueur totale. La partie antérieure, plus renflée, forme la tête qui mesure environ 10 μ de diamètre : elle est surmontée d'une pointe courte terminée très finement et d'une longueur moyenne de 8 μ,5, c'est la *tigelle*.

Dans un milieu très légèrement anisotonique, ces éléments se gonflent un peu, la tête plus spécialement, et l'on peut alors, en suivant l'action physique au microscope, l'arrêter quand on le juge à propos, en fixant la préparation aux vapeurs osmiques.

Chez *Balanus perforatus*, Burg., par exemple, la tête devient absolument sphérique et uniformément colorée en bleu clair dans le cas où son enveloppe ou *coiffe* est très mince, ce qui se présente le plus généralement ; mais, parfois, la région centrale seule est colorée en bleu, c'est la partie nucléaire, tandis que l'enveloppe, plus ou moins épaisse, reste incolore; il en est de même de la tigelle qui n'est qu'un prolongement de la coiffe, ainsi que nous l'a montré la spermatogénèse.

On aperçoit, suivant l'un des méridiens du globe céphalique, mais extérieurement, une ligne plus ou moins sinueuse, très colorée en bleu et qui fait saillie au-dessus de la coiffe, c'est la *queue* qui, naissant à la base de la tigelle, suit l'un des méridiens de la tête et s'en détache sur une assez grande longueur (20 à 25 μ environ). Elle présente un diamètre uniforme depuis son origine jusque près de sa terminaison où commence le *filament caudal* qui reste incolore et n'est autre chose que le prolongement de l'enveloppe générale, de sorte que : la tigelle, la coiffe, l'enveloppe de la queue et le filament caudal formeraient le revêtement périphérique, incolore, du zoosperme, d'origine cytoplasmique; le noyau et la partie centrale de la queue seraient seuls d'origine nucléaire. Le filament caudal paraît, le plus souvent, être simple, mais dans quelques cas, cependant, nous l'avons très nettement vu formé par deux filaments distincts, toujours non colorés par le bleu de Unna.

Il semble n'exister dans ces éléments, ni filament spiral ni spermocentre.

Dans une spèce voisine de celle que venons d'étudier : *Bal. balanoïdes*, les spermatozoïdes se présentent tous uniformément constitués.

La tête, au lieu d'être ronde, est généralement ovoïde; la coiffe est très mince et le noyau ne remplit pas, de beaucoup, la cavité. Il est arrondi ou ellipsoïde, uniformément coloré en bleu foncé, tandis que le reste est d'une couleur très pâle. La tigelle est longue et incolore, la queue, très développée et extrêmement déliée. Au lieu de présenter un diamètre à peu près uniforme jusqu'au filament caudal, elle va en diminuant graduellement d'épaisseur jusqu'à son extrémité terminale où elle se transforme tout à fait insensiblement en filament caudal incolore. Ce filament ne nous a jamais paru double.

Les autres formes normales de spermatozoïdes chez *Scalpellum*, *Lepas*, *Pollicipes*, etc., ne sont que des variantes peu intéressantes des deux premières.

Nous avons signalé chez certains individus de *Bal. perforatus*, une autre forme de spermatozoïdes, qui correspond au type oligopyrène de Meves et que nous avons désignée plus simplement sous le nom de *spermatozoïdes géants*.

Ces grands éléments sont très rares et nous ne les avons rencontrés que dans de grands échantillons isolés les uns des autres. Entre cette forme géante et la forme normale décrite plus haut, il en existe une autre, moyenne, dont la tête ne dépasse guère une longueur de 20 μ, soit à peu près le double de celle du type normal.

Si on examine les spermatozoïdes géants en milieu isotonique, on voit que, sauf la taille qui atteint au moins quatre fois celle des formes normales, la tête moins arrondie, plus allongée, non pas dans le sens de la longueur de l'élément mais dans une direction à peu près perpendiculaire, ces spermatozoïdes ressemblent, en réalité, beaucoup aux autres.

Mais, examinés dans un milieu très légèrement anisotonique après fixation aux vapeurs osmiques et coloration au bleu de Unna, ils présentent des caractères nettement distincts, par rapport aux éléments normaux, surtout en ce qui concerne la tête.

La forme de cette région est celle d'un ovoïde, dont la grosse extrémité serait tournée du côté de la queue, l'autre, plus effilée, serait libre. La coiffe, incolore, est extrêmement fine et, à sa surface, se trouve la queue, qui, dans sa partie initiale, au lieu de suivre plus ou moins régulièrement l'un des méridiens, forme une sorte de 8 de chiffre, l'une des boucles étant située d'un côté de la tête, l'autre sur la face opposée et allant rejoindre la partie basale de la tigelle qui est courte, effilée et toujours incolore. Donc, à partir de ce point, la queue forme une sorte de huit horizontal à la surface de la coiffe, revient à son point de départ et s'allonge alors normalement. Elle se termine par un filament caudal incolore, dans lequel nous n'avons jamais aperçu de division longitudinale.

Tandis que la queue est toujours colorée en bleu foncé, la tête présente une teinte un peu plus claire et, vers la région où la queue se détache de la coiffe, on aperçoit un corpuscule très coloré en bleu, toujours dans la même position et qui ne peut être que le spermocentre. Cet élément n'existe pas, ou, tout au moins, nous n'avons pas pu en déceler la présence dans les formes normales.

Balanus perforatus est l'unique espèce où nous ayons rencontré des formes géantes de spermatozoïdes.

Lorsqu'on veut examiner la coiffe isolément, pour se mieux rendre compte de sa constitution, on n'a qu'à placer le zoosperme dans un milieu de plus en plus anisotonique.

A un moment donné, les phénomènes osmotiques sont si intenses, que l'enveloppe crève, le noyau est mis en liberté et le spermatozoïde se trouve réduit à sa tigelle, sa coiffe et sa queue. La coiffe se présente alors sous l'aspect d'une mince pellicule transparente et sans structure appréciable.

On sait que l'on rencontre des formes géantes de spermatozoïdes dans un certain nombre de groupes d'animaux : Vers, Mollusques, Insectes, Myriapodes, etc. Leur présence est, évidemment, en relation avec un besoin physiologique qu'il est, actuellement, très difficile de préciser.

Pour des raisons spéciales, nous avons pensé que chez les Cirrhipèdes, ces grandes formes pourraient jouer un rôle actif dans la fécondation à distance chez les formes isolées et pour éviter, autant que possible, l'auto-fécondation.

2. OVOGÉNÈSE. — On sait que Darwin plaçait les ovaires, en partie dans le pédoncule et en partie près de l'estomac et que, de plus, il considérait les glandes cémentaires comme formées par une portion de l'ovaire modifiée et adaptée à des fonctions spéciales, réservant à la région de cet organe où se formaient les œufs le nom de vrai ovaire (*true ovaria*). Krohn le premier, puis, peu à peu, les auteurs qui l'ont suivi, ont rétabli les faits tels que nous les connaissons aujourd'hui. Les savants qui ont étudié la structure des ovaires ont été, par là même, amenés à s'intéresser à la formation des œufs, en particulier Hœk qui a décrit la constitution de l'ovaire chez *Scalpellum vulgare*, *Sc. regium*, *Lepas* et *Conchoderma*. Ces recherches ont été complétées par celles de Kœhler sur les mêmes formes et en outre, sur : *Lepas pectinata*, *Alepas* et *Dichelaspis*, et enfin celles de Nussbaum sur *Pollicipes polymerus* et *Lepas Hilli* plus spécialement, c'est-à-dire, en un mot, uniquement chez des Pédonculés.

Ces auteurs ont montré que les oviductes présentent un épithélium régulier qui se continue dans les cæcums ovariens. Ce sont ces cellules initiales qui, en grandissant, deviennent des ovules de dimensions plus ou moins grandes, suivant les genres et les espèces.

Les cæcums ovariens sont constitués par une tunique propre sur laquelle reposent les cellules germinatives, n'offrant, généralement, sur les coupes transversales, pas de contours

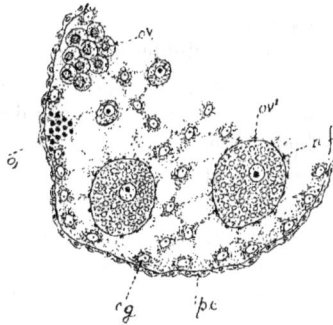

Fig. 412. — Ovaire de *Lepas anatifera*, coupe. — *p.c*, paroi conjonctive ; *c.g*, cellules germinatives ; *ov*, ovogonies aux divers âges : *ov'*, ovule développé ; *n.f*, noyaux de la membrane folliculaire.

distincts, mais, montrant seulement des noyaux en nombre plus ou moins considérable. Ces cellules se divisent et forment des amas de

GRUVEL. — Cirrhipèdes.   28

quinze à vingt éléments qui semblent provenir d'une même initiale. Puis les ovules grossissent, se séparent et on commence alors à apercevoir, dans le protoplasme, des vacuoles de plus en plus nombreuses, tandis que la région périphérique, d'abord finement granuleuse, s'atténue graduellement. Il existe, en outre, des globules vitellins mélangés aux vacuoles, ainsi que des éléments noircissant par l'acide osmique et que Kœhler considère comme formés de substance graisseuse.

Tels sont, très résumés, les résultats acquis par ces différents auteurs. Nous avons nous-même indiqué la structure de l'ovaire, dans un certain nombre d'espèces et plus spécialement chez des formes exotiques.

La constitution des ovules, présentée comme nous l'avons fait plus haut, n'est pas complète. Chez certaines espèces, elle s'accompagne de phénomènes histolytiques particuliers et intéressants.

Si l'on s'adresse à des formes très jeunes, dans lesquelles les cellules sexuelles ne sont pas encore en activité, on voit que les cæcums ovariens sont limités extérieurement par une membrane propre, de nature conjonctivo-élastique, mince, hyaline, avec, de distance en distance, des noyaux très aplatis parallèlement à la surface externe ; cette membrane n'est que le prolongement de celle que l'on rencontre à la surface des oviductes, où elle prend, généralement, une épaisseur plus considérable. Le contenu de chaque cul-de-sac ovarien est entièrement formé par des cellules à limites nettes, polyédriques par pression réciproque, avec un beau noyau, un nucléole brillant et quelques granulations chromatiques répandues irrégulièrement sur le réseau.

Ces cæcums se présentent, chez les individus adultes, sous un aspect bien différent. Dans la majorité des cas, en effet, on rencontre deux types bien distincts.

Les uns sont étroits et ne contiennent pas d'ovules développés (fig. 413, *tr.*). Dans ce cas, on trouve, à l'intérieur de la membrane propre, des cellules non différenciées qui ont formé de nombreux prolongements plus ou moins anastomosés entre eux et représentant une sorte de réseau plus ou moins compliqué ayant l'aspect d'un réseau conjonctif et ne contenant dans ses mailles aucun ovule développé.

La seconde forme est celle où les cæcums sont devenus larges par le développement des cellules germinatives primitives en ovules.

Dans ce cas, on trouve toujours, à l'extérieur, la membrane propre conjonctivo-élastique, avec ses noyaux et, à l'intérieur, des ovules à différents états de développement. Chaque ovule développé est entouré par ce même réseau d'aspect conjonctif et l'on observe généralement sur les parties latérales des cæcums, plus rarement vers le centre, des ovules beaucoup plus petits, plus fortement colorés, mais nettement caractérisés et qui évolueront à leur tour en dilatant la membrane propre et s'entourant aussi d'une enveloppe d'aspect conjonctif où l'on ne reconnaît plus qu'une membrane mince, avec des noyaux très aplatis. Au lieu d'un seul petit ovule, on les trouve, parfois, réunis en amas de huit, dix, quelquefois plus, ayant les mêmes dimensions et provenant évidemment de la même cellule germinative initiale.

À mesure que les ovules grandissent, le cul-de-sac ovarien qui les contient augmente, naturellement, de volume, dans les mêmes proportions et le tissu périphérique s'amincit de façon à ne plus former qu'une lame très aplatie qui les entoure complètement, avec quelques noyaux disséminés plus ou moins régulièrement dans son épaisseur. Il s'est donc formé, en réalité, autour de chacun des ovules, une véritable membrane folliculaire qui les accompagnera jusqu'à leur complète maturité.

Dans le cas qui nous occupe ici, nous voyons très nettement que les cellules ovariennes (laissons de côté la membrane propre, qui ne se modifie que peu ou point), d'abord toutes semblables, ont eu des destinées bien différentes. Les unes se sont développées de plus en plus et se sont transformées en ovules de la manière que nous étudierons plus loin, tandis que les autres, en plus grand nombre, se sont aplaties, accolées les unes aux autres et ont, finalement, constitué l'enveloppe propre à chaque ovule, sa membrane folliculaire.

C'est ainsi que les choses se passent dans la majorité des espèces de Pédonculés et même d'Operculés; mais dans certains cas, chez les *Verruca* en particulier, les phénomènes sont un peu différents, car il n'existe pas, autour de l'ovaire, de membrane propre. Cet organe est, comme on sait, contenu dans l'épaisseur du manteau et l'épithélium qui forme les cellules germinatives, au lieu d'être doublé extérieurement par la membrane propre, conjonctivo-élastique, signalée plus haut, est simplement recouvert par le tissu conjonctif du manteau dont les cellules se sont aplaties de façon à former tout autour une lame d'une certaine épaisseur. Il s'est produit une sorte de condensation du tissu conjonctif, comme cela se voit bien souvent autour des organes internes. La lame ainsi formée envoie des prolongements autour des ovules de façon à constituer pour chacun d'eux une pseudo-membrane folliculaire, qui ressemble assez bien à celle décrite plus haut, mais avec cette différence qu'elle est plus épaisse et qu'au lieu d'être une simple lame mince, elle se trouve, étant donnée son origine même, formée par plusieurs couches de cellules aplaties, placées les unes à côté des autres et qui ne sont autre chose que les cellules conjonctives qui lui ont donné naissance.

Cette structure se manifeste toutes les fois qu'il n'existe pas de membrane propre autour de l'ovaire. C'est alors le tissu conjonctif environnant qui en joue le rôle.

Que les follicules soient constitués par la différenciation des cellules ovariennes ou simplement par le tissu conjonctif environnant, on ne trouve jamais les ovules sans membrane protectrice, excepté quand ils sont encore très jeunes et qu'ils sont disposés en amas plus ou moins volumineux provenant de la division de la même cellule germinative primordiale. Dans les deux cas, l'aspect des cæcums ovariens est à peu près identique, sauf les différences de détail que nous avons indiquées.

La constitution des ovules mûrs est toujours la même. Lorsque ces éléments sont encore très petits, ils sont formés par une partie cellulaire entourant un beau noyau, très facilement colorable par les réactifs.

Le noyau est limité par une mince membrane périphérique très nette, entourant une partie centrale formée, chez les jeunes, par des sortes d'alvéoles placés les uns à côté des autres et remplissant toute la cavité, sauf celle occupée par le nucléole. Celui-ci est arrondi, brillant, avec un point plus ou moins central, très coloré, avec, tout autour, un réseau très fin et très régulier.

Le vitellus qui entoure le noyau est, chez ces ovules très jeunes, uniformément granuleux, avec de très fines ponctuations ne laissant entre elles aucun espace vide. A mesure que les éléments grossissent, les granulations vitellines deviennent de plus en plus volumineuses et peuvent atteindre parfois, chez les *Verruca*, par exemple, des dimensions relativement considérables, environ le quart de celles du noyau qui, dans ces formes, ne présente pas de limite périphérique aussi nette que dans les autres espèces. A partir d'un certain moment, il semble que la périphérie de l'ovule s'accroisse plus rapidement que les granulations vitellines centrales, de telle sorte que l'on voit alors apparaître, en quelques points, des vacuoles claires entre les vésicules de vitellus. Ces vacuoles, d'abord très petites et peu nombreuses, augmentent peu à peu en nombre et en dimensions, de sorte que, dans l'ovule complètement développé, on trouve des vésicules vitellines, de nature graisseuse, puisqu'elles sont solubles dans les divers dissolvants de la graisse : benzine, éther, etc., et au milieu d'elles, des vacuoles qui ne paraissent pas vides, mais plutôt remplies par un liquide clair et hyalin. Kœhler a parfaitement reconnu cette constitution particulière des ovules, alors qu'elle avait échappé aux auteurs qui l'ont précédé.

Enfin, chez un certain nombre d'espèces de *Lepas*, *Pollicipes*, etc., on aperçoit en outre entre les grandes vésicules vitellines, des granulations pigmentaires bien développées dans les parois mêmes de l'ovaire.

En résumé donc, dans les cas que nous venons d'étudier, les cellules ovulaires se développent directement par leurs propres ressources, et toutes celles qui n'ont pas servi à former le follicule dans le cas où celui-ci est d'origine ovarienne, évoluent normalement et complètement pour former, chacune, un œuf.

Mais il en est tout autrement dans certaines espèces du genre *Scalpellum* et aussi du genre *Lithotrya*, peut-être même chez d'autres, car il est peu probable que les phénomènes que nous allons maintenant étudier soient ainsi localisés à quelques formes, comme il le paraît. Nous avons signalé pour la première fois ces phénomènes, particulièrement nets chez *Scalpellum velutinum*.

Si, dans leur aspect général, les cæcums ovariens, ressemblent, dans l'espèce que nous étudions, à ceux que l'on connaît déjà, par la description précédente, ils en diffèrent surtout par la façon tout à fait spéciale dont se développent les ovules qui sont loin d'arriver tous à maturité.

Si nous étudions les culs-de-sac ovariens, nous les verrons se présenter sous deux aspects distincts : ou bien étroits ou, au contraire, très dilatés, suivant qu'ils contiennent ou non des ovules en voie de développement.

Dans la partie rétrécie, nous apercevons à l'extérieur une enveloppe conjonctivo-élastique très nette avec noyaux allongés, présentant

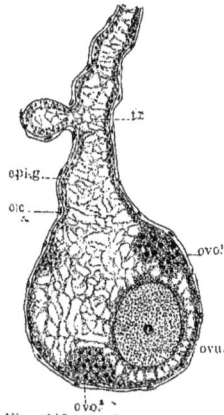

Fig. 413. — Cæcum ovarien de *Scalpellum velutinum*, Hœk. — *ovo*[1], *ovo*[2], groupes d'ovogonies d'âges différents; *ovu*, ovule qui se transformera en œuf: *c.c*, enveloppe conjonctive; *épi. g*, épithélium germinatif; *tr*, trabécules d'aspect conjonctif.

en somme les mêmes caractères que chez les espèces déjà décrites. En dedans (fig. 413) et près de la périphérie, des noyaux arrondis à nucléoles brillants et granulations chromatiques, et tout autour d'eux une partie plasmatique très homogène vers la circonférence, mais formant, à mesure que l'on se rapproche du centre du cul-de-sac, des vacuoles de plus en plus développées, limitées par de

simples tractus protoplasmiques qui remplissent ainsi toute la lumière
du cæcum ovarien. Ces noyaux sont disposés tantôt sur une seule
couche, tantôt, souvent même, sur plusieurs, mais ne dépassant pas
généralement trois. Les limites cellulaires sont absolument indistinctes.

Plus nous nous rapprocherons de la partie dilatée du cul-de-sac, plus
les vacuoles centrales deviendront vastes et, dans cette partie elle-
même, les noyaux, qui, on le comprend, sont ceux des cellules germinatives, ne forment plus qu'une seule rangée, parallèle à la membrane externe. Mais, de distance en distance, on rencontre des amas de
noyaux, les uns à peine plus gros que ceux que nous venons de signaler,
d'autres bien d'avantage; autour d'eux, le protoplasme est devenu plus
granuleux et se colore mieux par l'hématoxyline, par exemple; ce
sont des ovogonies de plus en plus développées, mais dont chaque
amas correspond à la division d'une même cellule germinative primordiale; nous voulons dire que chacun des amas ainsi constitués ne
renferme que des éléments de même âge, mais les différents groupes
appartenant au même cul-de-sac sont, généralement, d'âges différents.

Ces ovogonies ont, du reste, des destinées tout à fait variables.
Quelques-unes serviront à former un follicule extrêmement délicat,
mais la plupart auront pour but d'augmenter le volume de l'une
d'elles, tout d'abord indéterminée, qui se nourrira à leurs dépens.

En effet, l'un de ces éléments grossira beaucoup et il se formera
autour du noyau, très fortement coloré, des globules vitellins de plus
en plus nombreux jusqu'à ce que l'ovule ainsi constitué ait atteint une
taille à peu près égale, quoiqu'un peu inférieure, à celle des ovules
que nous avons déjà étudiés, c'est-à-dire variant de 100 à 200 μ.

Jusqu'ici le développement des ovules est identique à celui que nous
connaissons déjà. Mais, à partir de ce moment, ont voit se former
autour de l'un d'eux une zone plus claire, qui semble homogène
tellement les granulations dont elle est formée sont ténues. Cette zone
émet des prolongements radiaires qui vont se mettre en rapport avec la
zone à grandes vacuoles remplissant tout l'espace laissé libre par les
ovogonies dans l'intérieur du cæcum ovarien.

Peu à peu, les ovogonies s'éloignent les unes des autres, s'isolent au
milieu de la zone vacuolaire et viennent se placer à côté de la zone
finement granuleuse qui entoure l'ovule le plus gros (fig. 414). À partir de ce moment on assiste à un phénomène d'histolyse très net. En
effet, peu à peu, le cytoplasme des ovules plus petits se confond
avec la zone granuleuse et finit par ne plus se distinguer sur les prépa-

rations que par une couleur un peu plus foncée que celle de la partie qui les englobe, en présentant un aspect un peu plus granuleux. Ces éléments s'atténuent de plus en plus et finissent même par disparaître complètement.

Pendant ce temps, les noyaux pâlissent graduellement, les granulations chromatiques se fondent pour ainsi dire et les noyaux deviennent de plus en plus indistincts, jusqu'au moment où ils disparaissent totalement à leur tour. En ce qui concerne les noyaux, les phénomènes karyolytiques ne sont pas toujours identiques. Il arrive, en effet, qu'au lieu de se fondre, comme nous venons de le dire, dans la zone périphérique finement granuleuse, on voit tout d'abord disparaître la membrane nucléaire, le nucléole et les chromosomes restant encore apparents ; puis, peu à peu, ils pâlissent, et finalement semblent s'évanouir au milieu de la

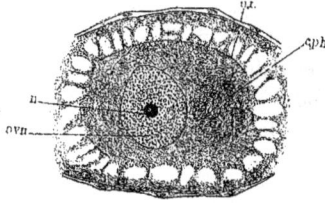

Fig. 414. — Un gros ovule de *Scalpellum velutinum* en train de phagocyter d'autres ovules plus petits. — *ovu*, grand ovule ; *n*, son noyau ; *n.f*, noyaux d'une partie de sa membrane folliculaire ; *c.ph*, ovules phagocytés dont on n'aperçoit plus que les noyaux entourés d'une zone granuleuse plus sombre que celle qui les enveloppe.

zone qui les a englobés. Toutes les ovogonies qui sont à portée du gros ovule sont ainsi peu à peu incorporées par celui-ci qui prend alors des

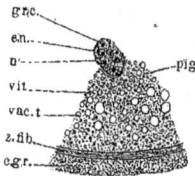

Fig.415.—Structure d'un grand ovule mûr de *Scalpellum velutinum*. — *n'*, nucléoles ; *e.n*, enveloppe nucléaire ; *gr.c*, granulations chromatiques ; *vit*, vitellus ; *pig*, pigment ; *vac.t*, vacuoles claires ; *z.fib*, zone limitante à structure fibrillaire ; *e.gr*. zone finement granuleuse, entourée elle-même par la membrane folliculaire qui n'a pas été représentée.

dimensions considérables, puisqu'il y en a qui peuvent dépasser 300 et 350 μ de diamètre.

Quand l'ovule a fini de s'accroître, il se sépare très nettement de l'espace lacuneux qui l'entoure et l'on aperçoit, parfois assez difficilement, il est vrai, une très fine membrane qui l'enveloppe complètement avec des noyaux rares et extrêmement allongés ; cette membrane forme le follicule de l'ovule mûr.

Celui-ci se trouve donc constitué par quatre parties principales : le noyau, le vitellus séparé de la zone finement granuleuse par une sorte de membrane limitante anhiste et enfin, entourant le tout, le follicule.

Le noyau n'est jamais très gros (20 μ environ). Il est fortement coloré et parfois la membrane nucléaire est assez indistincte. Il présente, à son intérieur, un réseau très net avec un nucléole brillant et quelques granulations chromatiques plus petites.

Le vitellus qui l'entoure immédiatement se présente avec les caractères que nous avons indiqués plus haut pour les autres espèces, c'est-à-dire avec des globules vitellins assez petits entre lesquels se trouvent les vacuoles claires, d'autant plus grandes qu'elles sont plus rapprochées de la périphérie, excepté cependant tout à fait à la limite externe où elles reprennent les faibles dimensions qu'elles présentent autour du noyau. Le vitellus est enveloppé par une lame périphérique d'aspect fibrillaire ne montrant pas trace de noyau et d'une épaisseur appréciable (2 μ environ); nous l'avons appelée : la *zone limitante*. L'ensemble de cette partie de l'ovule développé atteint un diamètre qui varie entre 150 et 200 μ.

C'est en dehors de cette enveloppe limitante que commence la zone finement granuleuse, qui, à un grossissement même assez fort (210 D), présente un aspect absolument homogène. On y découvre cependant de très fines granulations serrées et ne laissant entre elles aucune espèce de vacuoles. L'aspect est donc totalement différent de celui présenté par le vitellus, placé immédiatement autour du noyau et qui est, lui, franchement vacuolaire.

Autour de la zone finement granuleuse se trouve la membrane folliculaire extrêmement mince, parfois très difficile ou même impossible à distinguer nettement, mais, dans certains cas, très nette. De distance en distance, elle s'épaissit légèrement pour loger un noyau très allongé et extrêmement aplati. La zone finement granuleuse est sans doute aussi formée par un vitellus particulier, d'une très grande homogénéité et dont la nature est, peut-être, due à son mode tout spécial de formation.

L'ensemble de l'ovule complet, atteint fréquemment un diamètre de 250 à 300 μ, quelquefois même davantage.

Tels sont, dans leur ensemble, les principaux traits de l'évolution des ovules chez les Cirrhipèdes.

On voit donc, en résumé, que les phénomènes d'ovogénèse chez ces animaux, peuvent se présenter sous trois modes différents. Tout d'abord, évolution de toutes les cellules germinatives primordiales en ovules qui atteindront leur complet développement, la pseudo-membrane folliculaire étant, dans ce cas, constituée par le tissu conjonctif environnant plus ou moins modifié dans sa structure. Pas de membrane propre pour l'ovaire.

Quand la membrane propre existe, ce qui est le cas le plus général, les cellules germinatives initiales deviennent : les unes, des ovules qui évoluent tous normalement, les autres se modifiant pour former la membrane folliculaire à fonctions peut-être nourricières, sûrement protectrices.

Enfin, dans un troisième cas, de toutes les cellules germinatives primordiales, les unes formeront le follicule, les autres évolueront normalement jusqu'à un certain stade à partir duquel elles incorporeront peu à peu la substance (cytoplasme et noyau) des ovules plus petits, placés à leur portée. Dans ce dernier cas, le plus compliqué que nous ayons rencontré, les ovules qui n'évoluent pas ont un rôle incontestablement nourricier, le rôle protecteur étant joué par des éléments primordiaux qui n'ont même pas subi un commencement d'évolution dans le sens sexuel proprement dit.

3. SEGMENTATION DE L'ŒUF. — Après la copulation et la fécondation des œufs, ceux-ci, réunis dans le sac ovigère, présentent des phénomènes de segmentation qui donnent, finalement, naissance à la larve *Nauplius*.

Les époques de ponte sont variables avec les espèces et surtout avec les localités. C'est ainsi, par exemple que, dans la Méditerranée, on trouve des œufs en segmentation ou plus ou moins développés, à peu près pendant toute l'année, particulièrement chez les Operculés, avec, cependant, un maximum en avril et mai. Dans les mers plus froides, du Nord, comme la Manche, la ponte ne semble pas se produire pendant la saison froide, de novembre à avril. Elle a lieu surtout d'avril à octobre compris, avec un maximum en juin, juillet et août.

Plus les régions sont froides, plus la durée de la ponte est raccourcie. Dans les régions tropicales, on trouve toujours des œufs aux divers états de développement, ou des larves.

Nombreux sont les auteurs qui se sont occupés soit du développement des œufs, soit des formes larvaires ; ce sont, pour ne citer que les principaux (1) : Thompson (1830), Gray (1833), Spence Bate (1851), Darwin (1851-53), Hesse (1859), Krohn (1859) ; Pagenstecher (1863), de Filippi (1865), Metschnikoff (1865), Claus (1869), Willemœs-Suhm (1876), Hœk (1877), A. Lang (1878), Hœk (1882), Nasonov (1885), Nussbaum (1888), Hœk (1890), Solger (1890), Nussbaum (1890), Groom (1894), Filatowa (1902) et nous-même.

Nous avons vu (pages 433 et suivantes) quelle était la constitution de l'œuf arrivé à l'état de maturité, c'est-à-dire au moment où il est prêt à pénétrer dans le sac pour tomber dans la cavité générale et y subir ses transformations.

(1) Voy. l'index des noms d'auteurs, à la fin du volume.

Entouré d'une membrane folliculaire extrêmement fine, il offre un aspect granuleux particulier dû à la présence des vacuoles, des granulations vitellines et du pigment. Le noyau est souvent masqué par ces différents éléments et il ne peut être décelé que par une technique spéciale.

Il y a, à cet état, émission d'un premier globule polaire, puis, après contraction, le protoplasme périphérique sécrète une très fine membrane vitelline et l'œuf rejette un deuxième globule polaire.

C'est à ce moment qu'il est prêt à recevoir l'imprégnation de l'élément mâle, phénomène qui se produit, comme nous l'avons vu, dans l'intérieur du sac et avant que la sécrétion de l'oviducte, entraînée par les œufs, ne se soit solidifiée pour former l'enveloppe ou coque de l'œuf.

Celui-ci est généralement coloré en rouge brique (*Pollicipes*) ou en bleu (*Lepas anatifera*) et cette coloration est due au pigment du sang

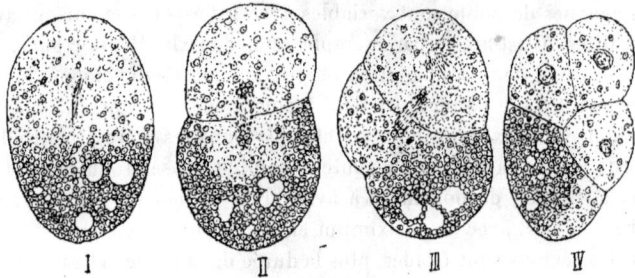

Fig. 416. — Segmentation de l'œuf de *Lepas anatifera*, d'après Groom. — I. Œuf un peu avant la première segmentation ; — II. Œuf au moment de la première segmentation ; — III et IV. Suite de la segmentation.

Indications communes à toutes les figures, de 416 à 421 incluse.

ect, ectoderme ; *end*, endoderme ; *més*, mésoderme ; *ant¹*, *ant²*, antennules et antennes ; *a.cau*, appendice caudal ; *cer*, cerveau ; *ép.cau*, éperon caudal ; *e.œ*, enveloppe de l'œuf ; *fi.fr*, filaments frontaux ; *lab*, labre ; *md*, mandibules ; *œs*, œsophage ; *y*, œil.

qui s'accumule dans les vacuoles et les globules vitellins et dont nous avons montré le rôle, comme substance de réserve.

L'œuf, primitivement sphérique, s'est allongé peu à peu et a pris une forme généralement ellipsoïde ou ovoïde selon les espèces : c'est celle qu'il conservera jusqu'à la naissance de la larve.

Après la formation de la membrane vitelline et l'imprégnation du zoosperme, il se produit une nouvelle contraction de l'œuf.

A partir de ce moment, on aperçoit vers l'un des pôles, celui par lequel s'est produite l'émission des globules polaires, une zone plus claire due à ce que le deutolécithe et l'archilécithe, d'abord intimement mélangés dans l'œuf, se séparent.

Le noyau apparaît alors au milieu du protoplasme clair et l'on voit se former le premier aster. Ce noyau se divise et le premier plan de segmentation apparaît entre les deux nouveaux nucléus, perpendiculairement à la ligne qui joint les pôles. Le premier blastomère, le plus rapproché du pôle formatif, s'est complètement débarrassé du deutolécithe qui se trouve entièrement localisé au pôle végétatif de l'œuf dans le gros blastomère. Le noyau fille se segmente de nouveau et le nouveau plan est oblique par rapport au premier. Puis le petit blastomère se divise, lui aussi, dans un plan perpendiculaire au précédent et ainsi de suite. Finalement, il s'est constitué à la périphérie de l'œuf, un feuillet *ectodermique* continu qui entoure la masse de deutolécithe présentant un seul noyau. La masse vitelline centrale forme donc une cellule *endodermique unique*, recouverte par l'ectoderme qui laisse un *blastopore*, au pôle postérieur.

La gastrula est donc constituée par un procédé nettement épibolique.

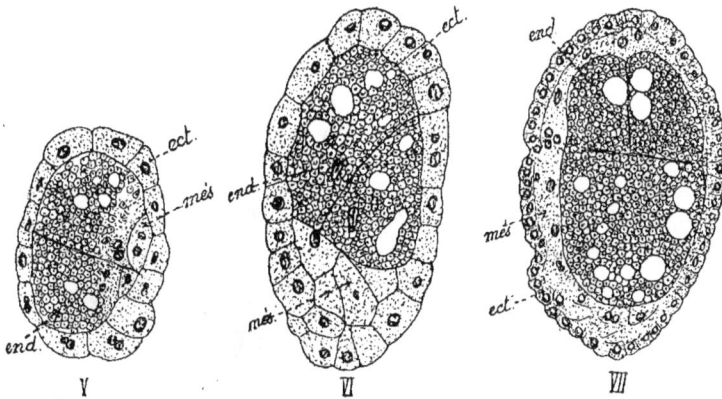

Fig. 447. — V. Œuf au moment de l'apparition du mésoderme; — VI et VII. Le mésoderme se développe de plus en plus et l'endoderme se segmente.

Le blastopore se ferme rapidement et presque aussitôt le noyau de la cellule endodermique se divise en deux, entraînant, en même temps, la segmentation de la masse tout entière. L'endoderme est constitué à ce moment par deux cellules.

Il se produit ensuite une sorte de clivage transversal vers l'extrémité postérieure des cellules endodermiques et chacune d'elles donne naissance à un nouvel élément qui formera avec son voisin les initiales *mésoblastiques*. Celles-ci se divisent à leur tour, s'insinuent peu à peu entre les deux feuillets primitifs et le mésoderme est constitué.

Mais déjà avant ce stade, la sécrétion muqueuse qui entourait les œufs s'est solidifiée de façon à constituer autour de chacun d'eux une coque protectrice à l'abri de laquelle va se former la larve.

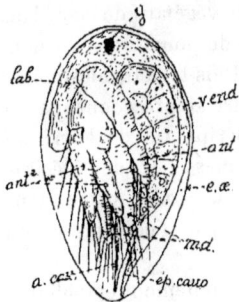

Fig. 418. — Nauplius dans l'œuf
(d'après Groom).

Sur les parties latérales et postérieure de la gastrula on voit se produire des sillons transversaux à peu près parallèles et l'ectoderme pousse des prolongements dont trois pairs et latéraux qui formeront les antennules, les antennes et les mandibules, et un médian et postérieur qui constituera la queue, c'est-à-dire le thoraco-abdomen (fig. 418).

On aperçoit alors, au centre de la larve, une masse morulaire sombre, formée par les cellules endodermiques qui se sont, elles-mêmes, divisées.

Les mamelons ectodermiques s'allongent de plus en plus, les antennes et les mandibules se bifurquent, des soies apparaissent à leur surface. En même temps se montre dans la région médiane et antérieure un mamelon impair qui formera le labre et au-dessus de lui une tache oculiforme. La première forme larvaire, le *Nauplius*, se trouve alors constituée, après ouverture de la bouche, au sommet du labre et de l'anus entre les deux parties bifurquées de la queue, l'une dorsale, formant l'épine caudale et une ventrale ou thoraco-abdomen, portant, à sa partie inférieure deux fortes soies.

4. FORMES LARVAIRES. — C'est à cet état primitif que les larves brisent leur coque; les parois

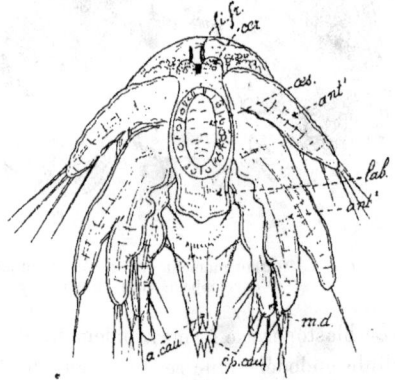

Fig. 419. — Nauplius au sortir de l'œuf
(d'après Groom).

du sac se désagrègent et elles se trouvent alors libres dans la cavité palléale.

Les *Nauplius* sont expulsés assez rapidement par les contractions générales du corps du parent. L'eau, entrée dans la cavité palléale, en est vivement chassée et les larves sont entraînées avec le courant. Elles sortent alors en nombre très considérable et se répandent dans le milieu ambiant.

Ces larves sont vivement attirées vers la lumière et d'autant plus que cette lumière est plus vive; aussi, en captivité, les voit-on se réunir par millions sur la face la plus éclairée de l'aquarium et presque toujours au niveau supérieur du liquide où elles vont aussi rechercher l'oxygène.

a. *Nauplius.* — Les Nauplius (fig. 419, 420) ou larves de premier âge sont de très petits êtres d'environ un quart à un demi-millimètre

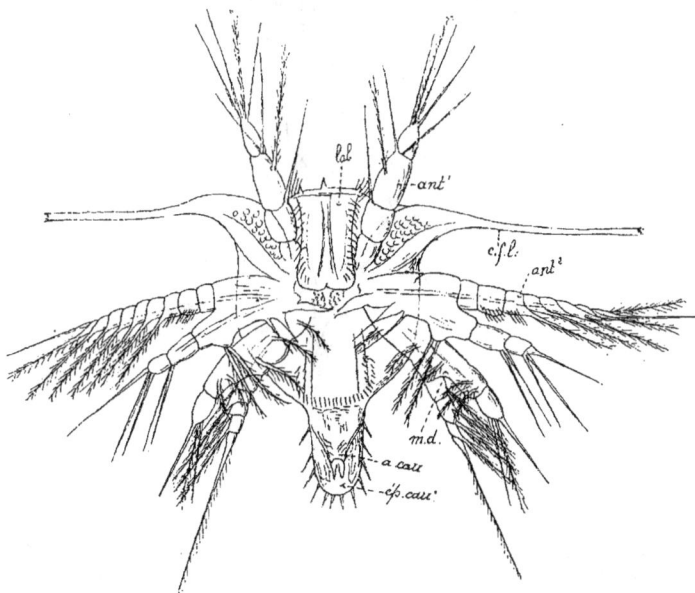

Fig. 420. — Nauplius plus évolué. — *Mêmes indications que dans la figure 416* (d'après Groom).

de long, suivant les espèces. La partie antérieure, tronquée, forme le *front* et se prolonge généralement sur les parties latérales par une paire de cornes ou *filaments fronto-latéraux*. Le corps est piriforme dans ses deux tiers antérieurs, mais, brusquement il se rétrécit pour former la queue le plus souvent bifide, ainsi que nous l'avons indiqué. A la base des filaments fronto-latéraux, se trouve une petite glande formée de

cellules fusiformes, qui va s'ouvrir, par un fin canal, à leur extrémité. La bouche est placée au sommet d'une sorte de labre allongé en
forme de trompe, et il se développe à côté de l'œil impair deux filaments courts et sensoriels (*filaments frontaux*).

Les *antennules*, généralement formées de cinq articles, sont simples

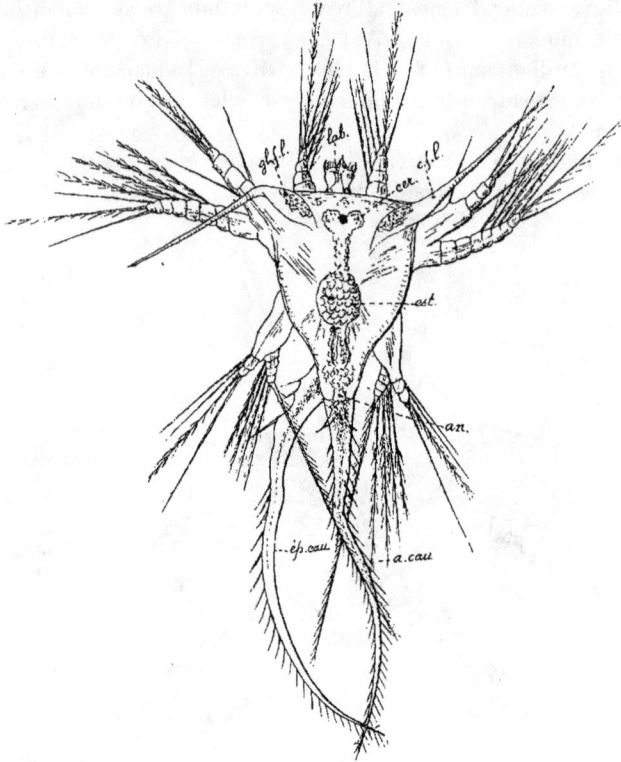

Fig. 421. — Nauplius au moment où il va passer au stade métanauplius. — *c.f.l*, cornes
fronto-latérales; *gl.l*, glandes fronto-latérales; *est*, estomac; *an*, anus; les autres indications comme dans la figure 416.

et portent des soies les unes glabres, les autres barbelées. Les *antennes*
sont plus développées, bifurquées, avec, le plus souvent, sept articles
courts à la rame antérieure (les cinq derniers portant des soies) et trois
ou quatre segments indistincts à la rame postérieure. Le protopodite
porte quelques faisceaux internes de soies courtes et barbelées.

Les *mandibules*, un peu moins grandes que les antennes, sont aussi
formées de deux rames assez semblables aux précédentes.

Enfin la queue est généralement constituée par deux parties : une épine, dorsale, longue, avec des sortes de pointes chitineuses courtes et un prolongement ventral représentant le thoraco-abdomen, souvent bifurqué lui-même et portant des épines courtes et raides à sa surface, dont deux, ventrales, plus développées que les autres.

Cette première forme larvaire subit des mues plus ou moins nombreuses et rapides, mais qui ne modifient pas beaucoup sa constitution anatomique, tout en lui donnant des aspects extérieurs particuliers (fig. 421).

b. *Métanauplius.* — Cependant, après l'une de ces mues la physionomie générale de la larve s'est assez modifiée pour qu'on ait pu lui donner un nom spécial, celui de *Métanauplius*. Celui-ci se distingue dans ses grands traits de la première forme, par sa taille plus considérable et par la présence, en dehors de l'œil impair et presque à la base des antennules, de deux masses pigmentaires plus volumineuses, arrondies, qui sont les *yeux latéraux*. Ils sont formés d'une partie centrale pigmentée, autour de laquelle s'enchâssent huit ou dix petits corps réfringents.

Du côté interne du troisième article des antennes s'est formée une sorte de ventouse qui servira à la fixation de l'animal, et, enfin, sur la face ventrale du thoraco-abdomen se sont développées six paires de mamelons bifides, d'abord très courts, s'allongeant de plus en plus, mais qui formeront les six paires d'appendices thoraciques avec leurs rames caractéristiques.

La larve ne reste pas bien longtemps à ce stade et, par une dernière mue, se transforme en un être tout à fait différent au point de vue de la forme et de la constitution et qui se rapproche bien davantage de celles de l'adulte : c'est la *Cypris* ou larve de troisième âge.

c. *Cypris.* — Cette forme larvaire est beaucoup plus développée encore que les précédentes, car elle peut atteindre jusqu'à un millimètre et demi ou deux de long. Au lieu de présenter une carapace triangulaire et aplatie dorso-ventralement, elle porte une enveloppe chitineuse *bivalve* et comprimée latéralement. Elle ressemble, en un mot, à un Ostracode (genre *Cypris*), d'où le nom qu'on lui a donné.

Des appendices larvaires, les antennules seules ont subsisté pour former les antennes de fixation, recevant la sécrétion d'une glande spéciale (*glande antennulaire*) qui deviendra la *glande cémentaire*; les antennes et les mandibules ont disparu ainsi que le labre proéminent qui portait la bouche.

Les mâchoires seules ont persisté. Les mamelons bifides du Métanauplius se sont beaucoup développés pour former des pattes thoraciques, à articulations peu distinctes et terminées par un bouquet de soies. Ces appendices servent à la natation de la larve ; ils sont particuliers à ce stade et disparaîtront, au moment de la transformation en

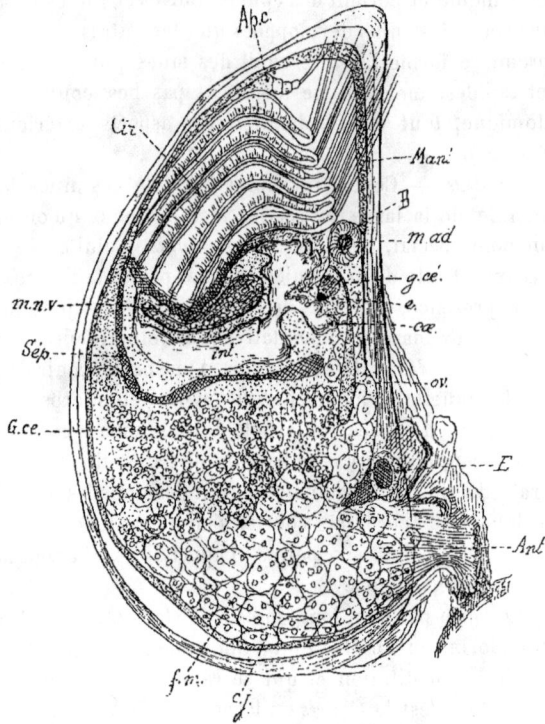

Fig. 122. — Cypris de *Lepas australis* (d'après P.-P.-C. Hœk). — A*nt*, antennes ; E, œil latéral ; e, œil nauplien ; B, bouche ; *m.ad*, muscle adducteur des valves ; *g.cé*, ganglion cérébroïde ; ov, ovaire ; Man*t*, manteau ; Ci*r*, cirrhes larvaires ; Ap.*c*, appendice caudal ; *int*, intestin ; *m.n.v*, masse nerveuse ventrale ; Sé*p*, séparation entre le capitulum et le pédoncule ; G.*cé*, glandes cémentaires ; *f.m*, faisceaux musculaires ; *cœ*, cæcum de l'œsophage ; *c.j*, cellules jaunes du pédoncule.

adulte, pour faire place à des appendices de nouvelle formation qui se distinguent, déjà, entre les pattes de la Cypris.

Le corps est divisé en deux parties par un sillon profond, transversal et postérieur ; l'une, supérieure, qui formera le corps proprement dit et une autre, inférieure, massive, qui contient les glandes cémentaires ainsi que de grosses cellules en voie de division et qui deviendra le pédoncule. Le tube digestif est complet, mais sans fonction, la larve ne se nourrissant pas encore à ce stade ; l'œsophage présente deux cæcums latéro-antérieurs qui disparaîtront ou formeront, peut-être, l'organe glandulaire énigmatique de Nussbaum étudié plus haut. Filatowa a montré que dans la partie supérieure de la paroi stomacale existent de grosses cellules dont il a indiqué le rôle excréteur. Ce sont, probablement, des cellules différenciées histologiquement et physiologiquement, des *néphrocytes* comme Bruntz en a découvert dans tous les groupes d'Arthropodes. La fonction excrétrice de ces glandes semble être permanente.

Les ovaires se présentent sous l'aspect de deux masses piriformes venant s'ouvrir, par un canal allongé, en avant de la bouche.

Le système nerveux est formé d'une masse cérébroïde double sur laquelle est fixé l'œil impair, très petit, et d'une partie ventrale, sous-intestinale, divisée en plusieurs ganglions par des pincements successifs.

En avant du ganglion cérébroïde s'est développé un muscle transversal qui sert à rapprocher les deux valves de la carapace et qui deviendra le muscle adducteur des scuta. Enfin, au-dessus des antennes de fixation et sur les côtés, on aperçoit les deux yeux latéraux assez volumineux dont nous avons déjà indiqué la présence chez le Métanauplius et qui persisteront, plus ou moins rapprochés, chez l'adulte.

Dans la paroi du pédoncule on aperçoit les muscles qui vont se réunir à la base des antennes et qui deviendront les muscles pédonculaires.

d. *Pupe.* — Après avoir nagé un certain temps, cette larve se fixe par les antennules, à l'aide de sa ventouse et des sécrétions de la glande antennulaire. A partir de ce moment, la région pédonculaire s'allonge de plus en plus et se distingue, nettement, de la partie supérieure ; désormais, le pédoncule et le capitulum seront parfaitement distincts. Les valves de la carapace ne recouvrent plus que la région capitulaire ; en même temps, la lame épithéliale double qui les tapissait intérieurement s'épaissit et devient le manteau qui, peu à peu, se détache de son enveloppe cuticulaire. On aperçoit sur ce manteau des plages cellulaires

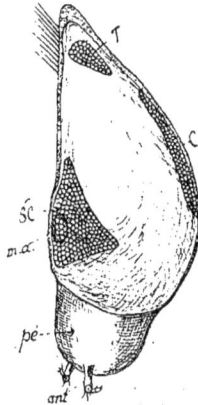

Fig. 423. — Pupe de *Lepas pectinata*. — Sc, scutum ; T, tergum ; C, carène ; *m.a*, muscle adducteur ; *pé*, pénis ; *ant*, antennes de fixation. — Le pédoncule se différencie nettement du capitulum, à l'extérieur.

(*plaques primordiales*), en nombre variable suivant les espèces que l'on étudie, qui, s'incrustant peu à peu de calcaire, deviendront les plaques capitulaires ou les pièces operculaires. Enfin, la carapace bivalve de la Cypris tombe et le jeune Cirrhipède est constitué. On donne quelquefois, à ce stade intermédiaire, le nom de *Pupe* (fig. 423).

C'est là ce qui se passe chez tous les Cirrhipèdes pédonculés, en général, pour constituer la grande forme hermaphrodite ou femelle. Mais les Cypris qui devront donner naissance à des mâles nains sont plus petites et moins différenciées que les premières ; elles ont souvent la forme d'un sac.

Chez les Operculés, outre les plaques operculaires (terga et scuta), on trouve chez la pupe d'autres plages cellulaires, en nombre variable suivant que l'on a affaire aux Asymétriques ou aux Symétriques.

Chez les *Verruca* (Asymétriques), la forme de la pupe est à peu près la même que chez les Pédonculés, mais les terga et les scuta primordiaux se placent un peu plus bas, les terga étant plus développés que les scuta ; ces pièces sont symétriques deux à deux. Le rostre apparaît tout à fait en avant et la carène en arrière à peu près vers le milieu de la hauteur du bord dorsal. La région pédonculaire de la pupe reste extrê-

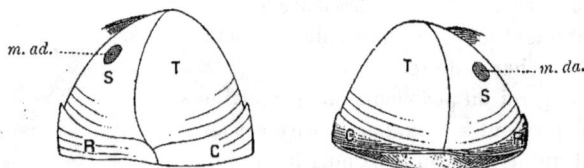

Fig. 424. — *Verruca striata* très jeune, mais dont les parties latérales du rostre (R) et de la carène (C) sont déjà asymétriques. — S, scutum ; T, tergum.

mement courte et s'aplatit peu à peu en même temps que le cément la fixe, en totalité, sur son support.

Puis, le rostre et la carène se développent de plus en plus sur leurs parties latérales, mais toujours symétriquement ; la carapace larvaire tombe et la jeune *Verruca* est constituée. A ce moment, l'animal, est parfaitement symétrique et les deux opercules également mobiles. Mais, rapidement, le rostre et la carène s'accroissent plus d'un côté que de l'autre, variable du reste ; les terga et les scuta du côté opposé se soudent avec eux et l'animal prend sa forme adulte et asymétrique.

Enfin, chez les Operculés symétriques (*Balanus, Chthamalus*), ce sont d'abord les terga et les scuta qui apparaissent, comme chez les *Verruca*, et se développent autant que chez les Pédonculés, puis, comme chez les *Verruca* aussi, le rostre et la carène se montrent avec les mêmes situations, puis une pièce latérale de chaque côté. A ce moment, la pupe présente donc, outre les plaques operculaires, seulement quatre pièces de la muraille. Peu après, apparaissent deux autres pièces, entre les latérales et la carène et leur nombre est, alors, complet. Les plaques operculaires sont, à ce moment, très développées par rapport aux pièces de la muraille, mais celles-ci s'accroissent beaucoup plus rapidement que les premières, se chargent de calcaire, finissent par les recouvrir par leur bord supérieur, et la jeune forme operculée a pris dès lors ses caractères définitifs.

SUPPLÉMENT A LA PARTIE SYSTÉMATIQUE

Depuis la mise en pages de la *Partie systématique* de ce travail, nous avons relevé les indications bibliographiques de quelques espèces et variétés, dont nous donnons, ci-dessous, les diagnoses.

Genre *Oxynaspis*.

O. Aurivillii, Stebbing, 1900 (1).

Diagnose. — Capitulum et pédoncule ornés, quoique très faiblement, de petites épines assez semblables à celle de leur hôte (fig. 425).

Scuta de trois à quatre fois aussi longs que larges, à angles arrondis, l'angle supérieur étant au voisinage du milieu du tergum et l'inférieur non loin de la base de la carène.

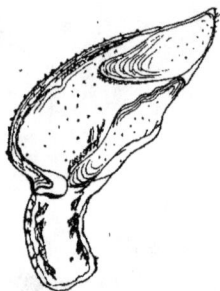

Fig. 425. — *Oxynaspis Aurivillii.*
D'après Stebbing.

Terga semi-ovales, environ trois fois aussi longs que larges, le bord occluseur étant très voisin de l'orifice du capitulum à son bord supérieur. Carène fortement courbée vers son tiers inférieur et dont l'apex pénètre profondément entre les terga. Les cinq plaques ne recouvrent qu'une faible partie de la surface totale du capitulum.

Labre à bord convexe, glabre au milieu, couvert de poils sur les parties latérales ; palpes plutôt étroits, coniques. Mandibules avec une dent modérément large et le bord inférieur denticulé ; avec quatre saillies, les deux inférieures étant plus rapprochées que les autres.

Mâchoires avec quatre épines inégales sur le bord externe. Palpes de la lèvre inférieure (2es mâchoires de l'auteur) avec le bord libre carré, à angles arrondis, orné de soies grêles ou de petites épines.

(1) Voir Index bibliographique, n° 109.

Deuxième paire de cirrhes avec rames semblables à celles des paires postérieures.

Appendices terminaux formés par deux lobes aplatis et à bord libre arrondi.

Pénis long avec une touffe de soies au sommet rétréci.

Couleur pâle avec des raies brunes au voisinage de la partie inférieure des scuta et le long du pédoncule.

Pédoncule plus court que la moitié de la longueur du capitulum.

Dimensions. — Longueur totale : 3ᵐᵐ, quelquefois un peu plus.

Distribution. — Nouvelle-Bretagne. Fixé sur des rameaux d'Antipathaire par 53 mètres de fond, environ.

Observations. — Cette espèce est voisine de *O. patens.* Auriv. dont elle se distingue facilement par la forme des plaques et la présence d'appendices terminaux (Voy. p. 103).

Genre *Dichelaspis.*

D. Mülleri, Coker 1902 (1). Il nous a été impossible de nous procurer la description de cette nouvelle espèce à Bordeaux, à Paris et même à Londres. Le volume de la publication qui la renferme n'était pas encore parvenu aux bibliothèques de ces villes ni à celles de leurs musées.

Genre *Koleolepas,* Stebbing, 1900.

Diagnose. — Capitulum dépourvu de plaques; disque adhésif formant avec la base de fixation une gaine pour loger la partie inférieure du pédoncule.

Labre large, avec une échancrure profonde et denticulée; palpes forts. Mandibules avec le bord libre divisé en quatre lobes. Première paire de cirrhes plus longue que les autres. Rames des six paires plus courtes que le pédoncule.

Généralités. — Le genre *Koleolepas* de κολεὸς, gaine et *lepas,* est voisin des genres *Alcippe, Anelasma, Gymnolepas* et *Alepas,* mais il s'en distingue par l'ensemble des caractères ci-dessus. Comme on trouve des perforations au voisinage du Cirrhipède, sur la coquille qui le porte, l'auteur se demande s'il n'y aurait pas lieu de le rapprocher des formes perforantes comme *Lithoglyptes, Cryptophialus,* etc. A notre avis et d'après la constitution de l'animal, il n'y a pas lieu de le placer parmi les Acrothoraciques.

A cause de la présence d'un pédoncule net, non invaginable dans la

(1) Voir Index bibliographique, n° 21.

gaine située à sa base et de cirrhes articulés, pourvus de soies, mais atrophiés, nous pensons que ce genre nouveau doit être placé entre le genre *Gymnolepas* et le genre *Anelasma*. Il représente, peut-être, une forme intermédiaire entre les *Thoraciques* et les *Acrothoraciques* (Voy. pages 165 et 167).

Koleolepas Willeyi, Stebbing, 1900.

Diagnose. — Capitulum un peu comprimé latéralement avec une crête dorsale, saillante et transparente. Lèvres de l'orifice externe très

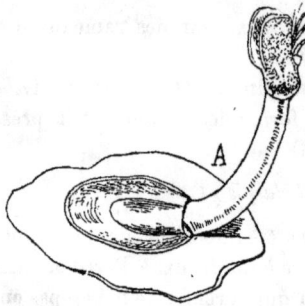

Fig. 426. — *Koleolepas Willeyi*.   Fig. 427. — Mandibule.

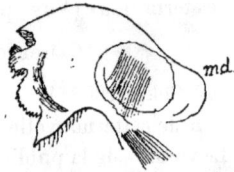

rapprochées, reposant, par leur partie inférieure, sur une sorte de bulbe proéminent, servant comme de support aux cirrhes quand ils font saillie à l'extérieur. Pédoncule long, très mobile, enfoui en partie dans une gaine chitineuse formant un disque ovalaire et au fond de laquelle il est retenu par une ·masse musculaire (fig. 426).

Labre avec le bord libre concave et orné de quarante-six dents ; palpes fortement unis au labre. Mandibules (fig. 427) avec, sur le bord libre, une dent supérieure, une inférieure plus saillante et deux saillies intermédiaires ; la supérieure est plus courte mais plus saillante, avec cinq dents, l'inférieure arrondie avec dix denticulations.

Mâchoires avec trois fortes épines supérieures et, séparées par une légère encoche, la partie inférieure du bord libre, portant des épines plus fines mais plus nombreuses.

Palpes de la lèvre inférieure aplatis, avec le bord libre couvert de poils fins.

Première paire de cirrhes plus longue que les autres et placée à quelque distance de celles-ci ; article inférieur du basipodite étroit, mais plus long que le second ; rames plus courtes que le bas ipodite, avec, respectivement, cinq ou six articles dont le basal et l'avant-dernier sont les plus longs. Les autres cinq paires de cirrhes, égales, excepté la sixième qui semble plus développée, avec des épines sur le bord supérieur des quatre derniers articles. Pléon petit.

Dimensions. — Disque basal : 15ᵐᵐ de long × 11ᵐᵐ de large
Portion de l'animal en dehors du disque : 15ᵐᵐ de long.
Longueur du capitulum : 8ᵐᵐ ; largeur 5ᵐᵐ.

Distribution. — Sandal-Hay, Lifu (Iles Loyalty). Fixé sur une coquille de *Turbo* contenant un paguride et portant beaucoup d'Actinies.

Observations. — A l'état vivant, le disque est de couleur rouge brun, entouré d'une étroite ligne rouge ; celle du capitulum est blanche avec, à sa base, une bande brun chocolat ; les cirrhes portent, chacun, une tache blanche.

Genre *Balanus.*

Balanus declivis, Darwin, var : *cuspidatus*, E. Verrill, 1903 (1).

Diagnose. — Parois solides, non poreuses. Rostre environ deux fois aussi long que la carène, avec l'apex portant de quatre à six denticulations aiguës ; très convexe et considérablement incurvé. Carène avec l'apex divisé en deux pointes par une incisure médiane étroite. Base membraneuse, très obliquement placée à cause de l'allongement considérable du rostre.

Distribution. — Long Bird Island (Bermudes). Logé dans une éponge massive et de couleur noirâtre, souvent enfoncée dans le sable calcaire et qui abrite aussi un petit *Alphæus* et plusieurs Crustacés isopodes.

Observations. — Cette variété ne diffère guère de l'espèce que par les denticulations du rostre et de la carène (Voy. p. 244).

N. B. — Les études sur les échantillons de H.-M. « Siboga », faites par le Dʳ P.-P.-C. Hœk ne sont pas encore publiées au moment de la mise en pages.

(1) Voir Index bibliographique, nᵒ 119.

ERRATA, CORRIGENDA ET ADDENDA.

Pages 6. Note (1). Au lieu de : formations *articulaires*, lire : formations *cuticulaires*.

—   12. Fig. XII, lire *Alepas* au lieu de *Dichelaspis* et fig. XIV lire *Dichelaspis* au lieu de *Alepas* (les numéros des figures ont été intervertis).

—   17. *Pollicipes cornucopia*, Distribution. 3ᵉ ligne ; l'indication : Thibet (Mou-Pin) relevée dans la collection du Muséum paraît fantaisiste, le Thibet étant, comme on sait, un pays essentiellement continental.

—   33. Synonymie de *Sc. villosum*. Au lieu de : *Calautica*, lire : *Calantica*.

—   43. *Scalpellum obesum*, Diagnose, 12ᵉ ligne. Lire : en forme *de* coin.

—   44. *Scalpellum Stearnsi*. Distribution. Lire : *argenteo-nitens*, au lieu de *niteus*.

—   71. *Scalpellum rutilum*, 3ᵉ ligne. Lire : sur les bords des plaques, etc.

— 120. *Pœcilasma minutum*. Ajouter : *Distribution* : Singapoure, sur le pédoncule d'un *Alepas indica*, A. G.

— 176. *Verruca crenata*. Ajouter : *Distribution* : Expédition de la « Princesse Alice », Açores, par 584 mètres de fond.

— 185. *Verruca magna*. Ajouter : *Distribution* : Expédition du « Talisman » ; Golfe de Gascogne, par 1480 mètres de fond.

— 311. Note (1). Au lieu de : renvoi page 153, lire : page 154.

— 324. *Alcippe lampas*. Diagnose. Lire : (fig. 336, 337, 338 et 339).

— 343. Fig. 344 : Lire : *Petrarca bathyactidis* au lieu de : *P. mira*.

— 423. A propos des organes excréteurs et des recherches de Bruntz. Voir page 394.

TABLE PAR ORDRE ALPHABÉTIQUE

DES NOMS DE GENRES, ESPÈCES ET SYNONYMIES (1)

(1) Les synonymies sont indiquées en caractères *italiques*. Les points d'interrogation indiquent les espèces dont les descriptions ont été insuffisantes pour pouvoir affirmer ou même indiquer une synonymie quelconque.

(1) Le nom de *Eremolepas* proposé par Weltner pour remplacer celui de *Gymnolepas* donné par Aurivillius, ne nous paraît pas devoir être maintenu. C'est, en effet, en parfaite connaissance de cause que ce dernier auteur a conservé ce nom, appliqué faussement, par de Blainville, au genre *Conchoderma*.

LISTE PAR ORDRE ALPHABÉTIQUE DES NOMS D'AUTEURS

A

1. Agassiz. — Nomenclator zoologicus.
2. C. W. Aurivillius. — Studien über Cirripedien. Stockholm, 1894 (*Kongl. Swenska Vetenkaps: Academian Handlinger*, Bandt 26, n° 7).
3. — Cirripèdes nouveaux provenant de la *Princesse-Alice* (*Bull. Soc. Zool. de France*, déc. 1898)·

B

4. F. M. Balfour. — Traité d'Anatomie comparée, 1880.
5. S. Bate. — On the development of Cirripedia (*Ann. and Magaz. of Nat. history*, 1851).
6. — The impregnation of the Balani (*Ann. and Magaz. of Nat. history*, 4° série, vol. III, 1869).
7. W. Berndt. — Zur Biologie und Anatomie von *Alcippe lampas* (*Zeitschr. für Wissensch. Zool.*, LXXIV. 3, 1903).
8. — Die Anatomie von *Cryptophialus striatus*. Berndt (*Sitzungs Berichte der Gersels. naturfors. Freunde Jarhrg.*, Berlin, 1903, n° 10).
9. Blainville (de). — Dictionnaire des Sciences naturelles, 1824.
10. Borrodaile. — *Lithotrya pacifica* (*Proc. Zool. Soc. London*, p. 798, 1900).
11. C. Bovallius. — Om balanidernas entwicklung (*Akad. Stockholm*, 1875).
12. Ed. Brandt. — Ueber den Nervensystem v. *Lepas anatifera* (*Bull. Acad. Imp. Saint-Pétersbourg*, XV, 1871).
13. Brown. — Illust. of Conchology, 1844.
14. Bruguière. — Histoire naturelle des Vers (*Encyclopédie méthodique*, 1789).
15. Burmeister. — Beiträge zur Naturgesch. den Rankenfüsser, 1834.

C

16. Chenu. — Illust. Conchology.
16 bis. C. Chun. — Die Nauplien der Lepaden (*Bibliogr. Zool. Heft*, 19, Lief. II, 1895).
17. Claparède. — Sur le développement des Cirripèdes, 1863.
18. C. Claus. — Die Cypris ähnliche Larve der Cirripedien (*Gersels. Beförderung d. ges. Naturw. zu Marburg*, 1869).
19. A. Costa. — *Exercitatione Accadem. Napoli*, 1840.
20. Conrad. — *Journal Acad. Nat. Sc. Philadelphia*, 1837.
21. Coker. — *Dichelaspis Mülleri* (*Bull. Unit. Stat. Fish. Comm.*, 1902).
21 bis. J. Cotte. — Contribution à l'étude de la nutrition chez les Spongiaires (*Bull. scient. de la France et de la Belgique*, t. XXXVIII, 1903).
22. Cuvier. — Mémoire pour servir..., etc. Mollusques, 1817.
23. — Règne animal, 1830.

D

24. W. H. Dall. — *Cryptolepas rachianectis* (*Proc. Californian Nat. Sc.*, 4, p. 281, 1872).
25. Ch. Darwin. — A monograph of Cirripedia. Lepadidæ and Ba anidæ (London, 1851-1853).
26. — On the so-called auditory sac of Cirripeds (*Nat. hist. Review*, 1865).
27. — On the mâles and complemental mâles of certains Cirripeds (*Nature*, VIII, 1873).
28. A. Dohrn. — Unters. über Bau und Entw. d. Arthropoden (*Zeitschr. für Wissensch. Zool.*, IX et X).

E

29. Ellis. — *Nat. hist. Zoophytes*, 1786.

F

30. A. Filhol. — Mission de l'Ile Campbell (*Recueil de mémoires*, etc., t. III, 2e partie, *Zool.*, p. 487, Paris, 1885).
31. Filippi (de F.). — Sul genere *Dichelaspis* (*Archiv. p. la Zoologia*, I, 1861).
32. — Ueber entw. von *Dichelaspis Darwinii* (*Unters. zur Naturlhere*, IX, 1865).
33. Filatowa. — Quelques remarques à propos du développement post-embryonnaire et de l'anatomie de *Balanus improvisus* (*Zool. Anzeiger*, XXV, 1902, p. 379).
34. P. Fischer. — Cirrhipèdes de l'Archipel de la Nouvelle-Calédonie (*Bull. Soc. Zool. de France*, IX, p. 355, 1884).
35. — Description d'un nouveau genre de Cirrhipède (*Actes. Soc. Linnéenne*, Bordeaux, XL, p. 193-196, 1888).
36. G. H. Fowler. — A remarquable crustacean parasite, etc. (*Quart. Journ. Micr. Sc.*, vol. XXX, p. 107-120, 1890).

G

37. R. Garner. — On the structure of the Lepadidæ (*Brit. Assoc. ad. Science*, 1860).
38. A. Gerstœcker. — Bronn's Thierreich, vol. V; Arthropoda, 1866.
39. Gmelin. — Systema naturæ, 1789.
40. Goodsir. — *New philosophical Journal.* Edinburgh, July, vol. XXXV, 1843.
41. J.-E. Gray. — *Annals of philosophy*, 1825.
42. — On the reproduction of Cirripedia (*Zool. Soc. Proc.*, vol. I, 1833).
43. Th.-T. Groom. — On the early development of Cirripedes (*Phil. trans. Roy. Soc.*, vol. CLXXXV, 1894).
43 *bis.* On the mout-parts of the Cypris-Stage of *Balanus* (*Quart. Journ. Micr. Sc.*, 3, t. XXXVII, 1894-95).
44. A. Gruvel. — Contribution à l'étude des Cirrhipèdes (*Arch. Zool. Exp.*, 3e série, t. I, 1893).
45. — Étude du mâle complémentaire de *Scalpellum vulgare* (*Arch. de Biologie belges*, t. XVI, 1899).
46. — On new species of the genus *Alepas* (*Ann. and Mag. of Nat. hist.*, 7e série, vol. VI, 1900).
47. — Étude d'une espèce nouvelle de Lépadides (*Trans. of Linn. Soc.*, 2e série, vol. VIII, part. V, London, 1901).
48. — Sur quelques Lépadides nouveaux de la collection du *British Museum* (*Trans. Linn. Soc.*, vol. VIII, part. VIII, London, 1902).
49. — Expéditions du *Travailleur* et du *Talisman* (*Cirrhipèdes*, Paris, 1902).
50. — Revision des Cirrhipèdes appartenant à la collection du Museum (Pédonculés) (Nouvelles Archives du Museum, 4e série, t. IV, p. 215, 1902).
51. — Revision des Cirrhipèdes appartenant à la collection du Museum (Operculés) (Nouvelles Archives du Museum, 4e série, t. V, p. 95, 1903).
52. — Études anatomiques sur quelques Cirrhipèdes operculés du Chili (*Zool. Jahrb.* Supp., Bd VI (*Fauna Chilensis*), Bd III, Heft 2, 1904).
53. — Revision des Cirrhipèdes appartenant à la collection du Museum, Partie anatomique (Nouvelles Archives du Museum, 4e série, t. VI, p. 51, 1904).

H

54. R. Hartmann. — Ueber den Stielmusckeln von *Anatifa lævis* (*Sitzb. d. Gersels, Naturf. Freunde.* Berlin, 1873).
55. Heller. — Carcinologische Beiträge zur Fauna Adriatischen Meeres (*Verhandl. k. Zool. bot. Gess.*, 16, p. 758, 1866).
56. E. Hesse — Description des métamorphoses de *Scalpellum vulgare* (*Revue Sc. Nat* Montpellier, t. III, 1874).
57. Hinds. — Voyage of the *Sulphur*. Mollusca, 1844.
58. P. P. C. Hœk. — Embryologievon *Balanus* (*Niederlandisches Arch. f. Zool.*, t. III, 1876)

Gruvel. — Cirrhipèdes.   30

59. — Report on the Cirripedia collected by H. M. S. *Challenger*, 1873-1876 (*Report. Zool.*, part. 25, 1883, vol. VIII et X).

59 *bis*. — An interesting case of reversion. (Koninklijke Akademie van wetenschappen te Amsterdam, 25 juin 1904.)

60. F. W. Hutton. — List of the *New-Zeland* Cirripedia in the Otago Museum (*Trans. New.-Zeland Institut*, XI, 1878).

K

61. N. Knipowitsh. — *Dendrogaster astericola* (*Biol. Centralbl.*, 10, p. 707-711, 1891).

62. — Sur le groupe des Ascothoracides (*Arch. Zool. Exp.*, t. I, n° 2. Notes et Revues, 1893).

63. R. Koehler. — Recherches sur la structure du pédoncule des Cirrhipèdes (*Revue biol.*, du Nord, 1889, p. 41).

64. — Recherches sur l'organisation des Cirrhipèdes (*Arch. de Biol.*, IX, 1889, 411).

65. — Recherches sur la structure du système nerveux des Cirrhipèdes (*Revue biol. du Nord*, 1889, p. 201).

66. — Sur la cavité générale et l'appareil excréteur des Cirrhipèdes (*Compt. Rendus Acad. Sc.*, Paris, n° 21, 1892).

67. Kosen et Danielssen. — Zoologiske Bidrag. Bidrag til Cirripedernes Udvikling-Nyt Magazin for Naturvidenskaberne,

68. Kossmann. — Suctoria und Lepadidæ (*Arbeit. Zool. Inst. zu Wursburg*, I, 1874).

69. A. Krohn. — Beobachtungen über den Cementapparat, etc. (*Arch. f. Naturgesch.*, XXV, 1859).

L

70. Lacaze-Duthiers (de). — Histoire de la *Laura Gerardiæ* (*Arch. Zool. Exp.*, VIII, p. 537, 1880).

71. L. Laloy. — Les Cirripèdes et leur évolution (*Revue scientifique*, 21 mars 1903).

72. Lamarck. — Animaux sans vertèbres, 1818.

73. W.-F. Lanchester. — Crustacea of the *Skeat-Expedition* (*Proceed. Zool. Soc.*, vol. II, London, 1902).

74. A. Lang. — Vorläufige Mitth. über d. Bildung d. Stieles bei *Lepas anatifera* (*Mitth. d. nat. Gessels.*, Berne, 1877).

75. Leach. — Journal de physique, 1817-1825.

76. Lesson. — Voyage de la *Coquille*. Mollusca, 1830.

77. Lessona et T. Canefri. — Nota sulla *Macrocheira Kempferi*, etc. (*Atti Acad. Reale Sc.* Torino, IX, 1874).

78. Linné. — Systema naturæ.

M

79. J. D. Macdonald. — On apparently new genus of minut parasitic Cirriped. (*Proceed. Zool. Sc.*, p. 440, London, 1869).

80. Macgillivray. — *New Philosophical Journal*. Edinburgh, 1845.

81. Martin Saint-Ange. — Mémoire sur l'organisation des Cirrhipèdes, 1835.

82. E. Métschnikoff. — Entw. des *Balanus balanoïdes* (*Zitz. d. Versammlung deutsch, Naturf. zu Hannover*, 1865).

83. J.-E. Miers. — Crustacea (*Zool. Coll. Alert.*, p. 322, 1884).

84. Montagu. — Linnean Transactions, 1815.

85. Fr. Müller. — Ueber *Balanus armatus*, etc. (*Arch. f. Naturg.*, XXXIII, p. 329, 1867).

86. Munter T. und R. Buchholz — Ueber *Balanus improvisus* (*Mitth. a. d. Naturw.*, Ver. von Neupommern und Rügen, 1869).

N

87. N. Nazonov. — Zur Embryonalen Entwicklung von *Balanus* (*Zool. Anzeig.*, 1885).

88. F. C. Noll. *Kochlorine hamata* (*Zeitschr. für Wissensch. Zool.*, XXV, p. 113, 1875).

89. — *Kochlorine bihamata*, Zur Verbreitung von Kochlorine (*Zool. Anz.*, 6. Jahrb., p. 471, 1883),

90. C. A. M. Norman. — Report on the occupation of the table at Zool. St. Naples (*Brit. Assoc. Adv. Sc.*, p. 85, 1888).

91. M. Nussbaum. — Anatomische Studien an Californischen Cirripedien. Bonn, 1890.

O

92. Oken. — *Lehrbuch der Naturgesch.*, 1815.
93. Olfers. — *Magaz. der Gessels. Naturforsch. Freunde.* Berlin, 1814.

P

94. A. Pagenstecher. — Untersuchungen über niedere Seethiere aus Cette. Anat, u. Entw. von *Lepas pectinata* (*Zeitschr. f. Wissensch. Zool.*, XIII, 1863).
95. H. A. Pilsbry. — Descript. of a new Japon. *Scalpellum* (*Proc. Ac. Nat. Sc. Philadelphia*, p. 441, 1890).
96. — Description of a remarquable japonese Cirriped(*American Natur.*, XXXI, p. 723, 1897).
97. Poli. — Test. utriusque Siciliæ, 1795.
98. G. Pouchet et C. Jobert. — Contribution à l'étude de la vision chez les Cirrhipèdes (*Journal de l'Anat. et de la Physiol.*, XII, 1876).

Q

99. Quoy et Gaimard. — Voyage de l'*Astrolabe*, 1834.

S

100. O. G. Sars. — Crustacea et Pycnogonida nova Exp. Norvegicæ, 1877-1878 (*Archiv. Math. og. Naturw.*, IV, p. 466, 1879).
101. — Oversigt of Norges Crustaceer, etc. (*Vidensk. Selskab. Forhandl.*, p. 22, 1890).
102. Schumacher. — Essai d'un nouveau syst. des habitations des Vers, 1817.
103. M. Slabber. — Naturkundige Verlustigungen, 1778.
104. Solger. — Notiz über Darmcanal von *Balanus improvisus*, 1890.
105. G. B. Sowerby. — *Zool. Proceedings*, 1833.
106. Spengler. — Skrifter Naturhist Selskabet, 1793.
107. T. R. R. Stebbing. — A new pedunculate Cirriped (*Ann. et Mag. Nat. hist.*, vol. XIII, p. 443, 1894).
108. — Notes on Crustacea (*Ann. and Mag. Nat. hist.*, vol. XV, p. 19, 1894).
109. — On Crustacea brought by Dr Willey from the South Seas (Zoological results based on material from New-Britain, New-Guinea, etc., collected by Dr Willey, part V, Cambridge, december 1900.
110. Straus. — *Mémoires du Museum d'hist. nat.*, t. V, 1819.
111. Th. Studer. — Die Forchungsreise S. M. S. *Gazelle*, 1874-1876 (3 *Thl. Zool. und Geol.*, p. 270. Berlin, 1889).

T

112. Targioni-Tozzeti. — Di una nova specie... di Lepadidæ (*Bull. Soc. Ent. .Ital.*, ann. 4, p. 84).
113. J. V. Thompson. — Zoological researches and illustrations, vol. I, part I, 1830.
114. — *Philosophical transactions*, part. II, 1835.

W

115. W. Weltner. — Die von Dr Sander gesammelten Cirripedien, 1883-1885 (*Archiv f. Naturg.*, 53. Jahr., p. 98, 1887).
116. — Zwei neue Cirripedien aus dem Indischen Ocean (*Sitz. Ber. Ges. Naturf. Freunde*, p. 80. Berlin, 1894).
117. — Die Cirripedien von Patagonien, etc. (*Archiv Naturg.*, LXI, p. 288, 1895).
118. — Verzeichnis der bisher beschriebenen recenten Cirripedienarten (*Archiv Naturg.* Jahrg, 1897. vol. I, p. 227).
119. Verrill. — *Balanus declivis*, var. *cuspidatus* n. var. (*Trans. of the Connecticut Academy of Arts and Science*, Act XI, 1902).
120. Willemoes-Suhm. — On the development of *Lepas fascicularis* (*Philos. Transact.* CLXVI, 1876).

TABLE DES MATIÈRES

Chapitre XII

D. PARTIE EMBRYOGÉNIQUE

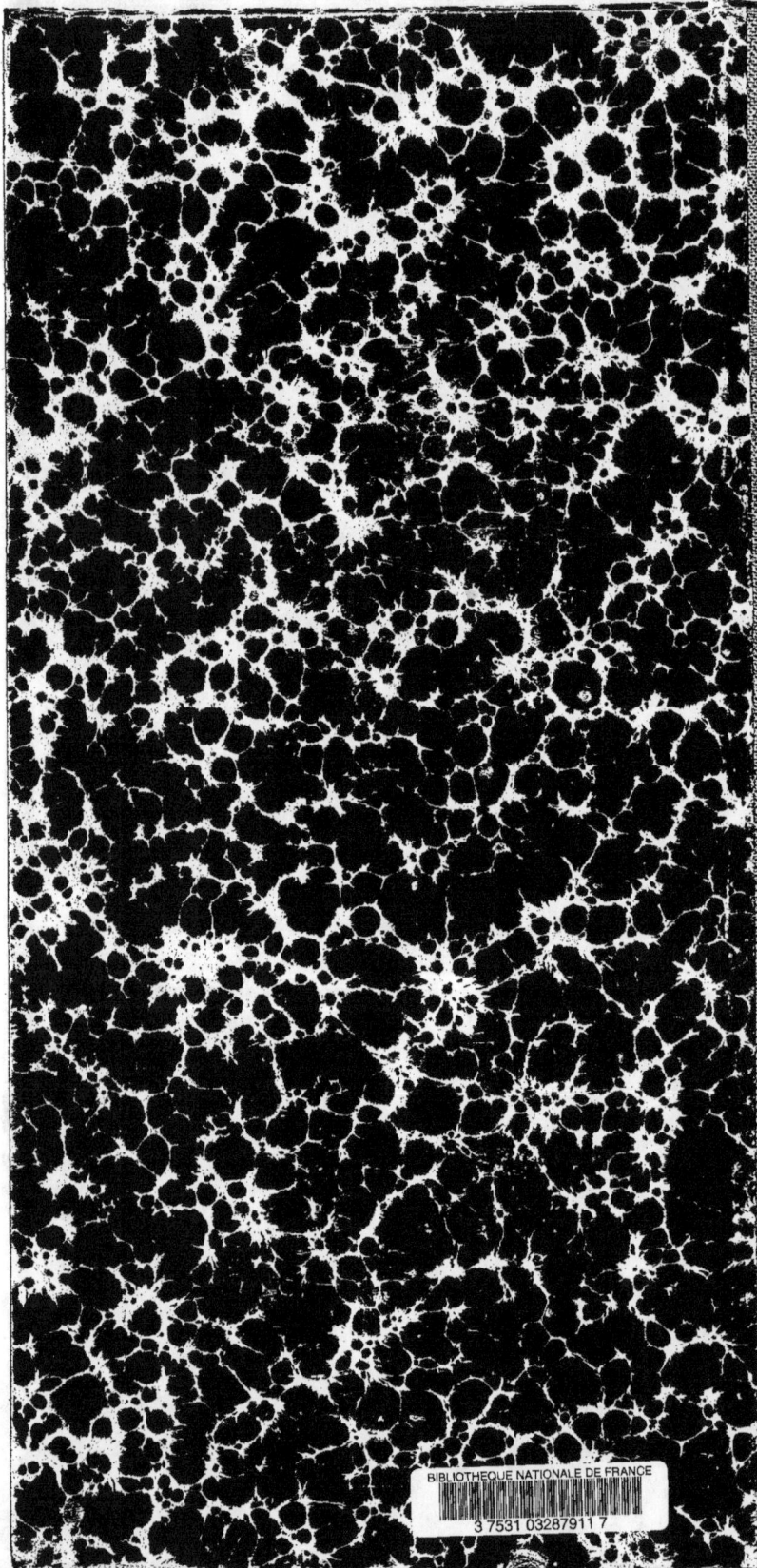